공간의 유형학

건축과 디자인에서 유형의 연구와 활용 ①

나남
nanam

한국연구재단 학술명저번역총서
서양편 330

공간의 유형학
건축과 디자인에서 유형의 연구와 활용 ①

2012년 4월 30일 발행
2012년 4월 30일 1쇄

엮은이_ 캐런 프랭크 · 린다 쉬니클로스
옮긴이_ 한필원
발행자_ 趙相浩
발행처_ (주) 나남
주소_ 413-756 경기도 파주시 교하읍
출판도시 518-4
전화_ (031) 955-4601 (代), FAX : (031) 955-4555
등록_ 제 1-71호(1979.5.12)
홈페이지_ http://www.nanam.net
전자우편_ post@nanam.net

ISBN 978-89-300-8571-7
ISBN 978-89-300-8215-0 (세트)
책값은 뒤표지에 있습니다.

'한국연구재단 학술명저번역총서'는 우리 시대 기초학문의 부흥을 위해
한국연구재단과 (주)나남이 공동으로 펼치는 서양명저 번역간행사업입니다.

공간의 유형학

건축과 디자인에서 유형의 연구와 활용 ①

캐런 프랭크 · 린다 쉬니클로스 엮음 | 한필원 옮김

나남
nanam

옮긴이 머리말

이 책은 캐런 프랭크(Karen A. Franck)와 린다 쉬니클로스(Lynda H. Schneekloth) 교수가 엮은 *Ordering Space: Types in Architecture and Design*(VNR, 1994)을 완역한 것이다. 원서는 건축학 · 미술 · 도시계획학 · 조경학 · 정책학 · 환경과학 · 사회학 등 다양한 학문분야에서 18명의 필자가 참여해 유형학이라는 이론을 폭넓고 다채로운 시각에서 다루고 있다.

19세기 초 유럽의 건축계에서 연구 · 활용되기 시작한 유형학은 자연과학 · 사회과학 · 예술을 망라하는 여러 분야에서 중요한 연구방법론 혹은 창작이론으로 자리 잡았다. 내가 속한 건축학계에서 발표되는 논문의 상당수가 유형학을 그 방법론으로 채택하고 있을 정도로 유형학의 학문적 활용도는 매우 크다. 이런 유형학의 중요성을 생각할 때 우리 학계에 그것을 포괄적으로 소개하는 책이 없다는 사실은 의아하기까지 하다. 이 번역서는 이런 학문 연구의 공백을 메워보겠다는 옮긴이 나름의 야심에서 시작되었다.

유형과 유형화의 특징들을 논리적으로 설명하는 19편의 글들이 6부로 구성된 이 책은 유형학에 관한 다양한 저술을 모은 것으로, 지식의 한 형태인 유형에 대해 다양하고 때로는 상충되는 시각을 제공한다. 또한 인간활동에서 유형의 위치, 그리고 우리가 세계 내에서 공간과 장소를 고안하고 변형하고 운용하기 위해 유형에 의존하는 방식들을 논한다. 엮은이들도 말하지만, 이 책의 목적은 유형학을 명쾌하게 정리하는 것이 아니라 그것을 우리의 지적 작업과 관련해 숙고함으로써 나름의 활용방식을 찾도록 이끄는 것이다. 특히 건축을 비롯한 환경 관련 분야에서 유형학이 창작의 도구와 방법론으로 사용되는 방식을 다양한 사례를 바탕으로 논함으로써 흔히 이론 혹은 연구방법론으로만 인식되는 유형학의 논의 지평을 넓힌 것이 이 책의 가장 큰 미덕이다.

이 책은 여러 학문분야의 필자들이 집필한 것이므로 유형학이라는 동일한 이론을 설명하고 있으나 매우 다양한 내용이 동원되었다. 이에 따라 한 분야에 관심이 있는 독자는 다른 분야들의 내용을 이해하기 어렵고 많은 경우 용어조차도 생소할 것이다. 따라서 어느 분야를 전공하는 독자가 읽어도 책의 전체 내용을 이해할 수 있도록 역자 주석을 많이 달고 "옮긴이 해제"를 실었다. 역주 부분에는 본문에서 설명된 건축 작품의 이해에 도움이 되는 이미지들을 추가했으며, "옮긴이 해제"에서는 이 책의 키워드에 해당하는 주요 용어·개념어들을 설명하고 유형학의 역사를 간단히 살펴보았다.

내가 근무하는 한남대학교 건축학과의 대학원 수업교재로 이 책을 사용하면서, 유형학에 관한 종합적이고 체계적인 이론서로 학술적인 깊이와 활용성을 지녔다고 판단해 번역을 생각하게 되었다. 그것이 2001년이니 이 번역서가 나오는 데 10년 이상이 소요되었다. 인생의 황금기인 40대를 이 책의 번역과 함께 한 셈이다.

번역 작업은 끝이 보이지 않는 긴 터널을 통과하는 일 같았다. 번역에 착수한 지 얼마 안 되어 18명의 필자가 각양각색으로 쏟아낸 그 난해하고 복잡한 내용 때문에 곧 지지부진해졌다. 그러나 2003년 여름 안식년을 맞아 이 책의 공동 편집자인 린다 쉬니클로스 교수가 있는 버펄로의 뉴욕주립대학에 1년간 방문교수로 가면서 번역작업은 다시 활기를 띠었다. 그때 이 책의 필자인 쉬니클로스, 프랭크, 라마쉬(La Marche) 교수와 수시로 책의 내용에 대해 토론을 하며 번역의 기틀을 마련했다. 필자들과 옮긴이가 나눈 토론의 내용은 해당되는 장의 역주에 녹아들어가 있다. 번역과정을 회상하니 언제나 따스한 마음으로 옮긴이와 교류를 지속하며 많은 도움을 준 린다 쉬니클로스 교수께 깊이 감사드리지 않을 수 없다. 번역이 얼마나 오래 걸렸는지, 번역 기간 중에 그 분은 뉴욕주립대학에서 은퇴했다.

2006년에는 다행히도 한국학술진흥재단(현 한국연구재단)의 '명저번역지원사업'에 선정되어 또 한 번 좋은 전기를 맞았다. 번역비를 지원받았을 뿐 아니라 무려 네 차례에 걸친 번역문의 심사과정에서 귀한 조언과 실제적인 도움을 받았다. 그리고 좋은 출판사에서 출간할 수 있는 기회를 얻었다. 이 번역서의 출간을 가능하게 해준 한국연구재단과 나남출판에 감사드린다.

여러 분야의 전문가들이 유형학이라는 철학적 내용을 그야말로 다양다기하게 전개한 글들을 번역하는 것은 지극히 복잡하고 어려운 일이었다. 책 한 권이 아니라 18권을 한꺼번에 옮기는 무모한 일을 하고 있다는 생각을 한 것이 한두 번이 아니다. 이런 어려움을 극복하는 데 같은 학과의 김억중 교수, 그리고 경희대학교 건축학과의 이관석 교수로부터 큰 도움을 받았다. 두 분은 이 책의 곳곳에 등장하는 프랑스 건축 관련 내용을 용어와 인명에 이르기까지 상세하게 일러주었다. 특히 이관석 교수는 방대한 번역문의 대부분을 검토해 하나하나의 문장을 바로잡고 다듬어주었다. 이 길고도 어려운 번역과정을 마무리 한 것은 두 선배 교수님의 도움이 있어 가능했다. 그 분들의 도움에 깊이 감사드리며, 아직 남아 있을 잘못되거나 어색한 부분은 전적으로 내 책임임을 밝힌다.

ATA 연구원들은 방대한 원고의 정리에서 교열과 수정에 이르는, 빛나지 않으나 중요한 일들을 도맡아 주었다. 이주옥 박사와 서호석 씨, 이미경 씨 그리고 당시 한남대학교 건축학부의 학생이었던 나승철, 변은지, 김혜숙에게 감사한다.

건축을 전공하는 나 자신도 논문이나 보고서를 쓸 때마다 이 책의 원서를 뒤적이곤 했는데 이제 가벼운 마음으로 번역서를 볼 생각이다. 아마 머지않아 어색하고 잘못된 문장들에 마음이 무거워지겠지만, 그때마다 수정을 해나가면 된다는 생각으로 그 불길한 예감을 잠재우려 한다. 모쪼록 여러 분야의 독자들이 유형을 종합적으로 이해하고 나름의 유형학을 정립해서 널리 적용하는 데 이 번역서가 조금이나마 도움이 되기를 바란다.

2012년 3월 26일

한 줄기 봄 햇살이 지하실로 타고 내려오는 '소리결'에서

한 필 원

지은이 머리말

유형의 의미

우리 인간은 자기만의 특정한 장소를 무한정 다양하게 점유하거나, 상상하거나, 창조하지는 않는다. 그 대신에 우리는 흔히 '유형'이라고 불리는 무수한 장소와 공간의 범주들을 창조하고 사용함으로써 환경을 구성한다. 우리는 서로 비슷한 장소들을 유형으로 집단화하고 개별 장소들은 그런 집단에 속하는 요소로 간주한다. 이렇게 공간을 여러 종류로 분류함으로써 '공간을 유형화 하는 것'(*ordering of space*)[1] 은 삶의 본질적인 측면이다.

유형은 추상적 아이디어, 장소의 이미지, 장소에 관한 아이디어, 그리고 지상에 있는 구체적인 특정한 공간들을 지칭한다. 메인 스트리트(Main Street), 피터 팬(Peter Pan)의 네버네버랜드(Never Never Land), R1 구역(R1 zone),[2] 쇼핑센터, 신성한 산, 전화 부스, 다우림(*rain forest*), 천국과 지옥, 변경(*frontier*)[3] 그리고 식민지양식 주택 등은 모두 인간이 문화적으로 고안해낸 장소의 유형이다. 이렇게 열거해보면 알 수 있듯이, 장소유형(*place type*)은 건축, 계획, 정책, 종교, 연구, 대중문화, 문학과 일상생활에 이르기까지 모든 분야에서 만들어지고 사용된다. 이 세상은 장소유형들로 가득 차 있는 것이다. 어떠한 사회에서 공간적 실천(*spatial practice*)[4] 은 유형화(*typing*)라는 활동을 만들어내고 다시 유형화 활동을 통해 공간적 실천이 이루어진다.

우리가 거주하는 20세기 말 산업국가의 인공경관(*built landscape*)에서는, 서로 거리를 두고 철저히 분리되어 있는 활동의 장소들 사이를 신속하게 이동할 필요가 생겼다. 이제 우리는 중세의 문학에 묘사된 것과 같은, 층층으로 구성된 세계에 살지 않는다. 또한 오늘날 일부 지역에 살고 있는 원주민들처럼 살지는 않는다. 과거와 다른 유형의 사회인 '현대' 사회에서는 그런 방식으로 살 수가 없다. 우리의 사회적 실천(*social practice*)과 인공경관은 장소유형의 정교한 체계로 구성된다. 이 장소유형의 체계를 통해 다양한 종류의 활동·사람·장소 사이를 수많은 방식으로 구분하거나 분리할 수 있으며 그 방식은 흔히 정책과 규정으로 명문화된다.

이 책에서는 누가 어떤 목적으로 어떤 영향력을 가지고 장소유형과 유형화 방식을 이용하는지 밝힘으로써, 사회에서 장소유형 혹은 장소의 유형화가 작용하는 방식을 밝히고자 한다. 유형과 유형화 방식은 물질세계를 생산·재생산하고 그 안에 있는 장소에 의미를 부여하기 위해 사용된다. 유형은 우리가 무엇을 생산·변경·파괴·보존할 것인가, 그리고 어떤 방법으로 그렇게 할 것인가를 결정하는 데 도움이 된다. 우리가 생각하고 행하는 것 중 많은 부분이 유형으로 인해 유발되거나 제약되기도 하지만, 유형은 내재하는 것이어서 대개는 보이지 않는다. 신념·활동·경관을 구성하는 데 유형의 힘이 작용한다는 사실과 유형의 힘이 초래하는 많은 물리적·사회적·정치적·경제적·지적 결과를 인식하거나 비판하는 경우는 드물다. 사회를 조직하는 데 작용하는 나이·젠더(*gender*)·인종·민족 같은 범주도 한때는 당연한 것으로 받아들여졌지만, 최근에 그것들의 의미와 용도를 변화시키려는 노력에 힘입어 열띤 지적·사회적 탐구의 대상이 되었다. 공간의 유형화를 위한 범주들에도 이제 막 이런 관심이 모아지기 시작했다.

우리가 공간을 유형화하기 위해 범주화하고 분류한다는 사실에 문제가 있는 것은 아니다. 범주와 그것의 표본을 사용하는 것은 필요하고 유익하다. 문제는 우리가 유형을 사용함으로써 얻는 이점과 불리함을 인식하지 못하는 데 있다. 우리는 유형을 주어진 것으로 당연하게 받아들이고, 그것이 어떤 가치와 이해관계를 조장하거나 제한하는 사회적 산물이라는 점을 인식하지 못한다. 우리는 공간 인식에 질서를 부여하는 분류방식들이 사회지배와 환경파괴의 양상에 얼마나 큰 영향을 미치는지 알지 못한다. 그러한 양상을 변화시키려면, 그것의 저변에 있는 분류방식을 바꿀 필요가 있을 것이다.

유형과 유형화로 인해 우리가 억압을 받는 것만은 아니다. 그것들로 인해 우리는 자유로워지기도 한다. 학문이나 설계, 그 밖의 창조적인 일을 할 때 우리는 유형과 유형화를 통해 현재 존재하는 것을 통찰하고 앞으로 존재할 수 있는 것을 상상하는 본질적인 수단을 갖게 된다. 이 책에서는 이 두 가지 측면을 모두 다루고자 한다.

그러면 유형이란 무엇인가? 유형은 사물의 종류이며, 그 종류의 표본이다. 유형은 유사한 것을 그렇지 않은 것과 구별함으로써 어떤 것이 어떠한 종류에 속하는지 알려주는 하나의 개념적 구성체이다. 유형은 어떠한 종류의 본질 또는 기원(*original*)으로서, 우리는 그것을 통해 구성개념(*construct*)[5] · 이미지 · 계층을 이해할 수 있게 된다. 세계를 구성하는 데 이러한 분류는 매우 중요하므로 우리는 아이들에게 비공식적으로나 공식적으로 그것을 가르친다. 독자들은 다음과 같은 〈세서미 스트리트〉(*Sesame Street*)[6] 노래를 기억할 것이다. "이것들 중 하나는 다르네요. 이것들 중 하나는 거기에 속하지 않네요 … ."

유형은 경험적으로 입증할 수 있는 실체를 확인하기 위해서 사용된다. 그러나 우리가 유형을 상상하는 경우도 많다. 유형은 여기 이 세상에 있는 것〔동네(*neighborhood*)[7] · 강 · 건물의 종류〕을 규정하기 위해 사용된다. 그러나 그것은 아직 만들어지지 않은 것이나 물질세계에 결코 존재할 수 없는 것(파라다이스 · 네버네버랜드)을 규정하는 데도 사용된다. 유형은 물질세계에 물리적으로 존재하기도 하고, 세계의 장소에 대한 우리의 열망과 희망에 심상으로 존재하기도 하며, 우리의 사고와 지적 작업 속에 개념적으로 존재하기도 한다. 인간의 행위로서 유형화(*typing*)가 갖는 포괄성, 모호함, 그리고 힘은 모두 물질적 · 심상적(*imaginal*) · 개념적으로 공간을 생산하고 장소를 만드는 데 사용되는 유형의 속성에 기인하는 것이다.

이 책(원서)의 표지에 있는 낸시 울프(Nancy Wolf)의 〈완벽한 질서〉(*Perfect Order*)에는 건물유형 · 경관유형(*landscape type*)들이 묘사되어 있다. 독자의 흥미와 관심에 따라 이 그림에서 알아볼 수 있는 특정한 유형이나 유형의 조직은 다를 것이다. 건축가라면 고층건물과 단독주택의 형태적 · 건축적 유형, 고층건물의 건축양식(탈근대, *postmodern*), 혹은 철골조와 유리건물에 관심이 갈 것이다. 계획가와 지리학자는 여러 종류의 동네를 찾아낼 것이다. 지역지구제(*zoning*) 담당 공무원은 지역지구제의 전문적인 표기방식[8]을 보고 여러 종류의 동네가 있음을 확인할 수 있을 것이다. 도시역사가는 이 그림이, 비록 과장되었지만, 현대의 탈근대적 상황에 있는 미국의 대도시 지역을 표현한 것임을 알 수 있을 것이다. 일반 독자들은 사무소건물 · 고속도로 · 공원 등 일상생활에 가장 일반적으로 알려진 건물유형과 경관유형을 찾을 수 있을 것이다.

따라서 우리가 중요하다고 인식하여 여러 활동에 사용하는 유형은, 우리의 목적, 곧 유형을 사용하는 의도에 따라 상당히 많이 달라진다. 건축 · 역사 · 계획 · 도시설계 · 도시사회학 등 여러 분야의 연구자들은 환경을 기술하고 이해하기 위하여, 또한 어떤 경우에는 미래의 활동을 나타내고 규정하기 위해 장소의 범주를 개발한다. 건축가를 비롯하여 장소를 구성하고 변경하는 일에 관련되는 사람들은 여러 종류의 유형을 사용하여 장소를 설계하는 데 도움을 얻는다. 정책입안자, 재정부문 관료, 지역지구제 관료, 역사보존위원회, 건설현장 감독은 유형에 관한 공식적인 법전을 참조해 유형의 구성 · 변경 · 용도를 규제한다. 개발자 · 부동산회사 · 제조업자 · 광고업자는 장소와 아이디어를 묘사하고 표현하기 위하여, 그리고 부동산과 생산품을 팔기 위해 유형을 사용한다. 사회비평가와 모든 분야의 예술가들은 의미를 탐구하는 과정에서〔종종 탐구의 일부로, 이미 용인된 분류방식과 텍스트 읽기(*textual reading*)에 이의를 제기하는 과정에서〕 장소 유형을 표상하고(*represent*) 해석한다. 그리고 우리 모두는 일상 활동에서 문화적 · 역사적으로 형성된 유형을 상식적으로 이해함으로써 환경을 이해하고, 장소를 상상하고, 장소에서 산다. 이 모든 활동을 통해 우리는 자신을 세계 속에 위치시키며 삶에 의미를 부여한다.

□ □ □

책의 구성

이 책에 유형이나 유형화에 대한 어떤 결정적인 글이 제시되어 있는 것은 아니다. 이 에세이 모음집에서 우리는 지식의 한 형태인 유형에 대해 다양하고 때로는 상충되는 시각을 제공하고, 인간 활동에서 유형의 위치 그리고 우리가 유형에 의존하여 세계 내에서 그것을 고안 · 변형 · 작동하는 방식을 논하려고 한다. 이 책의 에세이들은 유형과 유형화의 가변적이고 상충되는 특징들을 반영하여 여섯 부로 나뉜다. "제 1부 종(*species*)의 유형화"에서는 유형과 유형화가 세계에 대한 경험의 기원이며 경험을 이해하는 방법임을 논한다. "제 2부 유형의 정착"에서는 유형과 유형화가 잘 변하지 않는 방식으로 세계를 매핑한다(*map*)[9]는 사실을 논한다. "제 3부 유형의 타협"에서는 유형과 유형화가 유동적이며 변화하는 것임을 논한다. "제 4부 유형을 통한 유희"에서는 유형과 유형화가 설계에 느슨하고 직관적으로 사용됨을 논하는 반면, "제 5부 학문에서의 유형"에서는 유형과 유형화가 대상을 이해하고 분석하는 데 의식적으로 정확하게 사용되고 있음을 논한다. 마지막으로 "제 6부 유형과 사회적 실천"에서는 유형이 사회의 구성 부분으로서 지배적 가치와 이해관계를 심화시킴을 논한다.

쉬니클로스(Schneekloth)와 프랭크(Franck)가 쓴 "1장 유형: 구속인가 희망인가"에서는 우리가 발견하고 창조하는 물질·심상·개념세계가 유형으로 구성되는 방식을 설명함으로써, 지식의 한 형태로서 유형이라는 논제의 틀을 세운다. 여기서는 점유(*occupying*), 명명(*naming*), 이미지화(*imaging*), 고안/변경(*inventing/modifying*), 표상(*representing*)[10] 등 다섯 가지의 유형 작용을 서술한다. 그리고 유형과 상호작용하는 이러한 여러 방식이 우리가 지식과 장소를 만들어내고 변형하는 데 어떻게 사용되는지 제시한다. 나아가서 이 서론에서는 세계를 적극적으로 해석하고 또 창조하는 우리의 능력이 유형의 도움을 받거나 그로 인해 제한받기도 하는 방식들을 서술한다.

"제 1부 종의 유형화"는 세 장으로 구성되는데, 인간 외적인 자연세계와 우리의 상호작용에서 사용되는 유형화를 근본적인 차원, 곧 종(*species*)의 차원에서 다룬다. 이 일련의 에세이는 태초(*beginnings*)라는 개념과 지구/인간관계의 유형화에서 출발하여, 지구에서 사는 우리 인간들은 다른 점보다 비슷한 점이 많음을 논하고 있다. 성(聖)과 속(俗)의 분리, 우리의 일부라고 생각하는 것과 우리 밖의 것의 구분, 그리고 수천 년에 걸쳐 점진적으로 진보한 경관의 유형들은 모두 질서 부여의 방식이 지구의 표면과 지구와 우리의 상호관계에 반영된 것들이다. 제 1부의 세 장에서는 인간과 인간 외적 세계에 대한 서로 다른 견해를 바탕으로 우리가 구성한 장소들을 자연세계와의 관계에서 이해하려 노력하고 있다.

쉬니클로스는 "2장 거주의 개념"에서 공상과학물을 사용하여 생태학적 상상의 (재) 출현과 20세기 말에 그것이 갖는 의미를 탐구한다. '우리'(*us*)와 '우리 아닌 것'(*not-us*)이라는 이원성으로 세계를 개념화하는 것은 우리 세계와 우리가 만드는 장소에 널리 퍼져있다. 이러한 구분으로 인해 우리가 참여하고 관심을 갖는 것과 우리가 버리고 소비하는 것이 나뉜다. 쉬니클로스는 서구 산업사회에서 이렇게 문화적으로 인식된 구분이 우리 자신, 우리의 장소 그리고 다른 종에도 손해를 초래한다고 지적한다. 그에 따라 우리 아닌 것이 인간에게 덜 이용당하고 인간이 다른 것들에 좀더 감사하는 세계를 구성하기 위해 양심적인 재이미지화(*re-imaging*)가 필요하다고 한다.

브릴(Brill) 또한 "3장 장소 만들기를 위한 '생래적 언어'로서의 원형"에서 인간/대지의 상호작용을 다루며, 그가 '충전된'(*charged*) 곳이라고 표현한 특별한 장소들의 출현에 관해 이론/서사(*story*)를 제시한다. 그런 장소들은 개인적인 것일 수도 있고 문화적인 것일 수도 있다. 그리고 어떤 장소들은 종 전체에 해당하고 원형적이며, 인간이 지구에 거주하고 장소를 의미 있게 만드는 데 기본이 된다. 필자는 설계자들이 '장소원형'에 대한 인식을 확장할 수 있다고 지적하며, 방사능 폐기물 매립장의 설계를 사례로 그 과정을 설명한다.

콘돈(Condon)도 자신이 발전시킨 '경관유형의 유형학'을 사용한 설계를 통해 장소유형을 탐구한다. 인공경관(*built landscape*)이란 자연세계에 대한 인간의 개입을 말하는데, "4장 인공경관 유형학: 우리가 사는 대지의 언어"에서 필자는 인공경관이 질서에 대한 인간의 요구 그리고 형태적 질서에 대한 자연의 무관심 사이의 이항대립(*dialectic*)을 표현한다고 주장한다. 새 천년으로 가고 있는 시점에서, 우리는 자연상태에서 인공상태로 변형되어온 세계에 살고 있다. 콘돈은 이러한 극적인 공간적 변화가 인간이 세계를 경험하는 데 의미하는 바를 탐구한다.

"제 2부 유형의 정착"에 실린 에세이들은 서구 산업사회에서 지역적, 국가적, 세계적으로 사회 · 경제 구조를 지배하고 통제하기 위해 유형과 유형학이 발전해온 방식을 설명한다. 단데카(Dandekar)는 "5장 미국 중서부의 농장유형: 정부 정책의 반영"에서 시장 변화에 대응하고 한편으로는 그것을 유발한 정부 정책의 변화와 관련하여 미국 중서부 농장의 발전을 서술한다. 농장과 농장경관이라는 장소유형은 지난 200년 사이에 극적으로 변화했으며, 빠르게 법인기업으로 흡수되고 있다. 장소유형이 현행 미국의 규정과 국제 정치경제에 의해 형성되는 한 앞으로도 그런 변화는 계속될 것이다.

20세기 초 기능에 따른 지역지구제가 대두됨에 따라 미국에서 이상적인 가족유형을 보호하기 위한 지배문화가 형성되었다. 핵가족이라는 이상은 교외주택이라는 장소유형의 이상과 결합되었다. 그리고 단일가구 주거단위는 '최상위'의[11] 의 용도가 되었다. 리츠도프(Ritzdorf)는 "6장 지역지구제를 통한 미국 지역사회의 가족유형 규제"에서 지역지구제(*zoning*)의 발전 그리고 어떤 집단이 다른 집단을 배제할 수 있는 권리를 만들어낸 지배방식에 관해 논한다. 나아가서 그는 사회 정의의 이해관계와 미국 가족의 다양성 속에서 지역지구제와 현행 정주패턴이 어떻게 변형될 수 있는지를 제시한다.

킹(King)은 "7장 용어와 유형: 주거유형과 도시유형의 이해"에서 부동산 시장과 대학의 도시연구에서 활용되는 명명과 표상(*representing*) 작업에 나타난 유형을 논한다. 그는 부동산 광고 · 사진 · 학술서 등 다양한 텍스트를 분석해 물질세계를 표상하고 변형하는 사회적 · 정치적 의미체계를 비판한다.

"제 3부 유형의 타협"을 이루는 세 장은 건물의 설계와 시공과정, 그 후에 유형의 다양한 해석들이 결합되는 방식, 그리고 여러 관련자들이 유형의 의미와 용도에 관해 타협하는 방식을 논한다. 마르커스(Markus)는 "8장 사회적 실천과 건물유형학"에서 건물의 생산과 사용, 건물에 대한 글쓰기 등 여러 사회적 실천 사이의 관계를 연구한다. 그는 장소유형의 의미체계가 언어를 통해 구성되고 중재된다고 주장한다. 건물유형의 언어는 일상적인 사회관계를 형성하고 유지하는 데 기여한다. 그러한 사회관계는 20

세기 말, 급속히 변화하고 파편화하는 장소에 특히 중요한 의미를 갖는다.

"9장 건축 실무에서의 유형학적 사고"에서 심즈(Symes)는 세 가지 사례 연구를 통해 건축의 실무에서 일반적으로 나타나는 여러 유형들의 타협을 보여준다. 한 사례에서 그는 주거의 보급에 적용된 '방법의 유형'을 논한다. 다른 사례는, 장애인 승마자를 위해서 승마장이라는 알려진 유형을 변형함으로써, 건축주-설계자 팀이 설계과정에 최대의 융통성을 부여하려고 할 때 어려움을 겪은 사례다. 세 번째 사례에서는 짓고 있는 장소가 '클리닉'인가 '병원'인가 하는 질문처럼 '유형의 선례'가 의문시되는 경우를 다룬다. 심즈의 글은 건축을 사회적으로 기획하는 데 있어서 유형과 유형화가 갖는 의미를 설명한다.

로빈슨(Robinson)의 "10장 유형이라는 질문"에서는 설계탐구과정에서 유형이 해답보다는 질문으로 사용될 때 발휘되는 유형학적 사고의 힘을 다룬다. 어떤 유형이 특정한 상황에 있는 특정한 문제에 적용되어 변형될 때, 혹은 새롭게 대두된 그룹 홈(*group home*)[12] 처럼 새로운 유형이 요구될 때 유형은 질문이 된다. 건축가들은 건축분야와 모두가 공유하는 일반문화 등 (최소한) 두 영역에 모두 속하므로, 장소를 만들 때 기초(공유) 유형체계〔*basic (shared) type system*〕와 분류(전문) 유형체계〔*classificatory (professional) type system*〕를 모두 사용한다. 유형을 질문으로 다룸으로써 장소유형의 기초적인 문화체계와 좀더 정교한 건축의 분류체계를 이해하고 통합하는 건축가의 능력이 향상될 수 있다. 그에 따라 설계자와 건축주 사이에 의사소통이 원활해지고 새로운 장소유형을 개발하는 것이 용이해질 것이다.

"제 4부 유형을 통한 유희"에 속하는 세 장에서는 장소 만들기와 장소 파괴, 그리고 장소에 대한 우리의 개념과 이미지에서 매우 자주 나타나는 유형의 유동적 개념화(*fluid conceptualization*)를 밝힌다. "11장 유형에 대한 한 미술가의 시각"에서 울프(Wolf)는 지난 30년간의 건축을 비판하며, 유형을 활용하여 토속경관(*vernacular landscape*)에 대한 문제를 제기한다. 그는 근대건축·탈근대건축[13]·해체주의가 상상하고 구성한 여러 장소 유형을 텍스트와 이미지로 재현한다. 그의 드로잉에서 우리는 때로는 두려움을 가지고, 우리가 점유한 장소의 종류와 우리가 가진 세계에 대한 개념을 인식한다. 울프는 감성이 없고 인간의 점유를 방해하는 서양 산업사회의 인공경관에 이의를 제기한다.

라 마쉬(La Marche)는 "12장 유형의 안과 밖"에서 자신의 텍스트와 많은 다른 사람들의 비평을 통해 유형과 유형화가 갖는 여러 가지 모호함과 한계를 설명한다. 짧지만 매우 밀도 있는 명제들을 제시하고 독자와 폭넓은 대화를 시작함으로써 그의 비평은 유형과 유형화의 개념을 넘나드는 다성부의 작곡이 되었다.

다우닝(Downing)은 "13장 기억 그리고 장소 만들기"에서 설계과정에서 유형이 형성되고 사용되는 여러 가지 방식을 탐구한다. 유형을 가지고 유희를 하고 유형에 대한 기억·경험·이미지를 질서화하고(*ordering*) 재질서화함으로써(*reordering*) 건축가들은 미래의 장소가 무엇인지 추측한다. 다우닝은 유추적이고 은유적인 사고를 통해 유형을 손쉽게 조작함으로써 설계 탐구과정에서 유형화를 혁신할 수 있다고 제안한다.

"제 5부 학문에서의 유형"에서는 건축·계획·환경설계·환경/행태연구 그리고 그 밖에 장소 만들기를 실천하는 영역에서 유형이 학문연구에 사용되는 방식을 통찰한다. 필자들은 유형과 유형화를 탐구하고 그것들에 관한 지식을 얻는 데 도움이 되는 접근방법을 논한다. 프란체스카토(Francescato)는 "14장 유형 그리고 건축학의 가능성"에서 "유형의 개념을 통해, 다른 영역의 지식과 차별되는 건축적 지식이 갖는 고유한 특징이 무엇인지를 알 수 있는가?"라는 질문을 제기한다. 그리고 그는 건축기획(*architectural enterprise*)의 성격과 방법, 그것이 생산하는 대상물의 성격과 그것이 의존하는 지식의 형태를 탐구함으로써 이 질문에 대답한다. 그는 건축에 유형학적 사고를 바탕으로 한 도구적 학문이 필요하다고 주장한다.

로렌스(Lawrence)는 스위스의 프랑스어권 주(*canton*)에서 1860년에서 1960년 사이에 진행된 도시 임대주거단위의 개발에 관한 연구를 통해 "15장 분석도구로서의 유형: 재해석과 적용"에 대한 논의를 전개한다. 유형은 공유지식(*shared knowledge*)의 총체라고 생각할 수 있으므로, 폭넓은 텍스트와 표상을 통해 장소를 유형학적이고 역사적으로 분석하면 공간적 실천과 변형을 밝힐 수 있다. 개발이 점진적으로 또는 빠르게 확대됨에 따라 세계에서 생활하고 세계를 지각하는 사회구조가 변화한다. 유형을 분석도구로서 사용하면 건조환경(*built environment*)의 사회적 · 공간적 · 시간적 차원 사이의 상호작용은 물론이고 그것들 각각을 드러낼 수 있다.

베르네 무동(Vernez Moudon)은 이탈리아 · 프랑스 · 영국의 학파들이 20세기에 발전시킨 유형형태학의 연구를 개괄한다. "16장 인공경관의 이해: 유형형태학"에서 이들 학파의 시각과 논쟁이 설득력 있게 설명되었다. 이 글에서 필자는 도시환경에 대한 우리의 이해와 그것을 실제로 건설하는 데 있어서 이런 종류의 유형분석이 갖는 힘을 설명한다.

마지막 부분인 "제 6부 유형과 사회적 실천"에서는 유형화가 사회적 실천의 형태로서 사용되고 또 오용되는 문제를 다룬다. 여기서, 배제과정과 사회적 통제를 통해 어떤 사람들에게는 장소를 만들 수 있도록 하면서 다른 사람들에게는 그러지 못하게 하는 현상을 설명한다. "17장 표본화 그리고 사회의 건설: 사라진 후원자"에서 반더버그(Vanderburgh)는 19세기 근대성(*modernity*)의 초기에 새로운 건물유형이 확산되었던 사실로 다시 돌아간다. 그는 '사라진 후원자', 또는 새롭게 대두된 중류계급이라는 틀로 장소유형의 역사를 재구성한다. 그는 전통적 중심과 후원자가 사라진 사회를 건설하려는 시도로 감옥과 같은 기능적 건물유형의 개념이 등장했다고 주장한다. 급속히 변화하는 사회는 공간의 구조를 엄격하게 통제함으로써 사회질서를 그대로 유지하려 했는데, 새로운 형태에 대한 확신은 그러한 사회를 안정시키는 데 기여했다.

프리드먼(Friedman)은 "18장 내 유형이 아닐 뿐이다: 젠더(*gender*), 관례, 그리고 불확실한 용도"에서 유형에 관한 관례를 지배문화(계급 · 인종 · 젠더 관계)를 보존하기 위한 장치라고 비판한다. 그리고 관례에 따라 규정된 '지식의 위상'이라는 시각에서 건축역사를 간략하게 언급한다. 그는 유력한 여성 건축주가 젠더에 대한 관례를 깬 두 사례를 제시한다. 그 중 하나는 미스(Mies)의 건축주인 판스워스(Farnsworth)에 대한 것이고, 다른 하나는 라이트(Wright)의 건축주인 반스달(Barnsdall)에 대한 것이다. 이 두 상황에서, 프로젝트는 성공적이라고 볼 수도 있고 실패한 것으로 볼 수도 있다. 예상된 유형들(건물유형 · 건축주유형 · 직업유형 등)의 위상변화(*dislocation*)에 따라 지배적인 사회질서에 도전할 기회가 생긴다.

프랭크(Franck)의 "19장 유형은 우리다"에서는 유형을 고정된 용기(*container*)가 아니라 형태 · 용도 · 의미로 짜인 집합체의 가변적인 조직망(*web*)으로 보는 유형의 재개념화(*reconceptualization*)가 제시된다. 현행 장소유형의 조직망과 그 이면의 목적을 드러내는 과정은 미술 · 건축 · 사회이론에서의 실험적 연구처럼 중요한 지적 작업이다. 그런 실험적 연구들을 토대로 현재 우리가 장소유형을 이해하고 만들어내는 방식을 비판하고 대안을 제시할 수 있다.

이 책에서는 장소에 관한 지식을 다양하고 복합적인 유형으로 구조화함으로써 우리의 마음속과 대지 위에 세계를 만드는 것에 대해 논한다. '정해진 것'이란 없다. 이 책에서 우리는 물질적 · 심상적 · 개념적 세계의 다양하고 때로는 모순적인 측면들을 선정하여 그것들에 주의를 기울이고, 그것들을 숙고하고, 또 가능하면 수정했다. 우리는 이러한 활동의 범위를 드러냄으로써 장소 만들기의 과정에 통찰력을 제공하고자 한다. 이 책을 읽으면 유형이란 모든 것에 관한 것임을 알게 될 것이다. 그리고 유형화가 모든 것을 포괄하는 개념임에도 그것은 여전히 유용하다는 생각을 갖게 할 것이다. 그러나 우리는 유형화가 실로 모든 것들에 관한 기본적인 인간 행위라고 주장한다. 삶 자체와 같이, 그것은 우리가 관여해야 할 매우 중요한 인간적 과업(*human enterprise*)인 것이다.

□□□

우리는 이 책을 만드는 데 매우 열심히 작업해 준 모든 필자들께 감사드린다. 모든 필자는 각기 하나의 장을 집필하였을 뿐 아니라 다른 필자의 글에 대해 비평해 주었다. 또한 유형에 관해 진행한 대화와 토론에 참여해 준 동료와 학생들에게 감사한다. 그리고 통찰력 있고 주의 깊게 편집해준 레이철 쉬니클로스(Rachel Schneekloth)와 데이비드 헤르츠버그(David Herzberg)에게 감사드린다. 좋은 책이 되리라고 믿고 우리가 자유롭게 글을 준비하도록 해준 반 노스트란드 레인홀드(Van Nostrand Reinhold)의 웬디 로크너(Wendy Lochner)에게 감사드린다.

역자 주

1) 'ordering space'는 이 책의 제목이자 본문에서 여러 번 사용된 용어다. 이것은 이 책의 번역에서 가장 어려운 용어 중의 하나로 생각된다. 'ordering'은 일반적으로 '질서화'라고 옮길 수 있지만, 이 책에서는 종종 서로 다른 문맥에서 사용되었기 때문에 그 번역어에 대해서 좀더 생각해 볼 필요가 있다. 이 문제에 대해서는 "옮긴이 해제"에서 논한다.
2) 지역지구제에서 저밀도 주거지역을 나타내는 기호.
3) 개척지와 미개척지의 경계지역을 말한다.
4) 이 책에서 'practice'는 인간의 활동이나 실천을 지칭하는 말로서 지식 또는 유형화(*typing*)의 대응어로 사용되었다. 이 책에서 사용된 '실천'의 의미에 대해

서는 "옮긴이 해제"에서 설명한다.

5) 구성개념(構成槪念)은 이론의 구축이나 설명을 위하여 조작적으로 만들어낸 개념을 말한다. 그것은 직접 측정할 수는 없으나 특정한 현상을 유발한다고 가정된다.

6) 1969년부터 지금까지 계속되고 있는 미국의 어린이 교육용 TV시리즈.

7) 근린주구론(*neighborhood unit*)에서는 neighborhood를 '근린'이라고 번역하나, 일반적인 문맥에서는 순 우리말인 '동네'로 번역하는 것이 자연스럽고 의미 전달도 잘 된다.

8) 미국에서 용도지역은 R(주거지역) · C(상업지역) · M(공업지역) 등 알파벳으로 표기된다.

9) 이 책에서 자주 나오는 용어 중 하나가 map 또는 mapping이다. 이 단어에 해당하는 적합한 우리말을 찾기 어려운데, 이 번역서에서는 문맥상 다른 번역어를 사용하는 것이 자연스러울 때를 제외하고는 '매핑'으로 번역하고 영문을 병기했다. 이에 대해서는 "옮긴이 해제"에서 설명한다.

10) 'representation'은 일반적으로 '표상'(表象) 또는 '재현'(再現)으로 번역된다. 철학이나 심리학에서 '마음 또는 의식에 현전(現前, *presence*)하는 것'을 뜻하는 경우 표상이라고 번역되는 경향이 있으나, '재현'이라는 번역어가 '표상'과 별다른 구분 없이 쓰이기도 한다. 이 번역서에서는 주로 '표상'으로 옮겼으나, 다시 나타난다는 재현의 의미가 더 적합하거나 원문이 're-presentation'일 경우 '재현'으로 옮겼다.

11) 일반적으로 주거 · 녹지 · 상업 · 공업지역 등으로 구분되는 지역지구제에서 단일가구 주거단위인 단독주택은 가장 우선적으로 보호받는 용도이다.

12) 고아나 신체장애인 등 특별한 조건을 가진 사람들을 모아서 돌보는 거주시설을 말한다.

13) 건축에서 포스트모더니즘(*Post-modernism*)이라는 용어를 본격적으로 처음 사용한 찰스 젠크스(Charles Jencks)는 탈근대건축을 '건축을 언어로 간주하고 그 의사전달의 정도를 높이기 위하여 엘리트코드(*elite code*)와 대중코드(*popular code*)를 모두 사용하여 건물을 이중코드화(*dual coding*)하려는 건축'이라고 정의한다. 대중소비사회인 후기산업사회의 시대상황에서 태동된 포스트모던 건축은 1960년대에 싹을 보였고 1970년대에 많은 관심을 모았으며 1980년대에는 우리 건축계에 도입되어 영향을 주었다.

공간의 유형학

건축과 디자인에서 유형의 연구와 활용 ①

차 례

제 1부 종의 유형화

제 2부 유형의 정착

제 3부 유형의 타협

2권 차례

제 1 장

유형: 구속인가 희망인가

린다 H. 쉬니클로스 Lynda H. Scheekloth
캐런 A. 프랭크 Karen A. Franck

유형은 생활의 모든 영역에서 일어나는 사고·의사소통·행동을 구성한다. 유형과 유형화(*typing*)를 통해 우리는 사물들 사이를 구분할 수 있다. 또한 그것을 통해 사물들 사이의 유사성을 인식하고 사물들을 모을 수 있다. 인간은 사고체계를 사용해 경험이나 대상을 명명하고 그것들을 자신의 문화와 시대의 중요한 범주로 분류한다. 유형과 유형학(*typology*)[1]은 세대를 두고 의사소통되고 재생산되는 전파력이 강한 구성개념(*construct*)이다.

공간을 여러 종류로 분류하는 것은 유형화의 한 형태이다. 이런 유형화는 어떤 시대의 사회에서도 생활의 본질적인 부분이다. 다른 범주들과 마찬가지로, 장소유형은 지식을 구성하는 요소다. 장소유형이 없다면 우리는 알 수도, 행동할 수도 없을 것이다. 그리고 유사성을 인식할 방법이 없을 것이며, 차이의 패턴을 인식하거나 그것을 만들어내지도 못할 것이다. 결국 우리는 공간 또는 공간적 실천(*practice in space*)을 구성할 방법이 없을 것이다.

우리는 공간구조와 그것에 관한 개념으로 지식의 형태, 곧 세계를 아는 방법을 구성한다. 이런 지식의 힘으로 만들고, 거주하고, 창조하고, 이해하고, 변형한다. 실천으로서의 유형화는 매우 중요한 인간적 과업(*human enterprise*)이다. 그것은 음식의 생산과 관련된 의식(儀式)과 실천처럼 인간 문화의 한 부분이다. 음식을 생산(음식을 발견하는 것을 포함)하기 위해 경관을 구성하는 방법, 그 행위에 책임이 있는 사람, 음식의 종류, 음식이 배분되고 공유되는 방식, 음식을 먹는 곳 등 음식의 생산방식은 사회에 따라 극단적으로 다를 것이다. 그러나 음식을 생산하기 위해 땅을 공간적으로 구성하는 것과 음식을 공유하는 사회적 실천은 인간의 실존에 꼭 필요하다. 유형은 이와 동일한 방식으로 작동한다. 유형의 구조는 문화마다 다르지만, 유형화라는 행위는 모든 문화에서 지식의 기본적인 틀을 이루며, 그것으로 인해 생활을 용이하게 영위할 수 있다.

유형화를 통해 우리는 세계에 질서를 만들 수 있으며, 개인적・집단적 생활을 이해할 수 있다. 유형화는 우리가 거주하는 물질세계를 생산하고 재생산하는 방식이다. 유형화의 과정을 통해서, 아니면 작동하는 유형을 파악함으로써, 우리는 자신을 세계에, 특정한 사람들의 커뮤니티에 위치시킨다. 우리가 세계를 이해하고 환경을 학습하고 물질적 장소를 만들기 위해 사용하는 장소유형의 구조로 인해 그 밖의 구조와 생활방식은 가려지게 된다. 우리는 세계에 질서를 부여하는 일정한 방식으로만 살 수 있으며, 그 밖의 방식으로는 살 수 없다.

우리는 이미 아는 것을 재생산하며, 우리가 아는 공간적 실천과 장소유형을 정책과 법적 규제로 정형화하고 뒷받침한다. 특정한 공간적 실천과 그것의 물리적 표명을 '앎'에 따라 다른 방식의 유형화와 생활을 상상하는 것이 어려워진다. 공간적 실천이 구체화되면서 변경은 거의 불가능해진다. 지식을 구성하는 힘이 모든 방식의 유형화와 비유형화(*untyping*)[2]에 균등하게 쓰이는 것은 아니다. 이런 방식으로, 우리가 세계를 이해하고 만드는 데 사용하는 유형화라는 인간적 과업은 생활을 제한하고 억제하기도 한다. 이런 긴장이 이 글의 주제 중 하나다.

이 장에서는 이 책에 제시된 유형과 유형화의 다양한 의미와 작용을 소개한다. 여기서 우리의 목표는 공간과 장소에서 작동하는 유형을 간단명료하게 이해하는 것이 아니며, 유형에 관한 모든 문헌을 종합적으로 개괄하려는 것도 아니다. 우리의 의도는 오히려 유형과 유형화의 다양성·다중성·복잡성을 드러내는 데 있다. 그 과정을 시작하기 위해 먼저 인간의 경험에서 유형의 위치를 탐구하기로 한다. 장소유형은 물질세계에 존재한다. 그것은 세계와 그 안의 장소에 대해 우리가 가진 열망/희망/공포 속에 심상으로 존재한다. 그것은 우리가 세계를 사고하고, 질서화하고, 분석하고, 읽는 데 관념적으로 존재한다. 다음으로 우리는 장소유형이 스스로 작동하고 다른 요인들에 의해 작동되는 방식을 논한다. 곧, 장소유형이 우리의 점유·명명·이미지화·고안/변경·표상 행위를 통해 경험되고, 생산되고, 재생산되는 방식을 논한다. 마지막으로 유형과 유형화의 주제를 제한과 허용이라는 측면으로 확대하고자 한다.

우리가 이 책을 엮는 동기는 여러 필자를 초대하여 각 장을 집필하고, 그들이 말한 것을 읽고, 제시된 논제들을 사색함으로써 유형과 유형화를 좀더 충분히 이해하려는 것이다. 우리는 다른 필자들과 작업을 한 후에 이 장, "유형: 구속인가 희망인가"를 썼다. 따라서 여기에 있는 개념과 식견은 이 책에 실린 모든 에세이의 수정본들을 읽고 주석을 다는 과정에서 발전된 것이다. 우리는 서로 다른 견해를 포괄하는 책을 엮으면서 여러 견해 사이의 차이와 공통점을 지적하는 서론을 쓰기로 했다.

인간 경험 속의 장소유형

장소들을 범주화하거나 범주의 구성요소로 다룰 때, 우리는 마음속에 정신적인 장소유형을 만든다. 그러나 우리는 장소유형을 손과 기계를 사용해 물리적으로 만들기도 한다. 곧, 생각 속에 있는 유형의 특징을 가진 물질적 장소를 물리적으로 구성할 때도 있다. 인간의 생각, 감정, 그리고 손으로 물리적인 유형을 만들어내는 것이다. '주택'이라고 부르는 장소, 곧 내가 사는 주택도 인공경관을 이루는 다른 요소들과 구분되는 정신적

그림 1-1 월 스트리트의 주택
사진: 캐런 프랭크(Karen Franck)

구성개념이다. 그것은 하나의 심상적(*imaginal*) 주거**이자** 일련의 형태적 특성과 의미, 그리고 사회적 실천을 지닌 지상의 물질적 장소다. 물리적으로 구성되지 않은 장소유형이 정신적으로 또 사회적으로 구성되기도 한다. 그것들 역시 심상적·개념적 내용을 가지고 있고 나름의 의미와 사회적 실천을 가진다. 모든 장소유형에는 어느 정도의 추상성이 있으며 우리가 세계를 대하는 방식에 따라 생기는 희망과 공포가 구현되어 있다.

이렇게 장소유형은 물질세계에 존재하며, 심상적으로 또 개념적으로도 존재한다. 장소유형의 내용과 특징은 이런 심상적·개념적 세계에서 비롯되며, 장소유형은 물질적·심상적·개념적 측면을 갖는다. 물질유형(*material type*)은 사회적으로 구성되고 명명된 것이며, 우리가 세계에서 점유하고 관찰하는 장소다. 원형(*archetype*)과 이상형(*ideal type*)을 비롯한 심상적 장소유형은 언어·개념·신념으로 이루어지는데, 상상되거나 기억된 장소 또는 인지적으로 구성된 장소를 표상한다. 분류체계(*classifica-*

tion system), 유형학, 유형학적 분석 등을 비롯한 개념적 장소유형은 기술·설명·규범(*prescription*) 등에 사용되는 지적인 구성개념이다.

유형의 이런 물질적·심상적·개념적 측면은 서로 분리된 것이 아니다. 그것들은 용도와 의미로 이루어진 동일한 구성개념의 부분일 뿐이다. 유형 분류체계를 디자인하는 것, 인공경관에서 새로운 유형이 나타나는 것, 어떤 용인된 건물유형이 계속 반복되는 것, 정책이나 법규를 개발하는 것, 공상과학물에서 어떤 장소가 나타나는 것, 이 모든 것들은 물질·심상·개념 등 세 가지 측면을 바탕으로 한다. 그러나 우리는 종종 이들 중 하나를 우선시하고 나머지 두 측면은 부차적으로 여긴다. 어떤 유형이 심상적·개념적 내용을 가지고 있더라도, 상황과 목적에 따라 유형의 물질적 측면이 가장 중요할 때 그것은 물질유형으로 간주된다. 상황과 목적이 다르면 그것은 심상유형(*imaginal type*)이나 개념유형(*conceptual type*)으로 다루어질 수도 있다. 여기서는 논의의 편의를 위해 유형화의 이런 세 측면을 다루기로 한다. 물론, 물질·심상·개념의 범주가 순수한 것이거나 독립적인 것이 아님을 인식해야 한다. 그 세 측면은 우리가 추구하는 행위의 방향과 초점에 차이가 있어 구분되는 것이며, 우리가 주목하고 고려하는 것이 무엇인가를 보여줄 뿐이다.

우리가 관심을 갖는 것은 유형의 물질적·심상적·개념적 측면이 교차해 의미와 공간적 실천을 이루는 방식이다. 이 책의 일부 필자들도 우리가 가진 개념(*idea*)들은 물질세계의 경험 그리고 그것과의 계속적인 상호작용으로부터 형성된다는 전제를 제시했다. 브릴(Brill)·쉬니클로스(Schneekloth)·콘돈(Condon)은 우리가 '세계 내 존재'(*being in the world*)[3]의 조건으로부터 어떻게 원형(*archetype*)[4]이나 경관유형의 유형학과 같은 심상·개념유형을 구성하는지, 그리고 어떻게 경관공간(*landscape space*)을 재생산하는지 설명한다. 프랭크(Franck)·마르커스(Marcus)·반더버그(Vanderburgh) 같은 필자는 인간을 너무 많은 의미, 특히 모순되는 의미로부터 보호하고 어떤 경우에는 다른 인간으로부터 보호하기 위해 개념유형으로 물질유형을 구성하거나 물질유형을 개념유형

그림 1-2 사피야(Safiya)의 집들
드로잉: 사피야, 사진: 라 토샤 헤이(La Tosha Hay)

으로 구성하는 방식을 밝힌다. 이런 유형화의 체계는 결코 중립적이지 않다. 어떤 집단의 사람들은 그것의 혜택을 받는 반면, 다른 집단의 사람들은 혜택을 받지 못한다.

많은 필자들은 유형을 '범주나 계층으로 세계를 구조화하는 개념적 체계'라고 보고 논의를 시작한다. 이러한 범주와 계층은 건축·부동산·학문·토지이용정책·법규와 같은 다양한 영역에서 강조된다. 우리는 실제의 인공물을 정신적 범주에 위치시키는데, 로렌스(Lawrence)가 역사적으로 기술하고 킹(King)이 부동산 목록을 통해 설명한 물질세계는 그런 정신적 범주에 의해 형성되고, 제한되고, 각축을 벌이고, 변형된다. 주거유형(*dwelling type*)이나 계층 차이에 연관된 의미로 인해 물질적 실체에 심상적 측면이 더해진다. 인공물이 속하는 개념적 유형을 통해 그 의미는 확대 재생산될 수 있다. 흔히 가치중립적으로 보이는 유형의 체계는 실제로는 사람들과 시대의 희망과 공포로 이루어지는 심상적 구성개념 위에 성립된다. 이런 구성개념은 종종 권력관계를 유지하고 경제적·정치적 구조를 뒷받침하며, 누가 또 어떻게 공공공간을 사용하는가 하는 공공공간의 이용방식을 구성하는 데 기여한다.

이 책의 각 장에서는 유형의 심상적 · 개념적 측면 또는 물질적 측면을 논함으로써 유형의 담론을 전개하지만, 이 세 측면들은 종종 보이지 않게 서로 교차하여 어떤 '진실한' 또는 적절한 시각을 형성한다.

유형의 물질적 측면

물질적 장소유형 또는 유형의 물질적 측면은 물질의 세계에 존재한다. 모두는 아니지만 많은 물질적 장소유형은 인간이 경관을 조직하거나 경관에 일정하게 개입하여 물리적으로 만들어낸 것이다. 축구장 · 국립공원 · 도시 · 학교 · 침실 · 농장 · 가로 · 등대가 그런 예다. 울프(Wolf)의 그림 〈완벽한 질서〉에는 교외, 시내, 도시주거지, 공원, 고속도로, 단독주택, 사무소 등의 물질적 장소유형이 서로 다른 척도에서 묘사되었다. 숲 · 사막 · 강 · 초원 등의 물질적 장소유형은 물리적으로 유지되지만, 인간에 의해 물리적으로 구성된 것이 아니라 사회적으로 구성되어 물질적으로 존재한다.*

물질적 장소유형은 명칭 · 의미 · 용도를 가지며, 흔히 의미와 신념을 구체화하므로 많은 심상적 내용을 가지고 있다. 또한 그것은 보통 설계되고, 구성되고, 규제되며, 그것의 실천이 규정되므로 개념적 영역에 속하기도 한다.

물질적 장소유형은 전문가와 일반인 사이에서 가장 널리 인식되고 일반적으로 사용되는 장소의 범주다. 사람들은 그것을 관찰하고 점유하고 대화에서 언급한다. 이렇게 이 유형은 매우 널리 이해되고 있으므로, 적어도 어떤 문화 안에서 건축가를 비롯한 여러 사람들은 건축 · 변경 · 구입 · 보

* '자연의 문화'(*culture of nature*)를 변형하는 것에 대한 설명은 윌슨(Wilson 1991)을 참조할 것. 서구문화의 구성에서 인간 외적 세계의 역할에 대해서는 해리슨(Harrison 1992)을 참조할 것. 유럽인의 출현으로 미국에서 일어난 생태적 변형의 분석에 대해서는 머천트(Merchant 1989)를 참조할 것. 미국의 토속경관에 대해서는 잭슨(Jackson 1984)을 참조할 것.

그림 1-3 〈계약〉(The Covenant).
제프리 파마(Jeffrey Fama), 1993.

존하려는 장소의 종류에 대해 건축주와 대화할 수 있다.* 물질적 장소유형은, 숲·목초지 같은 많은 경관유형과 고속도로·정원 같은 둘러싸이지 않은 장소들을 배제하는 용어임에도 불구하고, 흔히 '기능유형' 또는 '건물유형'이라 불린다.

어느 시기의 어느 문화에서도 사람들은 경관에 존재하는 여러 종류의 공간이나 장소를 구별했고 각각의 종류에 서로 다른 용도와 의미를 부여했다. 따라서 세계는 공간적으로 또 사회적으로 구성되거나 매핑(*mapping*)된다. 대부분의 사회에서 물리적 개입은 특정한 종류의 장소에서 특정한 행위와 의미를 뒷받침하기 위해 이루어진다. 이러한 개입은 원주민과 유목민들 사이에서 일어날 때처럼 미미하거나 일시적인 것일 수도 있다. 아

* 로빈슨(Robinson)·다우닝(Downing)·심즈(Symes)·프랭크(Franck)는 모두 유형이 (1) 사회 구성원 사이에 공유되는 일반적인 문화적 범주로 채택되는 방식, 그리고 (2) 설계자에 의해 개발되고 사용되는 방식에 대해 말한다.

그림 1-4 밭. 사진: 린다 쉬니클로스

니면 성소피아 성당(Hagia Sophia), 후버 댐, 피라미드, 뉴욕 시의 건설과 같이 방대한 시간과 장소에 걸쳐 일어날 수도 있다. 어느 경우든, 공간은 범주에 의해 조직되고 또한 공간은 조직되어 범주가 된다. 우리가 경관에 개입하지 않아도, 어떤 종류의 장소에 의미와 용도를 지정함으로써 유형을 사회적으로 구성한다. 예로서 '국유림'을 만들 때 경관에 대한 개입이 거의 일어나지 않지만 그것은 교회를 만드는 일과 마찬가지로 유형을 사회적으로 구성하는 것이다. 고안의 소재가 세계에 존재한다 해도, 모든 유형이 그렇듯, 물질적 장소유형은 고안된 것이다.

오늘날 대부분의 물질적 장소유형은 복잡한 사회적 · 경제적 · 문화적 · 물리적 구성개념이다.* 우리가 점유하는 거의 모든 장소는 경관에 일정

* 물질적 장소유형의 사회적 생산에 대한 연구가 널리 이루어지고 있다. 주목할 만한 작업으로는 킹(King)의 글 모음(1980), 헤이든(Hayden)의 미국 주택과 주거지의 페미니스트 디자인 역사(1981), 크란츠(Cranz)의 미국 공원의 역사(1982), 크롬리(Cromley)의 뉴욕 아파트의 역사(1990), 잭슨(Jackson)의 교

하게 물리적으로 개입하여 얻은 결과다. 오늘날에도 여전히, 한 사회가 만들어낸 물질적 장소유형들은 그 당시 그 사회의 지배적 질서와 가치를 표상하고 재생산한다. 사람들의 행위·관계·신념을 특정한 방식으로 형성하고, 특정한 가치와 이해관계를 조장하기 위해 물질적 장소유형들을 만들고 변경하는 것이다.*

유형의 심상적 측면Imaginal Aspect

심상유형이 사회적·물리적으로 구축되어 물질유형이 된다. 심상유형은 우리의 마음·감정·감각에 들어있다. 그것은 종종 세계에서 표상되고 모방되지만 물질적으로 존재하지는 않는다. 심상유형에 가깝고 그것의 사례로 간주될 수 있는 물질적 장소가 많지만, 심상유형은 물리적으로 구성되거나 점유되는 것이 아니다. 거꾸로 말하면, 해석이 없는 인간의 거주란 없으므로 우리는 심상유형을 **단지** 심리적으로 점유할 수 있을 뿐, 물리적으로 점유하는 것은 심상유형을 해석해서 얻은 물질유형이다.[5)]

물질유형은 심상유형과 유사할 수 있으나 동일할 수는 없다. 변경(邊境, *frontier*), 유토피아, 아메리칸 드림(American Dream),[6)] 단테의 지옥편, 이상적 가정, 어린 시절 동네에 대한 기억 등은 천국과 지옥처럼 심

외의 역사(1985), 그리고 호로비츠(Horowitz)의 미국 여자대학 캠퍼스의 역사(1984) 등이 있다.

* 연구자들은 인공경관의 설계와 용도를 결정하는 사회적·문화적·정치적·경제적·기술적 힘을 탐구한다. 실버스타인과 제이콥슨(Silversteine & Jacobson 1985)의 슈퍼마켓 연구는 그러한 힘에 대한 가장 명료하고 간명한 사례연구다.

최근 물질적 장소유형이 뒷받침하는 정치적·경제적 이해관계에 관심이 커지고 있다. 바르나(Barna 1992)는 1980년대 텍사스의 기업 건축을 다룬다. 주킨(Zukin 1991)은 미국의 인공경관들을 다룬다. 베일(Vale 1992)은 제3세계 수도의 도시설계에 초점을 맞춘다. 소르킨(Sorkin 1992)과 데이비스(Davis 1990)는 몰(*mall*), 교외 필지구획, 폐쇄적 지역사회, 기업군 등 현대 미국 경관의 여러 부분들을 논한다.

상적 장소다. 울프의 〈완벽한 질서〉에 묘사된 각각의 물질유형은 세계 내에 존재한다. 그러나 그것들의 배열은 과장되어 있으며, 그렇게 완벽하게 질서 있는 도시는 존재하지 않는다. 그 그림은 현대 도시계획과 지역지구제를 좌우하는 중요하고 강력한 '장소의 심상유형'을 묘사하고 있다.

심상적 장소유형(*imaginal place type*)은 물질적 장소에 관한 신념과 행동에 중대한 영향을 미친다. 우리는 심상적 장소와 유사한 물질적 장소를 찾거나 만들어낼 수 있다. 그리고 물질적 장소를 마치 심상적 장소인 것처럼 점유하거나 다룰 수 있다. 우리는 종종 물질적 장소에 심상적 장소에서 도출한 의미와 연상을 불어넣음으로써 그 장소를 물질적으로뿐만 아니라 심상적으로 경험한다. 심상적 장소는 이미지와 텍스트에 매우 강력하게 표상되어 있어서 그것에 따라 물질적 장소를 만들어낼 수 있다. 《회고하며》(*Looking Backward*, 1888, 1983)에 실린 에드워드 벨라미(Edward Bellamy)의 도시는 많은 유토피아적 지역사회의 설립을 부추겼다. 르코르뷔지에(Le Corbusier)의 1925년 〈부아쟁 계획〉(*Plan Voisin*)[7]을 비롯한 드로잉들은 1960년대 뉴욕에 건설된 쿱 시티(Coop City)와 레프락 시티(Lefrak City) 등 한 세대의 주거지 설계에 영향을 미쳤다. 이상적 공공시설로서 벤담(Bentham)의 팬옵티콘(Panopticon)[8]은 영국·미국·프랑스에 지어진 감옥의 설계에 두고두고 참조되었다. J. F. 쿠퍼(Cooper)의 소설에 나오는 변경(*frontier*)은 유럽인들이 미대륙을 가로질러 서쪽으로 들어가는 것에 박차를 가했다.

이상형과 원형(*archetype*) 등 심상유형에는 유형이라는 단어의 초기 의미가 반영되어 있다.

> 본래 그리스에서 **타이포스**(*typos*)는 속이 비거나 오목한 주물 형틀이라는 의미로 사용되었다. … 플라톤과 아리스토텔레스가 사용하기 시작한 이래 이 단어는 개략적이고 미완성된 부조 혹은 윤곽이라는 의미로 쓰이는데, 이는 정확한 정의라기보다 가시적인 형체를 만들어내는 특성을 강조하고 있다(Hillman 1980, 6).

더 나아가,

> 우리가 경험하는 유형이 혼합성을 갖기 때문에 "이상적" 유형에 대한 요구가 생긴다. 이상형은 명백하게 증명되는 것이 아니라 인간의 경험을 이해하기 위해 순수하게 상상된 배경으로서 의미를 갖는다. … 이상형은 **본질직관**(*Wesenschau*),[9] 곧 본질의 통찰에 따라 형성되며 통계적 평균(표준)이나 논리적 추론(계층)으로 형성되는 것은 아니다(Hillman 1980, 7).

'이상형'은 건축적 담론에서 특히 파라다이스나 오두막(*hut*),[10] 신전의 개념을 언급할 때 나타난다.* 심상유형 또는 이상형으로 실제 장소를 예시할 수 있으며 그것들로부터 설계의 영감을 얻을 수도 있다. 그러나 심상의 장소와 실제의 장소가 정확히 같은 성질을 갖는 것은 아니다. 심상적인 것은 복제될 수 없다. 그것은 좀더 일반적인 것이며 포착되기 어려운 것이기 때문이다. 비들러(Vidler)는 18세기 카트르메르 드 캥시(Quatremère de Quincy)의 논의를 설명하면서, "카트르메르는 이상형의 개념을 결코 실현되지 않는 것, 시각적으로 감지되지 않는 것, 맹목적으로 복제되지 않는 것, 그럼에도 불구하고 건축의 원리나 개념의 대표적인 형태로 설정했다"(1977, 105)고 말한다. 세계를 만들고 해석하는 데 있어 이상형이 그처럼 유력한 원천이 되는 것은 바로 그것이 포착하기 어려운 속성과 잠재적 풍부함을 갖기 때문이다.**

설계나 다른 창작활동에서 물질유형들은 심상유형을 만들어내는 소재로서 사용될 수도 있다〔울프(Wolf)의 〈완벽한 질서〉에서처럼〕. 이는 심상유형이 물질유형의 창조를 위한 소재 또는 영감으로 작용하는 것과 마찬

---

* 건축사에서 이러한 심상적 원형의 역할에 대해서는 매클렁(McClung 1983)과 라이쿼트(Rykwert 1972)를 참조할 것.

** 프란체스카토(Francescato)는 이 책의 글에서, 형태와 기능의 복합체로서 유형의 개념이 갖는 가치를 이해하기 위해 카트르메르가 전개한 사고에 내포된 중요한 의미들을 설명한다.

가지다. 심상유형과 물질유형은 서로 생성원으로 작용할 수 있는 것이다. 유형은 씨앗, 곧 다른 것의 기원이 된다. 그것은 다른 유형, 다른 사고, 행동으로 변형된다. 유형은 그것 너머로 연상되고, 확장하고, 성장한다. 건축계에서는 유형의 이런 측면을 주목해왔다. 18세기 이론가들[11]은 유형을 "단순한 지정(*designation*) 혹은 정적인 분류용어로 본 것이 아니라 활동적 원리, 설계의 방식 자체라고 보았던 것이다"(Vidler 1977, 99). 심리학에서 힐만(Hillman)은, 융(Jung)이 의도한 것은 성격유형(*personality type*)의 체계를 분류도구로 사용하는 것이 아니라 비판도구, 곧 '무한한 다양성에 대한 설명적 토대와 이론적 틀'로 사용하는 것이었다고 지적한다(1980, 23).

이 책의 몇몇 필자들은 심상유형 그리고 그것과 물질유형의 관계를 탐구한다. 쉬니클로스(Schneekloth)는 **우리**와 **우리 아닌 것**(*not us*) 사이의 기본적이지만 가변적인 구분, 그리고 현재 이런 구분을 초래한 신념에 대해 논한다. 이러한 구분은 심상유형을 발생시키는데, 그것으로 우리는 세계를 이해하고 경험하며 물질적 장소유형을 형성한다. 브릴(Brill)은 원형(*archetype*)과 원형적 경험의 개념을 끌어내어 물질적 장소의 본질과 신화적 주제를 설명한다. 다우닝(Downing)은 건축가의 설계과정(*design process*)을 조사하여, 건축가가 기억되고 상상된 장소를 사용하는 방식을 설명하고 심상적인 것을 사용해 실제 장소를 설계하는 방식을 보여준다. 울프(Wolf)의 에세이와 미술은 건축가들이 지난 30년 동안 보고 그려온 이미지의 종류들을 제시하고 그것들이 물질유형의 설계에 커다란 변화를 야기했음을 보여준다.

심상적 내용은 물질세계의 구성을 가능하게 하기도 하고 제한하기도 한다. 세계에 대한 경험은 우리가 가진 희망·욕구·공포·소망으로 인해 풍부해지기도 하지만 동시에 경직되기도 한다.* 그러나 현대의 인공경관

---

* 그런 예로 바슐라르(Bachelard 1969), 투안(Tuan 1974), 버먼(Berman 1989)을 참조할 것.

그림 1-5 이리(Erie) 호숫가. 사진: 린다 쉬니클로스

에는 인간의 심상적 측면과 공명하지 않는 많은 불모의 표준화된 장소들이 있다. 우리는 장소라는 '객체'(*object*)와 인간, 곧 '주체'(*subject*)를 분리함으로써 물질세계와 심상적인 것의 상호연관성을 의도적으로 단절시켜 물질세계뿐 아니라 심상적인 것도 고갈시켜왔다.*

심상유형은 매우 독특한 것이거나 한정된 것이어서 우리를 다른 심상유형으로부터 보호하는 작용을 할 수 있다. 프랭크(Franck)는, 서로 다른 종류의 사용자와 용도 사이를 분리함으로써 울프(Wolf)의 드로잉에서 나타난 것과 같이 고도로 분할되고 분리된 현대 생활환경이 조성된 방식을 설명한다. 물질세계를 만들고 경험하는 것을 유도하고 또 제한하는 심상유형은 분리라는 이상(*ideal*)을 만들어내었다. 일단 심상유형의 물질적 양태가 법으로 성문화되면 다른 양태나 다른 심상유형을 실현할 가능성은 훨

* 쉬니클로스(Schneekloth)·브릴(Brill)·울프(Wolf)는 이런 상황과 그 대안에 대해 말한다.

씬 더 줄어든다. 이러한 예로 리츠도프(Ritzdorf)는 미국 단독주택지의 지역지구제가 한 가지 형식의 미국 주택과 미국 가족을 이상화한 사례를 보여준다.

유형의 개념적 측면

많은 분야의 전문가와 학자들이 물질적·심상적 장소유형들에 관한 연구를 수행하고 있다. 이렇게 우리는 그것들에 대한 정보를 조직하고 표현하며, 기술(*description*)·설명·규제를 목적으로 그것들을 분류한다. 우리는 추상화된 유형을 개념(*idea*)이나 분석모델로 삼아 기술하고 설명하는 데 사용하며, 전형(*prototype*)[12]으로 삼아 복제하기도 한다. 느슨하게 모여 있는 개별적인 차원이든 유형학이라 부르는 시스템의 차원이든, 장소유형의 개념은 이러한 작업을 위해 우리가 개발한 지적 구성개념이다. 지역지구제에서 토지이용의 분류, 원형(*archetype*)과 주거유형의 확인, 그리고 유형의 개념에 관한 건축적 담론은 물론이고 여기서 논하는 유형적 사고의 구조는 모두 유형의 개념적 측면에 관련된다.

항목들을 분류하고 비교하기 위하여 개발해 사용하는 분류법은 유형에 대한 자기 의식적 태도를 보여준다. 경험적 판단기준에 근거한 이런 개념유형과 유형체계는 서구사회에서 아주 최근에 고안되었다. 그것은 자연과학에서 분류학(*taxonomy*)이 처음 사용된 17~18세기에 시작되었다(Foucault 1970). 유형의 체계에서는 명확히 정의되고 상호 배제적인 계층(*class*)들을 가정한다. 이런 종류의 유형화는, 이상형이나 심상유형처럼 한 계층에 속하는 항목들의 본질을 기술하기 위해서가 아니라, 항목들의 서로에 대한 관계, 다른 계층에 속하는 항목에 대한 관계, 분류체계의 판단기준에 대한 관계를 기술하는 것을 목적으로 한다(Schneekloth & Bruce 1989).

그러한 자기의식적이며 경험적으로 도출된 분류법을 건축에서 채용한 것 또한 18세기의 일이다. 1771년 블롱델(Blondel)은 극장, 무도와 축제를 위한 홀, 분수, 거래소, 욕장, 도살장 등 당시의 주요 건물유형과 그 프로그램을 나열하고 각각에 적합한 '성격'을 부여했다(Vidler 1977). 브롱델에 이어 뒤랑(J. N. L. Durand)은 기술적 기하학(*descriptive geometry*)의 기법을 개발하여 건물유형을 기술적(記述的)으로 분류하는 데서 나아가 건물유형들의 유사성과 차이를 분석할 수 있었다(Vidler 1977).*

뒤랑은 유형을 분석의 수단으로 사용하는 가능성을 제시했다. 일단의 물질유형으로부터 특징을 추출함으로써 분석자는 물질적 장소에서 일반화될 수 있는 특정한 성격에 초점을 맞출 수 있으며, 그러한 특징들을 일반화하고 표준화하여 나타내고 비교함으로써 한편으로는 다른 특징들을 무시할 수 있다. 이것이 유형학적 분석이다. 뒤랑의 교육과 그의 1801년 저서 《고대와 근대 모든 양식의 건물 비교집》(*Recueil et parallèle des édifices de tout genre, anciens et modernes*)[13] 이래, 건축가들은 장소유형의 공간적・형태적 특징을 분석하기 위해 이러한 기법을 비롯한 여러 기법을 많이 사용했다. 현재 건축가들은 기존 건물을 이해하고 비교하기 위해, 미래의 건물을 설계하기 위해, 그리고 건물유형과 정주지유형(*settlement type*)의 시간적 변화와 연속성을 이해하기 위해 유형학적 분석방법을 사용한다.**

경험적으로 관찰한 사례에서 정보를 추출하는 유형학적 분석으로 분명하게 드러나지 않는 공통점과 차이점을 밝힐 수 있다. 힐리어와 한슨

---

* 라빈(Lavin 1992, 238)이 지적한 것처럼, 뒤랑은 '유형'(*type*)이라는 단어 대신에 '장르'(*genre*) 또는 '종'(*species*)이라는 말을 사용했지만, 건물과 그 기능의 범주를 지칭하는 **유형**이라는 뜻의 단어를 처음 사용하기 시작했다. 건물 기능의 범주로 구성된 페브스너(Pevsner 1976)의 건축사는, 저자 자신이 언급했듯이, 이 전통을 이은 것이다. 이제 건축과 환경디자인에 관한 많은 연구들이 건물유형을 통해 이루어지고 있다.

** 이러한 예로는, 셔우드(Sherwood 1978), 글라시(Glassie 1975), 홀(Holl 1980), 폴리조이데 등(Polyzoides, et al. 1992), 타이스(Tice 1993), 무동(Moudon 1986)을 참조할 것.

(Hillier & Hanson 1984)은 건물을 관찰할 때 곧바로 드러나지 않는 공간관계를 밝히는 다이어그래밍 기법(*diagramming technique*)을 개발했다. 이 책에서 마르커스(Markus)와 로빈슨(Robinson)은 그런 다이어그램 기법을 사용한다. 무동(Moudon)은 이탈리아·프랑스·영국에서 건물과 정주지를 같이 분석하는 데 사용된 다른 방법들을 설명한다. 로렌스(Lawrence)가 설명하듯이, 건물유형은 시간에 따라 변화하므로 건물유형의 공간적·기능적·관리적·문화적 특성과 그것들의 상호작용을 함께 연구할 필요가 있다.

로빈슨·무동·로렌스·프란체스카토(Francescato)는 모두 설계연구자가 체계적인 방법을 다양하게 사용함으로써 물질적 장소유형을 효과적으로 개념화하고 분석할 수 있음을 지적한다. 그럼으로써 연구가 풍부해질 뿐 아니라, 물질·심상·개념유형과 관련된 연구를 주로 하는 건축가를 비롯한 디자인 전문가들이 그 연구결과에 접근하기 쉬워질 것이다.

1801년 뒤랑이 제시한 건물유형 분류법은 기술적(*descriptive*)일 뿐 아니라 의도적으로 규범적(*prescriptive*)이다. 그것은 건물이 어떻게 설계되어야 하는가에 대한 안내서이기도 하다. 사람들은 그가 제시한 전형(*prototype*)을 따랐다. 19세기에 많은 새로운 건물유형이 개발됨에 따라 경관에 관한 정교한 분류법을 만들 필요성이 커졌다. 반더버그(Vanderburgh)가 제시하듯이, 이런 많은 유형과 유형 분류법은 중산층의 공간적 열망, 그리고 통제·제거·보호를 목적으로 하는 공간적 실천을 형성하고 유지하려는 의지에 부응하여 나타났다.

오늘날 모든 종류의 명시적이고 체계적인 분류법과 그에 수반되는 요건은 물질유형의 개발·사용·출현을 규정하고 규제한다. 이러한 분류법이 경관에 적용될 때 예견할 수 있는 장소의 유형이 만들어진다. 이것은 지역지구제, 건축법, 역사보존에 관한 법규, 재정정책 및 프로그램, 그리고 건축 프로그램을 통해서 이루어진다. 예를 들어, 미국 중서부 농지경관의 패턴은 주로 1780년대 의회에서 법제화된 타운십(*township*)[14]과 대지를 고정된 크기의 획지로 나누는 것에 기인한다(Dandekar).

분류법은 대개 즉시 나타나지는 않으나 중대하고 영향력 있는 심상적 내용을 갖는다. 매우 유력한 유럽중심적 가설은 학자들이 도시를 분류하는 방법에 영향을 주었다(King). 뒤랑을 비롯한 프랑스 이론가들이 촉발한 유형학은 젠더(*gender*)를 포함한 관례적인 사회적 관계가 연속되는 것을 가정했으며, 그것을 강화하는 결과를 가져왔다(Friedman). 19세기에 개발된 많은 건물유형은 계층관계를 강화하고 보호하여 중산층의 사회적 입지를 공고히 했다(Vanderburgh). 오늘날에도 젠더와 계층관계의 특정한 패턴을 강요하는 토지이용계획과 개발방식이 계속되고 있다.

건축가를 비롯해 장소의 설계와 건설에 종사하는 사람들은 무수한 분류법을 참조한다. 심즈(Symes)의 사례연구에서 설명되었듯이, 설계과정은 종종 여러 계층의 물질유형에서 적정한 것을 선택하는 일련의 선택과 타협이다. 로빈슨(Robinson)은 설계과정에서 전문가들이 참조하는 분류법을 '분류유형'(*classificatory type*)이라고 부른다. 그런데 건축주들이 그것을 혼란스럽게 생각하기 때문에, 분류유형의 사용이 결과적으로 건축주의 요구에 대응하는 것을 어렵게 만들기도 한다. 기술(*description*)을 위한 분류법과 규범(*prescription*)을 위한 분류법 사이의 경계선은 불분명하고 가변적이다. 표면상 기술만을 목적으로 하는 개념유형도 기술된 장소에 대해 우리가 취하는 행동에 강력한 영향을 미친다. 건축가들이 선택을 위해 사용하는 유형의 전문적인 분류법은 다시 그들이 설계하는 물질유형의 특징을 낳는다.

물질유형으로 이루어진 경관은 개념유형을 낳는다. 그리고 역으로 개념유형은 물질세계와 거기서 일어나는 공간적 실천을 낳는다. 마르커스(Markus)가 건물의 공간에 대해 말한 것은 경관을 이루는 다른 공간들에도 적용된다. 곧, 그런 공간들은 사물·사람·행위를 조직하는 분류체계가 구현된 것이다(1987, 467). 그런 분류체계는 공간과 공간관계를 기술하고 규정하는 문장에 언어로서 나타난다(Markus). 장소를 분류하고 기술한 글은 서비스와 위락의 장소, 방문할 장소, 임대나 구입할 토지 등을 찾는 일반인들에게 도움이 된다. 건축가가 사용하는 전문적 분류법이 그렇듯이, 우리 모두의 일상생활에 관련된 많은 분류법들도 중립적이거나 하찮은 것이 아니다. 분류법의 내용, 표현, 구성, 그리고 그 분류법에서 배제된 것[15] 은 기존의 물질적·심상적 장소유형과 우리 사회의 지배적인 사회적 실천을 강화한다.*

우리는 유형과 유형화를 통해 세계를 알게 된다. 그리고 유형이 가진 물질적·심상적·개념적 측면을 교차시킴으로써 세계에 관한 지식을 구체화한다. 우리 자신에 대한 지식, 그리고 우리들 사이 또는 우리와 경관의 관계에 관한 지식을 생성하고 변형하는 힘은, 유형의 이런 측면들을 가지고 작업하며 그것들을 조작하고, 변경하고, 변형하는 우리의 능력에 달려 있다.

유형의 작용Type Operations

우리는 일련의 범주 안에서, 그리고 범주들을 통해 장소를 사고하고, 구상하고, 표상하고, 말한다. 우리는 또한 일련의 범주 안에서 장소를 조직하고, 점유하고, 규제한다. 우리 자신은 기존 유형의 세계 안에서 세계를 보고, 경험하고, 상상하고, 생산한다. 달리 말하면, 유형은 우리를 통해 작동한다. 그러나 동시에 우리는 유형과 상호작용하고, 그것을 수용하고, 그것에 도전하고, 그것을 변형하고 만들고 파괴하면서 활발하게 조작한다. 이 책에서는 심상·개념·물질유형이 우리 사회에서 작동하는 다섯 가지의 서로 다른 방식을 설명한다. (1) 점유(*occupying*), (2) 명명(*naming*), (3) 이미지화(*imaging*), (4) 고안(*inventing*)과 변경(*modifying*), (5) 표상(*representing*)이 그것들이다.

---

* 한 가지 재미있는 사례가 한(Hahn)과 스토우먼(Stoumen)이 쓴 《장소: 사적 활동을 위한 공공장소와 공적 활동을 위한 사적 장소의 목록》(*Places: A Directory of Public Places for Private Events and Private Places for Public Events*)이다.

점유

우리는 세계 **내에** 살고, 공간에 거주하며, 장소를 만든다. 우리의 삶에 대한 개인적 또는 집단적 지식과 이해는 다른 사람들이 중재하고 해석한 세계에서의 경험으로부터 출발한다. 우리의 존재는 공간을 물리적으로 점유하는 것에 근거한다. 그리고 우리는 거주의 조직(*fabric*)에서 활동하고 의미를 만들어낸다.

우리는 여러 종류의 장소와 장소유형을 점유함으로써 그것들의 용도를 지정(*designation*)한다. 어떤 종류의 장소는 어떤 행위를 수행하기에 가장 좋고 다른 것들을 하기에는 그다지 좋지 않다. 수천 년 동안에 낚시, 경작, 피난, 전망, 특정한 계절의 거주, 매장, 특별한 의식 등 어떤 행위를 하기에 좋은 장소의 특성이 밝혀져 왔다. 많은 종류의 장소가 갖는 용도와 의미는 종교활동과 성문법, 법규로 성문화되었다.

장소를 구분하고 그와 연관된 행위를 뒷받침하기 위해 경관에 대한 물리적 개입이 일어난다. 이에 따라, 방대한 양의 건물유형과 정주지유형이 생성되어왔다. 밭이나 열매를 수확하기 좋은 장소와 같이, 장소유형은 장소와 연관된 행위나 공간적 실천으로부터 발생(지정)된다. 우리가 장소유형을 생산하고 재생산하는 가장 기본적인 방식은 그것을 점유하는 것, 곧 특정한 종류의 장소에서 특정한 공간적 실천을 추구하는 것이다.*

공간적 실천이란 작물을 재배하고, 산책하고, 신을 경배하는 것과 같은 행위를 말할 뿐만 아니라 그렇게 하는 방식을 말한다. 그것에는 행위자, 공간에서 일어나는 활동과 상호작용의 특수한 패턴, 사용된 물건, 시간 등이 포함된다. 문화적으로 규정되는 이런 실천을 뒷받침하기 위해서 물리적인 장소가 설계된다. 음식을 만드는 것과 같은 많은 행위가 항상 있었지만, 그 행위의 구체적인 방식, 곧 공간적 실천은 크게 변화된 경우가 많

---

* 계획과 사회이론 분야에서는 다시 '공간'을 도입해 근대와 탈근대의 공간적 실천을 이해하려 한다. 소르킨(Sorkin 1992), 제임슨(Jameson 1991), 르페브르(Lefebvre 1991)를 참조할 것.

다. 단데카(Dandekar)가 설명하듯이, 미국 중서부에서는 작물을 재배·저장·판매하는 방식에 극적인 변화가 일어났다. 이에 따라, 이런 새로운 실천을 뒷받침하기 위해 농장경관(*farmscape*)이 변했다.

공간적 실천이 언제나 그것을 뒷받침하는 특별한 유형을 필요로 하는 것은 아니다. 어떤 시기의 문화에서는, 환자를 돌보는 행위가 그것만을 위해 지정된 건물유형에서 일어나지는 않았다. 나중에야 그 행위를 수용하기 위해 우리가 지금 '병원'이라고 부르는 장소유형이 발달했다. 지난 2세기에 걸쳐서 환자를 돌보는 것과 연관되는 공간적 실천이 변화했고 따라서 병원 설계의 특징도 변했다(Forty 1980). 자동차에서 영화를 보는 것과 같은 공간적 실천은 인기와 수익성이 감소하여 쇠퇴하기도 한다. 그렇게 되면, 자동차극장은 헐리고 그 땅은 재개발되거나 벼룩시장 등 다른 용도로 변형된다.

세계를 점유하는 방식이 변함에 따라 경관에 대한 개입과 물리적 장소유형도 변한다. 그러나 동시에, 장소유형에서 심각한 물리적 변화가 없이 실천과 의미가 변할 수도 있다. 전적으로 다른 요구를 수용하기 위해 어떤 장소유형에 연관된 공간적 실천이 일시적으로 변하는 경우도 많다. 학교가 태풍 후에 대피소로 사용될 수 있으며, 가로의 교통을 차단하고 농산물 시장이 설 수도 있다. 장소유형의 물리적 특징과 그 용도·의미 사이의 연계가 느슨해져서 비상시의 요구나 임시의 요구, 또는 변형된 요구가 수용되기도 한다.

정치적·경제적 힘을 가진 주체가 특정한 행위를 위한 장소를 지정하고 건설하는 것이 보통이다. 오늘날 어떤 장소유형을 만들 것인가, 그리고 그것을 어떻게 설계하고 사용할 것인가에 대해서 대중과 특별한 이해집단이 늘 대립한다. 이러한 충돌에서 사회적·정치적·경제적 생활이 공간적 실천으로 구성된다는 사실이 분명해진다. 공간적 실천을 재생산함으로써 특정한 사회질서가 생겨난다. 그런 사회질서는 특정한 실천과 장소유형에 유리하고 다른 것들은 무시하거나 제한한다. 지배적인 사회질서에 의해 규정된 의미나 용도와 사람들의 활동이 상충할 때, 그런 활동은 질서를 붕

그림 1-6 변소. 사진: 토니 홈즈(Tony Holmes)
그림 1-7 집 없는 사람들을 위한 집. 사진: 그웬 하워드(Gwen Howard)

괴시키는 것으로 인식되어 축소되거나 금지된다.

집 없는 사람들이 거리나 기차역, 또는 공원이나 다리 밑 움막에서 살 때, 그런 장소들은 그들이 자고, 씻고, 소지품을 보관하는 집이 된다. 그런 장소유형들이 본래의 목적과 달리 사용됨에 따라, '공공'공간에서 '가정생활'의 공간적 실천을 금지하는 법규가 만들어진다. 벤치에서 자는 것(또는 벤치를 옮기는 것)을 금지하고 움막을 짓는 것을 금하는 것은 기존의 사회질서를 유지하기 위해 장소유형에서 공간적 실천을 규제하는 예들이다. 공간의 점유에 대립이 없는 것은 아니다. 공간은 차별적으로 점유되며, 해석되고, 작동되고, 강화되는 경우가 많다. 장소유형은 이런 활동들의 대상이자 도구이다.

명명(命名)

장소유형은 물질적·심상적 장소를 명명함으로써, 또한 장소유형의 범주를 표시함으로써 만들어지기도 한다. 장소유형을 명명할 때 그것의 형태적 특성과 수용되는 공간적 실천이 암시되며, 이에 따라 장소유형에 의미가 부여된다. 그렇게 함으로써 우리는 다른 의미와 실천의 가능성을 제한한다. 장소유형에 주어진 명칭으로 그것의 이미지가 형성된다. 또한 실제 장소를 그 명칭에 맞도록 만들거나 변경하는 방식, 그리고 우리가 장소를 점유하거나 그것과 상호작용하는 방식이 형성된다.

'현대 고층 사무소 건물'(*modern high-rise office tower*)이 확산되는 것은 도시의 토지가 부족하고, 적절한 시공기술이 있으며, 그런 공간을 필요로 하는 용도가 있기 때문만은 아니다. 공간·시대·형태, 그리고 공간적 실천을 '명명'하는 힘에 기인하는 바도 크다. 흔히 물질적 장소가 시간에 따라 발전하면서 새로운 명칭이 점진적으로 고안된다. 19세기 뉴욕 시에서 중산층 가족의 주거로 출현한 아파트를 통해 장소유형의 진화와 그 장소유형의 명칭이 생겨난 이야기를 들을 수 있다(Cromley 1990).

흔히 심상적 장소유형의 명칭은 물질적 장소의 성질을 기술하는 데 사용된다. 맨해튼의 로어 이스트 사이드(Lower East Side)는 종종 '변경'(邊境, *frontier*)이라고 부르는데, 이 명칭은 적지(*hostile territory*)는 아닐지라도 위험한 영역인 그곳에 정착하는 이주자들을 '선구자'로 생각하고 있음을 말해준다(Smith 1992). 장소유형의 명칭은 이런 면에서 매우 유용하고 자극적이다. 그것은 한 마디로 한 장소유형에 연관된 모든 종류의 이미지와 정보를 생성한다. 그리고 그것은 다른 장소유형에도 유추적으로 혹은 은유적으로 적용된다. 장소유형의 명칭이 일단의 정보와 이미지를 생성하는 힘은 설계과정에서 중요함은 물론, 건축가와 건축주 등 장소의 계획과 건설에 관계하는 사람들 사이의 의사소통에도 결정적으로 중요하다(Downing, Symes, Robinson).

우리가 한 장소를 점유할 때, 그것의 명칭과 그 명칭에 붙여진 의미를 통해 적절한 공간적 실천이 무엇인지 이해하게 된다. 이것은 어른이 아이들에게 어떤 장소유형에서의 적절한 행태를 설명할 때 잘 드러난다. "쉿, 여기는… (교회, 병원, 도서관이다.) 조용히 해야 해." 또는 "거기서는 자전거를 타면 안 돼. 거긴 정원이잖아." 그러나 장소유형의 명칭은 변화될 수 있으며, 이에 따라 장소의 물리적 특징이 변경되지 않고도 새로운 공간 활동이 채택될 수 있다. 공간적 실천 역시 명칭의 변경 없이 변화할 수 있다. 예를 들어, 많은 공공 공원이 출현하기 전인 19세기에 공동묘지는 소풍이나 산책 같은 여가 행위의 장소였다. 이렇게 장소유형의 명칭·공간적 실천·물질적 측면 사이의 연계성은 긴밀하지도 고정적이지도 않다(Markus, Lawrence, Franck).

어떤 장소에 그것의 유형을 지정하는 명칭이 없을 때, 이용방식이 혼란스러워지거나 이용에 대한 합의가 이루어지지 않을 수 있다. 지배적인 사회질서에 도움이 되는 공간적 실천이 결정되지 않을 때, (그 장소가 명명되거나 변화될 때까지) 그 장소의 용도와 의미를 두고 각축이 벌어진다. 미국의 공공 주거단지에서 아파트 건물 주변의 넓은 오픈스페이스가 명칭 없는 장소의 한 예다. 그곳에 놀이터와 주차공간이 있다 해도 그런 명명된 장소들 사이에는 명확한 용도(또는 명칭)가 없는 익명의 공간이 넓게 펼쳐져

그림 1-8 내부/외부
사진: 캐런 프랭크

있다.*

장소유형을 명명하는 것은 경관에 사회질서를 등록하는 것이다. 마르커스(Markus)는 건물유형의 명칭이 오랜 기간 동안 일관된 의미를 가짐으로써 새로 나타나는 많은 유형을 이해할 수 있는 길이 열린다고 말한다. 킹(King)은 명명을 점점 무질서해지는 세계에서 질서의식을 확보하는 방식이라고 본다. 그러나 그는 여러 도시유형의 명명에서와 같이, 명명이 기존의 환경을 잘못 표현하고 왜곡하여 신뢰할 수 없는 질서 부여 방식이 될 수도 있음을 지적한다.

'주변도시'(*edge city*)16) (Garreau 1991) 또는 '방어적 공간'(*defensible space*) (Newman 1972)과 같이 기존의 장소 범주에 새로운 유형 명칭을 붙이는 것은, 이전에는 인식하거나 이해하지 못한 장소의 특징을 밝히는 데 도움이 된다. 그것이 나타내는 명칭과 개념으로 논의와 분석이 이루어지고, 새로운 사회적·물리적 구성이 유발된다. 새로운 장소유형을 채택할 때, 명명을 통해 그 특징을 정확하고 강력하게 포착하는 것도 마찬가지로 중요하다. 한 예가 덴마크에서 시작된 공동 주거형태인 '코하우징'(*co-housing*)17) 이라는 용어다(McCamant & Durrett 1988). 새로운 명칭으로 세계를 새롭게 보고, 이해하고, 상상할 수 있다. 변화가 느린 언어의 보수적 성격은 우리가 물질세계의 의미를 만드는 데 닻과 같은 역할을 한다. 그러나 그것은 동시에 제약이기도 하다. 새롭거나 변경된 단어 없이는 새롭거나 다른 심상적·물질적·개념적 세계를 표현하는 우리의 능력이 제한되기 때문이다.

이미지화

우리는 물질적·심상적 장소들을 마음속에 이미지로 그린다. 장소에 대한 경험만이 아니라 종교·예술·문학·대중문화에 표상된 것들로 그런

* 로렌스(Lawrence)는 이 책에서, 스위스의 임대주거에서 명명되지 않은 공간유형에 주목한다.

이미지가 만들어진다. 장소유형의 이미지를 통해 그 이미지와 닮은 실제의 장소를 찾거나 만들 수 있다. 그리고 장소의 이미지는 장소에 대한 경험에 큰 영향을 미치게 된다. 사실, 장소 이미지가 장소에 대한 실제의 경험을 능가할 정도로 강력하여 우리가 세계 내의 생활에서 재생산하고자 하는 패턴을 형성할 때도 있다. 교외 생활이라는 공통의 이미지를 가짐으로써 '교외'(*suburbs*) 라는 장소를 실제로 만들 수 있게 되었다. 힐만(Hillman) 은 다음과 같이 말한다.

> 우리의 마음에 한 유형을 이미지화하면, 바로 그 유형은 그것을 나타내는 이미지들 속으로 들어간다. 우리가 그 유형을 입증하는 예를 증가시키지 않아도, 그 유형은 스스로 이미지를 증가시킨다. … 이제 유형은 빈 주물형틀이 되고 그로부터 일정한 패턴의 이미지들이 흘러나온다. 그리고 사례들을 만들어냄으로써 마음속의 유형은 이미지로 전환된다(1980, 23).

유형과 이미지는 긴밀히 연결된다. 건축의 설계과정을 기술하면서, 쇤(Schön) 은 유형이 갖는 이런 고도의 생성적 측면, 곧 "유형의 충만함, 유형과 연관된 심상(*imagery*) · 개념 · 장소의 풍부함"을 언급한다(1988, 183).

장소를 만드는 책무를 가진 설계자는, 그의 업무가 아직 존재하지 않는 무엇을 만드는 것이므로, 장소 만들기를 할 때 풍부한 이미지의 레퍼토리를 사용한다. 다우닝(Downing) 이 설명하는 것처럼, 건축가는 설계문제를 다루기 위해 그가 보유한 이미지를 여러 가지 방식으로 변형시킨다. 이런 이미지가 드로잉과 모델로 표현되고 실제의 물질적 장소가 되는 경우가 많다. 물론 그렇게 되지 않을 때도 있다. 우리 모두는 집을 사고, 가구를 재배치하고, 정원에 심을 꽃을 선택하는 것과 같은 일상적인 공간적 실천을 유발하는 장소이미지(*place image*) 를 가지고 있다. 이 모든 행위들은 (아직) 존재하지 않는 장소의 이미지화와 세계를 우리 이미지 속의 장소로 변형하는 것으로부터 어느 정도 영향을 받는다.

그림 1-9 외부/내부. 사진: 캐런 프랭크

개인 · 집단 · 사회는 유형의 명칭이나 다른 표상을 통해 그 유형에 연결된 이미지를 생성한다. 특정한 장소가 주어진 유형의 표본(*exemplar*)이라고 인식하면, 우리는 그 사례를 유형의 이미지와 연결시킨다. "우리는 이미지를 봄으로써 유형을 본다. 아니, 우리가 유형을 볼 때 실은 이미지를 보고 있는 것이다"(Hillman 1980, 16). 물질적 장소가 그 유형의 주된 또는 관례적인 이미지와 연결되지 않을 때도 있다. 이때 우리는 혼란스럽거나 실망한다. 예를 들어, 단데카(Dandekar)는 근래에 새롭게 설계된 농업용 건물들이 농업과 그 공간적 실천의 요건을 충족시키기 위해 미국 중서부 지방에 있는 헛간과 사일로의 전통적 이미지를 따르지 않음을 설명한다. 새로운 장소유형이 고안되거나 기존의 것이 본질적으로 변화함에 따라, 또는 새로운 건축양식이 나타남에 따라, 우리의 이미지 레퍼토리로는 이런 장소들이 어떤 유형인지 확실히 알지 못하게 된다(Markus).

고안과 변경

인간은 태어나면서 공간유형의 패턴들을 확립한 사람들의 커뮤니티에 속하지만, 유형의 용도와 의미, 그리고 유형들 사이의 구분은 문화에 의해 계속 고안되고 전달되고 변경되고 버려진다. 우리는 객관적인 세계라기보다 우리가 발견한 세계에 살고 있으므로, 상상 속에서 그리고 세계에 대한 사고와 학습 속에서 계속 물리적 세계를 고안・변경・재고안(*reinventing*) 하는 과정에 관계한다.

세계를 여러 범주로 나누어 질서화하고 재질서화(*reordering*) 하는 행위가 고안이다. 이 고안이라는 행위를 통해 우리는 물질세계를 구성하고 물질세계 안에서의 공간적 실천을 정립한다. 특정한 공간적 실천을 수용하기 위해 또는 사람들이 사회적 선으로 인식하는 사회구조 즉 계층구조(*stratification*) 를 지탱하기 위해, 사회는 물질적 장소유형을 고안하고 발전시킨다. 일단 경관이 구성되어 어떤 실천이나 이해관계를 뒷받침하거나 건물유형이 어떤 계층구조를 뒷받침하면, 이러한 질서와 그 전제를 의문시하거나 변경하는 것은 대단히 어려워진다. 예를 들면, 사람들이 일단 사용에 익숙해지면 매우 변형하기 어려운 경관이 어디에나 있는 주차장이다.

개념유형과 마찬가지로(King), 진화하는 심상유형을 드러내거나 변경하기는 어렵다(Schneekloth). 유형 그리고 그것이 물질적・심상적・개념적 세계를 구성하는 방식은 문화적으로 고안된 것이다. 그렇다 해도 유형은 우리의 삶과 환경에 매우 깊게 각인되어 있어서 그것이 질서화의 유일한 또는 최상의 방법이라고 단순하게 가정할 수 있다.

장소유형의 의미와 용도도 시간에 따라 변화한다는 사실에서 장소유형의 유연성과 타협 가능성을 알 수 있다.* 우리는 때로 새로운 사회적 요구를 수용하기 위해 새로운 유형을 고안한다. 이전에는 공공시설에 수용되

---

* 타협가능성과 유연성의 논의에 대해서는 이 책에서 로빈슨(Robinson), 반더버그(Vanderburgh), 마르커스(Markus), 로렌스(Lawrence), 프랭크(Franck), 라마쉬(La Marche)의 글을 참조할 것.

었던 사람들을 위한 그룹 홈(*group home*)[18] 이 최근 확산되는 것은 장소유형을 의식적으로 고안한 결과다. 이 장소유형은 '정상 가정'이 무엇인가에 대한 논란이 계속됨에 따라서 계속 발전 · 변경되고 있다(Robinson). 그룹 홈과 같은 새로운 유형을 만들어내면서, 우리는 이런 '새로운' 유형이 사람의 유형들 사이를 구별하고 분리한다는 사실을 발견하게 된다. 18 · 19세기에 새로운 건물유형이 확산되면서 시작된, 사람들 사이의 구별과 분리가 지속되고 있는 것이다(Vanderburgh, Franck). 새로운 유형으로 전에 없던 사회적 · 공간적 구분이 계속 생겨난다.

이 책에서는 물질유형의 고안과 변경을 야기하는 몇몇 요인을 다룬다. 근대성의 태동기에 나타난 계급구조의 근본적 변화(Vanderburgh), 시장요인과 공간의 상품화(Franck), 정부 정책 · 농업방식 · 기술 · 시장요인의 변화(Dandekar), 치료 철학의 변화(Robinson), 건축양식의 변화(Wolf), 지적 담론의 변화(La Marche) 등이 그런 것들이다. 또한 필자들은 새로운 유형을 생성하고 유형을 변경하는 최근의 변화도 지적하고 있다. 좀더 생태적으로 사려 깊은 시각(Schneekloth), 젠더 관계의 변화(Ritzdorf, Friedman), 범주들의 상호독립성이 갖는 불합리성에 대한 인식의 확산(Schneekloth, Franck) 등이 여기에 해당한다.

심상 · 개념 유형을 고안하고, 변경하고, 비판하는 것은 지적 · 학술적 실천의 매우 중요한 부분이다. 예를 들면, 이 책에서 필자들은 각각 자신의 유형 개념을 이루는 구성요소들을 논한다. 어떤 경우에는 유형을 연구 · 학문 · 설계에 적용한 사례를 제시한다. 지금 사용되고 있는 개념유형을 비판하거나 질서화 작용에 대해 의문을 제기하기도 한다. 유형화와 세계에 대한 인간의 경험을 좀더 잘 이해하려는 열망을 가진 또 다른 필자들은, 우리가 유형을 가지고 세계를 기술적으로 표현(*technical rendering*)하는 기초가 심상유형이라고 가정한다. 이 모든 것은 어려운 지적 작업이다. 우리는 질서화를 실천하면서, 어떻게 또 무엇을 질서화할 것인가 고민한다. 우리는 이미 다중적이고 복잡하게 질서화된 세계 내에 산다. 도시의 간선도로 너머에 있는 교외의 쇼핑몰에 투자하기로 결정할 때 못지않게, 우리의 지적 실천은 세계에 관계하고 세계를 고안하고 변경한다.

지식의 가장 적절한 구조에 관한 논쟁은 유형과 유형학에 대한 논쟁인 경우가 많다. 이런 논쟁은, 일탈의 문제에 대한 가장 적절한 사회적 대응이 무엇인가에 대한 논의에서부터 형태적 유형 분류와 기능적 유형 분류의 상대적 장점에 대한 담론까지 다양하다. 이 책의 필자들은 유형의 아이디어들을 개념화하고 적용하여 세계를 이해하고 연구하는 최선의 방식에 대해 본질적으로 의견이 다르다. 한 필자가 가치 있고 중요하다고 본 것을 다른 필자는 자명하거나 명백한 것으로 생각하고, 심지어 오류라고 생각하기도 한다. 이런 대화를 통해, 어떤 범주를 형성할 때 분류자의 입장이 얼마나 중요한지를 분명히 알 수 있다. 물질적 · 개념적 · 심상적 측면 중에서 어느 것을 중시하든, 유형과 유형 체계는 목적에 따라서 선정되고 고안되고(되거나) 변경된다. 우리는 언제나 그러한 목적에 몰두하는 것이다.

표상

장소유형 또한 물질적 · 심상적 장소가 언어 · 이미지 · 구성물(*fabrication*)에 표상됨으로써 생산되고 재생산된다. 드로잉, 다이어그램, 스케치, 모형, 문장, 영화, 비디오, 그리고 장소 설계에서의 표상은 유형화 과정의 중요한 부분이다. 장소가 재현되는 방식은 그 후의 선택과 행동에 커다란 영향을 미친다.

표상은 다른 것들에 영향을 미친다는 의미에서 권력의 형태다. 이런 일은 건축가가 건축주에게 특정한 계획안이 프로그램에 가장 적절한 해결안임을 확신시킬 때 일어난다. 그것은 패션 디자이너가 옷을 팔려고 아득히 먼 이국적인 장소에서 광고를 통해 자신을 표현할 때도 일어난다. 핵 산업을 포함해서 전력회사는 광고를 통해 아름다운 경관의 사진을 보여줌으로써 자기들이 생태적인 생각을 가지고 있다는 믿음을 주려고 한다. 그리고 매체에 표상된 도시는 미국의 반도시적(*anti-urban*) 편견을 부추기고 도시에 계속 투자하지 않도록 하며 교외 생활을 선호하게 한다. 나열하자면 한

그림 1-10 몽타주. 마사 로즐러(Martha Rosler), 1993.

이 없다.

표상과 이미지는 양방향으로 작용한다. 파라다이스의 이미지는 정원이라는 장소유형이 계속 진화하는 과정에 나타난다.[19] 우리의 마음과 영혼 속에는 원형적 이미지가 존재하고 우리는 그것을 재생산하고자 한다. 우리는 때로, 어떤 장소를 금지된 곳으로 표상함으로써 거주할 수 없는 장소를 만들어내기도 한다(Brill).[20]

건물유형과 이미지 사이의 관련성은 18세기에서 오늘에 이르기까지 건축 담론에서 자주 제기되는 주제이다. 건물은 외관을 통해서 용도와 의미를 전달해야 한다는 것이 주된 관심사다. 건물의 이미지가 그 건물이 어떤 건물유형인가를 드러내야 한다는 것이다. 그러나 때로는 이미지가 다른 모든 것들에 우선하고, 건물의 목적이나 맥락과 관련되지 않는 경우도 있다. 구드(Goode 1992)는 미국의 탈근대 건축이 이미지에 몰두한 나머지 유럽에서 진화해온 유형과 유형학이론의 다른 측면들을 간과하고 왜곡했다고 주장한다. 유형이 **단지** 이미지, 그것도 단일한 이미지로만 인식되고 다루어졌다는 것이다. 건물이 사회적 · 건축적 맥락이 없이 독립된 건축적

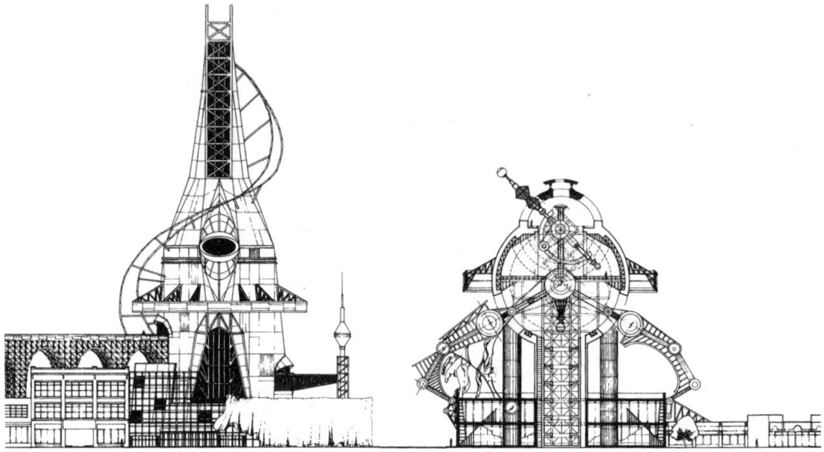

그림 1-11 메인 스트리트(Main Street). 앨런 마칼리나오(Alan Makalinao), 1993.

대상으로만 제시된 것이다. 이렇게 유형을 단지 이미지로서 단일하고 피상적으로 해석하는 것은 유용한 마케팅 수단이다. 1980년대 초기,

> 사실상 미국 도시의 형성자인 개발자 및 기업을 위해 건축가들은 광장과 아케이드의 이미지를 표상의 도구로 이용했다. 공간을 그렇게 이미지 중심적으로 이용하면 통제와 사회 계층화, 그리고 배제의 도구로서 공간이 갖는 역할이 은폐된다(Goode 1992, 8).

수많은 무대세트처럼 놓인 울프(Wolf)의 건물 입면 드로잉은 이미지에 대한 탈근대적 선입견과 이미지의 오용을 묘사하고 있다.

장소유형의 표상은 유혹적이고 호도하는 것일 수 있지만 교육적인 것일 수도 있다. 우리는 문장과 시각요소로 표상된 것을 통해서 배운다. 때로는 표상으로부터 배운 것, 주워 모은 의미들이 그 표상을 만든 사람이 의도한 것이 아닐 때도 있다. 사실상 표상의 많은 메시지들은 의식의 차원 아래에 있다. 다시 말해, 그것들은 의식적인 의지 없이 지배문화의 표준(*norm*)을

나타낸다. 광고를 예로 들면, 어린이 시리얼의 판매가 목적일 경우에도 부엌에서 음식을 준비하는 어머니를 등장시켜 그 시리얼이 다른 것들보다 나은 이유를 설명하면서 적당한 젠더 역할(*gender role*)에 대한 메시지도 전달한다.

숨겨진 신념을 밝히려고 만든 표상의 경우, 공개적으로 읽히기를 바라지 않는 내재된 메시지를 드러낸다는 점에서 비평의 한 형태가 될 수 있다. 쉬니클로스(Schneekloth)가 공상과학물을 읽는 방식, 그리고 울프(Wolf)와 로즐러(Rosler)가 만든 이미지들(〈그림 1-10〉)은 물질세계에 존재하는 상황들을 드러낸다. 그 상황들은 우리 문화의 환경을 이루기 때문에 우리는 그것들을 **보지** 못할 수도 있다. 다양한 형태의 표상을 사용해 기존의 신념에 주목하고 그것에 의문을 제기하는 것은 저항의 행동이다.

비평의 강력한 도구인 표상은 현재의 장소와 잠재적 장소를 힘 있게 다시 그려낸다. 건축가·조경가·도시설계가는 그런 힘을 가지고 있다. 그들은 사람들이 인식하거나 이해하지 못했으나 세계에 존재하는 것들을 재현해 주고(*re-present*), 미래에 가능한 것을 보여준다(*present*). 이 능력과 의무를 좀더 충분히 인식하고 널리 활용할 필요가 있다.* 피냐텔리(Pignatelli)가 말하듯이,

> 건축가는 '상상의 대가'가 되어야 한다. 즉, 현상(*phenomena*)의 가치, 집단의식의 내적 흐름을 파악하는 역량 그리고 도시의, 도시를 위한 새로운 이미지를 제안하는 역량을 갖추어야 한다(1985, 42).

---

* 예를 들어, 아이오와(Iowa) 주 디모인(Des Moines) 시의 '비전 계획'을 개발하기 위해 시민집단과 작업할 때, 다이애나 어그레스트(Diana Agrest)와 마리오 간델소나스(Mario Gandelsonas)는 도시의 여러 측면을 주민들에게 제시했다. 그러자 주민들은 자신의 도시를 새로운 방식으로 **보았다**. 이들 건축가는 기존의 것을 변형하는 다양한 방식을 제안했다. 〈로어노크 비전: 버지니아 주 로어노크 종합개발계획, 1985~2005〉(*Roanoke Vision: Comprehensive Development Plan for Roanoke, Virginia*, Buckhurst Fish Hutton & Katz 1985) 참조.

건축가가 비평과 제안으로서 제시한 표상이 특정한 건축주가 없어 현실적 문제나 프로젝트로 성립되지 않을 수도 있다.* 가끔 그런 작업은 '종이 건축'(*paper architecture*) 또는 '사회적'이지 않은 건축으로 폄하된다. 그러나 이는 이미지의 힘을 부인하는 것이다. 이미지와 텍스트는 이전에 우리가 보거나 생각지 못했던, 우리 자신의 물질적 · 심상적 · 개념적 세계의 여러 측면들 그리고 그것들의 교차점들을 드러내줄 수 있다. 상상적 드로잉, 가상 건축주와 프로그램, 그리고 극적 서사(*dramatic narrative*)와 등장인물들은 우리에게 많은 것을 말해준다. 실로 그것들은 심상적 측면에 집중하고 그것을 사용하기 때문에 학술적 연구를 비롯한 전통적인 연구방법 못지않게 많은 것을 밝혀준다.

구속 그리고 희망

유형은 엄청나게 유용하다. 그것은 우리에게 세계를 설명해주고 의미를 전한다. 우리가 유형에 대해 생각하지 않더라도 유형은 그런 역할을 한다. 우리가 알고 있는 세계는 유형을 통해 구성되고 해석된 세계이다. 유형은 존재하는 것을 사실적으로 말해주기보다 존재하지 않는 것을 제시하는(*suggestive*) 성격을 갖는다. 이것이 유형의 힘이지만 또한 문제이기도 하다. 우리는 유형에 사실성이 있으며 유형은 동의된 것(*agreement*)이라고 가정한다. 그러나 실제로 사실성과 동의는 유형화의 속성이 아닐 뿐더러 공간적 실천을 형성하고 바꾸려는 투쟁의 속성도 아니다.

여전히 근대기에 머물러 있는 많은 사람들은 이성적으로 유추되고 널리 합의된 어떤 명확한 이해를 기대한다. 우리는 그렇게 오랫동안 연구했으면서도 왜 아직도 유형에 대한 정의를 내리지 못하느냐는 질문을 받아왔다. 그리고 "저것은 유형이 아니다. 그것은 … 은유(*metaphor*), 건물유형,

---

* 최근의 사례로는 스필러 파머 아키텍츠(Spiller Farmer Architects 1990), 네스빗(Nesbitt 1991), 우즈(Woods 1992), 다던(Darden 1993) 등이 있다.

그림 1-12 주택 우편함
사진: 토니 홈즈

생활이다"라는 이야기를 반복해서 들어왔다. 이런 비평들은 유형이 오직 한 가지, 그것도 정적이고 구속하는 것이라는, 잠재된 근대주의적 가정을 드러낸다. 이런 시각 자체도 유형화의 한 활동인데, 이때 동원되는 선호유형(*pro-type*)과 반대유형(*anti-type*), 유형과 비유형(*not-type*) 등 서로 배타적인 범주들은 우리를 감옥과 같이 구속한다.

유형과 유형화는 그 속성이 다면적이며, 다양하고 대조되는 의미와 용도를 갖는다. 유형은 본질이며 계층이다. 유형 사이의 경계는 개방적일 수도, 폐쇄적일 수도 있다. 유형은 보편적이며, 문화와 시간에 관련된다. 그것은 유동적이고 가변적이면서도 고정시키고 통제한다. 우리가 만들어내고 거주하는 감옥 가운데 하나는 지적인 감옥이다. 지적인 감옥이란 유형과 유형화에 대해 다양하고 대조되는 의미와 용도를 인식하고 가치 있게 생각하는 대신, 고정되고, 명료하고, 구분되는 정의와 적용방식을 기대하고 찾는 것이다.

닫힌 경계와 열린 경계

행위로서의 유형화와 지식 형태로서의 유형은 그 경계를 정할 수 없는 것이므로 그것들보다는 '사고방식으로서의 유형'이 세계 만들기(*world making*)의 과업에 적절하다. 유형과 유형화는 유동성과 모호성으로 인해 일정한 정의를 갖지 못한다. 인공경관은 경계가 모호하고 범주가 서로 중첩되는데, 유형은 그러한 인공경관을 구성하는 방식을 의미하기도 한다. 이런 유형은 유동적이고 본질을 구현하고 있으며 세계에 대한 경험에서 나타나는 경우가 많다. 그리고 그것은 실례(*specimen*)들의 차이와 중첩을 존중한다. '계층'(*class*) 등 다른 질서화의 체계들은 특정한 목적을 위해 만들어지며, '하나를 선택하여' 지정하는 속성을 갖는다. 그런 유형들은 정교하게 정의되며 이상화된다. 그것들은 실례를 비교하는 기준이 되는 체계다.*

장소유형의 담론 내에서 유형의 많은 유형들(*types of type*)이 세계를 구조화하는 데 사용된다. 원형과 이상형이라는 심상유형과 같이, 어떤 유형들에는 본질과 모호성의 측면이 농후하다. 그러나 유형이 세계에서 개념적 체계나 부단히 반복되는 물질유형으로 표명되었을 때, 계층의 특징이 강해진다. 요컨대 건물유형은 본질의 구현으로서의 유형과 계층으로서의 유형을 혼합한 것이라고 말할 수 있다.

건축법규와 지역지구제, 그리고 정부의 계획에서 장소유형의 범주는 독립적이며 정교하게 정의되는데, 이때 유형은 거의 완전히 계층의 성격을 갖는다. 이러한 특징 때문에 전체 유형학에 영향을 미치지 않고 법규 구조(*regulatory structure*)에 새로운 유형/계층을 도입하기는 어렵다. 그 구조

---

* '본질'과 '계층'이라는 유형의 대조적인 의미는 건축분야에서 유형에 대한 초기의 담론에서 나타난다. 카트르메르 드 캥시(Quatremère de Quincy)는 유형을 본질로 보는 견해를 채택한 반면, 뒤랑(Durand)은 유형을 계층으로 접근했다(Mead 1983). 이 두 견해는 여전히 계속되고 있으며 명확하게 구분되지 않고 결합되는 경우가 많다.

는 이미 하나의 체계로서, 그것을 이루는 규칙들에 모든 건물형태가 포함되어 있기 때문이다. 지역지구 계획에서는 모든 필지들이 명명된다. 어떻게도 지정되지 않은 토지에는 건물을 지을 수 없다.* 설계지침과 정책 권고사항은 이보다 느슨하다. 어떤 것은 애매하거나 범주화되지 않은 상태로 있는데, 이는 그것이 상대적으로 중요하지 않거나 너무 잘 알려져서 더 이상의 설명이 필요 없기 때문이다.

유형들 사이의 경계가 개방적일 경우, 새로운 장소유형을 만들 때 하나의 유형을 점진적으로 변형하거나 기존 유형의 일부를 차용하는 것이 용이해진다. 예를 들면, 최근 도입된 '산업 캠퍼스'(*industrial campus*)라는 유형은 대학이라는 환경유형(*setting type*)을 그것이 수반하는 사회적 실천을 제외하고 차용한 것이다. 한 유형 내에서 일정한 성질을 공유하되 꼭 동일할 필요가 없을 경우, 진화와 점진적 변화가 가능해진다. 그 유형이 완전히 다른 것이 될 때까지 조금씩 다른 실례들이 나타날 수 있다. 빅토리아 양식의 수직적 주택이 교외의 랜치 양식(*ranch style*)[21]으로 변형되는 것에서, 시간에 따른 요소들의 변화(토지면적, 교통 하부구조, 정부정책, 수직성, 규모, 생산 및 시공 방식 등)로 인해 새로운 것, 곧 새로운 장소유형이 만들어지는 방식을 볼 수 있다. 더 나아가 경찰서, 선형(*strip*) 개발, 공원, 변경(*frontier*) 등의 유형은 다른 유형들과 의미가 겹친다. 목적에 따라서 이 같은 의미의 공유가 문제가 될 수도 있고 그렇지 않을 수도 있다. 유형이 가진 다른 의미를 강조하거나 유형을 특별하게 지정할 때 변형이 일어나는 경우가 많다. 설계 분야에서는 장소유형이 적당히 모호한 경우가 많다. 토론과 실험에는 새로운 유형들이 쉽게 등장한다. 학생들의 실습에서는 기존의 인공경관을 생각 없이 재생산하는 것에 의문을 갖도록 새로운 유형, 혼합된 유형, 또는 유형이 없는 프로그램을 사용하는 경우가 많다.

---

* 최근 법규에 '다중용도' 건물을 도입한 것은 기능에 의한 분류체계를 압박하기 시작한 흥미로운 사례다.

안정과 변화, 보편과 차이

유형은 수용하거나(*contain*) 수집하는 속성이 있다. **그리고** 그것은 자신을 넘어 생성하고 성장한다. 보유자/수집자(*holder/collector*)로서 유형은 우리에게 연속성·예측가능성·안정감을 준다. 생성자로서 유형은 생각, 행동, 다른 유형 등 다른 어떤 것의 기원(*origin*)이 된다. 이때 유형은 동적이며, 제안적·확장적 성격을 갖는다. 유형은 항상 수용자이면서 생성자인지도 모른다. 그러나 유형이 사용되는 방식에 따라 그것은 어느 한 측면을 더 많이 갖는다. 보유자/수용자(*holder/container*)로서 유형은 명명되고 인지 가능하며, 용도와 이용방식을 알 수 있는 건물유형과 경관유형을 발생시킨다. 개인 소유의 주택을 바탕으로 한 아메리칸 드림이라는 심상유형은 보유자/수집자로서, 미국문화에 통일된 주제, 곧 공유 개념을 제공한다. 동시에 그런 심상유형은 사고와 행동을 자극하며, 모든 종류의 조작을 수용하는 생성자이기도 하다.* 오랫동안 이 심상유형은 주택이라는 여러 종류의 물질적 장소유형을 생성하는 생성자 역할을 해왔다.

유형과 유형의 명명이 안정감, 일정한 연속성, 그리고 연속되는 참조틀을 제공한다는 점은 중요하다. 원형(*archetype*)과 같이 어떤 유형은 영속적이고 적용 범위가 넓다. 동시에 유형은 시간에 따라 변화한다. 유형은 문화 사이에서, 같은 문화에서도 집단에 따라 상당히 다르다. 어떤 종류의 유형을 생각하는지, 유형의 어떤 특징을 다루는지에 따라 연속성과 보편성에 주목할 수도 있고 변화와 차이에 주목할 수도 있다.

* 새로운 주거의 생산과 마케팅에서 원형이 조작되는 방식에 관한 논의에 대해서는 더비(Dovey 1993)를 참조할 것.

억압 그리고 변형

유형화는 강력하고 융통성이 있으며, 파급력이 크고 유용하다. 유형화를 통해 세계에 대한 이해와 세계 내의 생활이 가능해진다. 반면에 유형적 사고는 우리의 거주를 제한하는 감옥이기도 하다. 우리는 유형이 세계 위에 구축된 덮개라는 것, 우리가 그것을 만들었고 우리는 세계를 매일 개조한다는 사실을 너무 자주 망각한다. 우리는, 용인되고 구체화된 유형의 구조가 '실재하므로'(*real*) 세계를 재구성하여 기존의 문화에 대한 대안을 제시할 수는 없다고 가정한다. 유형은 심각한 문제가 있는 특정한 목적과 이해관계를 조장하는 데 항상 사용되지만, 우리는 이런 과정을 충분히 인식하지 못한다. 또한 바람직한 다른 목적과 이해관계에 도움이 되도록 유형을 효과적으로 사용하지도 않는다. 유형의 변화가 세계를 변형함으로써 좀더 사회적으로 정당하고 생태학적으로 건전한 세계를 만드는 데 도움이 될 수 있는 반면, 그 변화가 억압적이고 부당한 경우도 많다.

법제화와 구체화(*reification*)를 통해서 본질적으로 모호한 유형의 경계를 고정시키는 것은 문제를 야기할 수 있다. 정책과 법 구조, 법규와 토지이용 제한, 그리고 종교적 신념과 가공(架空)의 구조로 이러한 경계를 제도화함에 따라, 장소는 오직 하나의 실체가 되어 더 이상 다른 형태의 공간적 실천을 뒷받침할 수 없게 된다. 장소유형과 유형화에 구현된 지식은 동결되고, 장소와 사회적 실천을 폐지하거나 개조하기 어려워진다. 그러면 유형은 고도로 제한적이 되어 변화와 변형에 저항하며, 대안을 허용하지 않는 감옥이 된다. 이것은 심상 · 물질 · 개념 유형에 모두 적용된다. 이렇게 '고속도로'라 불리는 심상유형의 물질적 형태는 고정되고 규제된다. 그것의 물질적 양태는 정확하고 제한된 성격을 갖고, 그 원형을 다른 형태로 실현하려는 우리의 법적 (그리고 심상적) 능력을 제한한다.

물질적 장소유형을 변형하기 위해 그것과 심상유형의 연관성을 인식할 필요가 있다. '사실'(*fact*)을 중시하는 근대 세계(그런 세계가 있다면 그건 확실히 상상의 세계이다)에서 우리는 세계를 형성하고 우리에게 의미를 부

그림 1-13 쓰레기 처리 공장. 사진: 린다 쉬니클로스

여하는 심상유형의 힘을 깨닫지 못했다. 장소유형은 우리가 재생산하려는 신화와 정체성을 구체화해준다. 우리는 심상유형이 무엇이고 어떻게 작동하는지 알 필요가 있다.* 심상유형의 힘은 유토피아 사상가와 공상과학 소설가의 작품, 그리고 미술가와 건축가들의 상상적 드로잉에서 분명히 나타난다. 새로운 세계를 만들기 위해서는 다른 장소를 만들어야 한다.

'아메리칸 드림'은 전 미국에서 교외풍 생활(*suburbia*)이라는 단일한 유형으로 해석되고 재생산되었다. 주로 그것은 다른 모든 토지이용에서 격리된, 전용주거지역에 있는 단독주택으로 구체화되었다. 그곳에서는 보행이나 자전거 같은 교통수단들을 사용하는 우리의 능력은 제한되고 자동차에만 의존한다. 교외란 물리적으로나 심리적으로 안전한 장소, 그리고

---

* 벤더(Bender 1987)는 《교도소의 상상: 18세기 영국의 정신에서 소설과 건축》(*Imagining the Penitentiary: Fiction and the Architecture of Mind in Eighteenth Century England*)에서 물질적 장소 만들기에서 심상유형의 역할이 소설에 표상된 것을 탐구했다. 챈들러(Chandler 1991)는 《텍스트에서의 주거: 미국 소설에서의 주택》(*Dwelling in the Text: Houses in American Fiction*)에서 소설에 표상된 물질적인 것과 심상적인 것을 탐구했다.

너른 정원에 있는 주택들을 뜻한다. 그것 또한 다른 유형들을 배제하는 장소이며, 경관을 가로질러 그것이 확산되면 생태학적 비용이 매우 많이 든다. 그리고 아메리칸 드림은, 미국적 심리가 상상 속에서 콜라주되어 디즈니랜드의 축소형 메인 스트리트(Main Street)로 만들어지듯이 그렇게 쉽게 구현되지는 않는다. 교외라는 유형은 아메리칸 드림이 표명되는 유일한 방식이다. 그에 대한 대안들을 구축하기 위해서는 이 심상적 허구의 힘과 거기에 내포된 희망과 공포를 이해해야만 한다. 이렇게 꿈을 다른 방식으로 실현하는 장소들을 만드는 것은 물론 가능하다. 그렇게 하기 위해 심상적 내용을 변경할 필요는 없다. 또한 대안을 개발하기 위해서 다른 심상유형들(예로 도시)을 도입할 수도 있다.* 한 유형을 변형하기 위해서는 비평 **그리고** 제안이 모두 필요하다. 다행히도 유형의 물질적·개념적·심상적 측면을 통해 그러한 가치 있는 작업을 할 수 있다.

유형에 관한 새로운 작업

마치 현 시대의 초기에 유형이 심각한 논제였듯이, 현재 유형은 근대성(*modernity*)의 체계를 해체하는 것의 일환으로 진지한 연구와 논의의 주제로 대두되고 있다.**[22] 논자들은 유형을 의식적으로 채용하는 것은 오래

---

* 건축가들이 제 2차 세계대전 이후 교외에 여러 대안을 계획하고 설계한 것이 바로 여기에 해당한다. 뒤아니와 플라터-지버크(Duany & Plater-Zyberk 1992), 솔로몬(Solomon 1992), 칼소프(Calthorpe 1993)의 연구를 참조할 것.

** 《유형 그리고 관례의 (불)가능성》〔*Type and the (Im)possibilities of Convention*, Rockcastle 1991〕에는 많은 훌륭한 논문이 실려 있다. 그 밖에 유형의 개념에 대한 건축계의 논의에 대해서는 아르간(Argan 1963), 비들러(Vidler 1977, 1987), 모네오(Moneo 1978), 콜쿠훈(Colquhoun 1981), 모리스(Morris 1982), 페레즈-고메즈(Perez-Gomez 1983), 에쉬즈린(Oeschslin 1986), 구드(Goode 1992), 랑방(Lanvan 1992), 타이스(Tice 1993)를 참조할 것. 알도 로시(Aldo Rossi)의 건물과 글들도 영향력이 있다.

전 계몽주의와 산업화로 시작된 '새로운 세계 질서'(*new world order*)의 일부라고 주장한다. 현재 유형에 관한 지적 작업에서 놀라운 것은 지식 형태로서의 유형, 인간 경험에서 유형의 역할, 유형이 작동하는 방식, 그리고 공간적 · 사회적 실천을 만들고 파괴하는 유형의 힘 등을 좀더 잘 이해하기 시작했다는 점이다.

습관이라는 혼잡한 영역 안에서 세계에 관한 작업이 이루어진다. 우리는 유형이 세계에 관한 지식을 만들고, 세계 안에서 행동하는 것을 포용하고 한편으로는 제한하는 것을 인정한다. 그러나 장소 만들기에서 유형이 형성되고 사용되는 방식에는 주목하지 않을 때가 많다. 실천의 세계는 본격적인 탐구의 장으로 인식되지 않았다. 왜냐하면 유형학적으로 지정되는 실천은 장소에 지식이 적용되는 문제로 인식되어, 지식을 생성하는 분야('과학')보다 훨씬 덜 중요하게 여겨졌기 때문이다. 지식의 개념을 확장하여 실천을 포함하면, '장소가 만들어지는 과정' 그리고 '생산을 위해 유형을 선정하는 판단'에 대해 새로운 통찰력이 생긴다. 사실상 이런 작업을 통해 지식이 이해되고 구축된다. 우리는 새로운 유형이 만들어지는 방식, 곧 우리가 사용하는 유형을 의식적으로 구축하거나 해체하지 않고 끊임없이 세계를 재생산하는 과정에 대해 아는 것이 매우 적다.

유형화는 본래 환원적 과정(*reductive process*)이다. 우리는 특정한 장소, 장소에 관한 개념, 그리고 장소에 관한 판타지를 취해 어떤 측면들은 택하고 어떤 측면들은 버린다. 이런 편집 작업 없이 유형은 존재할 수 없다. 무엇을 명명하는 것은 권력의 행동이다. 명명은 다른 것들과 구분되는 어떤 것, 말하자면 어떤 장소 혹은 그것의 종류를 세계로부터 불러내는 것이다. 명명으로 하나의 사물 안에 개념, 곧 일단의 상호 관련되는 의미와 조건이 구성된다. 의미를 수집하고 분리하는 과정에서, 그 사물로부터 다른 의미와 가능성을 배제함으로써 우리는 그 사물을 알게 된다.

한 문화가 고안하고 전승하는 유형들과 그 문화의 고안에 사용된 명칭들에는 세계와 그 안의 장소들에 대한 그 문화의 입장이 반영되어 있다. 우리의 문화는 명사(*noun*) 그리고 사물의 명명에 몰두한다. 현대 서구사

그림 1-14 마들렌(Madelaine) 섬[23]의 개척
사진: 린다 쉬니클로스

회에서는 명명에 의한 유형화로 인해 세계 내의 장소들이 본래의 자리에서 이동되고, 사람들은 세계에 대한 감각적 경험으로부터 멀어진다. 사델로(Sardello)는 이것을 다음과 같이 설명한다.

> 유명론(唯名論, *nominalism*, 명사로 명명하는 것)은 본연의 힘을 가진 단어들을 마음의 작용, 개념 등 순수하게 주관적인 실체로 환원시킴으로써 언어에 영향을 미친다. 명사어는 색채, 가장자리, 곡선, 표면, 딱딱함, 부드러움, 어두침침함이나 밝음, 고정성, 텍스추어, 중력, 공동 또는 개별 작업, 그리고 사물을 점차 이미지로 만드는 일 등으로부터 우리를 차단한다(1985, 29).

20세기 후반 현대 후기산업국가들은 세계를 수동적으로 보고 유형화를 진행했다. 서구문화는 사물의 생명을 빼앗고, 유형화에 세계가 활발하게 참여하는 것을 부정한다. 사델로(Sadello)는 그것을 "문화적 억압"(*cultural repression*)이라고 부른다(1985, 30). 세계를 인간 드라마의 수동적 수용자로 표상하는 것은 발전을 계속하기 위해 지구를 무한정 사용하려는 근대성과 산업화가 만들어낸 픽션(*fiction*)이다.

유형을 명명할 때 버려지거나 무시된 장소·개념·희망 속에는 탐구되지 않은 앎과 삶의 방식이 있다. 유형을 의식적으로 탐구함으로써, 세계의 조직망(*web*)을 해명하고, 조직하고(*weaving*), 재조직하는 유형화의 힘을 인식할 수 있다. 세계를 유형화하는 것은 세계 그 자체를 포함해 많은 입장들이 참여하는 협동 행위가 될 수 있다.

□□□

유형은 언제나 개방적이면서 동시에 폐쇄적이므로 그것은 언제나 구속이자 희망이다. 어떤 것들에 관심을 기울이는 동안 우리는 다른 것들에 관심을 기울이지 않는 자신을 발견한다. 어떤 것을 폐쇄한다는 것은 어떤 새로운 것을 여는 것이다. 어떤 것을 이해하는 것은 놓치는 것이 있음을 의미한다. 유형화는 변화를 제한하는데, 이는 좋은 것일 수도 있고 나쁜 것일 수도 있다. 교외에 아메리칸 드림을 실현하는 데 드는 인간적·생태적 비용처럼, 유형은 대개 변화의 결과에 주의를 기울이지 않으면서 변화한다. 지역사회에 바탕을 둔 그룹 홈의 등장에서처럼, 유형화는 일군의 사람들에게 권한을 부여한다. 그리고 주변부 집단(*marginal group*)이 해오던 사회적·공간적 실천을 무시하는 '도시 기업지구'(*urban enterprise zone*)의 지정에서처럼, 유형은 힘 있는 이해관계에 봉사한다.

암시적 가치와 지식 형태, 그리고 개념을 명시적 담론의 차원으로 가져오면서, 우리는 다양한 분야에서 장소유형과 그것의 의미에 관한 대화의 공간이 열리기를 바란다. 이런 대화를 통해서 세계와 교섭하고 그것을 변형할 수 있다.

우리가 물질적·개념적·심상적으로 구축한 세계는 거주의 장소다. 세계는 우리가 스스로를 위치시키고 생활에 의미를 부여하는 터전이다. 현재 진행 중인 유형화에 대한 담론은 대단히 중요하다. 왜냐하면 그것은 세계 내에서 인간의 장소를 이해하는 방식, 그와 동시에 가로・주유소・숲・밭・주택으로 이루어진 세계 내에서 현명하게 사는 방식을 모색하는 것이기 때문이다.

역자 주

1) 유형학은 유형을 사용한 이론 혹은 방법론을 말한다. 이 책에서는 유형학이라는 용어가 단지 유형의 동의어로 쓰이거나 유형의 집합의 의미, 또는 유형을 중심으로 한 과정(*process*)을 의미하기도 한다.
2) 우리가 유형화하지 않는 것, 곧 우리의 생활에 관련시키지 않고 배제하는 것을 말한다.
3) 세계 속에 다른 존재자와 교섭을 가지면서 존재하고, 존재에 관심을 두는 현존재(*Dasein*)로서 인간의 본질적인 구조를 이르는 말. 실존주의 철학자 하이데거의 용어다. 자각적인 존재라는 의미의 현존재는 자신의 존재를 문제 삼되 하나의 특정한 세계 안에서 자신의 존재를 문제 삼는다. 현존재는 세계로부터 독립해서 존재하는 것이 아니라 이미 세계 안에 존재한다. 그러나 세계 안에 존재한다고 해서 어떤 사물이 용기(容器) 안에 들어 있는 것처럼 존재하는 것은 아니다. 현존재는 자신이 속하는 세계를 자신이 가능케 하는 방식으로 존재한다. 곧, 현존재는 세계에 관심을 가지고 그것과 부단히 교섭하는데, 이런 관심과 교섭의 방식에 기초하여 그에 대응하는 것이 주위의 세계다. 《근거의 본질》에 나오는 용어를 빌리면, 현존재는 자신의 세계를 건립하는(*stiften*) 방식으로 존재한다.

   세계는 현존재의 구체적인 실존 수행 없이 대상으로서 내 눈 앞에 존재하는 것이 아니라 현존재의 구체적인 실존 수행을 통해서 존재한다. 하이데거는 이렇게 세계와 현존재가 서로를 가능케 하는 근원적인 공속 관계(共屬關係, *Zusammengehörigkeit*)를 '세계 내 존재'라는 말로 의미하고자 한다. 전통 철학에서는(예로, 데카르트에게는) 인간과 세계가 각자 고립된 채로 존재하며 이 양자 사이의 매개가 철학적인 문제로서 제기되었던 것이나, 하이데거에 와서는 현존재와 세계가 내밀한 공속 관계로 파악됨으로써 인간과 세계를 서로 분리된 실체로 보는 전통적인 파악 방식이 극복된다. 요컨대 '세계 내 존재'란 세계라는 비아(非我)의 존재론적 파악 없이 인간이 자기에 대한 사유를 정립하는 것이 불가능함을 뜻한다.
4) 원형(*archetype*)에 대해서는 "옮긴이 해제" 참조.
5) 여기서 '해석'은 비물리적 심상유형을 물질유형으로 만드는 행위를 말한다. 점유란 반드시 물리적 행위가 아니고 심상적 행위일 수도 있으므로 우리는 심상유형에 거주할 수는 없지만 그것을 점유할 수는 있다.
6) 미국인들은 교외에 있는 정원이 딸린 단독주택에 핵가족을 이루어 사는 것을 꿈꾸는데 이를 아메리칸 드림이라고 한다.

7) 르코르뷔지에가 수립한 파리 도심지 재건 계획. 건물이 지면의 5퍼센트를 차지하고 나머지 부분은 녹지로 조성하는 계획이다.
8) 팬옵티콘은 '모두'를 뜻하는 'pan'과 '본다'는 뜻의 'opticon'을 합성한 단어로, 1791년 영국의 철학자 제러미 벤담(Jeremy Bentham)이 죄수를 효과적으로 감시할 목적으로 고안한 원형감옥을 말한다. 이 감옥은 중앙의 원형공간에 높은 감시탑을 세우고, 중앙 감시탑 바깥의 원 둘레를 따라 죄수들의 방을 만들도록 설계되었다(새로운 유형인 팬옵티콘의 대두와 적용에 대해서는 "17장 표본화 그리고 사회의 건설: '사라진 후원자'"를 참조할 것).
9) '본질직관'이란 대상을 의식의 외부에 존재하는 대로가 아니라 정신적 직관 속에 주어지는 대로 내적이고 정신적으로 드러내는 것이다. 이는 현상학의 기본적인 방법이다.
10) 로지에(M. A. Laugier, 1713~1769)의 '원시 오두막' 개념이 대표적이다. 로지에는 1753년 모든 건축적 형태의 근원으로 다음 그림과 같은 원시 오두막을 제시했다.
11) 블롱델(Blondel)·불레(Boullée) 등을 말함. 이들은 근대 합리주의 건축을 태동시켰다는 역사적 평가를 받고 있다.
12) 'prototype'은 최초의 유형 혹은 가장 전형적인 유형이라는 의미를 갖는다. 이를 원형(原型)으로 번역하기도 하나 archetype과 구분하기 위해 여기서는 '전형'으로 옮긴다.
13) 이 책의 내용은 전체가 각종 건물의 평면도와 입면도로 채워져 있다.
14) 미국 및 캐나다에서 이주시대에 시행한 공유토지의 분할제도. 넓은 지역을 경위선(經緯線)을 따라서, 기본적으로 15.54㎢(6평방 마일)를 타운십이라는 단위로 해서 바둑판 모양으로 토지를 구획하고, 이를 다시 2.59㎢(1평방 마일)로 세분해서 이주자에게 그 4분의 1씩(65ha)을 나누어 주었다. 이로써 균등한 경작지를 보유하게 된 미국의 마을은 정연하게 분포된 산촌(散村)의 형태를 이루게 되었다(자료: 두산백과사전).
15) 어떤 분류법에 포함되지 않고 배제된 것도 소극적인 의미에서 기성의 질서를 인정하고 강화한다.
16) 베드타운의 기능에서 소매·금융·위락 기능이 있는 중심지로 변화하는 교외지역을 말한다.
17) 코하우징은 개인 주택으로 이루어진 공동체인데, 시설의 공유를 토대로 생활을 공유하는 새로운 거주방식을 실천한다. 코하우징에서 공동체의 구성원들은 함께 시설을 계획하고 소유하고 관리한다. 그들은 공동으로 취사와 식사를 할 수 있는 대형 주방과 식사실, 세탁실, 어린이보호시설 등 많은 시설을 공유하면서 상호작용을 활발히 하며 공동체를 유지한다. 1960년대에 덴마크

미국 미시건 주 앤아버(Ann Arbor) 선워드 코하우징(Sunward Cohousing)의 놀이터

에서 시작된 코하우징은 새로운 형식의 공동체로서, 건축가들은 그것을 수용할 새로운 건물유형을 고안해내야 하는 과제를 안고 있다.

(그림 출처: http://en.wikipedia.org/wiki/File:SunwardCohousingPlayStructure2005.jpg)

18) 특별한 조건을 가진 사람들이 모여 거주하는 시설.

19) 천국 · 낙원을 의미하는 파라다이스(*paradise*)는 본래 둘러싸인 마당인 중정을 지칭하는 말이었다. 이집트인들은 에워싸인 공간을 파라다이스라고 했으며, 중세 수도원의 중정은 파라디소(*paradiso*)라고도 불렀다.

20) 브릴(Brill)이 3장에서 소개한 핵폐기물 매립장의 설계가 그런 사례다.

21) 빅토리아식 주택은 크고 호화로운 2~3층 주택이다. 목재의 벽과 높은 천장의 방에 난로를 갖춘 경우가 많다. 랜치하우스(*Ranch House*)는 미국의 서해안에 많으며 지붕이 낮은 단층건물이다. 큰 창이 많이 있고 집 안팎에 벽이 적은 것이 특징이다. 보통 지하실은 없다.

22) 유형학은 근대성의 해체에 가장 강력한 이론적 토대를 이루고 있다. 이런 맥락에서 자신의 이론과 실무를 통해 유형학의 확산에 큰 영향을 미친 사람으로 이 책의 "12장 유형의 안과 밖"에서 다루는 알도 로시(Aldo Rossi, 1931~1997)를 꼽을 수 있다.

23) 세네갈 다카르 인근의 섬.

제1부

종의 유형화

SPECIES TYPING

제 2 장

거주의 개념

린다 H. 쉬니클로스 Lynda H. Schneekloth

우리us와 타자the other의 관계 설정

사람들은 **우리**, 곧 인간과 **타자**(*the other*), 1) 곧 우리가 만든 물건, 거주하는 장소, 주어진 세계 사이에 경계를 설정함으로써 세계의 기본적인 틀을 구성한다. 이렇게 우리와 우리 아닌 것(*not-us*) 사이를 유형학적으로 구분함으로써, 우리는 물질세계를 구성할 뿐 아니라 이 세계에 대해서 생각하고 이 세계를 재현한다(*re-present*). 경계가 있어 우리는 보호되고 거주지에 위치된다. 경계로 인해 세계와 우리는 의미를 갖는다.

우리는 **우리 아닌 것**(*not-us*)을 가지고 자연, 도시, 주택, 농장, 유독성 쓰레기, 벽, 발전소, 외부공간 등과 같은 인간 외적 세계에 목적과 의미를 부여하는 장소유형을 구축한다. 어떤 장소유형은 농업, 거주, 쓰레기 처리 같은 인간의 행위들을 뒷받침한다. 벽과 다리 같은 장소유형은 우리가 장소를 만들기 위해서 사용하는 사물과 장치를 지칭한다. 그리고 전기나 공공시설같이, 우리 자신을 세계로 확장하기 위해 만들어낸 기술을 지칭하는 장소유형도 있다. 어떤 장소유형은 생래적(*natural*)이라고 일컬어지는데 그것은 '주어진' 것이다. 그 밖의 것들은 인위적이며 우리가 구축한 것이다. 곧 우리의 창조물이다. 장소, 물질세계, 그리고 그에 관한 우리의 신념과 픽션은 인간이 거주하는 지점이 된다.

우리가 장소를 지칭하려고 만든 명칭에서 타자, 곧 우리 아닌 것이 나타

그림 2-1 사라(Sarah) 주택의 전면 현관. 몬테베르데.[2] 사진: 필자

난다. 명칭은 장소, 명명자, 그리고 이들 사이의 관계와 관련된다. 여기서 유형의 명칭이 자아/장소(*self/place*)의 관계를 구체화함을 알 수 있다. 거주할 수 있는지 없는지, 문명화되었는지 원시적인지, 지속할 수 있는지 위협하는지 등 장소에 부여된 특성에 따라 우리는 장소와 분리되기도 하고 연결되기도 한다. 우리가 구축한 타자들이 장소뿐만 아니라 우리도 (세계에) 배치하기 때문에, 유형은 우리에게 세계에 관해 말해줌은 물론 우리 자신에 관해서도 말해준다. 더 나아가 중요한 것은, 명칭들이 물리적 거주의 가능성뿐만 아니라 심상적 거주 곧 사고, 꿈, 세계 내 존재(*being in the world*)[3]의 재현을 지칭한다는 점이다.

자아/장소의 구분으로 세계가 우리의 거주를 뒷받침하지만 그 경계는 움직인다. 한때 우리에 포함되었던 것이 어떤 때는 세계 내 장소에 대한 다른 신념을 반영한다. 장소유형, 곧 세계를 구성하고 명명하는 유형학은 서로 다른 문화들 사이에서 그리고 한 문화 안에서도 다양한 의미를 갖는다. 의미는 다양한 의도에 따라 구축되고 사용된다. 이런 뜻에서, 의미는 세계에 대한 '사실적'(*true*), '실재적'(*real*) 기술(*description*)이 아니다. 의미는 시대와 장소에 따라 달라지는 세계의 재현이다. 장소유형은, 특정한 사람들에 관련되고 문화적 이념의 목적에 기여하는 특정한 사실이다. **우리**의 범위를 아무리 넓게 잡아도,[4] 장소유형은 특정한 이해관계를 반영하여 세계를 구성한다. 장소유형은 특정한 방식으로 구성되고 규정되지만, 그것은 암묵적으로 공통의 신념·가치·정보를 구체화하기 때문에 가공의 힘을 갖는다.

장소유형을 구성하는 힘은 내포와 배제의 과정을 통해, 특정한 시기의 상상력 속에서 우리/장소의 경계를 형성한다. 문화와 개인의 삶을 구성하는 이 힘 때문에, 장소유형은 언제나 논쟁의 대상이 되고 문제가 된다. 오늘날, 우리/장소의 경계를 둘러싼 투쟁은 인간과 '인간 외적 자연'의 관계에 관해 진행 중인 담론에서 분명히 드러난다. 현행의 패러다임은 우리를 우주의 너머·위·외부에 위치시킨다. 인간이 태양·물·식물 등 자연물에 전적으로 의존한다는 사실을 인정하면서도, 인간이 이 세계에 있는 모든 타자들로부터 독립적이며 그들보다 우월하다는 픽션을 바탕으로 우리는 파괴와 소비를 통해 지구를 자유로이 이용하고 개척해왔다. '우리 아닌 것(*not-us*)으로서의 세계'라는 이 특별한 이야기가 서구사상을 진보시키고 주도해왔다. 이제 밝혀지고 있듯이, 그것은 인간 외적 세계뿐만 아니라 우리 종(*species*), 곧 인간에게도 재앙이었다.

생태학, 환경과 녹색운동, 그리고 20세기 후반을 다양하게 표상하는 판타지는 이렇게 인간을 세계에서 분리된 존재로 보는 신화에 의문을 제기한다. 매일같이 신문·TV·라디오·영화·책 등 우리 시대의 텍스트는 인간이 거주지인 지구에 가하는 파괴적인 영향을 상기시킨다. 이런 상황으로 우리를 이끈 것은, 어떤 의미에서, 도덕관념이 없는 사람들의 사악한 행위라기보다는 우리와 우리 아닌 것 사이의 경계에 의미를 부여하는 지배문화 안에서 행해지는 실천(*practice*)이다. 이 경계에 대한 현재의 긴박하고 강력한 투쟁은, 우리와 세계의 관계가 재명명되고 있으며 21세기의 새로운 픽션에는 경계가 달리 설정될 것임을 암시한다.

그림 2-2 콘크리트 중앙 반도(The Concrete Central Peninsula), 버려진 산업단지. 뉴욕 주 버펄로 시. 사진: 퍼 피더슨(Per Pederson)

이러한 담론의 일부로 이 장에서는 우리의 장소에 대한 생각을 구성하는, 우리 아닌 것에 관한 저변의 신념을 탐구하고자 한다. 물질적·심상적으로 장소유형을 구성하고 재생산하는 실천을 통해 세계와 그 안에 있는 우리의 장소에 대한 판타지들이 만들어진다. 그런 판타지들은 사실을 생성·유지하는 신념을 드러내는 강력한 픽션이자 이야기다. 그것들은 세계에서 인간의 행위를 규정한다.

예술을 비롯한 여러 매체의 다양한 표상 활동을 통해 장소유형에 관한 이야기들이 나타난다. 그것들은 실로 우리에 관한 이야기이다. 우리/장소의 관계와 장소유형의 구축과 해체에 관한 탐구에서 필자는 공상과학물(*science fiction*)이라는 장르를 사용하고자 한다. 공상과학물은 세계에 대한 대중적인 판타지, 세계를 표상하는 대중적 형태, 장소를 구축하는 풍부한 형태를 담고 있기 때문에, 정통의 표상 형식으로 취급받지 못할 때가 많다. 이런 픽션의 형태로 우리는 세계, 집과 변경(邊境), 그리고 우리가 관련될 수밖에 없는 타자들을 만들어낸다. 이런 표상 유형은 우리 자신과 거주지를 보는 강력한 도구다. 그것을 통해 우리는 앞으로 인간의 거주가

그림 2-3 이 만평들은 세계 내 인간 장소에 대한 우리의 소중한 신화에 이의를 제기한다.

† 톰 톨즈(Tom Toles)와 〈버펄로 뉴스〉(*The Buffalo News*) 자료. 만평은 1990년 4월 24일자와 1992년 5월 31일자에 실린 것임.

어떻게 될 것인가에 대해 꿈 혹은 악몽을 꿀 수 있다.

이 장에서 내가 공상과학물을 이용하는 이유는 그것이 우리/장소 관계에 대한 신념을 반영하면서 그 신념에 대해 의문을 제기하기 때문이다. 나는 장소의 구축에서 지배와 파괴가 일어나는 방식을 밝히려 한다. 그리고 인간/장소 관계를 다르게 표상하는 방식들을 찾아보려 한다. 상상의 픽션을 구성하는 것은 저항과 권능 부여의 행동으로, 그로부터 새로운 신념과 새로운 관계가 가능해진다. 그리고 그것은 다른 모든 것을 인정하고 전유(專有)를 줄이는 것이 가능함을 보여준다. 세계와 그것에 대한 우리의 관계를 개조하고 재명명하는 오늘날의 활동에서 인류와 세계 내 장소에 관한 강렬하고 긴박한 관심을 볼 수 있다.

집 없음homelessness과 황폐한 지구

인간은 이 지구상에서 진화했으며, 우리가 아는 한 언제나 이 행성에서 살아왔다. 우리의 상상력은 이 세계에서의 경험에서 생기는 것이며, 우리의 삶 자체도 지구에 의존하여 유지된다. 그러므로 인류가 집 없는 상태라는 주장은 지구상에서의 우리 삶, 곧 거주의 어딘가가 손상되었음을 나타낸다.

> 만일 인간사회가 기억을 상실하지 않는다면, 20세기의 후반은 역사상 가장 중요한 시기 중 하나, 곧 극히 다면적인 새 천년에 인간성 전체가 격하게 내던져진 시간으로 기억될 것이다. 우리가 오늘날 목격하는 변형의 규모는 자연사나 문화사에서 선례가 없다. 자연과 인간성이 전 지구적으로 절멸됨에 따라 우리 한 사람 한 사람은 모두 피난민이 되었다. 도대체 우리가 얼마나 오랫동안 피난민으로 남아있을 것인지 아무도 말할 수 없다. 그러나 아무리 선택받고 보호받는 사람에게도 집 없음이라는 사실은 이미 분명해졌다(Harrison 1992, 238).

많은 공상과학물 텍스트에서 인간은 집 없는 상태로 표현된다. 예를 들면, 《은하수를 여행하는 히치하이커를 위한 안내서》(*The Hitchhikers Guide to the Galaxy*)에서와 같이 은하계 우주 간 고속도로를 만든 외계인에 의해서, 또는 로드 워리어(*Road Warrior*) 류 영화[5] 들에서와 같이, 이제 황폐하고 위협적인 행성이 되어버린 지구에서 사는 인간에 의해서 지구가 완전히 파괴됨으로써 인간은 집 없는 상태가 된다. 천국, 다른 행성, 또는 변경 등 그 표현이 어떠하든, 신화와 픽션은 우리가 앞으로 존재할 장소가 다른 곳(*elsewhere*)이라고 말한다. 그리고 우리가 지금 있는 장소에서 떠나는 것을 상징적으로 묘사한다.

이러한 조건, 이 집 없음이라는 상상은 많은 힘들이 수 세기 동안 작용해 생겨난 것이다. 그것은 지구로부터 영혼 곧 내재성(內在性, *imma-*

nence)[6] 을 제거하고, 신을 세계의 모든 물질로부터 천국으로 옮겨놓음으로써 시작되었다(Giegerich 1985). 이로부터 서구문화에서는 지구를 떠나는 것, 욕구를 천국으로 이동시키는 일이 시작되었다. 여기서 천국은 우리의 심상적 거주에 나타난 초기의 변경이라고 할 수 있다.

지구로부터 신이 제거되었을 때, 세계의 영혼은 위기에 처했다. 16세기와 17세기에 고안된 '생명'은 세계라는 생물에 결정타를 날렸다(Foucault 1970). 그때까지만 해도 지구는 내재성이 있고 살아있으며, 바위·나무·동물·하늘 등 세계의 모든 것들에는 영혼이 있다고 생각되었다. 생물학의 창안과 과학을 진리의 심판자로 여기는 새로운 믿음에서 생긴 생명과 비생명 사이의 구분으로 인해, 새롭게 고안된 생명이라는 범주에 부합하

그림 2-4 뉴욕 주의 버펄로 시에서 철거 중인 역사적인 '어부의 부두'(Fisherman's Wharf) 건물. 사진: 필자, 1993.

지 않는 모든 것들이 비생명화되는 결과가 초래되었다.

과학의 이야기들이 우리의 상상력을 가득 채우고 신앙을 대신하게 되었다. 진화론이 지구상에서 6천 년이나 지속된 신앙의 시대를 파괴했다. 유일신의 6일 창조설이 10억 년의 진화설로 대체됨에 따라 우리는 자신이 신참이고 하찮은 참여자일 뿐인 그런 역사를 구축해야 했다. 더욱이 지구가 우주의 중심이 아니라 작은 은하계의 외곽에 있는 하나의 점에 불과하다는 사실을 발견함에 따라 우주의 장소에 우리를 다시 표상해야(*re-represent*) 했다. 극히 새로운 시·공간의 차원에서 우리의 장소를 이해하는 이 과업이 지난 2~300년 동안 우리의 상상력을 사로잡았다.

천국에 있는 신이 우리에게 지구를 부여했다고 생각하는 정신세계를 가지고 있는 한, 우리는 안전하게 장소를 확보할 수 있었으며, 세계를 인도하는 책임을 면할 수 있었다. 우리는 단지 질서를 따르면 되었다. 그러나 비생명적 상상력이 시작되고 오래지 않아 우리는 신 또한 죽었다는 사실을 발견하게 되었다. 우리는 지향(*intent*)의 기원에 관한 신화를 변형해 인간을 의식의 주체로 설정함으로써 이러한 상실에 적응했고,[7] '의지'(*will*)를 신이 아닌 인류의 몫으로 만들었다. 과거에 구원은 내세에 천국에서 받는 것이었으나 이제 '인간'의 완전함을 통해 받는 것으로 이야기를 바꾸었다. 이런 인간의 완전함은 과학과 기술에 대한 신념을 바탕으로 추진되는 진보의 신화를 통해 성취된다고 보았다. 이렇게 우리는 지구를 떠맡게 되었으며 우리의 의지가 그것을 '더 나은 것'으로 만들 수 있다고 믿게 되었다.

> 신의 초월성이라는 교리가 자연계에 편재하는 신의 존재를 박탈했듯이, 축복받은 새천년에 대한 비전이 현재의 모든 존재방식을 비속화했다. 모든 것이 신성하지 않은 상태였다. 모든 것은 변형될 필요가 있었다. 사용되지 않는 것도 그 존재의 목적을 실현하려면 사용되어야 했다. 자연상태 그대로 있는 것은 무엇도 받아들여질 수 없었다. … 우리의 이 시대에 이러한 사용과 소비에 대한 강제가 극대화되었다(Berry 1988, 115).

인간의 완전함과 세계를 변형시키는 힘에 대한 믿음이라는 새로운 픽션에서, 우리는 죽은 물질로 이루어진 거대한 우주와 소비적 관계를 맺고 그것과 격리되고 소외된 종(*species*)으로 살아왔다. 지구에 대한 이런 특정한 관계를 이해하려고 우리가 구축한 지배적 신화로 인해 지구는 하찮은 것이 되었고, 변경을 점유해야 할 장소나 미래의 집으로 보는 판타지가 전개되었다. 환언하면, 우리는 결코 집에 없으며 우리가 있는 곳에서 결코 만족하지 못한다. 우리는 세계를 개선시키고자 언제나 다음 장소나 다음 시간으로 가고 있다.

우리가 지금 있는 곳을 불만족하게 여길 때, 우리는 변경(*frontier*)을 열망하게 된다. 변경이라는 장소유형은 특수한 공간이다. 문명과 황무지라는 가변적인 구분 사이에 있는 얇은 경계인 변경은 점유되자마자 사라지고 변형된다. 변경이라는 개념에는, 문자 그대로 또는 은유적으로, 집을 떠난다는 개념이 들어있다. 집을 불만족스럽고, '신성하지 않고', 우리를 제한한다고, 그리고 버려질 정도로 중요하지 않다고 해석함으로써 이런 떠남에 대한 의지가 강해진다. 유럽인들이 아메리카 · 아프리카 · 극동지방을 식민지화하고 전유할 때 변경이라는 말을 썼다. 그것은 '젊은이여, 서부로 가라'라고 외쳤던 북미의 운동에서도 쓰였으며, 현재는 공간의 탐구와 가상현실의 연구에서 쓰인다. 확산하는 도시와 농촌 사이에서 교외가 변경이 되었듯이, 농촌에서 도시로 이주하는 것을 변경을 추구하는 사고의 몸짓으로 해석할 수도 있다. 오늘날에는 문명화되지 않은 거친 도시에 다시 거주할 용기를 가진 중상류층을 '도시 선구자'(*urban pioneer*)라고 부른다.

시 · 공간상의 변경에 대한 몰두와 집 없음의 상황은 세계와 그 안에 있는 우리의 장소를 표상하는 방식에 영향을 미쳤다. 우리는 소비되고 버려지고 황폐화된 지구에 대한 상상의 픽션을 지속적으로 보고 듣는다. 영화 · 소설 · TV · 과학 · 환경정책, 이 모든 텍스트들이 비거주(*non-inhabitation*)의 가능성을 전해준다. 이러한 픽션에서, 그것이 핵 학살이든 점진적 오염이든, 교묘하게 일어나는 자원고갈과 쓰레기 처리이든, 우리는 소비를 통해서 지구를 지워버린다. 지구는 전적으로 황무지, 곧 인간사회의 '문명화' 권역을 벗어난 지점으로 표상된다.

로드 워리어(*Road Warrior*) 류 영화들은 세계가 폭력으로 가득차고 '무법자들'과 적자생존의 판타지, 곧 자본주의적으로 해석된 다원주의에 점령된 황폐한 장소가 될 수 있음을 보여준다. 〈브라질〉(*Brazil*)[8]과 같은 영화에서는 사람들이 익명의 초고층 건물, 핵 냉각탑, 폐허에 살며, '큰 형'(*big brother*)으로 불리는 관료들이 테러리스트로 가득 차 붕괴되고 있는 폭발 직전의 사회를 아슬아슬하게 유지하고 있다. 〈블레이드 러너〉(*Blade Runner*)[9]에서는 오염되고 어둡고 이슬비 내리는 도시들이 부스러지는 물질로 된 쉘(*shell*)로 표현된다. 가로 위 높은 곳에 살고 있는, 특혜받은 소수자들의 장소만이 예외다. 다른 사람들은 '다른 행성'으로 세계를 떠나기 때문에 돌연변이나 무법자, 로봇, 쓸모없는 사람들만 지구에 남게 된다. 이상하게도 〈브라질〉과 〈블레이드 러너〉에서 모두, 붕괴되는 도시의 외부에 인간이 구축한 자연의 장소인 전원에 여전히 구원이 존재한다고 상상한다. 그러나 이러한 영화들에서 지구를 유린한 것은 **우리**다.

지구에 대한 우리의 소비적 관계를 좀더 신랄하게 표상한 것이 〈스타트랙: 넥스트 제너레이션〉(*Star Trek: The Next Generation*)[10]이라는 TV 프로그램에서 고안된 보그(Borg)[11]다. 보그는 소비재를 찾아서 입방체의 우주선을 타고 먼 우주를 여행한다. 그것은 생각이나 도덕관념 없이 원하는 것은 무엇이나 취한다. '우주선'(*ship*)은 인간을 닮은 보그 부품들이 합체하는 '기계의 미로'로 등장한다. 그것은 온통 복도로 되어 있는데, 공간적 위계가 없어 방향설정을 할 수 없는 벌집 같은 세계다. 그것은 주거용 컴퓨터인 셈이다.

'새로운 세계를 찾는' 연방 우주선, 엔터프라이즈호(U. S. S. Enterprise)와 보그의 첫 만남으로 승무원과 **엔터프라이즈호**〔'변경 주택'(*frontier home*)으로서의 우주선〕가 거의 완전히 파괴되었다. 연방과 보그의 만남이 계속되면서 연방 함대의 다수가 파괴되고 보그가 지구의 생명과 기술에 어시밀레이트(*assimilate*)되는 것이 거의 중단된다. "저항은 소용없다. 자기결정도 소용없다. 우리는 너의 기술과 생명 형태를 어시밀레이트할 것이다"라는 일정한 톤의 컴퓨터 음성이 반복된다.

보그는 우리가 가진 여러 가지 공포를 표현한다. 이 실체(*entity*)[12]의 형체는 인간을 닮았으나 그것은 혼돈된 경계의 표상이다. 그것은 사람이기도 하고 기계이기도 한, 감각력 있는 로봇 피조물이자 우주선의 부품인 사이보그(*cyborg*)다. 그것은 개체화되지 않았으며, 자아/타자의 경계가 완전히 지워진 집단의식에 흡수되어 있다. 엔터프라이즈호 승무원이 설명하듯, "우주선은 그것이 원하는 것을 생각하며, 생각한 것이 그대로 일어난다." 여기서 보그가 단일한 기능 단위인지 개별 부품들로 이루어진 것인

그림 2-5 〈스타트랙: 넥스트 제너레이션〉에 나오는 연방 우주선인 엔터프라이즈호가 보그/우주선을 만난다. 엔터프라이즈의 임무는 '아무도 간 적이 없는 곳에 대담하게 가는 것'이다. 드로잉: 제프리 R. 리빙스턴(Jeffrey R. Livingston)

지, 곧 단수인지 복수인지에 대한 혼돈이 시작된다. 이러한 경계의 결핍, 집단적인 것과 개별적인 것 사이의 융합은 커다란 불안을 초래하는 근원이다. 그런 불안은 정치문화적 영역에서의 공산주의에 대한 공포에서부터 20세기의 반유토피아적 문학에 이르기까지 서구 문화의 많은 텍스트에 나타나있다. 보그 이야기는 자아와 타자뿐만 아니라 자아와 장소의 융합을 보여준다. 여기서 자아, 다른 자아들, 그리고 장소는 구분할 수 없는 하나이다.

보그라는 주제는 그 후의 〈스타트랙〉 에피소드에서 탐구된다. 한 이야기에서, **엔터프라이즈호**는 부품 보그를 구하고 그것/그를 수리/치료한다. 우주선 승무원들과의 다양한 상호작용을 통해서 그 실체는 의식을 갖기 시

그림 2-6 〈스타트랙: 넥스트 제너레이션〉에 나오는 감각력 있는 실체 중 하나인 보그/우주선은 자아와 장소의 합체다. 드로잉: 제임스 맥너슨(James Magnuson)

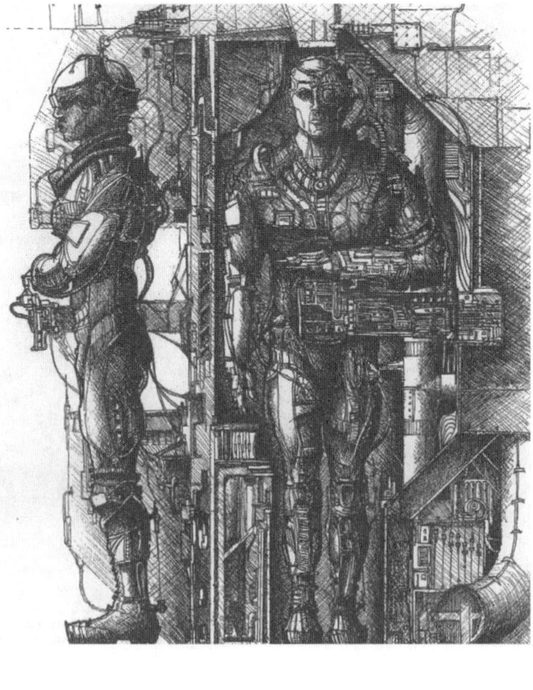

그림 2-7 러브 운하(Love Canal),[13] 뉴욕 주 나이아가라 폭포. 미국에서 오염된 지역의 상징인 러브 운하는 화학폐기물 위에 건설된 주거지였다. 1978년에 주민들이 철수했다. 현재 그 지역에 다시 사람들을 정착시키려는 시도에 대해 많은 단체에서 이의를 제기하고 있다.

a. 울타리.
사진: 수잔 머쇼(Suzanne Musho)

b. 러브 운하의 해석. 그림: 로빈 빈(Robin Bean)

작하여 자각하는 존재가 된다. 그것/그는 개별화된 자아를 형성하기 시작하고 전체로서의 '우리'를 극복하고 말을 한다. 이제 휴(Hugh)라는 이름을 갖게 된 보그 객체(*Borg unit*)에게 새로운 수준의 의식이 생겼다. 이것은 영웅적 성취이며 중요한 발전적 공적으로 제시된다. 그러나 우리는 이것이 선(善)을 나타내는지 아니면 다시 한 번 **우리**를 위해 **타자**를 전유하는 것을 나타내는지 물어야 한다.

보그는 주저 없이, 어쩌면 폭력을 행사하고 있다는 의식도 없이 모든 것을 파괴할 수 있다. 자신의 행동이 초래한 결과를 망각하는 것은 다른 것을 의식하지 않거나 돌보지 않는, 또는 그것이 소비될 때를 제외하고는 그것의 외부에 있는, 지성/의식의 형태를 나타낸다. 구출된 보그 실체인 휴는 우주선의 사람들이 합체하려 하지 않는 것을 이해하지 못한다. 보그가 자신의 행위들을 망각하는 것이 우리에게 무섭게 느껴지는 이유는, 그것이 외계인의 속성이기 때문이 아니라 이 세계에서 행해지는 우리 자신의 행동을 비추고 있기 때문이다.

그림 2-8 뉴욕 주 버펄로의 버려진 산업지. 사진: 그렉 유제비츠(Greg Usewicz)

다른 것을 완전히 황폐화하고 소비하는, 궁극적인 소비자에 대한 판타지가 픽션에만 나타나는 것은 아니다. 그것은 우리의 상상 속에 존재하므로 우리와 지구의 관계에 대한 하나의 해석이다. 〈스타트랙〉에서는 보그를 통해서 이러한 가공할 판타지가 일어날 가능성을 보여준다. 그런데 그것은 우리 앞에 가차 없이 펼쳐지고 있는 것을 증언하는 일과 다르지 않다. 생각 없는 소비행위를 통해서, 인간은 사용되지 않는 모든 것을 변형하여 의미를 부여해야 한다고 믿으며, **우리 아닌** 모든 것을 **우리로** 변형시킨다. 우리는 세계를 구성하고 해체하면서 지구를 전유할 뿐 아니라 사실상 지구를 소비하여 거주할 수 없는 세계를 만들고 있다.

사랑하는 세계에 대한 판타지

우리는 의미와 실천을 통해 죽은 우주를 구축하고 그 안에 하나의 고독한 의식의 조각으로 남아있다. 곧, 우리는 "죽은 물질로 이루어진 우주에 있는 하나의 용감하고 찢겨진 정신 조각이다. …"(Panshin 1989, 8). 광물·식물·동물 등 우리가 거주하기 위해 자원으로 사용하는 생명 형태들로 구성된 죽은 공간인 우주, 그 안에 활력 없는 지구가 있다. 픽션에서 지구는 죽은 것으로, 모든 다른 생명 형태는 감각력이 없는 것으로 묘사된다. 뿐만 아니라 우리는 이제 핵전쟁이나 점진적인 오염을 통해 실제로 지구와 우리 자신을 죽일 수 있는 능력을 가지고 있다.

많은 공상과학 텍스트처럼, 옥타비아 버틀러(Octavia Butler)의 삼부작 《여명》(*Dawn*, 1987), 《성인기 의식》(*Adulthood Rites*, 1988), 《이마고》(*Imago*, 1989)는 큰 살인사건으로 시작한다. 핵전쟁이 지구상의 생명을 파괴한 지 몇 세기 후의 이야기다. 외계종인 오안칼리(Oankali)가 핵전쟁 직후에 지구에 도착해 살아있는 몇 명의 인간을 구출한다. 그리고 지구 주위를 도는 오안칼리의 집/우주선인 **츠카히츠닥**(Chkahichdahk)으로 그들을 데려간다. 오안칼리는 사람들을 치료하고, 매우 천천히 자신들을 그들에게 소개한다.

《여명》에서 오안칼리는 지구상에 다양한 형태의 생명체 유전자를 해석·변경·재창조·이식함으로써 인내심 있고 주의 깊게 지구를 재구축한다. 오안칼리의 재구축 활동을 통해 방사능 피해를 입은 지구는 오랜 시간에 걸쳐서 치료되고, 지구로서 다시 출현할 것이다. 우주인들(지구 밖의 생물들)은 어디서 생물을 발견하든 모든 형태의 생물들을 보존하고 치료하고 그들과 혼합(*comingle*)하려 한다. 말하자면 그들은 유전자 상인이다. 생명을 혼합하는 대신, 그들은 만나는 모든 것들을 사랑스럽게 보호하고 보존한다. 다른 것들과 화합하고 항상 무언가 다른 것이 되어 새로운 형태의 생명을 이종교배하고 창조하는 것이 그들의 삶이자 운명이다. 인간이 생명과 죽음으로 충만하다는 것을 알기 때문에, 그들은 인간에게 강하게 이끌린다.

오안칼리의 상상 속 세계/우주선인 **츠카히츠닥** 또한 무슨 수를 써서라도 생명을 보존하려, 곧 타자를 사랑하려 한다. 버틀러는 우리에게 여러 거주자들을 양육하고 보호하고 보살피는 거주의 한 유형을 제시한다. 다음의 과정이 보여주듯, 이런 세계에서 서식지는 거주에 활발히 참여한다.

> 그는 벽으로 걸어가서 그것을 만졌다. … 검은 점이 그가 만진 벽 위에 나타났다. 그것은 깊고 넓게 움푹 들어갔다. 그리고 릴리스(Lilith)[14]가 색과 빛을 볼 수 있는 구멍이 되었다. … 거기에는 공간, 방대한 공간이 있었다. 벽의 구멍은 천천히 뒤틀며 옆으로 출렁이는 살처럼 넓혀졌다. 그녀는 한편으로 매료되면서도 다른 한 편으로는 역겨웠다.
>
> "그것이 살아있나요?" 그녀가 물었다.
>
> "네." 그가 말했다.
>
> 그녀는 그것을 때리고 차고 할퀴었고, 물어뜯으려 했다. 그것은 매끄럽고 질기고 뚫을 수 없었으나, 침대와 탁자 같았다.
>
> "그것이 무엇인가요?" 그녀가 물었다.
>
> "살이요. 당신의 살보다는 내 살 같군요. 그러나 물론 내 것과도 달라요. 그것은… 우주선이에요."
>
> "농담도. 당신의 우주선은 살아있나요?"
>
> "네. 이리 나오세요."(Butler 1987, 27~28)

오안칼리와 함께 인간을 지구로 돌려보내는 일을 하기 위해서 선택된 사람인 릴리스는 자신이 자기에게 공간을 마련해주고 음식을 주고 돌보아 준, 감각력 있는 '나무' 안에 살고 있음을 발견한다. 250년 이상 그녀가 잠을 잔 감옥은 살아있었다. 지다햐(Jdahya)와 걸을 때 그녀는 지구에서 솟아난 뱀 같은 돌출물들을 밟지 않으려고 주의한다. 그것들 역시 우주선으로, 다른 생명 형태들을 부양하기 위해 음식을 생산한다. 우주선은 지성을 가지고 있으며, 화학적 소통을 통해 매우 활발해질 수도 있다. 그러나 그 안의 거주자들은 그 이상을 요구한다.

> 인간 의사(*doctor*)는 그것[15]이 우리를 사랑한다고 말하곤 했다. 그것과 우리는 친근한 관계지만, 그것은 생물학적인 관련성, 곧 강한 공생관계다. 우리는 우주선의 요구를 충족시키고 우주선은 우리의 요구를 충족시켜준다. 우리가 없다면 그것은 죽을 것이고, 그것이 없다면 우리는 행성에 갇히게 될 것이다. 결국 이는 우리에게 초라한 죽음을 의미한다(Butler 1987, 33).

우주선/존재는 음식, 산소, 쓰레기 처리, 교통, 저장, 거주 공간, 작업 구역 등 자신과 거주자들이 요구하는 것을 조달한다. 그리고 오안칼리가 새로운 공간을 요구할 때, 그것은 존재/우주선을 만져서 자신의 요구를 전

그림 2-9 버틀러의 《여명》(1987)에 나오는 감각력 있는 존재인 오안칼리를 상상한 그림.
드로잉: 제임스 맥너슨

달함으로써 그 공간을 성장시킨다. 우주선은 거주자들과 관계를 지속하며, 타자들에게 위험을 경고한다. **츠카히츠닥**은 전적으로 그리고 친근하게 생명에 참여한다.

그렇게 성장하는 세계가 '우주선'으로부터 지구로 옮겨지고, 지구는 인간을 위한 서식지로 복원된다. 《성인기 의식》과 《이마고》는 이 재생된 지구에서 일어나는 이야기다. 그리고 우주선이 그랬듯이 오안칼리가 지구를 재구축함으로써 인간을 돌보지만, 인간은 익숙한 작물을 재배하고 땅을 경작하는 것 같은 전통적인 행위를 고집한다. 일부 '저항자들'은 오안칼리를 완전히 거부하고 지구의 치유되지 않은 부분인 황무지에서 살다가 죽는다.

이 소설들은 '사랑이 있고 능동적인' 세계에 대한 우리의 양면가치를 드러낸다. 지구와 하나가 되어 존재한다는 개념, 치유와 사랑의 가능성을 인정하는 개념은 강력하고 매력적이다. 그러나 하나 됨은 절멸 · 개조 · 삭제라는 그림자를 드리운다. 많은 인간들이 오안칼리와 같이 살거나 그와 같이 재생산하기를 거부한다. 새로운 생명 형태를 만드는 데 참여하는 것, 타자와 관련되는 것을 거절하는 것이다. 그들은 흡수나 변형을 두려워하므로 참여하는 세계나 양육하는 세계에 편입되지 않으려 한다. 이런 두려움은 과도한 개별화, 곧 타자의 폭력으로부터 자아를 보호하려는 주의 깊게 구축된 자아 개념이라는 근대의 판타지를 드러낸다.

또 다른 측면에서 버틀러의 삼부작은 철저히 근대적인 이야기다. 그것은 단절, 손실(*loss*), 재통합과 복원을 추구하는 소설이다. 그 소설에서 인간은 집에서 격리되며, 근본적으로 서로로부터 격리된다. 그런 완전한 격리에 대해 말하는 것은 이미 손실을 알기 때문이다. 이들 소설에 나타나는 표상에서 전체성이나 완전성에 대한 갈망과 슬픔, 그리고 순결함의 판타지를 볼 수 있다.

20세기 후반에 단절에 대해 심사숙고하는 것은, 지구상의 생명이 절멸되는 문제를 심각하게 고려해야 하기 때문만이 아니라 우리가 장소로부터 궁극적으로 격리될 가능성을 상상하려 하기 때문이다. 종의 말소라는 문제에 인간의 의식이 사로잡히고 있다.

> 지구의 역사를 통해 많은 종들이 멸종되었다. … 그러나 어느 종도 그 자신의 분명한 멸종 가능성을 숙고하려 하지 않았다. '멸종', '절멸'은 상상력을 초월한다. 인류의 멸종이 임박했다는 전망을 단지 판타지로 간주하거나 심리학적인 문제로만 보기는 어렵다(Bishop 1986, 64).

생명이나 지구와 완전히 단절될 수 있다는 생각은 외계인이나 할 수 있다. 재통합의 이야기 역시 외계인적이다. 버틀러의 작품에서 인간과 지구의 재결합은 또 다른 종류의 존재에 의해 중재된다. 우리가 구축한 자아/장소 관계로 인해, 기술적으로(*technically*) 그리고 상상 속에서, 우리가 떠날 조건이 마련되었다. 그러나 우리는 어떻게 집에 돌아와야 하는지 모르는 것 같다. 상상 속에서 인간을 지구에 다시 연결하기 위해 이 공상과학소설 텍스트에 **타자**인 오안칼리를 삽입할 필요가 생겼다.

단절되기 이전, 세계와 하나인 존재는 원초적 통합(*original unity*)의 신화를 떠올리게 한다. 그런 신화에서 자연 내부에 자리 잡은 인간은 자연과 하나다. 그것은 자아와 장소 사이의 구분을 잊는 망각과 순결함을 가정한다. 그러나 버틀러는 원초적 통합의 신화를 변형하여, 자아와 장소 사이의 구분을 잊지 않고도 친근한 세계와 다른 관계를 맺을 수 있음을 보여준다. 오안칼리는 자신의 세계인 **츠카히츠닥**의 안에 있기도 하고 밖에 있기도 하다. 그들은 자신의 세계가 양육해주지 않으면 존재할 수 없음을 알고 있다. 자신의 의존성을 인정하는 것이다. "우리가 없다면 그것은 죽을 것이고, 그것이 없다면 우리는 행성에 갇히게 된다. 이는 우리에게 결국 초라한 죽음을 의미한다"(Butler 1987, 33). 그러나 오안칼리는 자신의 독특한 존재방식을 유지한다. 그것들은 종으로서 그리고 개체로서, 분리되어 있으면서 또한 연결된 존재방식을 유지한다. 오안칼리는 자신의 세계를 소유하지 않으며, 그 세계도 그들을 소유하지 않는다. 이것이 존재들을 하나 이상의 지점에 위치시키는, '사랑이 있는 세계'라는 픽션이다. 이 픽션은 근대 세계의 양자택일 픽션(*either/or fiction*)과 다르다.

생태학적 상상력

공상과학물의 텍스트들을 통해 분리되고 소외된 종이라는 현재 우리의 패러다임이 드러난다. 그것들은 이런 픽션에 대해 저항한다. 세계를 파편화되고 분리된 것이 아니라 연결되고 관련되는 것으로 보는 생태학적 상상력은 많은 공상과학물의 이야기에 들어있다. 현행의 픽션에서 인간과 인간이 만든 것들은 세계 내에 자리 잡는다.

1870년대에 동물학자 핵켈(Haeckel)이 만들어낸 **생태학**(*ecology*)이라는 말은 서식지와는 독립적으로 종(*species*)에 초점을 맞추는 기존의 전형적인 생물학적 시각에 반대했다. 과학의 담론 안에서 사용된 이 용어는 과학 활동뿐 아니라 공공정책과 황무지 보존까지도 바꾸어놓았다. 다른 이론들과 마찬가지로 생태학은 사실적인 진리보다는 치유적 픽션(*healing fiction*)이므로, 생태학이라는 개념에서 인간/장소 관계를 근본적으로 수정할 수 있는 가능성을 찾을 수 있다.

> 이 절망적인 시대에 생태학이라는 개념이 아무리 세련되고 아무리 적절하고 '옳아' 보여도, 그것은 심상적 픽션(*imaginal fiction*)일 뿐이다. 그럼에도 불구하고 그러한 픽션, 그러한 중요한 상징의 창조는 커다란 심리학적 사건이다. 이 상징을 통해, **타자**의 이미지에 대한 관심이 **자아**의 이미지에 대한 관심보다 중요해지고 있다(Bishop 1990, 3).

점점 더 집 없음과 멸종의 가능성에 사로잡히는 시대에 등장한 새로운 픽션으로부터 우리는 세계 내에 있는 자신을 상상하는 새로운 방식을 얻게 된다. 이 새로운 생태학적 상상력이 어떻게 작용할 것인가 하는 점은 공상과학물의 텍스트에서 저항의 한 주제로 다루어진다.

그림 2-10 매립지 옆의 활발한 산업단지. 사진: 그렉 유제비츠(Greg Usewicz)

제 1지령: 타자의 인식[16)]

《스타트랙: 넥스트 제너레이션》 시리즈에서 꽤 급진적인 특징 중 하나는 '제 1지령'(*Prime Directive*)이다. 연방(*Federation*)의 기본법인 이 법은 연방이 사람들에게 전개되는 역사에 개입하지 않고, 어떤 역사적 사건(시간여행이 그들의 삶의 일부이기 때문에 중요하다)도 바꾸지 않을 것이라고 포고한다. 그리고 인간이 아니라 어떤 생명 형태가 스스로 결정한 '행복'(*good*)에 개입하지 않을 것이라고 포고한다. 이것은 불개입의 선언이다. 연방은 연방의 존재를 모르는 종과는 어떠한 의사소통의 몸짓도 취하지 않을 것이며, 그들의 생명세계에 개입하지 않을 것이다. 다른 존재들, 그들의 생명, 그리고 서식지는 인간의 세계에 의해 교란되지 않은 상태로 유지될 것이다.

우리가 극히 최근에야 타자와의 관계에 대한 이런 생태학적 픽션에 이르렀기 때문에 나는 이것을 급진적이라고 했다. 최후의 큰 획득, 곧 유럽인들이 미대륙을 식민지화하고 다른 문화를 정복한 것은 겨우 500년 된 일이다. 단지 순간이다. 콜럼버스가 1492년 카리브 해에 상륙했을 때 그는 미 대륙에 유래 없는 습격을 감행했다.

전유(*appropriation*)를 권리로 보고 그것을 추구하는 것이 '신세계' 건설의 전제다. 그리고 이러한 입장은 서구문화에서 가공할 힘을 갖는다. 이런 전제로 인해 서구인들은 사람 · 문화 · 언어 · 세계관 · 동물 · 식물 · 지식 등을 잃었다. 발견된 장소, 곧 변경(邊境)의 모든 것은 그것을 발견한 사람에게 귀속되었으며 인종의 우월성에 근거하여 그것에 대한 권리를 요구하였다. 사람 · 문화 · 대지를 전유할 권리가 의문시되는 오늘날에도 여러 제도화된 형태의 인종차별, 성차별, 그리고 계급차별을 통해 전유가 여전히 일상적으로 일어나고 있다.*

인간 외적 자연의 전유와 말살은 산업화된 세계에서 그다지 큰 문제로 인식되지 않았다. 환경주의자들은 고래 · 코끼리 · 오래된 숲을 지키기 위해서 투쟁한다. 그러나 그들은 아직, 우리와 인간 외적 자연의 관계에 대한 지배문화의 해석에 맞서 싸우는 반대의 목소리에 불과하다. 내쉬(Nash 1989)는 오늘의 급진적 환경주의자와 지난 세기 인간을 자산으로 보는 것에 반대한 노예제도 폐지론자 사이에 유사성이 있다고 지적한다. 노예제도를 폐지하는 것은 **우리**와 **우리 아닌 것** 사이의 경계선을 수정하는 것이었다.

제 1지령의 개념은 지구와 인간 외적 종을 실제로 또 상상으로 말살하는 것에 저항하는 행동이다. **엔터프라이즈**가 휴머노이드종(*humanoid species*)[17)]을 만나는 에피소드에서 생명 형태나 그 서식지를 교란하지 말라는 제 1지령의 의미를 이해하는 것은 어렵지 않다. 왜냐하면 거주의 장소를 파괴하는 것은 물론 그것을 변경하는 것조차도 일종의 종 살상이기 때문이다.

완전한 외계인이 감각력 있는 생명을 가질 때 문제는 훨씬 더 어렵다. 사

---

* 아메리칸 원주민과 흑인 문화를 백인사회가 표상하고 전유하는 문제에 관한 담론에 대해서는 처칠(Churchill 1992)과 훅스(Hooks 1992)를 참조할 것.

그림 2-11 뉴욕 주 버펄로 시에 있는 버려진 곡물 엘리베이터. 사진: 필자

실 생명체임을 즉시 인식할 수 없기 때문이다. 한 에피소드는 생명 형태가 발견되지 않은 작은 행성에서 전개된다. 여기에서 연방은 '지구화'(*terra-forming*) 과정을 시작했다. 이것은 그 행성을 인간종이 살 수 있는 곳으로 만드는 것이다. 그들은 문제에 봉착했고 어느 시점에서 한 과학자를 죽였다. **엔터프라이즈**에서 온 팀은 그 행성의 모래에서 복제하는 수정(*crystal*)을 발견한다. 그 형태는 자신을 복제해나가면서 **엔터프라이즈**에 있는 다른 것들을 파괴하려 했다. 공상과학물에서나 가능한 커뮤니케이션 마술을 통해 엔터프라이즈의 존재들은 인간을 '물이 가득한 추한 자루'라고 부르는 이 작은 수정구조/존재와 접촉한다. 그들은 이 이상한 물체들이 서식지를 파괴하려는 침입으로부터 자신들의 장소를 지키고 있음을 발견한다. **엔터프라이즈**는 외계인들을 '극복'하고 지구화를 계속하는 대신에 수정형태와 그 행성을 떠난다. 수정들은 24세기의 인간이 정의한 행복을 받아들인 것이 아니라 그들 스스로 행복을 정의했다.

이 사건에서 연방은 서식지 파괴에 대해 용서받을 수 있다. 그들은 그 공간을 거주의 장소로 보지 않았던 것이다. 그들은 그 장소를 집이라 부르는 감각력 있는 생명 형태의 존재를 인식하지 못했다. 그것은 타자에 대한 무식한 행동이었으나 그들은 그 실수를 발견하자마자 교정했다.

제 1지령에 내재한 생태학적 사상은 현재 세계에서 일어나는 인간의 실천과 뚜렷이 대조된다. 이 지령에 반영된 생태학적 상상력을, 스스로 높은 가치를 부여하는 인간이라는 종(種)과 그들의 서식지에 대한 태도와 비교해보라. 우리는 매일 자신의 거주 장소들을 적극적으로 파괴하고 무시한다. **호모 사피엔스**라는 한 종이 화석연료 사용, 벌목, 부적절한 쓰레기 처리를 계속하고 도시화와 전 지구적 거주를 진행하는 것은 자신과 다른 종의 서식지를 파괴하는 짓이다. 비생태학적 상상력의 재미있는 한 사례가 현재 서구세계에 나타나는 건강과 질병에 대한 태도에서 드러난다. 암과 같은 우리의 많은 병이 환경에 원인이 있음을 우리는 담론들을 통해 어느 정도 '안다'. 그러나 우리는 서식지를 복구하는 대신 계속 인간의 '몸'을 치료하는 데 집착한다. 여기서 우리는 다시 우리와 장소 사이에 견고한 선을 긋고 있다. 우리의 눈앞에서 무너지는 벽을 계속 세우고 있는 셈이다.

20세기 후반의 환경주의자들이 만들어내려는 픽션을 아직은 이해하기 어렵지만, 그들은 거주가 절실함을 암묵적으로 인식하고 있다. 그들은 우리 문화가 포유동물과 같은 개별 종과 움직이고 감각력 있는 생물들에만 집착하고 식물계에 있는 그것들의 커뮤니티와 집, 곧 우리 모두를 부양하는 뿌리 깊이 숨어있는 생명의 조직(*fabric*)은 소홀히 하는 문제점을 일깨워준다.

많은 논란이 된 미국 북서부의 점박이올빼미 논쟁에서 서식지를 위해 우리가 꺼내든 거친 도구를 볼 수 있다. '멸종 위기에 처한 종'이라는 파편적인 언어나 격리된 생물의 보존으로는 지구상의 생명문제에 적절히 대응할 수 없다. 오래된 숲이라는 고대 생명망의 보존에 관해 법적이고 문화적으로 적절한 시각에서 진행된 논쟁에서 유일하게 수용된 것은 이 서식지가 보존되지 않으면 점박이올빼미라는 종이 멸종될지 모른다는 사실이다. 새

그림 2-12 뉴욕 주 버펄로 강의 해안선 재생. 같은 이름의 도시를 통과해 흐르는 버펄로 강은 오대호 유역의 42개 유독물 오염지점 중 한 곳이다. 사진: 필자

를 보존하는 것이 중요한 문화적 행동이라고 인식할 만큼 우리는 많이 발전했다. 그러나 이런 행동으로 새와 그 둥지 사이의 생태적 연결은 드러나지만 우리가 새 그리고 **우리의** 집과 맺고 있는 관계는 여전히 숨겨져 있다. 근본적이고 물질적인 의미에서 거주지의 파괴는 결국 테러다. 거주와 생활의 장소가 없다면 우리는 모두 '살아있으나 죽은 사람'이다. 우리가 유지하려는 '우리/장소의 이원주의'라는 픽션은 우리가 자신을 유지하고 세계를 다루는 방식에 철저하고 완벽하게 침투해있다. 우리는 매일 '우리가 장소이자 서식지인 지구이며, 장소가 바로 우리'라는 특이한 사실에 맞닥뜨린다. 그러므로 우리의 서식지를 파괴하는 것은 자살행위다.

《스타트랙: 넥스트 제너레이션》의 제 1지령에서는 생태학적 상상력의 가능성이 탐구되었다. 그것은 우리 자신을 다른 종과 서식지들로 이루어진 세계에 삽입시켜 그것들을 우리의 '행복'을 위해 절멸하고 식민지화해온 관행을 문제 삼는다. 텔레비전의 가상세계에서조차도 항상 이 지령을 따르거나 그 의미를 이해하는 것은 아니다. 연방은 가끔 종과 서식지를 인식하지 못하고 간섭한다. 그러나 연방의 실수에 관계없이, 제 1지령은 타자를 전유하는 것이 아니라 그것을 확고히 인정하려는 상상력이다.

언제나 집에 돌아오기*

공상과학물을 우리 시대의 신화구조로 본다면, 그런 이야기들은 '우리가 속하지 않는 세계를 만든 장본인이 바로 우리'임을 말해준다. 서구사회에서 사람들은 대개 한 장소에서 다른 장소로 옮겨 다닌다. 때로는 조상의 집에서 먼 장소로 가 있게 된다. 그들은 가계(家系)가 시작된 지점이나 옛날 조상들의 선산(先山)에 더 이상 연관되지 않는다(Harrison 1992). 이것은 인류사에서 새로운 사실이다.

> 집은 그 경계·정의·의미를 상실했다. 그리고 문화사에서 처음으로, 서구사회에서는 점점 많은 사람들이 어디에 묻힐지, 어디에 묻혀야 하는지, 아니 어디에 묻히고 싶은지조차 확신하지 못한다(Harrison, 1992).

종국적으로 쉬게 될 곳을 모른다는 것은 장소, 곧 지구상의 거주로부터 이탈하고 분리되었음을 나타낸다. 과거 오랫동안 인간의 문화에서 시신의 매장을 통해 거주 장소가 어디인지 알 수 있었으며, 인간이 커뮤니티 그리고 특정한 기억의 장소와 맺고 있는 유대가 드러났다. 그러나 이제 우리는 지구상의 특정한 장소와 연관되지 않고, 집과 뿌리내림이라는 판타지를 그리워하는 종이 되었다.

근대성이 대두된 이래로 서구문화에서는 커다란 이동이 일어나고 있다. 유럽과 아시아에서 미대륙으로 향하는 이주의 물결과 전쟁·기근·일자리 때문에 전 세계의 사람들이 이동하는 것이 그런 예다. 은유적으로 말하

---

* 《언제나 집에 돌아오기》(*Always Coming Home*, 1985)는 어슐러 르 귄(Ursula Le Guin)이 쓴 '역사' 공상과학 소설의 제목이다. 이 소설에서 작가는 우리가 항상 떠나고 돌아오는 곳인 집이 가진 리듬과 중요성을 탐구한다.

면, 이 시대에 인간들은 다른 경험의 영역을 찾아 조상의 선산이라는 장소의 개념, 심지어 집으로서의 땅을 떠난다. 지구를 횡단하고 우주 속으로 신속하게 여행하는 방법의 고안, 가장 재미있는 거주장소로서 변경(邊境)의 개념, 그리고 공상과학물 같은 이야기와 신화는 모두 이런 떠남에 관한 것이다. 그런데 떠남에 몰두하고 변경을 점유하는 것은 뜻밖에도 선물이 되었다. 우리는 떠남으로써 집을 인식하고 이해하게 된 것이다.

> '타자'를 설정하는 것은 인간의 삶에서 본질적이다. 그리고 그렇게 하기 위해, 비유적이고 실제적 의미에서, 우리는 집을 떠나야 한다. 우리는 문화와 삶의 방식에 구축된 언어의 안전함, 지배형태의 안전함, 모든 심리학적 완충의 안전함에서 떠나야 한다. 달리 말해 우리는 타자와 마주하고서야 집으로 돌아와 집을 사랑하게 만드는 친근함의 요소들을 볼 수 있다(Lopez 1990, 53).

우리가 떠났다면, 거주했던 지구로 다시 되돌아와 자아/장소 관계의 새로운 차원들을 탐구할 수 있는가? 근본적인 의미에서 인간이 지구를 떠나 사는 대신에 지구에 다시 거주하는 것을 선택한다면, 우리는 떠날 때와 같지 않아야 할 것이다. 우리는 이제 무의식적 거주라는 망각을 유지할 수 없게 되었다. 따라서 '집으로 돌아오기'에서는 이러한 격리와 소외의 경험을 표현하고 인정해야 한다. 우리는 진화하는 지구와 그 생명에 상호 연결되어서 그것에 의존할 수는 있지만, 어떤 의미에서 우리는 지구 안에서 자신을 잃거나 지구에 완전히 빠져들 수는 없다. 우리는 이제 자신을 **타자**로 인식하며, 우리가 자연의 외부에 있다는 판타지를 사실로 생각한다.

다시 돌아왔을 때, 우리는 상상 속에서 떠나기 이전과 동일하지 않으며, 지구 또한 동일하지 않다. 우주로의 여행에서 우리는 전 지구(全地球, *wholistic earth*)라는 새로운 이미지를 만들어냈다. 우리는 작은 청록색의 구(*globe*)가 우주의 암흑 속에 떠있는 것을 사진으로 보았다. 이 이미지는 우리와 지구가 근본적으로 다시 규정되었음을 알려주었다. 이는 우리의 거주가 달리 이해되어야 함을 의미한다. **우리는 지구라는 행성과 하나다.** 비숍(Bishop)은 다음과 같이 말한다.

> 이 전체성의 이상적인 이미지, 곧 '전 지구'(*Whole-Earth*)라는 판타지가 갑작스럽게 만들어진 것은 산업화된 문화에서는 하나의 사건이다. … 지구는 거대한 우주 드라마에서 하나의 진화단위로 묘사된다(Bishop 1986, 59).

근대성의 초기에 나타난 강렬한 논쟁을 통해 우리의 시간개념은 성서적 진실에 사로잡힌 짧은 이야기 너머로 확대되었으며, 우리의 우주에 대한 이해도 지구 중심적 상상력 너머로 확대되었다. 이제 그 논쟁들은 새로운 의미를 지닌다. 하늘나라와 우주의 중심에 있는 유일한 지구라는 생각에서부터 많은 천체 중 하나일 뿐이라는 지구의 개념까지, 그리고 지구는 실로 독특하고 소중하다는 인식까지, 우리는 한 바퀴를 돌아서 제자리로 온 것 같다. 지구의 운명은 우리의 과거였듯이 우리의 미래다. 우리는 이제 지구가 서식지라는 이미지를 가지고 있다. 그리고 과학의 담론들을 통해 우리의 웰빙이 지질권·대기권·수권(水圈)·생물권·정신권 등 지구계 전체 조직의 복원력과 다양성에 달려있다는 것을 다시 알게(재인식하게) 되었다(Berry 1988, 19). 이 이미지, 곧 전 지구의 재현으로, 지구 이외에는 우리가 지금은 물론 앞으로도 갈 수 있는 다른 장소나 집이 없음을 깨닫게 되었다. 인류라는 탕아는 경험으로 인해 달라진 집으로 되돌아왔다. 그러나 우리는 아직도 전 지구라는 새로운 이미지의 탄생에 함축된 의미에 대해 많은 것들을 배워야 한다.

우리와 전 지구의 상호관계성을 새롭게 이해하고 있는 시점에 아이러니하게도 전 세계에서 국지적인 장소 친화성이 대두하고 있다. 지구촌시대임에도 불구하고, 사람들은 식민주의자들의 공간켜(*layer*)와 식민지의 이미지를 거부하며 문화적으로 기억될 만한 장소에서 살 권리를 주장하고 있다. 뿌리 깊은 문화에 존재했으리라 생각되는 '장소와의 유대'에 대한 향수가 강해지고 있으며, 단절과 상실에 관한 현대적 설화가 만들어지고 있다. 사람과 장소 사이에 관련성이 있었다 해도 과거처럼 그것을 회복하는 것이 가능하지 않으리라는 절망감이 장소에 대한 요구와 충돌하고 있다. 현대 생활에서 분명히 나타나는 선산(先山)에 대한 갈구나 장소의 상실감은 사실적인 경험이라기보다 장소가 무엇이고 무엇일 수 있는가를 개인이나 문화가 다시 상상할 수 없기 때문에 생겨나는 것이다(Bishop 1992).

사람/장소의 커뮤니티에 대해 책임이 있는 종으로서, 집에 돌아온다는 개념은 **소중한 장소**(*beloved place*)가 존재할 수 있음을 말해준다. 집을 소중한 장소로 다시 생각함으로써, 우연히 그곳에서 태어났기 때문에 우리의 장소가 되었다는 생각에서, 특별한 사람들, 특정한 장소 그리고 친구라고 부르는 많은 **타자들**에게 우리를 맡기며 살아가기로 선택한 장소[18]라는 생각으로 개념이 바뀐다.

> 원하는 것은 소중한 커뮤니티로 되돌아가는 것이다. 그럼으로써 우리는 우리의 부분성과 유한성에 대해 새롭고 올바르게 깨달을 수 있을 뿐 아니라 서로에 대한 사랑과 희망을 새롭게 인식함으로써 얻은 치유와 기쁨으로 되돌아갈 수 있다. 그렇지 않고는 순결함·공포·슬픔은 알 수 있을지라도 비극과 기쁨, 위안, 용서, 속죄를 알 수는 없다(Berry 1990, 78).

우리는 소중한 장소들을 만들고 그곳에서 살 수 있을까? 전체화(*totalizing commitment*)의 두려움과 소모되고 말 것이라는 공포를 극복할 수 있을까? 이를 위해서는 개인·문화·종으로서 우리의 '자기의식'이 필요할 것이다. 또한 혼합되는 것, 타자에 연관되어 지워지지는 않지만 변화되는 것을 두려워하지 않아야 할 것이다. 이것이 버틀러의 오안칼리 이야기에서 드러나는 우리의 자기의식이다.

특정한 커뮤니티를 소중하게 여기는 것과 지구를 **하나**로 생각하는 것은 모순적으로 보일 수 있다. '전 지구'에서 거주하는 것과 조상의 선산 옆에 거주하는 것, 이 두 가지가 동시에 일어날 수 있을까? 지구의 특정한 생물

그림 2-13 올드 퍼스트 워드(The Old First Ward). 거대한 곡물 엘리베이터 사이에 있는 이 커뮤니티는 뉴욕 주 버펄로 시에 있는 아일랜드 주민들의 역사적 집이다. 사진: 필자

계 및 문화에 속한 특정한 커뮤니티에 관련된 우리가, 그리고 많은 타자들 및 상호의존적인 전 지구와 연결되어 있는 종인 우리가, 두 곳 이상의 장소에 자신을 위치시킬 수 있는가?

집으로 되돌아온다는 상상을 생각하면 또 다른 의문이 생긴다. 전 지구, 심지어 우주를 우리의 집으로 보면, 우리는 변경, 곧 근대성이 선택한 거처가 어디인지를 물어야 한다. 우리는 집이라는 부담스런 속박에서 도피해 찾아갈 수 있는 많은 변경을 구축했다. 그러나 이제 우리는 집을 폄하하는 것과 변경을 향해 떠나는 것은 엄청난 비용이 들며 궁극적으로 불만족스러운 일이라는 것을 안다.

집으로 돌아옴이란 우리가 집을 '국한된 것'으로, 변경을 '이격된 것'으로 다시 상정해야 함을 뜻한다. 우리 인간은 항상 '자연 그대로의 세계'와 문화 사이의 공간에 위치되었음을 자각할 때가 되었다. 신화와 이야기를 보면, 우리는 의식이 진화한 이래로 자신과 세계 사이의 긴장을 경험해왔으며 그 긴장을 중재하려고 노력해왔다. 우리는 이런 긴장 속에서 변경이라는 진화하는 이미지를 사용해 자신의 장소를 만드는 새로운 픽션을 만들 수 있다. 이 픽션은 우리가 **중간성**(*in-between-ness*)을 가지며 많은 장소에 거주하는 것이다.

> 힐라 자연보호구역(Gila Wilderness)이든, 타임스 광장(Times Square)이든, 우리가 서 있는 곳은 어디든 자연과 문화의 교차점이다. 우리는 두 세계에 동시에 속하거나 둘 중 어디에도 속하지 않는다(Dobb 1992, 46).

우리, 장소, 집, 변경 등 여러 거주의 영역들 사이에 경계를 다시 긋는 것뿐 아니라 그것들에 동시에 거주하는 것도 가능하다. 우리에게는 그런 노력을 할 책임이 있다.

결론적 생각

공상과학물에 나타난 우리/장소 관계는 세계와 우리 사이의 명확한 유형학적 구분을 혼란스럽게 만든다. 그 텍스트들은 집과 변경, 생물과 무생물, 문명과 야생, 그리고 궁극적으로는 우리와 타자 사이의 경계가 픽션임을 확인시켜준다. 환경 담론에서 우리가 멸종 위기에 처한 종과 숲의 상실을 걱정하는 것은 생물 다양성과 야생생물의 상실을 두려워하는 것 이상이다. 우리가 아는 경계, 곧 우리의 거주가 기대고 있는 언덕이 사라지기 때문에 우리는 두려워한다. "그러한 외부영역 없이 거주할 수 있는 내부도 없다"(Harrison 1992, 247). 자신과 타자에 관한 픽션을 위계적이거나 적대적이지 않은 것으로 만들 수는 없을까? 우리는 다양한 심상적 · 사회적 · 지리적 장소에 위치할 수 있을까? 이런 질문들을 통해 유대와 관계에 관한 생태학적 상상력을 탐구할 수 있다.

만일 우리와 장소 사이의 유형 구분이 개방되고, 덜 경직되고 더 중첩된다면, 우리가 만들고 명명하는 장소유형은 더 유연해질 것이 틀림없다. 왜냐하면 각 장소유형은 거주의 장소일 뿐 아니라 우리 그리고 장소에 대한 우리의 관계를 규정하기 때문이다. **우리**와 **타자**를 재설정하고 재명명하며 거주유형을 재구축하는 투쟁을 시작하면, 많은 혼란들에 봉착하게 된다.

매립지, 유독한 강, 버려진 도심 등 거주할 수 없는 장소들은 어디에 **이격**시킬 것인가? 만일 **이격된 곳**이 없고 **여기**만 있다면, 우리는 물건과 장소의 생산·소비·처분에 대해 다시 생각해야 한다. 버려진 대지·물건·상품·사람들은 우리가 자아로부터 버린 것, 곧 **타자**가 아니다. 그것들은 우리와 어떤 식으로든 관련되는 우리의 일부다.

전 지구라는 이미지가 우리 안에서 울려 퍼져서 우리가 세계에 다시 거주하기로 한다면, 자연은 더 이상 외부나 **저기의 타자**로 있지 않다. 그것은 항상 그리고 이미 **여기**의 **우리**다. 우리는 오래된 숲, 초원의 작은 자투

그림 2-14 티프트(Tifft) 자연보존지구는 버려진 산업 불모지에 위치한다. '둔덕'(mounds)으로 표기된 지역은 매립지다. 자료: 버펄로 자연사박물관과 티프트 자연보존지구.

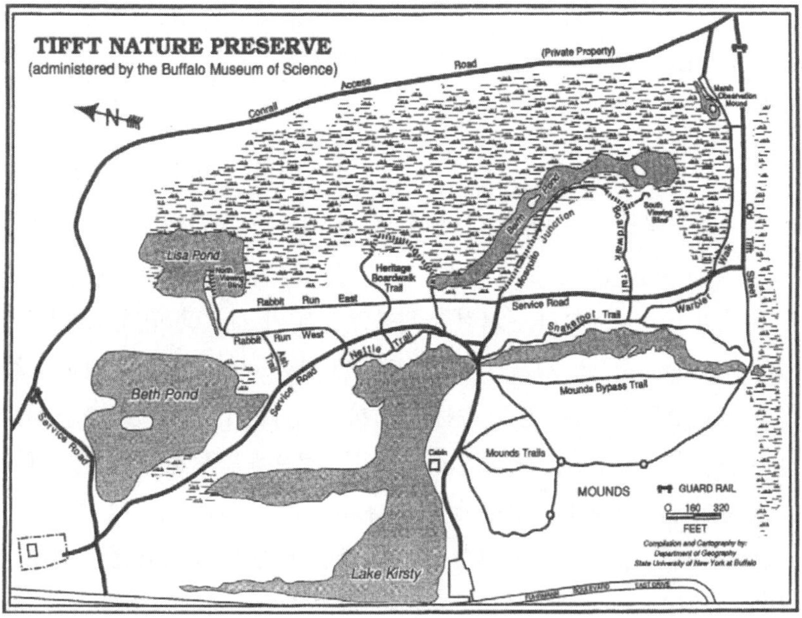

리, 다우림 지역을 소모하지 않음으로써 제 1지령을 실행할 수 있을 것이다. 그렇다고 우리가 영웅적으로 세계를 구하는 척 할 수는 없다. 우리가 자연을 보호하는 것은 단지 우리 자신과 집을 돌보는 것이다. 자연은 우리이자 우리 아닌 것이기 때문에 더 이상 멀리 이격되어 있지 않다면, 도시와 같이 우리 자신이 구축한 것들도 자연이며 자연보존지구나 열대 숲처럼 아름다울 수 있고 보호의 대상이 될 수 있다(Hillman 1982). 녹색의 유기체와 회색의 구조물 사이의 경계는 모호한 것이다.

생태학적 상상력으로 상호 연결된 상관적 세계가 고안되었는데, 그 세계 안에서 어떠한 요소의 행동은 전체 세계를 변형시킬 수도 있다. 생태학적 상상력은 살아있는 세계의 가능성을 다시 일깨워준다. 살아있는 세계란 우리가 그것/우리에 주의를 기울이면 자신을 드러내는 세계다. 우리는 지구 활동의 일부로 포함된다. 우리는 관계망의 '외부'에 있지 않다. 생태학적 상상력은 우리의 독립성에 대한 픽션과 우리가 안이 아니라 위에 있다는 판타지를 부정한다. 그리고 생태학적 상상력은 과학에서 문학에 이르기까지 넓은 범주의 담론에 삽입됨으로써 최근에 구성된 어떤 다른 픽션보다도 '격리되고 불연속적인 장소유형에 사는 분리되고 이탈된 종'이라는 오래된 편견에 반대하고 저항한다.

생태학적 상상력은 현재의 신화를 문제 삼는다. 그러나 그것은 인간과 세계의 관계, 곧 자아와 타자 사이의 기본적인 유형학적 구분에 대해서는 답하지 않는다. 세계 안에서 행동하는 것이 우리가 내부에 '속함'을 의미하지는 않는다. 여러 종들 중 하나라고 해서 우리가 다른 종들의 연장선상에 있는 것은 아니며, 그렇다고 그것들의 꼭대기에 있는 것은 더더욱 아니다.

우리가 에덴동산에서 쫓겨난 이야기는 우리가 이제 막 이해하게 된 지식, 곧 우리가 자연계의 조건(*givenness*) 밖으로 나왔으며 순환과 재생만 있는 세계의 망각적 거주(*oblivious inhabitation*)[19]로 되돌아갈 수 없음을 표명한다. 우리는 우리의 죽음·유한성·외부성을 안다. 우리 자신이 지구를 소비하고 전유하고 정말로 파괴할 수 있는 타자임을 알게 됨에 따라, 우리가 "인간성과 자연 사이의 불연속성을 근본적으로 생각하지는 못했음

그림 2-15 존(John)의 정원. 몬테베르데(Monteverde). 사진: 필자

을" 깨닫게 된다(Harrison 1992, 200). 가장자리 혹은 여러 장소들 사이에 있는 변경 같은 장소유형의 고안은 하나의 픽션이 될 수 있다. 그런 픽션은 집으로서의 지구에서 행해지는 거주, 그리고 장소유형을 비롯한 세계 만들기의 실천을 재해석한다.

생태학적 상상력은 우리에게 다른 세계, 그리고 새로운 관계를 제시해 준다. 우리와 장소를 공유하는 타자들에 대해서 덜 파괴적일 수 있는 그런 세계, 그런 관계 말이다. 그러나 우리가 변경과 같은 장소유형을 삽입해 세계의 이미지를 다시 구성한다 해도 우리는 여전히 유일한 세계의 건설자가 아닌가? 우리는 단지 세계를 달리 기록하고 있을 뿐 아닌가? 픽션을 만들어내는 것은 해방이 될 수도 있고 전유의 연속이 될 수도 있다. 그래서 우리는 이 새로운 이야기에 구원이 내포된 것은 아님을 안다. 그러나 우리가 우리/장소 유형학(*us/place typology*)에 관한 새로운 사실을 접하는 것보다, 인간과 세계의 관계에 대한 새로운 이야기, 곧 지구에서의 거주에 관한 새로운 상상의 픽션을 만들어내는 투쟁을 계속하는 것이 훨씬 더 중요하다.

전유와 식민지화를 통해 타자가 우리와 같아지기를 원하든, 아니면 보그의 이미지에서 탐구된 것처럼 말 그대로 타자를 소모하든, 타자, 곧 우리 아닌 것이라고 상상하는 것과의 관계가 지배의 형태일 수는 있다. 그러나 관계가 반드시 위계와 지배에 의해 규정될 필요는 없다. 오안칼리의 이야기에서처럼, 그것은 유대감과 사랑의 활동일 수도 있고, 살아있는 세계와 소중한 타자의 타자성에 자양분을 제공하는 호기심 어린 활동일 수도 있다. 새로운 생태학적 신화는 장소유형의 경계 그리고 자아/타자의 유형 구분이라는 판타지의 존재 자체를 문제 삼기 때문에, 우리가 그것을 바탕으로 활동하면 타자에 대한 전유와 인정 사이의 긴장은 해소될 수 있을 것이다.

우리 내면의 신념과 문화적 이야기 속에서 유형 만들기를 통해 우리가 세계에 물리적·심상적으로 거주하는 방식과 세계를 표상하는 방식이 형성된다. 생태학적 상상력은 인간과 세계 사이를 구분하는 현재의 방식에 저항하는 활동이다. 공상과학물을 비롯한 다양한 담론을 통해 구성된 생태학적 상상력은 우리/장소의 관계를 제한하고 또 해방시키는 새로운 방식들을 암시한다.

역자 주

1) 타자는 어떤 사물에 대하여 다른 것을 뜻하는 말이다. 라캉(Lacan)에 따르면 '타자'는 주체가 아닌 모든 사람, 주체가 아닌 모든 사물을 말한다. 타자는 나와 다르지만 동시에 나와 동류이다. 이렇게 볼 때 타자는 다른 나(他我)이다. 그래서 타자는 다르면서도 유사하다.

   타자의 문제를 철학적으로 다루는 것은 본질적으로 가역적인 자아와 타자, 주체와 객체의 이중적 구조에 대해 성찰하는 것을 의미한다. 고전 철학에서는 자기의식이 일차적이며 타자를 통과하지 않는다. 따라서 타자의 문제가 제기되지 않았다. 이 장에서처럼 범주의 체계 속에서 타자에 일정한 위치를 부여한 인물은 헤겔(Hegel)이며, 그로부터 타자를 자기의식의 구성에 반드시 필요한 존재로 여기기 시작했다. 헤겔은 현존재의 단계에서 어떤 것과 다른 어떤 것이 갖는 불가분의 관계를 고찰하고 어떤 것은 다른 어떤 것과의 연관성 속에서만 존재하며, 또한 다른 것으로의 전화를 내적으로 잉태한다는 법칙을 확립하였다(《철학사전》, 도서출판 청사, 1998, 710쪽).
2) 코스타리카 북서부, 산호세(San Jose)에서 북서쪽으로 약 167km 거리에 위치하는데, 인구 6천 명, 10개의 작은 마을로 이루어진 곳이다. 1951년 미국의 앨라배마에서 퀘이커 교도가 오면서 자연보호가 시작되어 현재 미 대륙에서 가장 넓고 잘 보존된 야생동물보호지구인 몬테베르데 운무림 보존지구(Monteverde Cloud Forest Reserve)로 유명하다. 운무림 지역에 대한 지속가능개발로 유명하여 전 세계에서 많은 관광객들이 찾고 있다.
3) '세계 내 존재'에 대해서는 "1장 유형: 구속인가 희망인가" 참조.
4) '우리'의 범위를 넓게 잡으면 타자, 곧 세계의 범주가 좁아진다.
5) '로드 워리어'의 사전적 의미는 '순회 외판원, 컴퓨터·휴대 전화·삐삐 등을 갖춘 비즈니스 여행자'이다. 이 장에서는 세기말 지구를 떠도는 인간의 모습을 그린 영화를 로드 워리어 영화라고 한다. 그런 영화로 대표적인 것은 〈매드 맥스 2: 로드 워리어〉를 들 수 있다. 조지 밀러(George Miller, 1945~) 감독, 멜 깁슨(Mel Gibson) 주연의 이 영화는 세기말에 불안과 공포로 다가오는 암울한 미래를 스피드와 폭력으로 묘사하고 있는데, 이 장에서도 언급된 〈블레이드 러너〉나 〈터미네이터〉 등 1980년대의 공상과학 영화에 적지 않은 영향을 미쳤다.

   조지 밀러는 호주 출신으로 1979년 멜 깁슨이 주연한 〈매드 맥스〉로 데뷔했다. 그는 1982년 〈매드 맥스 2〉, 85년 〈매드 맥스 3〉로 이어지는 〈매드 맥스〉 시리즈를 통해 80년대 최고의 스타일리스트 감독으로 자리를 굳힌다.

〈매드 맥스〉 시리즈는 장르영화의 박물관이라고 해도 과언이 아닐 만큼 사무라이 영화, 웨스턴, SF, 필름 느와르 등 온갖 장르에서 따온 요소들이 한데 어우러져 기발한 독창성을 보여준다.

6) '내재(성)'는 초월과 대립되는 개념이다. 이는 형이상학적 입장에서 세계를 설명할 때, 세계의 원리인 신이 세계 자체와 동일하고 신은 세계 내에 존재한다고 보는 견해이다.

7) 지향(志向)이란 '의식은 항상 그 대상을 갖는다'는 의식의 지향성을 말한다. 여기서 필자는 의식의 주체는 본래 신이었다고 보며 그 대상은 지구로 본다. 따라서 이 문장은, 우리가 의식의 주체를 신에서 인간으로 바꾸었음을 의미한다.

8) 〈브라질〉(*Brazil*, 미국, 1985)
감독 : 테리 길리엄(Terry Gilliam)
시나리오 : 테리 길리엄, 찰스 맥커운(Charles McKeown),
톰 스토파드(Tom Stoppard)
우리나라에서는 〈여인의 음모〉라고 소개된 〈브라질〉은 철저한 정보관리 사회, 20세기의 어느 미래 도시를 무대로 한 공상과학(SF) 영화다. '브라질'이라는 제목은 내용과 큰 상관이 없다. 단지 끊임없이 나오는 삼바음악에서 그 근거를 겨우 짐작할 수 있다.
　파리 한 마리가 문서 기록용 타자기를 오작동시킴으로써 엉뚱한 사람이 테러범으로 체포되는 것으로 영화는 시작된다. 컴퓨터와 온라인 카드에 의한 기록시스템이 날이 갈수록 일반화되는 오늘의 현실에서 충분한 리얼리티가 느껴진다.
　이 영화 역시 전개되는 스토리보다는 묘사된 근미래의 도시와 건물, 그리고 거기서 살아가는 인간의 모습이 흥미롭다. 채플린의 〈모던 타임즈〉(*Modern Times*)를 연상시키는 도시의 풍경과 30년대 아르데코 풍의 거대한 관공서 건물이나 배관 덕트가 노출되어 공장 내부와 비슷한 이미지의 사무실 모습이 흥미롭다. 리카르도 보필(Ricardo Bofill)이 설계한 마르네라발레(Marne-la-Valle)의 집합주택 '아브락사스'(Palacio d'Abraxas)가 주인공의 어머니가 사는 곳으로 설정되어 있다.

9) 〈블레이드 러너〉(*Blade Runner*, 미국, 1982)
감독: 리들리 스코트(Ridley Scott) /
원작: 필립 딕(Phillip K. Dick), 《안드로이드는 전기 양을 꿈꾸는가?》(*Do Androids Dream of Electric Sheep?*)
자본주의 산업사회의 암울한 미래로 묘사되는 서기 2019년의 로스앤젤레스가 무대인 〈블레이드 러너〉는 현대 문명사회에 대한 신랄한 비판이다. 이 영화

에서는 가속도로 발전하는 기술의 장래와 인간의 감성이 극적으로 대비되어 나타난다. 마지막 세계전쟁 이후, 가공할 핵무기에 의하여 불모지가 되어버린 지구의 한 구석에서는 햇빛을 거의 볼 수 없고 끊임없이 산성비가 내린다. 질척거리는 거리와 피라미드 모양의 300층 빌딩 사이로 경찰순찰차와 광고선(廣告船)이 날아다니고 음울한 음악과 코카콜라의 CF가 흐르면서 풍경은 마치 홍콩과 도쿄 신주쿠의 뒷골목을 합친 모습을 연상시킨다. 소외된 계층의 인간과 거대 자본가들만이 남아 있는 도시에 상품으로 복제된 도망자 리플리칸트(Replicant, 이 영화에서 복제인간을 뜻함)와 이를 추격하여 사살하는 형사(블레이드 러너: 도망자 리플리칸트를 좇아 제거하는 임무를 맡고 있는 경찰)의 액션 스토리에 미래의 어두운 도시 이미지가 가득 찬 화면은 경이롭기까지 하다.

뛰어난 디자이너 시드 미이드(Syd Mead)가 묘사한 이 영화 속 미래도시의 모습은 리얼리티가 있다. 300층이 넘는 초고층 건물이지만 아르데코 풍의 디테일로 처리되어 있고, 실내의 풍경도 하이테크와 이집트 문양의 고전적 모티브가 결합된 장식으로 묘사되어 있다. 인간도, 동물도, 건물도 거의 모두 공업제품이다. 인간의 체력을 뛰어넘고, 자신을 만든 유전공학자의 지능에 필적할 뿐 아니라, 시간이 지남에 따라 감정까지도 갖게 되는 복제인간(리플리칸트)의 고뇌와 갈등에서 테크놀로지의 궁극을 본다. 드디어는 애정, 증오, 질투까지도 공유하게 되는 복제인간들의 짧은 생명에 대한 집념 그리고 정상적인 인간 역시 거대 조직의 압력에서 느낄 수밖에 없는 무력감을 통해 우리의 미래를 엿보게 된다.

10) 〈스타트랙〉은 미국의 대표적인 TV SF드라마 시리즈로, 우주연합의 함선 엔터프라이즈호(USS Enterprise)와 그 승무원들의 모험을 그린 것이다. 〈스타트랙〉은 5번의 TV시리즈와 11편의 영화로 상영되었는데, 〈스타트랙: 넥스트 제너레이션〉은 두 번째 시리즈로 1987~1994년에 방영된 TV시리즈다.

11) 보그는 사이보그(*cyborg*)의 하나로서, 인간과 기계의 중간형태다. cybernetic과 organism을 합성한 용어인 사이보그는 생물과 기계장치의 결합체를 뜻한다. 그것은 1960년 맨프레드 클라인즈(Manfred Clynes)와 나단 클라인(Nathan Kline)이 쓴 《사이보그와 우주》에 처음 등장했다. 사이보그는 로봇과 달리 사람을 대상으로 인체공학과 생물공학의 기술을 적용해 탄생하는 것으로, 뇌를 제외한 수족과 장기 등 인체의 부분들을 교체한 개조인간이다. 공상과학물에 등장하는 사이보그는 종종 인간적 가치에 의문을 제기한다.

12) 실세계에 존재하는 유형·무형의 정보가 모인 것을 애트리뷰트(*attribute*)라고 하며, 연관된 애트리뷰트가 모인 것을 실체(*entity*)라 한다. 인간이 생각하는 개념 또는 정보의 세계에서는 의미 있는 하나의 정보단위를 실체라고 한다.

13) 윌리엄 러브(William T. Love)가 나이아가라 폭포 남쪽지역에 건설한 운하.
14) 《여명》은 지구상에 벌어진 마지막 핵전쟁에서 간신히 살아남았으나 유전적으로 변경된 채 생명체인 우주선 내부에서 250년을 무의식 상태에서 보낸 26세의 흑인 여성 릴리스 이아포(Lilith Iyapo)가 오안칼리라 불리는 외계생물들에 의해 깨어나면서 시작된다.
15) 살아있는 우주선을 말함.
16) 《스타트랙》에서 제 1지령은 불개입의 원칙이다.
17) 외모가 인간처럼 생겼다는 뜻의 '휴머노이드'는 공상과학물에 나오는 인간과 유사한 로봇이나 외계인을 말한다.
18) 이런 '선택한 장소'의 개념은 알랭 레네(Alain Resnais) 감독의 영화 〈히로시마 내 사랑〉(*Hiroshima, mon amour*, 1959)에서도 나타난다. 이 영화는 우리가 겪은 특정한 장소와 그곳에서의 사건, 그리고 타자들과의 관계로 구성되는 '도시'가 바로 우리 자신이라는 메시지를 전한다.
19) 우리(자아)와 장소(타자) 사이의 경계를 잇는 원초적 거주를 말한다.

제3장

장소 만들기를 위한 '생래적 언어'[1] 로서의 원형

마이크 브릴 Mike Brill

충전된 장소

특정한 장소에서 감정과 의미로 충만했던 경험을 가진 사람들이 많을 것이다. 이런 경험이 일어나는 장소는 상대적으로 소수지만, 그런 장소에서는 비슷한 경험이 반복되는 경향이 있다. 우리는 그런 장소에서 '충전감'(*charged*)[2] 을 느낀다. 말하자면 장소가 정신을 자극하는 것이다. 이 '충전감'은 특정한 장소 경험이 이미 우리 내부에 있는 무엇, 곧 형태와 의미가 결합된 마음속의 형판(*template*) 이라 할 원형(原型)[3] 에 감응하여 생기는 것 같다. 원형적 의미들은 장소의 형태를 통해서 표현되는 삶의 중요한 측면들에 관련되어 있다. 이러한 의미들을 전달하는 데 있어서, 장소의 물리적 형태는 '생래적 언어'(*natural language*) 로서 작용한다. 여기서 생래적(生來的) 이란 우리가 태어날 때부터 안다는 뜻이다.

이 글에서는 장소가 의미를 전달하는 방식을 탐구한다. 이를 통해 건축가는 장소 경험에서 보편적이고 정신적이며 활동적인 원칙을 좀더 잘 이해하게 될 것이다. 이 글은 우리가 사용하는 장소 만들기의 레퍼토리를 증가시키며, 그것을 밝히고 풍부하게 하려는 의도를 가지고 있다.

이 탐구에서 사용된 방법은 당연히 정성적이며 사색적이고 해석적이다. 왜냐하면 장소에서 의미를 드러내는 일, 감정과 정서, 그리고 정신의 활동과 결과물 등 우리의 일상적인 지식 회로를 우회하곤 하는 것들에 초점을 맞추기 때문이다.

충전된 장소와 원형

거의 모든 사람들은 특정한 장소에서 커다란 감동, 또는 전기에서 말하는 '충전감'을 느낀 적이 있다. 수많은 장소들 가운데 상대적으로 소수만이 충전되어 있으며 충전된 장소는 대개 우리에게 특별한 의미를 갖는다. 그러한 예로 아크로폴리스, 피라미드, 성 소피아 성당(Hagia Sophia), 크라이슬러 빌딩(Chrysler Building), 깊은 숲, 그 숲의 개척지(*clearing*), 고독한 해변, 료안지(龍安寺)의 선(禪) 정원,[4] 베트남전 참전 기념비,[5] 뉴잉글랜드(New England)의 농촌 공동묘지, 폐허가 된 헛간, 또는 겨울눈에 덮인 앙상한 과수원을 들 수 있다.

'충전감'을 주는 이런 장소들은 몸과 감각을 통해 우리를 물리적·감각적·정서적으로 끌어들이는 듯하다. 또한 우리의 마음을 통해 심상적으로 또 수사적(修辭的)으로 끌어들이는 듯하다. 그 장소들은 정신을 통해서도 우리를 끌어들이는데, 이런 사실은 장소와의 유대감과 장소에서 느끼는 순간순간의 계시를 통해 암시된다. 요컨대 현실이 강렬하게 느껴지는 것이다. 그러나 그 장소가 반드시 아름답지는 않으며 그 느낌 또한 반드시 유쾌한 것은 아니다. 양육, 안도감, 유대의 느낌이거나 두려움, 불길함, 공포 또는 격리의 느낌, 아니면 우리가 숭고(*the Sublime*)[6]라고 부르는, 공포가 가미된 고요의 느낌일 수도 있다.

충전에는 종종 다음과 같은 다양한 경험이 수반된다. 부유하는 환상이나 상상의 활기, 그리고 의미의 암시, 각각의 감각이 하나의 전체가 되어 완전히 깨어 있고 매우 생기 있는 것, 무언가 중요한 것에 연결되고 고양된 느낌, 시간이 천천히 가거나 시간의 밖에 있는 느낌, 이 장소가 존재의 중심이라는 느낌 혹은 이 장소가 실제로 존재하는 지점은 없다는 느낌, 다른 사람들이 있을 때조차도 그들은 희미해지고 당신만이 있지만 외롭지 않은 느낌 등이다. 충전된 장소에서는 이런 느낌들이 거의 자동적으로 전해지는데, 그것들로 인해 장소의 경험이 생생해진다. 이러한 감동은 충전된 장소에서 반복해서 일어나며, 사람들은 이런 이유에서 그 장소를 다시 찾는다.

한 개인에게만 충전된 곳으로 느껴지고 다른 사람들에게는 그렇지 않은 장소도 있다. 그런 장소는 대개 '우리 할머니의 다락'처럼 개인적 연상이 강한 장소다. 게티즈버그 전쟁터(Gettysburg Battlefield)[7] 처럼 어떤 특정한 문화를 가진 사람들에게만 충전된 장소도 있다. 그러한 장소는 여러분이 그것에 얽힌 이야기를 알 때에만 충전된 장소가 된다. 어느 정도 문화로 규정되지 않는 장소 경험은 생각할 수 없지만, 장소의 충전감에 문화가 미치는 영향은 매우 작다.

달리 말해, 사실상 모든 인류에게 충전된 장소로 받아들여지는 곳도 있을 수 있다. 문화와 시대에 관계없이 많은 사람들이 알타미라(Altamira)와 라스코(Lascaux)의 동굴벽화,[8] 알함브라(Alhambra)의 무어(Moor) 정원, 그리고 어디에 있는 것이든 거대한 원형 석재구조물(*stone circle*)[9] 에 감동을 받는다. 여러분이 이런 장소들이 조성된 시대와 문화에 속하지 않더라도 그 장소의 충전감을 느끼고 그 장소의 의미를 감지할 수 있으므로, 충전된 장소에 대한 패턴화된 반응은 시대와 문화의 경계를 넘는다고 할 수 있다. 말하자면 충전감은 전 인류적 경험이다.

충전된 장소에서는 많은 사람들이 유사한 반응을 보이지만, 모두가 같은 반응을 보이는 것은 아니다. 그리고 어느 장소가 모든 사람에게 충전된 것으로 받아들여지는 것도 아니다. 그러나 이런 반응이 폭넓게 일어난다는 사실로부터 인간 전체에 기본적인 무엇이 작용하고 있음을 짐작할 수 있다. 충전감은 순간의 장소 경험과 이미 우리 내부에 있는 것 사이의 감응이다. 이미 우리 내부에 존재하는 것을 많은 사람들은 '원형'(*archetype*)*

---

* 많은 사람들이 그렇지만, 특히 같음(*sameness*)을 인간의 잠재적 독특함(*unique-*

이라고 불러왔다. 필자는 사람들이 가지고 있는 대부분의 충전된 경험이 원형의 존재를 확증해주는 것이라고 믿는다.

원형에 관한 개념들은 25세기 이상 계속 제시되어왔다. 그러한 개념들은 **접근하기 어려운** 무의식 속에 있기 때문에 실증적 방법으로는 검증할 수 없다. 그것들은 때로 이론으로 제시되지만, 이야기(*story*)의 성격이 더 강할 때가 많다. 우리는 그런 이야기를 이용해서 경험에 강하게 남아있는 현상들의 기원과 작용을 설명하려고 한다. 그러나 그런 원형의 개념은 엄밀하고 매력적인 이론-이야기(*theory-story*)이며, 나는 그것을 이성적인 것으로 본다. 그런 원형의 개념에서 볼 때, 원형이란 유전되는 기억이고 타고난 마음의 형판(*template*)이며, 형태에 결합된 의미의 '생래적 상징'(*natural symbol*)이다. 고대의 몇몇 학자들은 원형을 이데아(*idea*)라고 보고 실제 현상들은 단지 그것의 모방이나 그림자일 뿐이라고 보았다.[10] 융(Jung 1969)은 원형을, 현재 모든 개인의 집단 무의식 속에 존재하는 공통의 경험으로부터 획득되어 전승되는 기억이라고 말한다. 이 모든 것에서 원형은 장소에 국한된 것이 아님이 분명하며, 장소를 포함한 인간 경험의 많은 현상에 존재하는 것임을 알 수 있다.

아마도 세계적으로 보편적인 원형 경험의 한 예는 어둠과 빛의 경험일 것이다. 이것이 갖는 중요한 의미들을 열거하면 다음과 같다. 어둠과 빛의 '제조자'(*maker*)인 해·달·별의 순환적 항상성에서 오는, 안정성에 대한

---

ness)에 대한 하나의 위협 혹은 영구적인 정신적·정치적 억압의 결과로 보는 사람들은, 원형을 비롯한 보편적인 것들에 대한 믿음을 거부하거나 적어도 의문시한다. (우리를 가장 인간적으로 만드는 것은 같음과 독특함 사이의 긴장·연출·변증법이 아닌가?) 이 장에서 논의한 먼 미래의 방사능 폐기물 매립사업을 준비하기 위해 인류학자 기븐스(Givens 1982)가 정부 연구의 일환으로 수행한 문헌연구에서 매우 다양한 정신사회적 일반개념(*universal*)이 밝혀졌다. 이는 적어도 원형이 있을 수 있는 가능성을 뒷받침한다. 그리고 원형은 아마도 '집단무의식'에 존재하므로 개인들에게 거의 접근될 수 없는 것으로 남아있지만, 접근 방법이 있을지도 모른다. … 융(Jung)의 분석과 로르샤흐(Rorschach)의 시험이 그런 예들이다.

확신. 어둠의 공포와 빛의 편안함. 신성(神性)·따스함·탄생·닫힘·생명·기쁨 등 빛과 해의 속성, 잠·죽음·거리(*distance*)·악 등 어둠의 속성, 추움·신비·광기 등 달의 속성. 새벽에 빛이 나타날 때 고양되고 일몰 때 울적해지는 감정. 사람이 '똑똑하다'(*bright*) 고 말하거나 '흐릿하다'(*dim*), '우둔하다'(*dull*) 또는 '무지하다'(*in the dark*) 고 말할 때처럼, 이해력과 지성의 은유로서의 빛과 어둠이 그것들이다. 빛과 어둠은 다음과 같이 기본적 방위에도 의미를 부여한다. 동쪽은 빛의 집, 사물의 시작, 가장 신성한 방향이며, 서쪽은 종말에 관한 것, 어둠, 죽은 자의 땅이 있는 곳이다. 이러한 빛과 어둠의 최초의 의미들은 여전히 우리의 감정과 언어·신화·종교·예술에 퍼져 있다.

이러한 많은 이름을 가진 개념(*idea-with-many-names*)에 대한 이론-이야기를 살펴보면, 원형에는 몇 가지 특징이 있음을 알 수 있다. 먼저 원형 그 자체는 결코 보거나 알 수 없다. 그것은 의식에 숨겨져 있고 세계의 실제 현상을 통해 특정한 순간에만, 그것도 미완성적이고 불완전하게 현현(顯現) 된다. 우리가 그것을 만들어낼 수는 없다. 우리는 단지 충전감을 통해서 그것의 존재를 감지할 수 있을 뿐이다. '태초에' 중요하고 의미 있게 경험된 현상들에만 원형이 존재하는 것 같다. 새로운 원형이라는 것은 없을 것이다. 원형은 이런 중요하고 의미 있는 현상들의 '원초적'(*original*) 이며 '매우 완벽한' 조건 또는 형태다. 원형은 신화·언어·종교·예술 등 인간 표현의 모든 상징적 형태를 이루는 일차적 내용이었으며, 그것들의 발전을 이끈 요소다.

동일한 원형에서 많은 다른 현현(*manifestation*)이 생겨날 수 있다. 곧, 원형은 포괄적이다. 매우 폭넓은 현상에서 원형을 찾아볼 수 있다. 그러나 원형이 인공장소와 같은 물리적 형태로 현현되기도 하지만, 물리적 형태를 띠는 경우는 상대적으로 적다.

충전감을 주는 경험은 상대적으로 소수이며, 그것은 원형의 현현으로 느껴진다. 그러나 충전감이 있는 경험은 심각하게 변경된다. 원형적인 현상이 반드시 바람직하거나 근사한 것은 아니다. 괴이한 것에 대한 우리의 공포는 그보다 더 괴이한, 사실상 '완벽하게' 괴이한 원형에 바탕을 두고 있다. 문화나 개인의 영역 안에도 좀더 활동적인 원형도 있고 잠복해 있는 것도 있다. 활동적인 것들은 우리 감정과 견해의 대부분을 형성하고, 잠복해 있는 것들은 그러지 못한다. 그러나 모든 것들이 존재하고 있으며 또한 깨어날 수 있다.

원형은 정신의 산물이자 정신을 끌어내는 자석이다. 그것은 세계의 일정한 측면들에 중요성을 부여하는 인간 정신의 활동에서 발생한다. 원형은 정신을 자극하는 메커니즘이고 정신이 존재한다는 증거이며, 그것을 계속 수련시키는 방식이다.

원형의 이론-이야기

몇몇 이론-이야기는 인류가 시작된 초기에 우리의 감각이 지금보다 훨씬 더 민감하고, 완전히 개방되고, 통합·통일되고, 완전히 절대적이었음을 말해준다.* 세계로부터 흘러들어오는 분화되지 않은 감정의 급류가 오늘날 우리가 상상할 수 없는 자극의 과부하, 진정한 카오스(*Chaos*)를 야기하며 우리의 경험을 지배했을 것이다. 감각의 지배로부터 탈피하기 위해 인간의 감각기관·뇌·마음이 특별히 작동해서 우리 내부에서 무엇인가가 생겨났을 것이다. 그리고 이런 생동감 있고 생기를 주는 표현(*expression*)의 대항력으로 감각적 인상(*impression*)의 카오스와 맞섰을 것

* 다양한 이론-이야기들은 인간의 발전이 요소들로 이루어진다고 보는 것 같다. 어떤 것은 신체의 생존을, 어떤 것은 정신의 수련을 강조하고, 의식과 인지의 발달 혹은 고통으로 형성된 변증법을 강조하는 것도 있다. 경험을 분해하여 '고요하게 잡고 있는 것'이 무서울 정도로 복잡한 전체성(*wholeness*)을 껴안는 것보다 쉽기 때문에 요소들로 나누어 생각하는 것 같다. 그러나 세계에 대한 진정한 경험의 속성은 전체성이다. 신체 중심적인 이론을 좀더 정신적인 이론에 결합하는 방법, 경험과 유사한 '사고의 전체성'을 찾는 방법이 모색되기를 희망한다.

이다. 이런 생기를 주는, 생동감 있는 표현의 힘은 인간의 정신이었으며, 그것은 단지 감각이었던 세계에 의미를 부여했다.

우리의 정신은, 어떤 사물들은 중요하고 의미 있는 것으로, 그 밖의 것들은 그렇지 않은 것으로 경험(그리고 표현) 함으로써, 통제할 수 없고 의미 없는 감각에 대항했다. 그리고 그것은 감정과 의미로 가득 찬 세계와 생명을 만들어냈다. 이런 과정을 통해 세계에 있는 모든 것들은 부분적으로라도 자연·신성(神性)·악 같은 우리의 정신적 산물이 됨으로써 영원히 변형되었다. 우리의 정신이 의미를 부여한 현상들이 원형적인 것이 되었다. 그리고 그것들이 특정한 형태로 현현되었을 때 충전감을 준다. 또한 엘리아데(Eliade 1954)의 '영원 회귀'(*eternal return*)와 같이 이러한 감응하는 충전을 경험함으로써, 이전에 이러한 현상들에 의미를 부여했던 정신이 다시 자극되고 확인된다. 그리하여 원형의 중요성과 의미가 특정한 경험의 형태로 우리에게 전달된다. 그것은 그 경험을 강화하고, 보통의 경우보다 좀더 '사실적으로' 느껴지도록 한다. 이로써 그 경험은 특별하고 초월적인 것이 된다.

대부분의 생물진화적인 적응 메커니즘에서는 육체의 생존과 그것을 통한 종의 지속이 중시된다. 원형의 성격과 작용으로부터 원형도 적응가치(*adaptive value*)를 가지고 있음을 알 수 있으나, 그것은 육체보다 인간 정신의 생존과 수련을 위한 것이다. 그러나 초기에 인간이 장소와 맺은 관계에 대한 대부분의 개념들에서는 가장 중요한 인간의 행위들이 영양공급·안전·생식에 관련되었다. 본질적으로 물리적 생존에 관한 이런 가정들은 자연 상태의 인류에 대해 가졌던 홉스(Hobbes)[11]의 슬픈 전망과 일맥상통한다. 그는 "난폭한 죽음에 대한 계속되는 공포와 위험, 곧 고독하고, 가난하고, 추잡하고, 짐승 같고, 짧은 인간의 삶"을 말했다.

그러나 인간이 초기에 정신의 문제에 대해 깊은 관심을 가지고 있었다는 증거, 곧 우리가 신성한 장소들(안전이나 양육에 도움이 되는 생존의 장소가 아닌 경우가 많다)에 엄청난 자원과 관심을 투여했다는 증거는 적어도 육체와 종의 생존만큼 강력한 무엇인가가 작용했음을 암시한다. 인류의 생존에는 정신적 삶이 필요했던 것이다. 이러한 생각은 다시 다음과 같은 것들을 암시한다. '위대한 정신을 가진 사람들이 진화에서 선택되었다. 정신적인 장소는 거주지 선택에 결정적으로 중요했다. 집단의 생존은 항상 비전을 가진 사람들에 달려있었다.'

건축형태의 분야에서 선천적 감정과 의미를 설명하는 대부분의 이론들은 인간의 발달에서 신체적 경험의 역할을 강조하고 정신의 역할은 경시한다. 월터(Walter 1988)는 장소를 총체적으로 아는 일차적 방식은 '촉각 지각'을 통한 것이라고 한다. 우리가 실제로 장소의 일부를 접촉함으로써 촉각 지각을 얻기도 하지만, 더 많은 부분은 신체의 비접촉 투사(*non-contact projection*)를 통해서, 곧 우리 신체가 장소의 특징들, 곧 그 리듬·가장자리·크기·덩어리(*mass*)·완결성·방향성을 느낌으로써 얻는다. 이 같은 촉각 지각은 특정한 기관(청각이 귀에 근거하듯이)이 아니라 온몸에 바탕을 둔 것이다. 온몸은 기하학·중력·장력 등과 관련되는 자체의 내부 마디(*articulation*)들을 통해서 사물을 느낀다.

해리스(Harries 1983)는 신체가 장소를 감지하는 수많은 공통적 경험에서 유래한 '생래적 상징'(*natural symbol*)이 존재한다고 가정한다. 그는 몇 가지 기본적 이항대립(*dialectic*)[12]을 인간 경험의 생래적 상징으로 가정한다. 그러한 이항대립이란 인체의 여섯 가지 방향과 그 중심, 그리고 우리의 시각·청각·촉각·중력감·위치감을 통해 경험되는 양극성(*polarities*)을 말한다. 이러한 양극성에는 어둠-빛, 시끄러움-조용함, 거침-매끈함/딱딱함-부드러움/차가움-뜨거움/무거움-가벼움, 여기-저기/내부-외부 등이 있다. 모든 것들은 우리의 신체적 경험과 비슷하다. 여기서 형태와 의미 사이는 단순한 일 대 일의 관계가 아니라 좀더 복합적인 관계이다. 예를 들면, 높이 솟는 수직성을 가진 건물은 정신적인 것을 향한 신체의 움직임, 또는 대담하고 위험한 거만함으로 느껴질 수 있다. 아니면 그 둘 다에 해당되어 좀더 모호하거나 풍부하게 느껴질 수도 있다.

디스에번슨(Thiis-Evenson 1987)은 신체적 느낌을 좀더 직접적으로, 거의 감정이입적으로 건물을 직접 구성하는 물리적 요소에 연결시킨다.

내부와 외부의 힘의 균형이라는 기본적인 이항대립으로부터 그는 공간성(*spatiality*)을 한정하는 원형적인 물리적 요소를 도출한다. 일차적인 것은 벽·바닥·지붕이다. 그리고 문·창·계단, 이 모든 것들이 내부와 외부 사이를 매개한다. 그는 각 요소의 움직임, 중량, 물성(*substance*) 등 세 가지 특징에 대한 관련성을 느낌으로써 신체가 의미를 감지한다고 주장한다. 움직임은 확장·수축·균형 등 요소가 갖는 동적인 성질이다. 중량은 요소의 중력에 대한 관계다. 그리고 물성은 딱딱함·부드러움·따뜻함·차가움 등과 같은 재료의 특성이다.

경관의 유형에 대한 우리의 선천적 선호를 다루는 현행의 이론들 대부분은 그러한 선호가 생물진화적 적응기제(*mechanism*)라고 주장한다. 이들 이론은 그 성격상 신체의 생존을 강조하고 정신의 역할을 가볍게 다룬다(Appleton 1975; Dubos 1965, 1968, 1980; Kaplan 1975, 1979, 1987; Orians 1986; Orians & Heerwagen 1992). 콘돈(Condon 1988)은 경관에 대한 선천적 반응을 좀더 정신적인 이론으로 제시한다. 이러한 선천적 반응은 인간이 대지와 자연을 필요에 따라 개조해온 수천 년 동안 상호작용을 지속해온 이항대립적 관계 속에서 성격의 변화를 거쳐 형성되었다고 한다.

발생적이고 신화적인 경관, 그리고 그것에 부수되는 하늘경관(*skyscape*)과 관련해서 우리는 다음과 같은 강한 의미와 감정을 가지고 있다. 천체에 대해서는 다양한 성격이 있다고 생각하며, 때로 장엄하게 중단되기도 하지만 신비로운 규칙성이 있음을 느낀다. 숲에서는 친숙한 광대함, 그리고 어두운 영혼들 사이에서 길을 잃어 공포에 질린 존재의 확실성을 느낀다. 보스케(*bosque*)[13] 나 수풀(*grove*), 곧 숲의 조각에서는 파악이 좀더 용이하고, 밝은 영혼으로 가득 찬 것을 느낀다. 그리고 개척지(*clearing*)는 무수한 '저기'에서 하나의 '여기'를 만든다는 의미를 갖는다. 또한 홀로 선 나무(*solitary tree*)에서는 은신처(*shelter*)의 응축, 그리고 위에 있는 신과의 연결을 느낀다.

자연경관이든 인공경관이든, 경관은 모든 문화에서 원형을 분석할 때 큰 비중을 차지한다. 진화의 대부분은 경관**에서** 일어났으므로 경관원형

(*landscape archetype*) 은 매우 큰 힘을 갖는다. 경관원형은 우리가 인공형태를 만든 기간보다 훨씬 더 오랫동안 우리에게 '각인'(*imprint*) 되었다. 인류 발전의 99퍼센트가 자연경관에서 일어났다. 단지 1퍼센트만이 마을, 건물 등의 인공경관(*made landscape*) 에서 일어났다. 그래서 초기의 경관과 하늘 경관의 형태 · 리듬 · '이야기'는 바로 인간 의식구조의 일부를 이룬다. 경관원형이 힘을 갖는 다른 이유는, 인류가 마음을 가장 크게 연 시기, 곧 의식 특히 신화적 의식이 개발된 시기에 경관원형이 각인되었기 때문이다. 그때 인간의 모든 감각은 통합되어 있었으며, 육체는 훨씬 더 민감한 '수신자'였다. 인간이 생명 통일체로서 자연에 가장 깊이 참여하는 상황이었다. 의미심장하게도 경관에는 원형과 실제 장소가 동일한 상황이 존재한다. 즉, 경험된 인류의 생태계나 영역은 암호화한 형틀(*template*) 이며 **또한** 그 형틀을 상기시키는 신호다. 따라서 일차적 경험이 '이중화'(*doubling*) 또는 농밀화된다.

이상에서 원초적 경관(*original landscape*) 이 원형의 경험에서 크게 대두되는 이유를 알 수 있다. 그러나 이는 건축구조물(*architectonic*) 이나 인공경관 같은 건조형태(*built form*) 에서 발견되는 위대한 원형의 힘에 대한 설명이 못 된다. 그에 대해서 몇 가지의 설명이 가능할 것이다. 예를 들어, 오리언스와 히왜건(Orians & Heerwagen 1992) 은 인공장소에 현현된 원형은 원초적 자연경관에서 유래한 것이라고 한다. 건조형태들은 자연경관의 형태들과 같은 물리적 특성을 갖는다는 것이다.

어떤 건조형태는 죽음과 영원이라는 가장 기본적인 원형을 구현하므로, 우리에게 큰 영향력을 갖는다. 인간은 항상 신체의 유약성, 죽음, 그리고 해리스(Harries 1982) 가 말하는 '시간의 공포'에서의 탈피를 꿈꿔왔다. 우리 신체는 시간의 공포에서 탈피할 수 없지만, 정신의 측면에서 건물은 시간과 죽음을 퇴치할 수 있다고 그는 주장한다. 건조형태는 정신을 구현할 수 있다. 그것은 지속하며, 영원히 지속하는 것처럼 보이기도 한다. 이상적이고 완벽한 형태는 불멸하고 심지어 신성하기까지 하다.

광대한 숲과 대규모의 개방적인 대초원(*savanna*) 에 대한 원초적 장소 경험, 사냥과 음식 찾기의 위험한 유목생활, 그리고 자연의 비타협[14]은 통제할 수 없는 세계에서 보호받지 못한 상태의 유약한 느낌을 준다. 약 1만 년 전에 우리는 공간과 자연을 물리적으로 또 정신적으로 교화하기 시작했다. 우리가 공간을 별도로 설정하고, 표시하고, 변경하고, 사용하고, 알게 되고, 그것에 가치와 의미를 부여했을 때, 공간은 '장소'가 되었다. 이러한 장소 만들기를 통해 우리는 육체적 유약성을 줄이고 죽음에 대한 정신적 · 심리적 통제력을 얻으려 한다. 지어진 **건축**의 안정성과 지속성을 통해 우리는 변화를 떨쳐버리려 한다. 우리는 완벽하게 기하학적 요소를 사용함으로써 건축에 영원불멸의 완벽성을 부여하려 한다. 인공**경관**을 조성하고 관리함으로써 자연의 비타협성과 숭고한 무관심을 은폐 · 통제 · 규정 · 미화 · 객관화하려 한다. 우리는 좀더 부드럽게 교화한 조용한 정원과 주거에서조차도 환상과 백일몽을 위한 장소를 만든다. 이는 시간의 공포에서 벗어나려는 소박한 시도다.

따라서 우리가 물리적 환경을 변화시키는 것이 단지 생리적으로 위험한 세계에서 보호받기 위한 것만은 아니다. 우리는 **정신**을 투사 · 보호 · 자극하기 위한 장소를 만듦으로써 심리적인 통제를 추구한다. 육체를 양육하는 대부분의 장소에서도 이와 같은 일이 일어날 수 있다. 바슐라르(Bachelard 1969)가 '내밀함(*intimacy*)의 이미지'[15]라고 부른 구석, 다락, 지하실, 숨는 곳은 모두 확실한 양육의 의미를 가지나 그 밖의 다른 의미도 있다. 바슐라르도 이런 숨은 장소들의 일차적 목적은 **백일몽**, 곧 정신을 투사하는 것, 정신의 부유라고 주장한다. 그리고 그의 '내밀함의 이미지'가 물리적인 형태로 제시하는 것들은 대개 편안한 지점 **그리고** 외부의 조망, 비전을 위한 열림, 꿈꾸는 정신의 비상이다.

원초적 장소의 원형

젠더(*gender*), 신성, 수(數), 어둠과 빛, 무서운 동물, 힘, 출생, 죽음, 장소 등과 같이 인간이 반복해서 경험한 현상들은 원형이 되었다. 이러한 것들을 경험할 때 장소는 중요할 수도, 그렇지 않을 수도 있다. 어떤 경우에는 경험에서 장소가 핵심적으로 중요한데, 이것이 원초적 장소원형(*place archetype*)이다. 이런 소수의 장소는 의식의 발달에서 그것이 갖는 엄청난 역사와 중요성으로 인해 특별한 힘을 갖는다.

그렇다고 할 때 장소였던 것이 원형으로 되는 경우는 적다고 생각한다. 시작부터 장소가 원형인 경우로는 신비와 공포의 장소, 신성한 장소, 숲, 수풀이나 보스케, 개척지, 하늘, 고요하거나 거친 바다, 정주지, 무도장(*dancing ground*) 같은 집회장소, 모닥불, 자는 곳, 주택과 양지의 집터, 영적으로 혼자 있는 장소, 죽은 자의 대지, 충만한 정원, 그리고 여정(*journey*) 등이 있다.* 주목할 것은, 이들 중 어느 것도 특정한 형태를 상정하고 있지 않으며 대부분 경관이라는 점이다. 여기서 우리는, 장소원형에 대한 어떠한 합당한 이론도 특정한 물리적 형태에 관한 것일 수 없으며 경관을 꼭 포괄해야 함을 알 수 있다.

장소에 구현된 신화적 주제로서의 원형

위에서 설명한, 장소 **자체**가 원형인 경우와는 대조적으로, 장소가 원형을 표현하는 **매개물**이 될 수 있다. 장소가 원형을 표현하는 한 가지 방법은 신화적 주제를 물리적으로 구체화하고 '이야기하는' 것이다. 신화는 최초의 인간적 표현(*human expression*) 중 하나다. 도처에서 비슷한 신화들이 생겨났으며, 우리는 여전히 모든 상징적 형태를 통해 신화적 주제를 표현한다. 그런 활동 가운데 하나가 장소 만들기이다.

일련의 신화들은 전 세계적으로 공통적이다. 많은 신화들이 세부적으로

---

* 나는 집회장소에 구현된 원형에 관한 이야기에 특히 관심이 있다. '무도장'(*dancing ground*)이 개인과 집단이 엑스터시를 느끼며 리듬 있는 신체적 경험을 하는 일차적 공동 경험의 장소임을 생각해보면, 공·사에 관한 오늘날의 논제들, 공적 장소와 공적 생활, 이방인과의 생활, 그리고 이 모든 것들을 위한 설계에 관해 많은 생각과 느낌을 얻을 수 있다.

는 크게 다르지만, 기본구조는 매우 유사하다. 사람들은 중심에 있는 원형적 신화가 아닌 신화의 문화적 혹은 인종적 변종들을 경험하지만, 그것들의 중심에는 놀랄 만한 구조적 공통점이 있다. 공통성이 강한 신화의 몇 가지 예로는, 무(無)의 혼돈으로부터의 세계 창조, 불 도둑, 위대한 어머니, 처녀 출산, 에덴의 충만함과 낙원의 아름다움, 홍수와 범람으로 인한 혼란의 재발, 죽은 이의 땅, 죽고 부활한 신이나 영웅, 탐구여행 또는 순례, 희생·고난·구원 등이 있다.

장소에 구현된 신화적 주제의 한 예는 **신성한 장소**다. 그것은 최초의 의미 있는 장소들 중 하나다. 카시러(Cassirer 1955)·엘리아데(Eliade 1957)·라포포트(Rapoport 1982) 등 여러 학자들은 모든 신성한 장소에는 태초의 신의 창조, 최초의 장소, 원초적 무의 혼돈으로부터 질서 있고 조화로운 세계 만들기 등 동일한 신화가 구현되어 있다고 지적한다. 세계 창조의 신화들에서 주축이 되는 행동은 대개 최초의 차이를 만드는 것, 곧 위치와 장소를 표시하는 것이다. 이로써 중심이 생겨난다. 중심이란 혼돈으로 남아 있는 '저기'로 둘러싸여 있지만 우주 질서가 생성되는 '여기'다. 질서의 시작으로 우리의 세계가 마련되고 인간에게 조화로운 거주 장소가 부여된다.

신성한 장소의 형태에는 혼돈으로부터 중심적인, 질서 있는, 안정적인, 보호되는 세계를 만드는 일이 구현되어 있으며 그것에 관한 '이야기'가 내포되어 있다. 흔히 그런 형태에는 네 방위가 시작되는 뚜렷한 중심이 있다. 중심은 빛 그리고 신성 추구의 수직성으로 강하게 표시된다. 천체의 질서와 조화는 대칭과 리듬에 구현되어 있다. 신성한 장소와 그것을 둘러싸는 세속세계 사이에는 뚜렷한 차이가 있다. 여전히 존재하는 혼돈을 억제하기 위한 견고한 경계가 있다. 입구가 뚜렷이 표시되고 이에 따라 신성과 세속 사이를 연결하는 통로의 중요성이 커진다(신성과 세속 모두를 취하려면 우리는 두 곳에 살아야 한다). 명암이 배합되어 있어서, 명료함과 질서의 빛은 신비와 혼돈의 어둠과 격투를 벌인다. 가치 있는 물질들은 흔히 예쁘게 꾸며지는데, 그것들에서 우리가 공들인 흔적을 볼 수 있다. 우리가 신성한 장소를 계속 보살피고 관리함으로써 무질서가 되돌아오지 못하게 된다.

이런 쉐마(*schema*)16)의 요소들을 형태로 구현함으로써, 어떤 의미에서 신성한 장소는 언어적 서사(*linguistic narrative*) 대신 건조형태로 표현된 창조 신화라고 할 수 있다.* 원형적 장소마다 구현된 신화적 주제는 다를 것이다.

장소의 본질적 특질

신화·종교·예술 같은 모든 상징적 표현 형태는 원형을 일차적인 내용으로 삼는다. 전설, 의식, 춤, 그리기, 자기 상처내기(*self-mutilation*), 풍부한 연설, 장소 만들기 등 표현 매체에 따라 원형은 여러 가지 방식으로 상정되고 표현될 수 있다. 공간과 장소는 분명히 최초의 중요한 경험에 해당하지만 의미 있는 많은 경험들 가운데 하나의 범주일 뿐이다. 모든 원형들 가운데 장소는 상대적으로 소수인데, 그것에는 다음과 같은 두 종류가 있다. 파라다이스 혹은 깊은 숲처럼 **그 기원부터** 장소인 원형, 그리고 첨탑(*spire*)을 건설하거나 이상적이고 비자연적이고 수정같이 완벽한 기하학적 요소를 만듦으로써 신과 접하려는 시도에서 나타나듯 장소를 통해 공간적으로 **표현된** 원형이 그것이다.

중요한 원형적 의미를 구현한 형태가 감지된다는 사실로부터 그러한 형태가 생래적 상징으로서 또는 생래적 언어로서 작용함을 알 수 있다. 생래적 언어로서의 원형에 대해 이야기할 때, 어쩐지 언어 자체에 발목이 잡혀 있는 느낌이 든다. 왜냐하면, 원형을 상정하거나 의미를 표현하는 다른 비언어적 방식을 상정하는 데 언어는 그다지 좋은 도구가 아니기 때문이다.

---

* 나는 신성한 장소의 성격에 대한 재미있는 연구로서, 세계 창조의 많은 신화들을 일종의 설계 전 프로그램(*pre-design program*)으로 사용해 신성한 장소를 만들기 위한 '설계지침'을 개발했다(Brill 1985b).

원형의 의미가 언어와 똑같은 방식으로 작동하는 것은 아니다. 물론 춤과 그림의 의미 또한 마찬가지다. **언어적** 서사는 연계적이다. 언어의 단어들에는 상당히 정확한 의미가 있으며 그것은 학습을 요한다. 그것에는 시작과 끝이 있다. 귀로 듣고 마음이 이해한다. 반대로, **장소**라는 매개물을 통해 경험되는 의미는 학습되지 않은 언어, 곧 생래적 언어의 의미다. 이런 의미는 모든 감각, 몸의 동작과 자세, 그리고 마음을 통해서 감지된다. 그것은 이해되기보다 느껴지는 것이다. 그것은 정확한 의미가 아니라 의미의 깜박임이나 꾸러미, 심지어는 모자이크다. 그것은 연계적이기보다 동시적이다. 그래서 언어로 직접 번역하는 것이 가능하지 않다. 장소는 언어와 다른 방식으로 말한다. 그러나 여러분은 내가 장소에 대해 쓴 글을 읽고 있으므로 우리는 모두 언어로 이야기를 전개해나갈 수밖에 없다.

어떤 상징적 형태가 가진 의미가 가장 강력하게 표현되는 것은 다른 상징적 형태와 차별성이 있는 그것만의 특성에서 비롯된다고 생각한다. 그런 특성이 그 상징적 형태를 그것답게 해주는 본질을 이룬다. 인공 장소를 다른 상징적 형태로부터 구별해주는 본질적 특성은, 그 장소만이 갖고 있는 혹은 그 장소가 매우 강하게 갖고 있는 어떤 표현력을 야기한다. 〈표 3-1〉에서 건조형태와 인공경관 등 모든 인공장소의 본질적 특성들을 볼 수 있다.

어떤 상징적 매체가 그 본질적 혹은 규정적(*defining*) 특성에 관해 가장 강력한 표현력을 갖게 되면, 장소의 본질적 특성에 초점을 맞추는 장소 만들기에서는 장소라는 매체에 적합한 의미를 쉽게 상정하게 된다. 그러나 어떤 본질적 특성이 특정한 감정이나 의미에 단독으로 또는 유일하게 관련되는 것 같지는 않다. 예를 들어, '보호'와 '유약함'은 장소를 통해 표현되기에 아주 적합한 원형적 감정이다. 그러나 다음에서 보듯이, 그것들을 표현하는 데는 앞서 언급한 장소의 본질적 특성 중 **많은** 것들을 사용할 수 있다. 근처의 환경이나 맥락이 어떻게 위협하고 있는지, 빛과 어둠이 어떻게 배열되어 있는지, 특히 빛이 **저기 밖에** 있고 어둠이 **여기 안에** 있는지, 장소의 경계가 얼마나 견고한지, 둘러싸고 개방된 정도가 어떤지, 척도 관련

표 3-1 모든 인공경관과 건조형태를 구성하는 본질적 특성

대지형태와 지형	• 지구물리학적 재료(대지와 물) 식물 재료와 그 주기 • 사용가능한 에너지의 성격(바람, 태양…) 기후의 국지적 변화 • 주변 환경과의 관련성… 맥락
목적과 용도	• 접근, 통로, 통과 동선 • 안 · 밖의 시야
방위와 방향	• 자연 주기와 천체 활동에 대한 관련성 • 빛, 어둠, 명암의 교차
질서	• 리듬과 연계성 • 중심과 경계 • 치수와 크기 • 부분과 전체 • 결합과 연속 • 척도 관련성/인간과 장소 관계 • 기하학과 형상 • 덩어리(*mass*)와 뚫림 • 에워쌈과 개방성
위치	• 고정성 • 표시 • 안정성 • 실재성(實在性, *substantiality*)
재료 · 물성 · 시공도	• 표면 처리와 색채 • 엔트로피, 유지, 관리

성, 곧 인간에 관계된 물건들의 크기, 공간을 통한 접근로 · 통로 · 움직임의 성격 등을 사용할 수 있다.

이러한 본질적 특성들은 모든 장소의 표현에 중요한 구성요소다. 소수의 원초적 장소(*Original Place*)와 신화적 주제를 구현한 장소에서는 그것들이 좀더 중요성을 갖는다. 그 밖에 그것들은 **톤**(*tone*)의 이항대립에 연관된 장소에서 '중요성'을 갖는다.

톤tone의 이항대립dialectic으로서의 원형

장소의 본질적 특성〔예로 덩어리(*mass*)와 뚫림, 빛과 어둠 등〕을 고려할 때, **이항대립**은 장소가 강한 표현력을 갖게 되는 하나의 방식임을 알 수 있다. 그러나 여기서 이항대립은 양극적 요소들로 구축된 이원론보다는 연속체로서의 전체성이나 요소들 사이에서 경험되는 긴장관계를 말한다. 이런 측면에서 장소와 매우 긴밀히 관련되는 이항대립들을 탐구하고자 한다.

그러한 이항대립들 중 하나가 신체와 정신, 즉 육체와 영혼의 분리다. 우리의 정신은 멀리까지 퍼지는 반면 신체는 지면에 머물러 있으며, 정신

은 의미를 만드는 반면 신체는 어떤 것을 느낀다. 또한 정신은 불멸하지만 신체는 한시적이다. 모든 상징적 형태는 이러한 이항대립의 긴장과 통합을 표현한다. 충전된 장소 중 어느 것(동굴)은 우리의 신체, 어떤 것(첨탑)은 우리의 정신, 또 어떤 것은 그 사이의 긴장에 공명한다. 그리고 그것들을 깊이 통합하는 장소들도 있다. 예를 들어, 높은 **첨탑**은 빛 속에 있는 신성(神性)에 도달하고자 열망한다. **동굴**은 어두운 자궁에서 잠자는 신체를 양육하고 보호한다. 그리고 이집트의 **피라미드**는 정신과 신체 둘 다에 공명한다. 피라미드의 형태는 수직적·정신적 열망, 그리고 신성한 신체를 영원히 보호하기 위해 쌓은 거대한 돌들로 인해 생긴 아래로 향하는 성질 사이에서 긴장감을 느끼게 한다.

나는 원형을 이해하려는 의도에서, 반복적이고 공통적인 장소 형태, 자주 충전감을 일으키는 장소들을 조사했다. 그리고 그것들의 원형적 내용을 감지하려고 했다. 동굴, 첨탑, 미로, 피라미드, 석재의 원형 구조물, 과수원, 둔덕 등이 그런 예다. 그것들에서 이항대립적으로 반대되는 의미의 쌍이 일정한 빈도로 나타나기 시작했다. 나는 그것을 **톤**(*tone*)이라고 부른다. 내가 발견한 것보다 더 많은 톤이 있을 것이 분명하므로 연구는 계속되고 있다. 첫 번째 톤은 다음과 같이 명백히 서로 반대되는 두 쌍이다.

안도감 ·· 열망
양육 ·· 모험

어떤 장소에서 하나 또는 몇 개의 톤이 강조될 수 있다. 그리고 반대되는 톤들이 한 장소에서 같이 나타날 수도 있다. 이때 그 톤들은 통합되어 새로운 용어를 만들어 내거나 본래의 (좀더 포괄적인) 용어를 재인식하도록 한다.

위에 제시한 각각의 톤은 '어두운' 면과 '밝은' 면을 모두 가지고 있다. 양육과 안도감은 바람직하게 느껴지는 반면, 이것이 과다하면 개인의 성장을 방해할 수도 있다. 그리고 열망은 대개 미덕을 향한 욕구지만, 그것이

지나친 자부심 때문일 때도 있다. 모험을 감수하는 것은 발전을 위해 필요하지만, 건강과 수명을 위협할 수 있다. 감정으로서 이 모든 것들은 커다란 기쁨의 원천일 수 있다. 그러나 열망과 모험은 미완성, 욕구, 충족의 요구라는 의미를 내포한다. 그래서 각각의 톤은 가치관에 따라 좋게 그리고/또는 나쁘게 작용할 수 있다. 우리가 추구하는 것을 지향하거나 연상시키는 이런 톤들로 인해 장소 만들기에 해리스(Harries 1983, 1985)가 말한 "윤리적 기능"(*ethical function*)이 도입된다.

열 망

열망은 정신에 관한 것이다. 그것은 미래 지향적이고, 바라고, 중요한 것이 되고, 미덕을 향해 나아가고, 신성(神性)을 향한다. 열망을 명백히 보여주는 **형태**에는 끝없는 계단 또는 천국으로의 사다리, 첨탑, 오벨리스크(obelisk), 종탑, 전파탑, 사이먼 로디아(Simon Rodia)의 와츠 타워(Watts Towers),[17] 로켓, 고딕성당과 가우디(Gaudi)의 성당, 거대한 망원경 등이 있다. 이는 순수한 수직성, 빛 추구, 중력 탈피, 방향의 욕구 등을 나타낸다. 일반적으로 열망을 표현하는 형태는 거주의 장소가 될 수 없다.

모 험

모험의 원시적 형태는 자연과 어머니로부터의 분리다. 모험은 개체화와 문화에 필요한 요소다. 그것은 믿을 수 없고 위험한 것이다. 그것은 도박, 미스터리, 탐험, 배움과 성장을 위한 필수요소다. 모험의 아드레날린이 솟구치면 감각이 날카로워진다. 위험을 무릅쓰는 것은 신체에 상처가 날 가능성을 받아들이는 것이며 따라서 육체적 생명을 평가절하하는 것이다.

모험은 적어도 성공의 가능성을 필요로 한다. 모험의 장소에서 느끼는 충전감은 신체를 이끄는 힘, 곧 인력 **그리고** 물리치는 힘, 곧 척력이 동시에 작용할 때 생기는 긴장일 것이다. 인력은 도전을 불러오며, 도전 없이는 성장할 수 없다. 척력은 익숙한 것, 보호하는 것, 양육하는 것을 떠나 미지로 과감히 나아가게 한다. 서로 결합된 인력과 척력은 에드먼드 버크(Edmund Burke 1958)의 "숭고"(*sublime*)의 개념과 흡사하다. 나이아가라 폭포나 그랜드 캐니언(Grand Canyon) 같은 많은 숭고한 경관에 신체적 모험이 명확히 구현되어 있다.

모험의 원형적 형태들은 거주 혹은 적어도 인간의 존재를 요한다. 그 형태들은 분리 · 이격 · 희석 · 무한대(없는 것, 없는 장소)를 구현한다. 숲이나 바다 같은 비우호적인 자연, 거대한 폭포나 협곡의 가장자리 같은 험한 것에 이르기까지 그 예는 매우 많다. 사회적 측면에서 보면, 비어있는 넓은 광장도 모험의 한 형태이다. 그곳에서 여러분은 다른 사람들의 시선에 완전히 노출된다. 물리적 측면에서는 가냘픈 교량, 행동으로 보면 여행이 모험의 예다(여행은 미덕에 대한 열망이 있을 때 순례가 된다) (Munro 1987).

호리호리한 탑은 땅으로부터 위험하게 단절됨을 표현한다. 미나레트(*minaret*)[18] · 등대 · 종탑 · 글라이더 같은 탑의 꼭대기에 특별한 사람, 외로운 사람, 모험을 감수하는 사람, 무엇인가를 찾고 바라보는 사람이 거주할 때 그런 탑은 격리를 표현한다.

모험의 장소인 나이아가라 폭포는 우편엽서에서 볼 때 아름답다. 중간 거리에서 볼 때는 숭고를 느끼게 한다. 그러나 몸이 그것에 합류하고자, 사나운 물과 다시 한 번 하나가 되고자, 원초적 혼돈, 그 분화되지 않고 형태가 없으며 멈출 수 없는 힘을 경험하고자 접근할 때, 나이아가라 폭포는 위협적이다. 자연 그대로의 물은 모험과 관련된다. 폭우는 범람에 대한 공포를 일으킨다. 파도타기를 하는 사람은 태평양의 높은 파도타기에서 파도와 하나가 됨으로써 모험의 기쁨을 얻는다. 놀이공원의 파도타기 그리고 래리 핼프린(Larry Halprin)이 설계한 〈급류 도시광장〉(*wild-water urban plaza*)에서는 모험이 제도화되고 순화되었다. 서프보드 타기(*Boogie-boarding*)는 좀더 순화된 것이다. 가장 순화된 것은 뒤뜰에서 거품을 내며 목욕하는 것이다.

알 수 없는 모호함을 헤쳐 나가는 미로는 모험의 장소다. 거기서는 안팎, 여기와 저기, 개방과 폐쇄, 떠남과 들어감의 구분이 사라진다. 그 안에는 영원히 길을 잃은 상태만 있을 뿐 특정한 장소는 없다. 거기서 모든 공간은 특색 없는 하늘 아래에 있으며 동일하다. 공간은 거주가 아니라 움직임, 곧 한없는 여행을 위해 존재한다. 그곳에서 할 수 있는 일이란 길을 잃지 않은 시작점으로 되돌아오거나 소중한 중심을 찾는 것뿐이다.

안도감

안도감은 사람들이 요구를 제한하거나, 받아들이거나, 완화하는 데 성공한 상태를 연상시킨다. 안도감은 감사하고, 기뻐하고, 편안한 것이다. 그것에는 흔히 어떤 관성, 무관심, 모험 혐오증이 수반된다. 그런 상태에서는 사색 · 공상 · 백일몽이 쉽게 일어난다. 정신의 작용인 그것들은 어떤 개방성을 암시한다. 안도감의 장소는 외부로 개방되면서도 신체를 둘러싸는 특성을 갖는다.

많은 사람들에게는 안도감을 느끼고 공상을 하기 위해 찾는 장소가 있다. 설계 스튜디오를 가르치는 몇 년 동안 학생들에게 '자신에게 중요했던 장소'를 묘사해보라고 했다. 많은 진지한 응답들을 분석해보니 90퍼센트 이상이 작고, 고요하고, 거주할 수 있는, 단일공간이었다. 투안(Tuan 1977)의 용어로 그것들은 공간보다 '장소'였다.[19] 그것들은 애착이 많이 가는 곳들이다. 그것들의 어느 하나도 '건축'은 아니었다. 모두 소박한 곳이고, 특별한 곳이 아니었다. 대부분 혼자 경험할 수 있는 곳이며, 공상 · 위안 · 사색을 위해서 자주 찾는 곳이었다.

비록 장소는 다양한 실제 형태를 갖지만 내가 분석한 결과 안도감을 표현하는 장소의 근저에는 단지 두 가지의 기본적인 형태가 있다. 하나는 자연 상태의 환경에 있는 작은 외부장소이고, 또 하나는 작고 조용한 오두막 같은 곳이다. 바슐라르(Bachelard 1969)는 이런 곳을 "내밀함의 이미지"라고 불렀다. 나는 이런 특별한 범주의 충전된 장소를 "감싸는 장소"

(*embracing place*) 라고 부른다. *

양육

양육은 생계유지 · 영양공급 · 만복감(滿腹感), 의미 있는 타인과의 연결과 물리적 밀접함, 어머니 같이 껴안는 보호감을 말한다. 그것은 신체나 신체들 사이의 관계에 관한 것이다.

양육의 원형적 형태에는 동굴 · 주거 · 묘지, 부엌 뜰과 농장, 대초원 같은 거주지, 비옥한 곡물창고 · 창고 · 시장, 벽으로 둘러싸인 원형 공간 · '녹지' · '공원'과 같이 사람들이 모여 얼굴을 마주하는 장소 등이 있다. 양육의 장소는 이상화된 기하학적 형태를 피하고 눈에 두드러지지 않는 형태를 띠며, 상대적으로 덜 가공된 재료를 사용하고 가족이나 작은 집단의 행태를 에워싸고 뒷받침하는 경향이 있다. 그것은 보호되고 안전하며, 충만하고, 일상적이고 반복적이고 익숙하다.

스톤헨지(Stonehenge)[20] 와 말뚝 울타리같이 둘러싸인 둥근 공간은 땅위에 고정된 중심을 갖는 개방된 장소다. 사람들은 이런 장소로 모이고 "우리가 여기에 있다"고 말한다. 그리고 외부와 구분되는 내부를 만든다. 원에 구멍을 뚫었을 때, 보호된 '여기'에서 '저기'를 확인할 수 있다. 그런 장소는 집단이 모여 묵상을 할 수 있는 내부지향적이고 비위계적인 안전성을 갖춘다. 상부를 개방하여 천체 극장이라고 할 하늘을 원형으로 감싸고 어둠과 빛의 연출을 받아들임으로써 집단의 관심사가 드러나고 부각된다.

묘지도 양육에 관련된다. 위대한 자연의 보호라는 무게감이 지하에 있는 소중한 시신 위에 놓이고 그 시신을 주변의 땅으로 되돌려준다. 묘지는 부드럽고, 관대하고, 베푸는 형태를 가지고 있으며, 내세의 신에 대한 열망은 없다. 시신과 묘지는 홀로 남겨져 자연상태로 되돌아간다.

---

* 세타 로우(Setha Low), 클레어 쿠퍼 마르커스(Clare Cooper Marcus) 등은 수업에서 매우 비슷한 결과들을 얻어 환경디자인연구회(Environmental Design Research Association) 워크숍에서 몇 차례 보고한 바 있다.

이제 장소에 매우 적합한 다른 이항대립의 형태들이 가진 의미를 탐구하고자 한다. 이 연구에서 나는 충전된 것으로 자주 느껴지는 장소를 선정하고 의미 있는 주제가 장소의 형태로 구현된 것들을 찾아내 이해하고자 한다. 자주 반복되는 톤으로는 다음과 같은 것들이 있다.

거주 ………………………………… 장소상실(*placelessness*)
공동체 ………………………………… 고독
질서 ………………………………… 혼돈
존중 ………………………………… 경멸
불멸의 정신 ………………………………… 한시적인 신체
권력 ………………………………… 종속

나는 의도적으로 이러한 톤과 원형의 일부를 최근 '위험한 경관'(*Landscapes of Peril*)[21] 이라는 프로젝트의 설계와 개발에 사용하였다.

원형을 설계에 사용한 예

이 설계 프로젝트는 약 50만 배럴의 방사능 폐기물을 뉴멕시코(New Mexico) 모래사막의 3분의 1마일 아래, 지구물리학상으로 비활성의 두꺼운 소금층에 매립하려는 미국 에너지성(Department of Energy, DOE)의 의도에 따라 진행되었다. 그 폐기물은 1만 년 동안 위험한 상태로 있을 것이다. 분석에 따르면, 먼 미래에 인간이 침입하면 이런 위험한 오염물질이 방출될 가능성이 있다. DOE는 윤리적으로 이 매립지에 영구적인 표시를 해두어 위험을 경고하고, 우리 후손들의 먹이사슬·상수도·공기에 방사능이 뜻하지 않게 방출되는 일을 방지하고자 했다. 그런 경고 표시가 성공하려면 그것이 유지되고, 발견되고, 이해되어야 한다.

언어학자들은 지금부터 1,500년이 지나면 학자를 제외한 사람들은 오늘날의 어떤 언어를 말하거나 읽을 수 없을 것이라고 예견한다. 그곳은 지금까지 상당히 황폐한 지역으로 남아있지만, 연구에 따르면 앞으로 뉴멕시코 지역에서는 매우 다른 성격을 가진, 아마도 매우 원시적인 많은 문화들이 계승될 것이라 한다. 따라서 광물을 찾아 굴을 뚫는 위험한 사건이 일어날 가능성이 매우 높다. 아주 수준 높은 기술이나 발전된 문화가 아니어도 그런 일을 할 수 있기 때문이다. 미국 정부는 폐기물을 유치한 후 100년 넘게 경비시스템 같은 제도적인 통제를 할 수 있을 것으로 생각하지 않는다. 앞으로 1만 년 동안 미국정부 및 주의 경계 그리고 민족국가의 경계는 현저하게 바뀔 것이다.

1991년, DOE는 산디아 국립연구소(Sandia National Laboratory)를 통해 조사를 수행했다. 그리고 각각 6명의 전문가로 구성된 두 팀을 선정해 연구를 한 후 해결안을 제안하도록 요청했다. 한 팀에는 인류학자 · 천문학자 · 재료 과학자 · 언어학자 · 고고학자 · 필자(건축가)가 있었다. 첫 회의에서 나는 장소 설계에서 원형을 사용하면 언어에 대해 아무것도 모르는 문제나 미래에 그 지역에서 살게 될 사람들의 문화를 모르는 문제 등 먼 미래의 의사소통 문제를 피할 수 있을 것이라고 제안했다. 사물의 물리적 형태에서 의미를 경험하는 인간의 성향이 지속될 것이라는 생각을 팀이 수용했다. 문화 이전에 또는 문화와 함께 형성되었을, 비언어적이고 인간에게 널리 통용되는 원형은 문화와 독립적으로 작동할 수 있다. 그리고 인류가 생물학적으로 그다지 변하지 않는 한 문화가 단절된 이후에도 그런 원형은 존재할 것이다.

우선, 형태와 의미가 결합된 생래적 언어인 원형을 사용해 전체 부지에 경각심을 갖도록 하고, 부지와 그 위의 모든 구조물을 다중양식의(*multi-modal*) 의사소통 시스템으로 설계하도록 제안했다. 의사소통 시스템으로 구상했으므로 부지의 전반적인 설계는 다음과 같은 것들로 보완했다. 많은 장소에 설치된 7개 언어로 된 짧은 안내문, 보편적으로 인식할 수 있는 공포와 질병의 표정을 한 얼굴 부조, 그리고 보호하되 발견할 수 있는 매립실의 설치가 그것이다. 매립실에는 매립 시점을 알려주는 천문학 다이어그램과 매립된 방사능 원소를 밝히는 주기율표가 있는 긴 메시지를 새긴 돌을 설치했다. 모두 학제 간 연구를 바탕으로 했고 중요한 한 세트의 설계지침으로 집대성했다.

이 부지의 설계를 위해 선정한 원형적 이미지는 장소 설계에서 강하게 표현될 수 있는 위험의 이미지들이다. 예를 들면, 신체의 부상, 위험한 발산, 누출되어서는 안 되는 것의 매립, 오염되고 파괴되고 죽은 대지 등이다. '위험의 경관'(*Landscapes of Peril*)이라 불리는 7개의 시범적인 대안 설계안을 개발했다. 이들 각각은 설계지침에 따르면서도 이런 원형들을 하나 이상 구현했다. 모든 설계안은 '킵'(Keep)이라 불리는 평방마일 넓이의 매립지역 전체를 다루며, 그것의 범위와 경계를 분명히 표시했다.

그림 3-1 가시의 경관(Landscape of Thorns). 드로잉: 사프다 아비디(Safdar Abidi)

가시의 경관(*Landscape of Thorns*)은 콘크리트 가시(또는 이상한 형태의 집게)로 된 어수선한 밭 혹은 숲이다. 가시는 약 50피트 높이인데, 무언가 위험한 것이 통제되지 않고 성장하듯, 모두 아래에서 올라오고 뻗어나간다. 그것의 형상은 구멍, 신체의 상처를 암시한다.

위협하는 대지예술(Menacing Earthworks)은 가운데가 열린 킵(Keep)으로부터 번개가 치는 거대한 방사상의 대지예술작품으로, 위험의 발산을 표현한다. 그것은 공중이나 높은 작품들의 꼭대기에 있는 지점에서 잘 보인다. 지면에서는 육중한 대지예술작품이 지평선을 가르고 사람들 속으로 밀고 들어온다. 이는 장소의 상실을 암시한다. 전 세계의 많은 방사능 폐기물 매립지들을 이곳과 관련지어 표시한 지도를 만들고 그 위를 걸을 수 있도록 한 것을 제외하면, 개방된 사각형의 모래 킵(Keep)은 방대하고 황폐하다.

검은 구멍(Black Hole)은 검은 조적 슬래브로, 거대한 '검은 구멍'을 연상시킨다. 그것은 무(無), 빈 것(*void*), 용도가 없어진 땅, 쓸모없는 것이다. 검은 색이 사막 태양의 열을 흡수하고 다시 방출하기 때문에 지나치게 뜨거울 때가 많아 그곳에는 거주할 수 없다. 슬래브의 많은 신축이음은 마치 바짝 말라 죽은 땅의 기묘한 균열처럼 불규칙한 패턴을 보인다.

격자를 뚫고 분출하는 대못(Spikes Bursting through Grid)은 킵(Keep)을 덮는 조적 슬래브에 박아 넣은 규칙적인 격자(대략 주택 크기)다. 그러나 무겁고 질서 있는 뚜껑이 아래로부터 분출하는, 상처를 내는 에너지를 멈출 수는 없다. 대못/이빨/가시는 먼저 킵의 덮개에 잔물결을 일으킨다. 그리고 그것을 변형시키고 구멍을 뚫는다. 마지막으로 더 강력한 혼돈의 힘으로 인간이 부여한 격자의 확실한 질서가 파괴된다.

잡석 경관(Rubble Landscape)의 모래 아래에는 석재의 층이 있다. 사각형의 외부 테를 다이너마이트로 폭파하여 둥근 돌로 만들고, 불도저로 그것을 킵(Keep) 위로 밀어 거친 돌 더미를 만들었다. 이렇게 해서 주변의 사막과는 무게·재료·식생이 다른 거대한 잡석 덮개가 만들어졌다. 이것은 위험한 것을 지하의 굴속에 가두어 둔 대규모의 작품이다. 깨어진

그림 3-2 위협하는 대지예술
(Menacing Earthworks)
드로잉: 사프다 아비디

그림 3-3 검은 구멍(Black Hole)
드로잉: 사프다 아비디

그림 3-4 격자를 뚫고 분출하는 대못(Spikes Bursting through Grid)
드로잉: 사프다 아비디

그림 3-5 잡석 경관(Rubble Landscape) 드로잉: 사프다 아비디

그림 3-6 험악한 블록
(Forbidding Blocks)
드로잉: 사프다 아비디

그림 3-7 대못 밭(Spike Field)
드로잉: 사프다 아비디

잡석으로 된 상부를 보면 이 장소는 만들어졌다기보다 파괴되었다는 느낌을 준다.

험악한 블록(Forbidding Blocks)에서는 모래 아래의 돌을 다이너마이트로 폭파해 주택 크기의 콘크리트와 돌 블록으로 만들었고 검은 색을 착색했다. 블록은 의도적으로 불규칙한 사각 격자형으로 놓았다. 그 양쪽으로는 5피트 폭의 '가로'를 냈다. 가로는 덥고, 험악하고, 어디로 연결되지도 않고, 너무 좁아서 그 안에 들어가서는 살거나 농사를 짓거나 심지어 사람을 만날 수도 없다. 용도를 부정하는 이 대규모의 작품은 거주할 수 없고, 거칠게 정리되어 있고, 험악하고, 불편하다.

대못 밭(Spike Field)에서는 석재의 큰 대못이 모래를 꿰뚫고 킵으로부터 나와 통제되지 않고 혼란스럽게 여러 방향으로 움직인다. 전체 구역이 벽으로 둘리고 그 안에는 대못이 들어가 있어서 외부는 안전하다.

이 프로젝트에서는 디자인된 형태를 사용해 타인의 무의식에 영향을 미치려고 매우 의식적으로 노력했음을 엿볼 수 있다. 이를 위해 위험과 공포의 원형적 이미지, 그리고 인간을 위축시키는 크기의 위협적이고 이질적인 경관이 야기하는 본능적이고 촉각적인 반응을 활용했다. 예술가들의 작품은 우리의 무의식을 자극하며, 본능적이고 촉각적으로 작용하는 경우가 많다. 이 프로젝트는 예술작품을 만들려는 것이 아니라 특별한 의사소통의 '도구'를 제공하려는 것이었다. 이를 위해 이 프로젝트는 가능한 한 모호하지 않은 메시지를 암호화하고 발신한다. 그런 면에서 이 프로젝트는 조작적이다.

원형과 유형

유형에 관한 많은 담론들에서 원형은 유형의 특별한 유형, 곧 원초적이고 기본적이고 오래되고 깊이 있는 유형, 유형 아래에 잠복한 유형, 유형을 발생시키는 유형이라고 이야기된다. 여러 면에서 일리가 있는 이야기지만, 유형과 원형의 차이를 좀더 논의할 필요가 있다.

이런 논의에서 나는 대체로 카트르메르 드 캥시(Quatremère de Quincy 〔1825〕1977)의 유형에 대한 개념을 받아들인다. 곧, 결코 실제적으로 알거나 볼 수 없지만, 특정한 장소의 일반적 형태에 현현된 것을 유형이라고 본다. 이는 장소의 형태에 대한 개념이지만, 어떤 특정한 장소의 형태를 기술하거나 모형화하기에는 불충분하다. 원형도 유형과 마찬가지로 알 수 없고 숨겨진 성질을 가지고 있어서 단지 일반적으로, 특정한 사례를 통해서만 드러난다.

유형은 공통의 특징을 가진 장소들에 들어 있는 그림자 같은 패턴이다. 이 패턴을 이용해서 우리는 일련의 장소들이 동일한 집합의 구성요소임을 감지하고 유형을 떠올린다. 그 집합을 이루는 구성요소의 수는 유동적이다. 또한 각각의 구성요소들도 여타의 특징에 있어서는 다르다. 그러나 유형은 일정한 이미지를 불러일으키므로, 특정한 장소가 그 집합에 속하는지 여부를 그 장소와 유형의 공명을 통해서 감지할 수 있다.

건축적인 측면에서, 유형은 항상 **형태**(돔을 씌운 원통) 또는 **용도**(운동장), 그리고 때로는 둘 다(돔을 씌운 운동장)에 관한 것이다. 대체로 용도에 관한 유형도 형태의 이미지를 갖는다. **경관적**인 유형에서도 용도유형과 형태유형이 발견된다. 예를 들어, 콘돈(Condon 1988)은 기본적인 경관유형을 제시하면서 보스케, 골목, 홀로 선 나무 같은 형태유형과 가로, 회랑, 자연 극장(*natural theater*) 같은 용도유형을 설정한다.

유형은 문화적 산물이며 역사를 통해 반복적으로 현현됨으로써 생성된 물리적 형태의 포괄적 이미지다. 유형은 보편적인 원형적 경험이 특정한 문화에서 변형되어 생성된 것일 수도 있다. 원형과 유형의 표준적인 개념 사이에는 중요한 차이가 있다. 유형에서는 **형태**가 강조되고 그것은 크게 변화하지 않는다. 그리고 의미는 덜 강조된다. 이에 비해 원형에서는 **의미**가 형태보다 강조된다. 그리고 다른 것들보다 더 강력하고 자주 나타나는 형태가 있을 수 있지만, 의미를 표현하는 형태는 매우 폭넓게 변화할 수 있다. 예를 들면, 원과 정사각형 등 쉽게 인식되는 모든 '완벽한' 기하학적 요소는 완벽, 이상, 그리고 나아가 신성(神性) 등의 원형을 표현할 수 있다. **그러나 형태는 원형이 아니며 원형을 표현하는 매개물일 뿐이다.** 신성이라는 의미 또는 개념이 원형이다.

유형의 형태는 상징이 되어 의미를 전달할 수 있다. 그러나 그 의미는 보통 장소의 구성과(이나) 장소의 물리적 기능이 문화적으로 해석된 결과다. 그 문화의 외부에 있는 사람들에게는 그런 형태가 의미하는 바가 없거나 다를 수 있다. 유형은 형태상의 현현에 관한 문화사에 의존하고 원형은 그렇지 않으므로, 자신의 문화 밖에 있는 낯선 장소에서 원형적 장소 경험을 하는 경우도 많다.

유형은 인지적이고, 범주화하는 방식이고, 반복되고, 알 수 있는 것으로 구축되는 경향이 있다. 반면에 원형은 좀더 정신적이고, 현실의 상황을 강화하는 방식으로 형성되는 것 같다. 유형의 현현을 충전된 경험으로 느끼는 경우는 드물다. 반면 충전이라는 자극적 감정은 원형의 경험에 대한 징표다.

유형이 주로 물리적 형태에 관한 것이므로, 그것은 지나치게 시각에 의존한다. 그리고 상대적으로 다른 감각들의 가치는 감소된다. 역으로, 원형으로 충전된 경험의 한 특징은 그것이 **모든** 감각을 통합한다는 데 있다. 장소의 냄새, 습기, 음향적 특성 또는 공기의 느낌과 같은 시각 이외의 감각으로 원형을 불러일으킬 수 있다. 서로 다른 감각은 사고와 분석을 통해서만 구분될 수 있으며 실제 경험에서는 구분되지 않음을 기억해야 한다.

따라서 원형에는 (유형과 비교할 때) 하나의 형태가 아니라 많은 형태들이 잠복해 있다. 이것이 원형을 경험하는 데 형태가 중요하지 않거나 무관하다는 뜻은 아니다. 오히려 그것은 형태가 의미의 생성에 매우 중요함을 암시한다. 단, 여기서 말하는 형태는 고정되거나 특정한 것이 아니다.

원형에 대한 사고의 가치

설계 작업의 전제로 원형을 사용한 경험과 세미나와 설계 스튜디오에서 학생들과 나눈 대화를 통해, 나는 점차 원형을 양식이나 방법의 담론 안에서가 아니라 태도(*attitude*)로서 말하게 되었다. 원형은 **하나의** 방식이지만 **정해진** 방식은 아니다. 원형은 장소 설계의 사고방식을 대체하는 것이 아니라 그것을 확대하고 강화한다.

원형은 무의식에만 존재할 수도 있지만, 어느 정도 강하거나 의식에 각인되어 있을 경우 그것을 확인하기는 어렵지 않다. 학생들과 충전된 장소에 관해 이야기하는 것만으로도, 그렇지 않았으면 마음속에만 간직했을 장소 경험들을 확인할 수 있었다. 원형은 우리에게 세계 내의 장소들을 이해하고 나아가서는 세계를 다시 신성하게 만드는 방식을 알려준다.

장소 설계자에게 원형은 황홀한 주제다. 왜냐하면, 그것은 장소 만들기를 '우리는 누구인가? 우리는 어디에서 왔는가? 우리는 어디로 가야 하는가? 그리고 그 모든 것이 의미하는 것은 무엇인가?' 같은 인간의 기본적 질문에 좀더 명확히 연결해주기 때문이다. 원형은 건축과 조경이 윤리학·역사학·철학같이 스스로 성찰하는 인문학의 한 분야로 교육될 수 있음을 암시한다.

그리고 마지막으로, 우리가 장소원형을 통해 다른 사람들과 연결되며 경험과 지식을 공유할 수 있다는 생각은 가치 있다. 근대성은 프라이버시와 사적인 생활, 소외와 격리, 공동 유대의 약화, 그리고 세계의 비신성화(*desacralization*)를 강조한다. 그러나 다른 사람들과 다시 유대하고 우리의 정신을 감동시키는 장소를 갖고자 하는 갈구는 여전히 존재한다. 충전된 장소를 경험함으로써, 그리고 우리를 연결하는 원형적 의미를 공유함으로써 그런 갈망은 소박하게라도, 비록 잠시 동안이나마, 충족될 것이다.

역자 주

1) 일반적으로 언어를 이루는 단어들은 정확한 의미를 가지고 있어서 언어는 학습을 통해서만 이해되고 사용될 수 있다. 그러나 이와 달리, 장소라는 매개물을 통해서 경험되고 이해되는 의미는 학습되지 않은 것이다. 필자는 그런 학습되지 않은 언어를 '생래적 언어'(*natural language*)라고 부른다.
2) 필자가 말하는 충전감을 감응, 전율감 또는 짜릿함으로 표현할 수도 있다. 그것은 이 글에서 인용된 가스통 바슐라르의 《공간의 시학》의 용어로 보자면 '울림'에 가까운 용어다. 여기서는 원어(영어)의 어의와 뉘앙스를 존중해 충전감이라고 번역하기로 한다.
3) 원형에 대해서는 《공간의 유형학》 2권의 "옮긴이 해제" 참조.
4) 료안지는 일본 교토에 있는 사찰이다. 일본의 정원양식은 자연의 축소판을 만드는 '츠키야마'〔築山〕와 모래나 자갈 등으로 강과 바다를 표현하는 '가레산스이'〔枯山水〕로 나뉜다. 후자의 정원으로 대표적인 것이 료안지〔龍安寺〕의 선 정원이다.
5) 베트남전 참전 기념비(Vietnam Veterans Memorial)는 마야잉린(Maya Ying Lin)이 21세의 나이에 디자인한 기념비로, 1982년 워싱턴 DC에 세워졌다. 길이 150.4미터에 달하는 인도산 흑화강석의 벽에 전쟁에서 희생된 사람들의 이름이 새겨져 있다.
6) '숭고미'는 칸트(Immanuel Kant, 1724~1804)와 에드먼드 버크(Edmund Burke, 1729~1797)가 주장한 미의 개념이다. 칸트는 그의 《판단력 비판》(1790)에서 '아름다운 것'과 '숭고한 것'을 별도의 범주에 넣고 이들을 대립적인 미적 판단의 대상으로 보고 각각에 대해 고찰하였다.

   '아름다움'이 흔히 우리가 꽃 같은 자연물, 또는 그림 같은 예술품 앞에서 느끼는 감각적인 판단인 데 반해, '숭고'는 어떤 장엄한 대자연 앞에서 느끼는 이성적인 판단이다. 예컨대 하늘까지 치솟은 높은 산, 물살이 빠르게 소용돌이치고 있는 깊은 협곡, 미친 듯이 솟구치는 노도의 바다, 무서운 파괴력으로 솟아오르는 화산, 땅을 거대하게 쪼개놓은 지진 등의 대자연적 현상 앞에서 우리는 경이로움과 경외감을 맛본다. 그런 대상 앞에서 한순간 숨이 막히는 듯하다가 곧이어 좀더 강렬한 생명력이 솟구치는 감동을 느끼는데 이것이 바로 숭고다. 아름다움은 유한한 동시에 우리 마음을 평안하게 해준다. 반면, 숭고는 무한한 동시에 우리를 흥분시키고 긴장하게 한다. 숭고는 우리의 구상력(構想力)이 어떤 대상을 전체로 파악할 수 없을 때 생겨나는 감정이다.

숭고는 아름다움과는 반대로 우리를 무한히 초월하는 동시에 고양시킨다. 또한 우리 자신을 초월성의 감정으로 인도하는 어떤 것과의 직접적인 접촉이라는 관념을 내포한다. 숭고란 거대하고 폭력적인 것으로, 자연이 그 내면에 간직하고 있는 독특한 질서이며 인간의 손이 미치지 않는 지점에 위치한다. 숭고는 이러한 감정을 통해 우리를 일상성과 범상함에서 끌어내 초월적이고 공포스러운 차원으로 이끌어간다.

7) 미국의 남북전쟁 격전지. 여기서 로버트 에드워드 리(Robert Edward Lee) 장군이 거느린 남군이 조지 고든 미드(George Gordon Meade) 장군이 이끈 북군에게 패배함으로써 남북전쟁에 일대 전기가 마련되었다.

8) 알타미라 동굴은 스페인 북부 칸타브리아 지방에 있는 구석기시대 후기의 동굴이다. 벽화는 1879년 다섯 살 소녀가 우연히 발견했는데, 인류 최고(最古)의 경탄할 만한 미술로 널리 알려져 있다. 이 동굴벽화는 구석기시대 후기의 마들렌기(약 1만~2만 년 이전)의 것으로 추정된다. 벽화는 대부분 천장에 그려졌는데, 매머드, 토나카이, 들소, 사슴 등이 흑·적·갈색으로 그려져 있다. 이는 세계문화유산으로 등록되어 있다.

라스코 동굴벽화

라스코 동굴은 프랑스 도르도뉴 데파르트망의 몽티냐크 마을에 있는 동굴로, 1940년 이 마을의 소년들이 우연히 발견했다. 동굴의 벽면에 그려진 채화와 각화(刻畵)는 800점 이상이며, 들소와 야생마, 사슴, 염소 등이 주로 그려져 있고, 고양이나 주술사와 같은 인물도 그려져 있다. 기원전 3만 5천 년에서 기원전 1만 년 사이에 그려진 것으로 추정되는 이 동굴벽화는 알타미라 동굴의 벽화와 함께 프랑코 칸타브리아 미술의 가장 유명한 구석기시대 회화로 알려져 있다.

9) 영국 윌트셔 주 솔즈베리평원에 있는, 기원전 2000년경에 조성된 원형 거석 기념물인 스톤헨지(Stonehenge)가 대표적인 사례다.

10) 영원불변의 개념인 이데아(*idea*)를 통해 존재의 근원을 밝히고자 했던 플라톤

이 그런 대표적인 학자다.

11) 토마스 홉스(Thomas Hobbes, 1588~1679), 영국의 철학자·사상가.

12) dialectic은 철학용어로 사용될 때 일반적으로 변증법을 뜻하나 이 글에서는 이항대립의 의미로 사용되었다.

13) 보스케는 숲이라는 뜻의 스페인어로, 특히 미국 남서부에서 하천의 범람원에 조성된 숲을 말한다. 이 글에서는 자연 숲(*forest*)의 대칭어로서 인공 숲을 지칭하는 용어로 사용되었다.

14) 노자의 《도덕경》(道德經)에 나오는 '天地不仁 以萬物爲芻狗'〔천지는 어질지 않다. 만물을 추구(짚으로 만든 개)처럼 여긴다〕라는 구절이 떠오른다.

15) 여기서 인용된 바슐라르의 《공간의 시학》(*La Poètique de L'espace*)은 저자 스스로 '이미지의 현상학을 행한다'고 한 저서다. 《공기와 꿈》(*L'Air et les songes*)과 함께 바슐라르의 대표작으로 꼽히는 이 책은 난해하기로 유명한데, 상상력의 독자성과 절대성에 대한 바슐라르의 주장을 가장 조직적이고 강력하게 표명한 책이다.

이 책이 다루는 이미지들은 집·서랍·상자·장롱·새집·조개껍질·구석 등 내밀한 공간의 이미지 및 그 변양태, 그리고 내밀하지는 않더라도 그런 이미지와의 상관관계에서 이해될 수 있는 것들이다.

16) 환경심리학의 용어인 쉐마, 곧 인지쉐마는 환경에서 상대적 위치와 환경적 속성들에 관한 정보를 수집·조직·저장·회상·해독하는 능력을 말한다. 우리에게 이런 능력이 없다면, 집에서 학교로 오는 일상적인 이동도 불가능하게 될 것이다. 인지쉐마는 인지 매핑(*cognitive mapping*) 등으로도 불린다.

17) 이탈리아 출신의 미국 이민자인 사이먼 로디아(Simon Rodia, 1879~1965)가 1921년부터 1955년까지 오랜 세월에 걸쳐 완성한 탑이다. 언뜻 스페인의 천재 건축가 안토니오 가우디의 〈성가족 성당〉을 연상시키는 와츠 타워는 미국 LA의 와츠 커뮤니티에 계획된 17개의 복합 조각시리즈 중 하나다. 와츠 타워는 재활용한 철근, 녹인 철 파이프, 침대, 매트리스 등을 엮어 뼈대를 만들었는데, 그중 두 개의 타워는 높이가 100피트에 육박한다.

18) 모스크의 근처에 세우거나 모스크의 한 부분으로 세운 첨탑. 여기서 무에진이 신자들에게 기도할 시간을 알린다.

19) 투안(Tuan)은 그의 저서 《공간과 장소》(*Space and Place*)에서 공간과 장소는 상호의존적이나 공간은 이동과 자유로움을, 장소는 머무름 혹은 멈춤을 특징으로 하는 데서 차이가 있다고 한다.

20) 영국 윌트셔 주 솔즈베리평원에 있는, 기원전 2000년경에 조성된 원형 거석 기념물.

21) 방사능 폐기물 매립지.

제4장

인공경관 유형학: 우리가 사는 대지의 언어

패트릭 콘돈 Patrick Condon

이 장은 두 부분으로 나뉜다. 두 부분은 같은 주제를 다루지만 논의방식은 매우 다르다. 하나는 '이성' 부분으로, 이성적 방법으로 썼다. 다른 하나는 '상상' 부분으로, 상상적 방법으로 썼다. 적어도 그렇게 되었기를 바란다.

나는 두 사고방식 중 어느 것이 더 적합하다고 주장하지는 않는다. 사실 확신이 있어서라기보다 어쩔 수 없어 두 개의 다른 목소리(*voice*)를 사용하려는 것이다. 일반적으로 이해되는 경관공간(*landscape space*) 유형의 언어가 있다는 것이 나의 견해인데, 이를 뒷받침하는 단순하고 명료한 논지를 구축하기 위해 수년간 노력하고 있다. 두 개의 서로 다른 방식으로 이 주제를 다루는 것이 내 견해를 전달하는 최선의 방법이라고 생각한다.

어떤 언어체계도 마음과 자연세계의 교차지점에서 작동한다. 언어는 그러한 교류의 매체다. 언어는 두 영역 사이의 매개로서 절반은 이성의 영역(사고 · 질서화 · 계산 · 결론)에 존재하고, 나머지 반은 자연현상의 세계(감각 · 비전 · 기쁨 · 고통 · 자극 · 요구)에 존재한다. 자연현상의 세계는 감수성에 각인되고(*impress*) 마음에 이미지를 남긴다. 말하자면, 자연세계는 상상의 영역에 존재하는 것이다. 나는 이성과 상상이라는 단어가 여러 가지 방식으로 사용될 수 있음을 인식하고 있지만 위와 같은 생각으로 두 단어를 사용하려 한다.

유형은 언어체계이므로 절반은 이성에, 절반은 상상에 존재한다. 경관유형을 이성만으로 설명하려 한 나의 이전 연구들은 불완전한 것이었다. 이미지를 다루지 않았기 때문이다. 반면에, 특정한 경관유형을 묘사하는 연구는 상상적으로 표현함으로써 나에게 이성적 논거, 곧 왜 그 공간이 그렇게 아름답고 감동적인지 설명해주지 못했다.

따라서 여기서는 그 두 가지를 동시에 시도한다. 나는 독자가 이성에서 상상으로 건너뛰고 또 그 반대로 해보는 등 두 부분을 동시에 생각해볼 것을 제안한다. 처음에 이성 부분을 모두 읽고 다음에 상상 부분을 모두 읽는 식으로(또는 그 반대로) 두 부분을 차례로 읽는 것을 선호하는 독자들도 있을 텐데 그것도 상관없다.

이 성

이 장에서 나는 인간의 창조적 정신은 식별할 수 있는 유형의 형태로 경관에 표현되어 있다고 주장한다. 나는 마이크 브릴(Mike Brill)이 이 책에서 전개한 인간 정신에 대한 정의를 그대로 사용한다. 곧, 인간 정신이란 자유롭고 분화되지 않은 감각적 인상(*im-pression*)의 혼돈을 표현(*ex-pression*)이라는 반대 방향의 힘으로 대처하는 창조적인 힘이다.*1) 이 표현의 힘은 개념적이고(마음에 생각을 품고 그에 따라 사물을 명명하고) 물리적이고(사물을 만들고) 사회적(언어를 공유하고 사물을 연결하는 것)이다. 이러한 표현적 명명과 창작을 통해 얻어진 중요한 산물이 '설계 경관공간 유형'(*designed landscape space type*)이라는 공유 언어(*shared language*)다.

제목이 암시하듯이, 이 장의 초점은 **설계** 경관**공간** 유형이다. 설계라는 말을 붙인 것은 그것이 과수원처럼 생산공간이든 중정회랑(*cloister*)처럼 기분 좋은 공간이든 **인간의 디자인**이 드러나는 경관을 의미한다. 경관공간이란 우리가 **그 안에** 있을 수 있는 경관을 말한다. 가로(街路)는 경관공간이지만 정원의 출입문은 아니다.

설계 경관공간에는 공통적으로 인식되는 기초유형(*basic type*)들이 존재한다. 그것들은 기본적이고 거의 근원적인 의미를 갖기 때문에 공통적으로 인식된다. 기본적인 의미를 갖는 경관공간 유형들로 경관 경험의 기초적 언어가 구성된다.

이항대립적 경관

환경의 유형과 유형학에 관한 기존 연구는 대부분 건축 분야에서 진행되었다. 이 연구를 조경 분야에 적용하기 위해 다음과 같은 질문을 할 필

---

* 이 책의 3장, 마이크 브릴의 글 참조. 마이크 브릴과 나는 이것을 비롯한 여러 생각을 터놓고 공유했다. 이 자리를 빌려 내가 그로부터 도움을 받았음을 밝힌다.

상 상

어떤 경관은 인간의 도움 없이 자연이 만든 것인데, 이를 자연경관이라고 한다.

어떤 경관은 인간이 자연에서 얻은 살아있는 물질이나 비활성의 물질로 만든 것인데, 이를 인공경관(*built landscape*)이라고 한다.

자연경관은 우리가 아직 변형하려는 대담함이나 욕구를 갖고 있지 않은 경관이다.

우리는 인공경관 속에서 태어났다. 우리는 인공경관 속에서 죽는다.

나와 여러분의 인생 이야기는 인공경관에서 펼쳐진다.

인간은 50만 년 동안 자연경관을 인공경관으로 전환하기 위해 열심히 노력했다. 점점 더 많은 남자와 여자가 태어났고, 그래서 점점 더 많은 공간이 요구되었다.

50만 년 동안 계속되어 온 자연경관 퇴치의 역사는 아마도 앞으로 50년 내에 끝날 것이다.

자연은 상관하지 않는다. 자연은 다른 세계에서 작동한다.

맨 먼저, 숲에 속한 공간은 인간에 속한 공간으로 바뀌었다.

그 첫 번째 공간은 개척지다.

요가 있다. 건물의 작은 공간과 고정된 형태를 경험하는 방식, 그리고 경관의 개방되고 연속적인 공간을 경험하는 방식 사이에 본질적인 차이가 있는가?

나는 그렇다고 생각한다. 인간과 경관 사이의 연결이 이항대립적이기 때문에 경관공간 유형의 경험은 특별한 성격을 갖는다. 이 이항대립적 연결이라는 개념이 논의의 핵심이기 때문에, 그것이 의미하는 바를 좀더 설명하고자 한다. 서구에서 이항대립적 사유의 발달에 중요한 역할을 한 것으로 생각되는 몇몇 인물들의 사상을 살펴보자. 그들은 로버트 스미스슨(Robert Smithson), 모리스 메를로퐁티(Maurice Merleau-Ponty),[2] 칼 맑스(Karl Marx), 그리고 영국 낭만운동의 철학자인 에드먼드 버크(Edmund Burke), 유브데일 프라이스(Uvedale Price), 윌리엄 길핀(William Gilpin)이다. 그들은 경관/인간의 상호작용에 대해 서로 다르지만 관련되는 이항대립적 개념들을 제시했는데, 나는 그것들을 연결해 설계 경관유형학(*designed landscape typology*)에 관한 하나의 사고방식을 제시하고자 한다. 이는 실무에 사용할 수 있는 유용한 사고방식이다.

우리의 일상적 경험을 구축하는 설계 경관공간 유형은 메를로퐁티가 말한 "실천적 범주"(*practical category*) (Merleau-Ponty 1974, 180)이다. 그것들은 맑스가 말한 대로, 우리가 "자연에 대항하고 그럼으로써 우리 자신의 본성을 변화시킬 때"(Fromm 1966, 40에서 인용) 경관에 현현된다. 인간과 자연의 상호의존적 대립이 경관 형태의 뚜렷한 한 측면이며, 이러한 이항대립적 관계에서 미학적 '충전'(*charge*)이 생성된다고 나는 주장한다. **미**는 인간이 만든 **질서**인 그 이항대립의 한 측면이며, **숭고**라는 자연의 **복합성**은 그것의 다른 면이다(스미스슨과 낭만주의자들의 개념). 마지막으로, 이런 대립관계를 물리적 형태로 강력하게 드러내는 설계 경관공간 유형을 이 유형학에 포함시키기로 한다.

로버트 스미스슨(Robert Smithson)[3]**: 대지 미술가.** 미국의 미술가인 로버트 스미스슨은 〈나선형 방파제〉(*Spiral Jetty*)라는 대지조각으로 유명하다음으로 숲에 통로, 곧 산책길이 났다.
무자비한 인간들은 자신들이 달가워하지 않는 자연에 과수원 · 테라스 · 가로 · 광장 · 마당 · 중정회랑(*cloister*) 등 많은 유형의 공간을 만들었다.

시간이 지나면서 이들 공간은 점점 인간에게 편안한 곳이 되었다. 우리는 그 공간이 일정한 방식으로 보이도록 노력했고, 그것에 일정한 질서를 부여했다. 인간의 목적에 따라 자연의 물질에 질서를 부여하고 자연을 굴복시킬 때, 우리는 더 이상 자연을 두려워 할 필요가 없다.
시간이 지나면서 자연의 의미가 변했다. 전능하고, 이성적이지 않고, 시샘하고, 무서웠던 자연이, 영감을 주고, 친절하고, 양육하는 자연이 되었다. 우리가 변화시킨 자연을 바라보는 것이 즐거워졌다. 무서운 자연은 공간의 질서 안으로 편입됨으로써 미적인 자연이 되었다. 가시나무를 휘감은 덩굴은 우리를 질겁하게 했지만 정자를 타고 오른 덩굴은 우리의 마음을 사로잡는다.

수천 년에 걸쳐, 자연의 물질로 만들어진 질서 있는 공간은 인간의 공간경험이 일어나는 예측 가능한 틀이 되었다. 따라서 그 공간에 특별히 유의할 필요가 없어졌다. 그 공간이 전하는 즐겁고 안전한 느낌은 지속되었다. 그러나 그런 느낌은 잠재의식 속으로 편안히 가라앉아 그 느낌의 중요한 특징은 습관이라는 베일에 가려졌다. 양육하는 자연이 우리의 충성스럽고, 의무를 다하고, 의존할 만한 동료가 되는 동안 무서운 자연은 '아득히 먼 대지'에 안전하게 고립되었다.

세계의 어떤 지역에서는 이런 상황이 거의 2천 년 동안 안정적으로 계속되었다. 그러나 약 2백 년 전, 특별히 민감다. 그것은 1970년 네바다(Nevada)의 솔트레이크(Salt Lake)에 설치되었다. 그는 1973년 〈애머릴로 램프〉(*Amarillo Ramp*) 프로젝트의 부지를 촬영하다 비행기 사고로 죽었다. 그때 그는 35세였다.

스미스슨은 죽기 전 몇 년 동안 그가 **이항대립적 경관**이라고 부른 개념을 발전시키는 데 많은 창작 에너지를 쏟았다(Smithson 1972, 1973). 그가 말한 이항대립(*dialectic*)이란 헤겔의 변증법은 아니다. 곧, 그것은 정립(정正, *thesis*)이 반정립(반反, *antithesis*)으로 바뀌고 그렇게 생성된 모순은 종합(합合, *synthesis*)이라는 높은 형태의 진리로 해결되는, 마음의 순수한 내적 과정이 아니다. 그는 'dialectic'이라는 말을 좀더 오래된 기본적인 의미, 곧 상대에게 서로 의존하여 정의되는 '두 개의 개념적 범주'(그것이 의미하는 언어와 사물)라는 의미로 사용했다. 예로서, 밤과 낮, 남자와 여자, 옳고 그름, 삶과 죽음, 마음과 몸, 내부와 외부는 모두 상대와의 관계 속에서 정의된다.[4)]

스미스슨은 뉴욕의 화랑을 떠나 경관으로 가서 지적인 보루를 세우고 막강한 적을 공격했다. 그 적이란 화랑과 미술관에 밀봉되어 있는 정지된, 죽은, 추상적인, 형이상학적인, 영원한, 이상적인 '진리'였다. 그는, 자연은 그 모든 모순과 복합성에도 불구하고 바로 "어떠한 형태적 이상에도 무관심하기" 때문에 미술가들에게 더 의미 있는 주제라고 여겼다(Smithson 1973, 63). 자연이 우리의 눈과 마음에 절대적 명료함, 순수, 순수하고 명백한 개념의 완성, 또는 형태 등에 저항하는 장면을 보여준다고 생각했다.* 그가 보기에 당시의 미술가들은 분리된 것, 고상한 것, 순수한 것, 흠 없는 것, 곧 '형태적 이상'에 너무 많은 관심을 기울이고 있었다. 그런

* 인간은 영원히 지속되는 자연 앞에 놓인 일시적인 미물(微物)일 뿐이라는 관점이 있을 수 있다. 다른 관점에서 보면, 인간의 마음과 정신은 혼돈으로부터 질서를 만들 수 있는 표현적(*ex-pressive*)이고 창조적인 역량, 곧 물리적 세계를 의미 있게 만듦으로써 질서화하는 역량을 타고났다. 스미스슨은 인간을 자연의 배설물로 보는 견해, 그리고 인간을 자연의 탁월한 존재로 보는 견해 등 모순적 견해들에 심취했던 것으로 보인다.

한 사람들이 자연으로부터 너무 많은 공간이 조성되어 무서운 자연과 양육하는 자연이 모두 사라지고 있고 인간의 질서만 남았음에 주목했다. 그들은 자연이 공간을 불모의 흰 조개껍데기에 남긴 채 완전히 사라져 버리기 전에 '자연에 있는 공간'(*room in nature*)의 그림을 그리기 시작했다. 그들은 인간의 활동을 위한 장소에는 자연의 물질로 짜인 벽이 있어야 하고, 그것 없이는 인간의 신체 · 마음 · 정신이 얼어붙을 것이라고 생각했다. 나는 조지 이네스(George Inness)와 프레데릭 처치(Frederic Church)[5] 같은 화가를 생각하고 있다.

80년 전에 다른 사람들의 집단이 나타났다. 그들은, 이 근대시기에 텅 빈 흰 공간에서 살 만큼 사람들이 강인하다고 말했다. 우리가 '살기 위한 기계'를 발명했기 때문에 사람들은 얼어붙지 않아도 된다. 살기 위한 기계가 몸을 보살펴 주었다. 정신에 대해서는 "문제없어, 그것은 옛 신화일 뿐이야. 정신은 빨리 없앨수록 좋아"라고 말했다. 반면에, 마음은 전적으로 다른 문제였다. 인간이 자신의 사슬을 자연으로 벗어던질 수 있다면 마음은 무엇이든지 될 수 있었다. 마음은 신과 같은 것이 될 수 있었다!

이 사람들은 경관이 기계를 위한 장소가 될 수 있다고 생각했다. 그들은 자연에 있는 공간으로 이루어진 경관이 살기 위한 기계에 적당한 환경이 아니라고 생각했다. 그들은 자연을 변화시키기를 원했다. 그들은 공간에서 경관을 쫓아내고 즐거워했다. 나는 르코르뷔지에(Le Corbusier)와 미스 반 데어 로에(Mies van der Rohe) 같은 건축가를 생각하고 있다.

그림 4-1 혼돈과 질서가 동시에 나타난 모습. 이 폰테로사 소나무(ponderosa pine)는 어떤 형태적 이상에도 무관심하다. 사진: 필자

순수 미술이 이상적 목표에 도달하기 위해서는 세계의 복합성에서 분리되어 자율적인 미술이 되어야 했다. 그러나 세상적 의미가 없는 미술은 쓸모없다! 스미스슨은 관조적 활동(곧, 미술작품과 그것을 경험하는 사람 사이에 일어나는 의미와 인상의 전이)을 미술관의 무시간적 진공상태에 가두어 작품이 실제의 자연현상과 지리적 맥락에 무관하도록 만드는 것은 말이 안 된다고 생각했다. 그는 그런 미술이 고립되어 "대지 · 노동 · 계급 같은 외적 관계와 무관한 형이상학적 공허함(*void*)"이 되었다고 주장했다(Smithson 1979, 219).

> '개념'(*concept*)이라는 불가해한 관념은 물리적 세계로부터 물러서 있다. 많은 내밀한 지식으로 인해 미술은 밀폐주의와 공허한 형이상학으로 전락했다…. 미술의 발전은 이항대립적이어야 하며 형이상학적인 것이어서는 안 된다(Smithson 1972, 39).

스미스슨이 말하는 형이상학적인 것은 **비물질적** 또는 무형적인 것을 의미한다. 그에게 물질적 · 유형적 세계에 무관한 미술은 무의미하다. 그것약 35년 전 또 다른 사람들이 나타나 자연에 있는 공간에 대해 다시 생각했다. 이때 자연에 있는 공간들은 거의 완전히 사라졌고, 우리의 정신도 그것들과 함께 거의 사라졌다. 그들은 공간과 장소가 없는 현대도시가 정신을 다 죽게 만들었다고 말했다.

그들은 우리가 땅 위에 옛 집의 공간들을 재건해야 한다고 말했다. 새로운 공간의 구조물은 땅 · 숲 · 도시 속에 조성되어 우리의 영혼을 따뜻하게 할 것이라고 말했다. 나는 제인 제이콥스(Jane Jacobs), 크리스토퍼 알렉산더(Christopher Alexander), 롭 크리어(Rob Krier), 크리스티앙 노르베르그 슐츠(Christian Norberg-Schulz)를 생각하고 있다. 그들은 잊힌 공간의 이름을 되찾기 위해 애썼다. 그들은 도시의 한복판에서 시작했고, 그곳에 포치 · 마당 · 가로 · 광장이 있다는 사실을 인정했다. 나는 그들이 옳았다고 생각한다. 자연에는 우리가 떠올릴 수 있는 다른 공간들이 있다. 그것들은 인간의 목적을 위해 자연의 물질로 질서를 부여한 공간들이다. 그것들은 천년 내내 지속되었고, 따라서 너무 일반적으로 인식되어 지금은 주의를 끌지 않는다. 그것들은 공간이지만 공간의 조합은 아니다(공원과 정원은 공간의 조합이다). 홀로 선 나무, 개척지, 중정회랑, 광장, 가로, 앞마당, 뒤뜰, 산책로, 과수원, 보스케, 극장, 계단, 테라스, 대(臺) 같은 것이 그런 공간들의 이름이 아닐까 한다. 이것들이 땅 위에 있는 우리 집, 자연에 있는 우리 집의 공간들일 것이다. 나는 이들 공간에 대한 나의 인상을 표현하고자 한다.

은 세계로부터 완전하게 봉쇄되어서 보편적 가치를 갖지 않는다고 보았다.

미술의 발전이 이항대립적이어야 하고 형이상학적이지 않아야 한다고 믿었기 때문에 그는 점점 더 경관에 이끌렸다. 그의 관심은 자연의 **경험**을 자연의 **물질**, 곧 '사물 자체'와 결합하는 것이었다. 그는 물리적 자연을 형이상학적 마음과 결합시키기를 원했다. 그의 '이항대립적 경관'은 바로 물리적 세계와 마음의 감수성 사이에 대립관계를 구축하는 것이었다. 이러한 구조 안에서, 마음과 세계 사이의 모든 고유한 대립과 모순은 온전하게 유지된다고 생각했다.

스미스슨은 자신의 이항대립에 대한 정의가 다른 형이상학적인 정의들과 다르다는 사실을 조심스럽게 밝혔다. 그의 정의는 "실제 세계의 이항대립"으로, 특히 헤겔류의 "마음에 존재하는" 변증법과는 대비된다(Smithson 1979, 128).

미, 숭고, 그리고 픽처레스크(*Picturesque*).[6] 스미스슨의 견해는, 그도 알고 있었지만, 새로운 것이 아니었다. 18·19세기에 다른 사람들도 같은 이야기를 했다. 스미스슨은 픽처레스크라는 따분하고 생명력이 다한, 그리고 당시에 평판이 매우 나쁜 미학이론으로 자신의 주장을 뒷받침했다. 그는 자신의 미술과 19세기 미국의 위대한 픽처레스크 거장인 프레드릭 로 옴스테드(Fredrick Law Olmsted)[7]의 예술이 같은 전통을 가진다고 주장했다. 두 사람은 **마음/정신**과 **물리적 경관** 사이의 이항대립을 결합해 표현하려고 했다. 전자는 표현적이고 창조적이며, 명명하고 질서화하는 성격을 가진다. 후자는 인상적이고 동적이며, 비옥하고 혼돈스런 과정을 특징으로 한다. 두 사람은 "땅·노동자·계급"의 영향을 받는 개방된 경관에 작품을 만들었다(Smithson 1979, 219). 스미스슨은 자신과 옴스테드 모두 그 모순은 온전히 둔 채 이항대립을 **촉지할** 수 있는 것, 다시 말해 마음은 물론 신체로 경험할 수 있는 것으로 만들려고 노력했다고 주장했다. 스미스슨에 의하면 이런 식의 예술은 대립과 모순을 드러냄으로써 **픽처레스크**한 것이 된다(Smithson, 1973).

개척지

개척지를 만드는 것은 한결같이 펼쳐지는 광대한 숲에 공간을 만드는 것이다. 개척지의 땅에 태양이 내리쬐고, 많은 새로운 식물과 곤충이 생겨난다. 그 숲의 안정된 생활은 크게 손상된다. 숲의 가장자리는 동적이고 생산적인 장소가 된다. 사슴들이 풀을 뜯고 새들이 모이를 먹는 숲의 가장자리에 이주자는 오두막집을 짓는다.

개척지를 만드는 행위로 인해 대립의 춤이 시작되었다. 개척지에 쏟아지는 빛은 주변 숲의 진정한 어둠을 드러낸다. **숲**은 음울하고 침울한 곳이거나 시원한 그늘로 마음을 끄는 곳이다. **개척지**는 빛나고 개방적인 곳이거나 타는 듯이 덥고 노출된 곳이다. 태양이 하늘의 천장을 가로질러 원호를 그릴 때 그림자는 길어진다. 해질녘, 다른 모든 것들과 함께 이 대립은 사라진다. 개척지의 이중성(*duality*)으로 인해 개척지는 여러 의미를 갖는다. 개척지는 숲의 경관에서 사는 많은 사람들의 신화에 눈에 띄게 등장한다.

자연은 인간이 변화시킨 것을 복구하기를 갈망했다. 숲은 잃어버린 영역을 재생하기 위해 씨앗을 무수히 뿌렸다. 다른 생물들도 인간 노동의 결과를 압수하고자 했다. 그러나 개척지를 관리하는 인간의 노동은 질서 있고 효율적이다. 인간은 쉽게 만족하지 못했다. 인간은 수확의 계획을 세우고, 1피트 간격으로 골을 내는 등 경관을 인간의 몸에 맞게 **제작한다**(*engineer*). 인간이 죽고 인간을 대신할 것이 없을 때, 숲은 돌아온다. 그때 숲은 한때 일어난 파괴에 무관심하고, 이제는 사라진 질서에 상관하지 않는다.

그림 4-2 18세기 말 랜스롯 '케이퍼빌리티' 브라운(Lancelot Capability Brown)[8]이 설계한 픽처레스크 경관의 장면. 영국 노스 요크셔 하우드(Harwood) 저택. 사진: 필자

스미스슨과 옴스테드는 픽처레스크의 초기 이론과 미 · 숭고이론 같은 그 이전 이론들을 잘 알고 있었다. 옴스테드는 직원들에게 취직 후 첫 번째 업무로 그 이론들을 이해하도록 권했다. 그는 직원들에게 윌리엄 길핀(William Gilpin)과 유브데일 프라이스(Uvedale Price)[9]의 저서를 언급하면서 "법학도가 블랙스톤[10]을 읽는 것처럼 여러분은 이것들을 정독해야 한다"고 말하곤 했다(Smithson 1973, 63에서 인용). 스미스슨도 비슷하게 이 초기 미학이론이 중요하다고 생각했다. 그는 1757년 에드먼드 버크의 《숭고와 미에 대한 사고의 철학적 탐구》(*A Philosophical Enquiry into our Ideas of the Sublime and the Beautiful*)가 출간되면서 시작된 이 이론들의 전개를 다음과 같이 요약한다.

> 버크의 '미'와 '숭고'라는 개념은 자연의 평활함, 완만한 곡선, 그리고 미묘함을 **정립**(**정**)으로, 그리고 자연의 공포, 고독, 광대함을 **반정립**(**반**)으로 한다. 이 둘은 헤겔류의 이상보다는 실제 세계에 뿌리를 두고 있다(Smithson 1973, 63).

보스케 Bosque

개방된 경관에 있는 보스케는 숲에 있는 개척지와 같은 의미를 갖는다. 개방된 경관에 있는 보스케의 나무들은 세속의 무풍대(*doldrums*)에 부는 신성한 회오리바람을 잠재운다. 보스케는 지성소에 신을 안치한 최초의 사원이었는데, 나무줄기를 지키는 군대들이 줄지어 그 지성소를 보호했다.

나무들은 매우 크고, 매우 활기 있고, 매우 **초자연적**이다. 그것들은 하늘에 맞닿아 하늘을 가린다. 거의 모든 문화에서 사람들은 보스케나 수풀의 나무를 실제로 신(또는 적어도 신이 사는 장소)이라고 확신했다. 이런 원초적인 사실을 다시 경험하려면 탈계몽주의(*post-Enlightenment*)의 장막을 우리 눈에서 걷어내기만 하면 된다.

여러분은 수풀에 있다. 나무를 관찰하라. 둔중한 나무의 몸통은 극히 가는 가지로 계속 나뉘어 하늘을 가린다. 수풀에서 공기는 결코 완전히 정지하지 않으므로 달콤하게 몸에 와 닿는 공기를 촉지할 수 있다. 육중한 나무는 팔을 흔든다. 그것의 비틀린 가지들은 가지 끝을 통해 속삭이는 정처 없는 미풍을 따라 우울한 신음소리를 낸다. 수풀의 나무들은 넘실거리고, 감싸고, 요동치며 극도로 정밀한 춤을 춘다. 살아 있는 지구에서 보는 춤이다. 관찰자가 들어왔다. 그리고 공기와 고체 사이의 경계에서 일던 예의 바삭거리는 움직임은 사라졌다. 생명력은 충격적인 물결이 되어 그 공간으로 굽이쳐 들어간다. 하나였던 하늘 · 공기 · 나무 · 잔디 · 자아는 해체된다.

인간은 보스케, 잡목 숲(*copse*), 식림지(植林地, *wood lot*), 조림지(*plantation*), 그리고 수풀을 만든다. 때때로 보스케는 실용적인 목적을 갖는다. 빽빽하게 조림된 수풀에서만 키이 정립과 반정립은 유브데일 프라이스가 제시한 픽처레스크로 종합(*synthesis*)된다. 스미스슨은 이 픽처레스크 종합을 아래와 같이 말했다.

> 픽처레스크 종합은 자연의 물질적 질서에서 나타나는 우연성과 변화성에 관련된다. '픽처레스크'에 내포된 모순들은 자연에 대한 정적이고 형태주의적인 시각에서 벗어나 있다. 픽처레스크는 마음의 내적 움직임과는 거리가 멀며, 실제의 대지에 바탕을 두고 있다. 픽처레스크는 물질적·외적 존재로서 마음보다 우선한다. … 센트럴 파크(Central Park)는 필연성과 우연성의 대지예술이며, 영원히 출렁이면서도 땅에 견고하게 바탕을 둔 일련의 대조되는 관점들을 내포하고 있다(Smithson 1973, 63).

이같이 종합이 '영원히 출렁이는' 한 그것은 헤겔류의 종합에서 벗어나 있다. 헤겔의 종합에서는 이항대립의 힘들이 더 높은 존재의 형태로 견고하게 응결된다. 경관 이항대립의 픽처레스크 종합에서는 미와 숭고의 진동과 긴장이 온전하게 내포되어 있다고 스미스슨은 말한다. 그것은 결코 응결하지 않는다는 것이다.

이항대립적 경관에 대한 스미스슨의 해석에서 센트럴 파크, 넓게는 모든 경관의 미학적 힘(그리고 그 의미)은 인간이 만든 형태적 **질서**의 '미' 그리고 '형태적 이상에 무관심한' 자연 사이의 관련성에 있다(Smithson 1973, 63). 센트럴 파크에서는 **숭고한** 산책로, 곧 인상적이고 무서운 미로가 베데스다(Bethesda) 분수와 연결되고 충돌한다. 산책로에는 인간이 만든 형태적 질서에 무관심한 자연의 동적 과정이 존재하고, 베데스다 분수에는 자연의 물질들이 인간의 형태적 질서 '미'로 표현되어 있다.

스미스슨이 자연의 "무관심"에 주목한 것은 자연의 심원한 질서체계에 대한 통찰력이 부족해서가 아니다. 그가 뜻하는 것은, 자연에 **일반적으로** 형태 **의지**(*formal intention*)가 있다고 믿으면 위안이 되기는 하나 무비판적으로 자연을 인격화하게 된다는 점이다.

큰 재목을 생산할 수 있다. 겨울철 난방연료를 공급하기 위해서 나무를 기르기도 한다. 그 목적이 감각의 쾌감일 때도 있다. 예를 들어, 아늑한 식사공간을 만들고, 그늘진 자리를 만드는 것 등이다. 고대 그리스 신을 초대하고 기독교 부흥회를 위한 환경을 제공하는 등 그 목적이 정신적인 것일 때도 있다. 보스케에서 실용적 · 감각적 · 정신적 목적은 공존할 수 있다. 어디에 있든 보스케에서는 자연이 주는 것, 곧 넓은 공간과 씨앗, 그리고 인간이 부과하는 것 사이에 대립의 춤이 만들어진다.

보스케에는 인간이 선택한 패턴이 있다. 조림지에서처럼 그것은 격자모양일 수 있다. 그런 패턴은 나무들의 줄기가 모두 곧게 자라고 같은 속도로 성장하는 것을 보장할 것이다. 그 패턴이 일정치 않은 질서일 수도 있다. 그러면, 나무들의 줄기 둘레는 다양해지고 서로 다른 속도로 성장할 것이다. 공간을 넓힐 수도 있다. 그러면 보스케에 입구 · 통로 · 중심이 만들어질 것이다. 이러한 미묘한 질서 속으로 짜여 들어가 무서운 숲은 아름다운 보스케가 된다.

과수원

과수원은 인간이 자연물질로 생활공간을 만드는 방식을 보여주는 매우 좋은 예다. 인간이 과수원을 경작할 때 그는 자연과 추는 춤을 구상한다. 인간은 개척된 땅 위에 기하학적 패턴으로 자연의 나무를 배열한다. 자연의 태양은 수확하는 날에 절정에 달하는 '풍작을 위한 의식'(*fertility ritual*)을 매일 행하는데, 나무가 배열된 패턴과는 어긋나게 움직인다.

과수원은 인간이 어떻게, 왜 자연의 물질에 질서를 부여하는지를 보여주는 본보기다. 시간이 지나면서 인간은 나무

그림 4-3 인간은 환경에 작용을 가하고 환경은 인간에게 반작용한다.
세월이 흐르면서 자작나무가 낙서의 상처를 치유하고 있다. 사진: 필자

스미스슨과 옴스테드의 생각과 작품은 개방되고 연속적인 경관으로부터 그 안에 위치하는 경관**유형**을 구분하는 방법을 암시한다. 스미스슨과 옴스테드는 모두 대지예술가다. 예술가로서 그들은 전형적 경관에서 일어나는 인간 경험의 특성을 밝혔다. 이항대립적 특성이 그것인데, 이는 중요하지만 일반적으로 인식되고 있지는 않다. 이러한 이항대립적 특성은 설계 경관공간 유형에서 식별할 수 있는 결정적인 특징이 될 수 있다.

이러한 유형학의 이항대립적 기반을 다음과 같이 요약할 수 있다. 인간 정신이 등장해 환경의 혼돈에 직면할 때, 우리는 그 환경의 작용을 받고 다시 그것에 반작용한다. 의미 있는 세계를 만드느라, 곧 중요하지 않은 것으로부터 중요한 것을, 세속적인 것에서 신성한 것을, 나쁜 것에서 좋은 것을, 쓸모없는 것에서 유용한 것을 구분하느라 인간은 수천 년 동안 노력했다. 이 일은 아직도 진행 중이다. 수천 년의 과정에서 자연은 한편으로, 정원이나 과수원처럼, 이해할 수 있고 길들여진 것이 되었다. 다른 한편으로는, 토네이도 · 뱀 · 수렁 · 에이즈(AIDS)에서 볼 수 있듯이, 자연의 이해할 수 없고 두려운 측면은 억제되었지만 제거되지는 않았다.

나 덩굴식물이 가진 결실의 능력을 이해하게 되었다. 이로부터 질서가 필요하다고 생각하게 되었고, 그 질서로 공간을 구성했다. 격자형으로 나무를 배열함으로써 모든 나무는 하늘의 천장을 가로질러 원호를 그리는 태양에 최대로 노출되게 된다. 인간은 식물의 남은 에너지가 열매로 향하도록 가지치기를 한다(사실 극단적인 가지자르기이다). 이런 측면에서, 소극적으로는 대지를 잘 선택해야 하며, 적극적으로는 대지를 계단식으로 조성하여 빗물을 담아두어야 한다.

인간은 계속 과수원을 경작해야 한다. 그렇지 않으면 자연이 그것을 되찾게 된다. 계속되는 경작을 통해 과수원은 강한 은유를 갖게 된다. 이 은유는 "하느님이 인간성의 포도원을 가꾼다"는 식으로 구약과 신약성경에서 되풀이해 인용된다.*

질서 있는 구조로 인해 과수원에서의 유쾌한 경험에는 예측 가능하고 위안을 주는 틀이 마련된다. 이 틀을 통해 봄으로써 그렇지 않으면 불가능한 것에 대해 사색하고 감상할 수 있다. 사실 과수원에서는 세대마다, 해마다, 계절마다, 매일, 심지어 시시각각 난폭하고 심한 변화가 일어난다. 과수원은 인간의 질서가 부여될 때만 조용하다. 춘분 전후의 8주 동안, 어슴푸레한 청회색의 경관에 내내 갇혀있던 과수원은 동사 상태에서 깨어나 강렬한 색채로 뒤덮여 감각적으로 풍부한 상태가 된다. 피어나는 꽃들이 넘쳐나서 가장 탐욕스런 벌과 나비 떼조차도 압도해버린다. 벌과 나비들이 조급해 하는 것은 당연하다. 태양이 다시 돌아와 비출 때 그 땅은 온통 분홍 점들로 포장되어 있다. 건방진 바람이 꽃잎을 봉우리에서 떼어내 꽃비를 내리게 한 것이다. 자연이

---

* 몇 가지만 예를 들면, 마태복음 20장 1~16절과 21장 33~43절, 마가복음 12장 1~12절, 누가복음 20장 9~16절, 이사야서 5장 7절에 그런 은유가 나온다.

그림 4-4 매사추세츠 주 노스이스턴(North Easton)에 있는 프레드릭 로 옴스테드의 바위정원. 옴스테드는 아치의 질서 그리고 그것의 낡은 외관이 풍기는 혼돈 사이에서 긴장을 유지한다. 이 바위정원이 낡아 보이는 것은 처음부터 폐허처럼 보이도록 설계되었기 때문이다. 사진: 필자

자연의 양육하는 측면과 인간의 목적에 맞게 자연에 질서를 부여하는 우리의 표현 역량은 밭·잔디밭·산책길·정자·주택 등 '미'의 경관, 곧 형태적 질서에 현현된다. 그러한 것들은 모두 안정성과 예측가능성을 나타낸다. 그러나 자연은 형태적 질서에 **무관심**하다. 자연은 본질적으로 이해할 수 없고 두려운 것이다. 그것은 가시덤불·산사태·산불·화산과 같은 **숭고**, 곧 혼돈의 인상적(*im-pressive*) 경관이다. 그것은 수많은 꽃봉오리가 꽃가루를 터뜨리는, 한 그루의 거대한 느릅나무다. 자연은 지속적으로 변화하고 우리를 위협한다. 또한 공격과 과잉 파괴의 바다이며, 우리가 죽는 날에나 잦아들 예측 불가능한 혼돈이다.* 인간의 생활은 미와 숭고, 질서와 혼돈, 마음과 물질 사이의 이항대립적 경관에서 일어난다. 스미스슨과 옴스테드는 이러한 중간지점(*middle ground*)을 그들 예술의 토대로

---

* 카밀 파글리아(Camille Paglia)는 《성적 페르소나》(*Sexual Personae*, New York: Vintage Books)에서 이러한 자연관을 천착했다.

그림 4-5 여름의 살구 과수원. 캐나다 브리티시컬럼비아 주 오카나간 호(Okanagan Lake) 지역. 사진: 필자

선정적으로 자신을 내보이는 것은 일시적이며, 자연은 우리 인간의 관음증에 무관심하다. 자연의 무관심으로 인해 우리는 주눅이 들고 버려진 느낌을 받는다. 이렇게 우리와 자연 사이에 여러 가지의 심한 균열이 생기는 동안, 땅 바닥에 연결된 나무줄기의 변함없는 선들만이 우리를 안심시키고 통합하며, 몸 안에 자아를 고스란히 잡아둔다.

중정회랑Cloister

클로이스터, 곧 중정회랑은 여러 가지 이름으로 불려왔다. 페르시아인들은 벽을 두른 정원, 그리스인들은 아고라(*agora*), 로마인들은 포럼(*forum*)이라고 불렀다. 중정회랑의 방향은 동서남북의 기본 방위에 맞춰진다. 이렇게 하여 그것은 세계를 구성하는 네 부분(*four quarters*)을 재현한다. 중

인식했다. 나는 이러한 미와 숭고 사이의 관계, 그리고 정자의 미적 **질서**와 덩굴에서 보는 **무관심한 혼돈**이나 **숭고** 사이의 관계에서 경관유형의 의미와 효과가 비롯된다고 주장한다.

다른 목소리들. 흥미롭게도 정치 · 철학 문제를 연구한 사람들이 내적 세계와 물질적 세계 사이의 이러한 중간지점이 갖는 중요성을 인식했다. 다음에서 보듯, 칼 맑스(Karl Marx)는 이 중간지점을 **노동**이라고 생각했다.

> 첫째로, 노동은 인간과 자연이 모두 참여하는 과정이다. 그리고 인간이 자발적으로 자신과 자연 사이의 물질적 반응을 시작 · 규제 · 조절하는 과정이다. 자연의 힘 가운데 하나인 인간은 자연의 생산을 자신의 바람에 적합한 형태로 착취하기 위해서 팔과 다리 · 머리와 손 등 신체의 자연력을 사용해서 자연에 대항한다. 외부세계에 이같이 작용을 가해 그것을 변화시킴으로써, 그는 동시에 자신의 본성을 변화시킨다. 그는 자신의 잠자고 있는 힘을 개발해 그의 방식에 따라 작용하도록 한다(Fromm 1966, 40에서 인용).

영향력 있는 전후(제 2차 세계대전 후) 프랑스 철학자 모리스 메를로퐁티(Maurice Merleau-Ponty)는 맑스의 인간/경관 상호작용의 관념에 내재하는 미학을 도출했다. 그는 "맑스주의와 철학"이라는 논문에서 다음과 같이 주장한다.

> 후에 현상학이 발전시킨 **인간객체**(*human object*)라는 개념을 맑스가 도입한 것은 이해가 된다. 고전 철학에서 가로 · 밭 · 주택은 모든 면에서 자연의 객체와 비교할 수 있는 색채의 복합체였으며, 부수적으로 인간적 의미가 부가된 것에 불과했다. 맑스는 인간객체를 말하면서, 어떤 객체의 인간적 의미는 그것이 우리의 경험에 대두될 때 부가되는 것이라고 했다. … 사회는 문화적 객체들을 만들고 그 속에 존재하는데, 사회의 정신은 그것들을 통해 실현되고, 전달되고, 지각된다. 사회의 실천적 범

그림 4-6 영국 더럼(Durham), 더럼 대성당의 중정회랑(cloister). 사진: 필자

정회랑은 탁월한 개척지다. 개척지에서는 숲의 나무들이 **잘려나가고** 그리로 태양이 내려온다. 한편 중정회랑은 세계에 대해 벽을 두르고 정신이 날아오르게 한다.

중정회랑은 자연의 역동적인 흐름을 동결시킨 개척지다. 숲 가장자리의 줄기 · 가지 · 잎은 굳어져서 아케이드 가장자리의 기둥, 아치, 조각장식이 되었다. 개척지에서 자연의 물질에 최소한의 질서가 부여된다면, 중정회랑에서는 최대한의 질서가 부여된다. 자연의 난폭하고 혼란스런 변화는 거의 모두 돌에 동결되어 있다. 중정회랑에는 오직 원호를 그리는 태양만 받아들여진다. 합리적이고 예측 가능하고 항상적인 태양은 중정회랑의 견고한 조직 속으로 가장 부드럽게 짜여 들어갈 수 있는 자연현상이다.

그러나 이 하나의 힘, 곧 태양의 예리한 운행조차도 추방될 수 있다. 사람들은 중정회랑 중앙의 개방된 부분을 가로

그림 4-7 자연의 숭고한 복합성과 대립되는 인간의 질서 미. 워싱턴 베인브리지(Bainbridge) 섬의 블레델(Bloedel) 보호지구에 있는 반사정원(Reflection Garden) 리처드 학(Richard Haag)이 설계한 반사정원. 사진: 필자

> 주(*practical category*) 들은 그 사회의 정신에서 구축되며, 그것들은 다시 인간에게 존재와 사고방식을 제시한다(Merleau-Ponty 1974, 180).

일상적 경험을 구성하는 설계 경관공간 유형에 대해 생각할 때, 사실 우리는 메를로퐁티가 설명한 실천적 범주를 생각한다. 우리가 '자연에 대항하고 그럼으로써 우리 자신의 본성을 변화시킬'(Fromm 1966, 40에서 인용) 때 이러한 경관장소 유형들이 경관에 현현된다. 이러한 인간과 자연의 상호 의존적 대립이 공간에서는 인간의 "미적" 질서와 자연의 "숭고한" 복합성 사이의 대립으로 나타난다〔Burke(1757) 1958; Condon 1991〕. 수천 년에 걸쳐 인간이 만들어낸 것은 일련의 '실천적 범주', 곧 유형이다. 유형의 발전양식은 우리의 미학적 감수성에 인간의 형태적 질서 미와 '어떠한 형태적 이상에 무관심한'(Smithson 1973, 63) 숭고한 자연 사이의 긴장으로 나타난다. 그러므로 여러 설계 경관공간 유형에는 **미적인 형태적 이상**

지르지 않고 가장자리를 따라 걷는다. 태양은 열주의 막을 비스듬히 통과하여 회랑의 따뜻한 돌바닥에 빛나는 장식을 만들어낸다. 사람들은 더운 공기 막과 찬 공기 막이 번갈아 나오는 회랑을 통해 위엄 있게 걷는다. 열기가 여러분의 뺨을 찰싹 때리고 여러분의 망막에 햇빛이 비치면 여러분의 발걸음과 심장박동 수에 맞추어 냉혹한 최면성의 운율이 시작된다. 시간이 지나면 이런 동요로 인해 자아가 느슨해지고 정신이 풀려난다. 그러나 이런 일정한 박자가 우리를 공간과 분리하려고 위협하지는 않는다. 그런 공간에서 우리는 이성으로부터 그리 멀리 벗어나 있지 않기 때문이다.

홀로 선 나무

분화되지 않은 숲 경관에 개척지가 열려 만물을 따뜻하게 하는 태양과 땅이 이어진다. 분화되지 않은 개방된 경관에서 홀로 선 나무는 장엄하고 분화되지 않은 지면을 중심점에 집중시킨다. 이로써 **파악되지 않는 곳**(*nowhere*)이 여기와 저기로 나뉜다. 땅에 뿌리를 내린 홀로 선 나무는 무관심한 대지를 뚫고 나와 공간에 대한 왕성한 욕구를 좇아 성장한다. 홀로 선 나무의 줄기가 끊임없이 갈라져서 옆으로 또 위로 성장하는 동안, 그 나무가 홀로 백년의 무용을 하는 동안, 인간은 전 생애가 가는 것을 본다. 홀로 선 나무는 공연 공간이다. 홀로 선 나무의 소절(*measure*)에는 질서가 있다. 그러나 홀로 선 나무의 리듬은 혼돈이다.[11)]

홀로 선 나무는 생태학의 축소판이다. 그 나무는 그것이 미치는 범위 내에 있는 태양·토양·공기·물의 모든 역동적 흐름에 질서를 부여할 때까지 마음을 놓지 않는다.

홀로 선 나무는 분명한 우주다. 추분이 오면 그 나무는

에 대한 인간의 욕망과 형태적 이상에 대한 자연의 숭고한 무관심 사이의 이항대립이 형태로 아주 뚜렷이 나타나야 한다.

처음 경관유형에 관심을 갖게 된 이래 나는 위의 가설을 사용해서 세계에 대해 사고하고 관찰했다. 독자들도 이 가설에 관해 사색하고 그것을 사용해 나름의 방식으로 관찰하기 바란다.

경관원형

건물유형학을 다룬 대부분의 논자들은 유형이 '일반적으로 이해되는 의미'라는 건물을 이루는 벽돌 같은 것이라고 말한다. 그들은 이러한 건물이 일반적으로 자연의 **원형**(*archetype*)이라는 기초 위에 세워진다고 가정한다. 곧, 원형은 보이지 않지만 유형의 결정적 기반이라는 것이다. 한 예로, 이 책에서 브릴(Brill)은 우리가 공유하는 경관**원형**이라는 생래적 언어가 혼돈으로부터 질서를 만들려는 장구한 과정에서 수많은 인간 정신이 개입되어 서서히 형성되었음을 논한다.

알도 로시(Aldo Rossi)는 건물과 도시유형학이 자연 원형에 기초를 두고 있다고 주장한다. 그의 《도시의 건축》(*The Architecture of the City*, 1982)에서 '유형학의 문제'라는 절은 다음과 같이 시작한다.

> 인간이 만들어낸 훌륭한 창조물인 도시는, 건축 그리고 자연을 변형하는 진정한 작품들로 구성된다(1982, 35). 나는 프란체스코 밀리치아(Francesco Milizia)가 건축의 본질을 자연의 모방이라고 정의한 것을 생각한다. "현실적 건축의 모델이 자연에 있는 것은 아니지만, 인간이 첫 집을 지을 때 사용한 자연의 작업(*natural labor*)에서 건축의 모델을 찾을 수 있다."(1982, 27)

앤터니 비들러(Anthony Vidler)는 1977년에 유형을 역사적으로 개괄하면서, 리바드 드 샤무스트(Ribard de Chamoust)가 1783년의 글에서 주장한 것을 회고한다.

그림 4-8 홀로 선 나무(미국느릅나무). 아이오와 주 웨스트 유니언(West Union). 사진: 필자

'죽는다'. 춘분이 오면 그 나무는 '다시 태어난다'. 홀로 선나무는 바닥의 땅으로부터 생명을 이끌어내고, 또한 생명을 불멸의 하늘로 연결한다. 기적적으로 씨앗에 들어간 **생명력**은 통합을 요구한다. 그러한 집중 · 질서 · 통합의 힘으로 인해 홀로 선 나무에는 많은 의미가 부여된다. 홀로 선 나무는 숲 지대나 건조한 지대의 경관 속에 사는 많은 사람들의 신화에 자주 등장한다.

인간은 홀로 선 나무를 심고, 기르고, 보호한다. 그 목적은 실용적일 때도 있고 감각적일 때도 있다. 곧, 인간이 안락함을 느끼고 교제할 수 있도록 나무의 넓고 둥근 지붕 아래에 시원하고 그늘진 공간을 제공하는 것이 목적인 경우도 있다. 그것이 더 많은 것을 의미할 때도 있다. 바위로 된 대(臺)에 홀로 선 나무가 있고 그 나무의 그늘에 돌 제단이 있는 것을 상상해보라. 필라델피아에 있는 '자유의 나무'

> 나는 유형이라는 단어로, 자연을 지배하여 그것을 인간의 요구에 알맞고, 인간의 용도에 적합하고, 인간의 쾌감에 유리하도록 만들려는 인간의 첫 시도를 의미한다. 예술가가 상상의 불을 지핌과 동시에 그것을 고정하기 위해 타당성과 합리성을 가지고 자연에서 선택한, 인지할 수 있는 객체를 나는 원형이라 부른다(Vidler 1977, 97에서 인용).

이와 같은 의미에서 나는, 설계 경관공간 유형이 자연의 경관공간 원형에 기반을 둔다고 주장한다. 자연 숲(*natural forest*)과 자연 개척지(*natural clearing*)가 그런 원형이다.

숲과 개척지. 자연 숲과 **자연 개척지**란 인간이 개입하기 이전에 자연적·생태적 과정을 통해서 발생한 숲과 개척지를 의미한다. 많은 분야에서 이 개념을 뒷받침하는 연구가 진행되었다. 르네 뒤보(René Dubos, 1980)[12]는 인류의 요람인 사바나(savanna) 경관이 완전한 숲이나 완전한 개척지가 아니라 숲과 개척지의 복합적인 조합이기 때문에 인간은 다른 곳에서 거주할 때 사막에 수풀을 만들고 숲에 공지를 개척하는 등 이러한 원초적 경관의 조건을 복제하는 경향이 있다고 가정한다. 제이 애플턴(Jay Appleton, 1975)은 그의 '조망-은신 이론'(*prospect refuge theory*)에서 이 원리로부터 미학을 도출한다. 재현한 것이든 자연적인 것이든 사바나형 경관(이항대립의 쌍인 숲과 개척지의 경관)에 있을 때 사람들은 보통 미적 만족감을 느낀다고 그는 주장한다. 이 만족감은 그런 경관에서 음식과 보호라는 생물적 요구가 보장될 수 있다고 인식하는 타고난 본능에서 온다고 본다.

조지 프레이저 경(Sir George Frazer, 1951)[13]은 숲과 개척지가 인간 정신의 발전에 얼마나 중요했는가에 대한 증거를 제시한다. 그는 신화에 대한 철저한 연구를 통해 신성한 나무, 신성한 수풀, 신성한 개척지가 세계에서 가장 오래된 신화들의 구성요소이자 그러한 신화가 만들어진 경관장소임을 설파한다. 그는 여러 문화권에서 각기 발전한 신화들에서 그런 사

(Liberty Tree)를 생각해보라. 에게 해에 있는 마을의 광장, 한 장소에서 조용히 수백 년을 지낸 판테온 크기의 홀로 선 나무를 그려보라.

뒤뜰

뒤뜰은 은신처의 지성소와 자연의 혼돈 사이에서 전이(*transition*)와 연결의 역할을 한다. 화분이 있으면 포치(*porch*)만큼 작아도 여전히 뒤뜰이다(화분을 없애면 전이의 성격이 사라지고 뒤뜰도 함께 사라진다).

농업 경관에 있는 뒤뜰의 모습을 생각해보는 것은 교육적일 수 있다. 북아메리카 농부들은 집 주변의 모든 땅을 통제하기 때문에 그들이 원하는 방식으로 마당을 조성할 수 있다. 농부들은 보통 들판과 숲으로 이루어진 주변의 공간조직에서 직사각형이나 정사각형 같은 규칙적인 형태를 잘라내어 뒤뜰을 만든다. 이것에는 오래된 욕망이 반영되어 있는 것으로 보인다. 세계의 거의 모든 문화에서, 인간은 정방형 구역을 만듦으로써 세계를 구성하는 '네 구역' (*four quarters*)을 표시한다. "세계를 만들기" 위해서, 곧 혼돈에서 질서를 만들기 위해서 그렇게 하는 것이 분명하다(Eliade 1959).

인간은 뒤뜰에 가족의 **구역**을 만든다. 이 구역에서 자연은 편안하게 변형되고 통제된다. 중정회랑이나 개척지에서처럼, 땅 위에 표시된 이 **구역**에서는 공간이 하늘까지 이어진다. 불가피하게 다른 요소들이 도입되어 이 구역에 힘을 불어넣는다. 울타리, 경계, 다년생 화초 화단, 나무, 과수원, 정원 같은 것들이다. 인간의 모든 개입은 무관심한 경관에 이상적 · 형태적 질서를 투사하는 것을 목적으로 하는 것 같다.

그림 4-9 캐나다 브리티시컬럼비아 주 오카나간 호 지역의 자연 숲/자연 개척지 경관. 개방되고 에워싼 것이 복잡하게 조합된 이런 모습은 사바나형 경관의 전형적인 모습이다. 사진: 필자

실을 발견했다. 이로부터, 인간 정신이 창조적 표현으로 감각적 인상의 혼돈을 제거하려 했을 때, 인간 정신은 곧바로 숲과 개척지의 의미와 역할을 그려냈으며 숲과 개척지를 초기 우주론의 결정적 요소로 만들었음을 알 수 있다.

뒤보 · 애플턴 · 프레이저 등의 연구를 종합하면, 이항대립의 쌍으로 볼 수 있는 숲과 개척지가 설계 경관공간 유형학의 체계를 세울 수 있는 원형적 경관공간의 기초라는 주장이 힘을 얻는다. 숲의 경관에서 자연 개척지는 자연이 인간에게 주는 선물로 볼 수 있다. 발자취 없는 야생의 숲을 헤쳐 나가는 모습을 상상해보라. 여러분은 갑자기 개척지의 빛과 공간 속으로 들어가게 된다. 드디어 여러분은 숨어있는 위협(곧 악)에서 벗어난 것이다. 그때 여러분은 열린 하늘을 보며 감사할 것이다.

개방된 경관에서는 자연 숲, 좀더 구체적으로 삼림이나 수풀을 자연이 인간에게 주는 선물로 볼 수 있다. 사방에서 약탈자와 적이 바라보고 태양이 내리쬐는 광활한 공간에서 헤매는 것을 상상해 보라. 갑자기 여러분은 이러한 인간의 노고에 대한 자연의 반응은 차갑다. 별도의 힘이 가해지지 않는다면 자연은 인간이 지시하는 대로 할 것이다. 그러나 인간이 아무리 많은 에너지를 소비한다 해도, 바람과 비, 태양과 구름, 식물과 곤충의 야성적인 습성으로 인해 변이가 맹습한다. 뒤뜰의 형태적 틀로 이런 자연의 불협화음을 덮을 수는 없으나 순화할 수는 있다. 길들인 식물과 고정된 경계선이 있는 뒤뜰에서, 양육하는 자연(*nature the nurturing*)의 꿈은 유지되며 부패시키는 자연(*nature the corrupting*)의 위협적인 악몽은 차단된다.

이런 매우 가정적이고 친숙한 경관공간에서 종종 생활의 불균형이 드러난다. 어떤 뒤뜰에서는 자연과의 전투가 사라지고 '양육하는 자연'의 이미지를 고정시키는 뒤뜰의 틀이 무너진다. 그러면 비이성적인 자연, 노골적으로 추한 자연이 뒤뜰에 파고든다. 한때 가치 있던 모든 것을 질식시키는 맥주 캔과 오래되고 녹슨 유모차 때문에, 자연은 술에 취해 몸부림친다. 또 어떤 뒤뜰은 싸움에 사로잡혀 있다. 그 가족이 여러 날 무릎을 꿇고 잡초를 뽑아낸 덕에 블루그래스(*bluegrass*)가 '완벽하다'. 그러나 자연은 오만하며 방해받지 않는다. 자연은 하늘나라에서 말한다. "여러분의 일에도 불구하고 여러분의 두려움은 곧 현실이 될 것이다."

거주자와 자연 사이의 관계가 전쟁보다는 춤 같을 때 좀 더 균형 잡혀 보인다. 뒤뜰 **정원사**는 자연의 힘을 안내한다. 곧, 그는 자연이 이끄는 것을 받아들이고 자기 나름의 힘으로 대응한다. 그는 스스로 연약한 존재임을 알지만, 여전히 음악을 시작한다. 그의 손질은 특색이 있다. 그는 독자적인 창조자다. 자연은 그에게 감탄하고 그를 꽃들의 주인으로 만들며, "당신이 죽을 때까지 우리는 협력할 것이다"라고 온화하게 말한다.

수풀을 '만든다'. 이제 여러분은 위협에서 가려지고 보호된다. 여러분은 빛이 투과하는 녹색의 나무 천장을 바라보며 감사할 것이다.

대지. 대지 위에서 자연 숲/자연 개척지라는 이항대립의 동적인 상호작용이 일어난다. 물론 대지는 대개 완벽하게 평평하지는 않다. 대지의 특정한 지형 상황에 따라 숲과 개척지의 성격과 특성이 달라질 것이다.

설계 경관공간 유형은 완전히 개방된 자연 개척지와 완전히 폐쇄된 자연 숲을 양극으로 하는 연속체 안의 어딘가에 배치되어야 한다. 대지의 형태는 완전히 개방되고 완전히 닫힌 것 사이의 연속체에 영향을 미친다. 대지는 평평하거나 가파르거나 또는 그 사이에 해당한다. 대지는 오목하거나(내향) 볼록하거나(외향) 또는 그 사이에 해당한다.

사회적 차원. 이제까지 나는 한편으로는 자연경관 원형의 형태적 특성, 다른 한편으로는 대지의 형태적 특성을 기준으로 유형을 배열하는 방식을 논했다. 이것은 유용하지만 아직 인간의 차원이 포함되지 않았다. 인간은 여러 단계에서 자연과 상호작용한다. 가장 직접적인 단계는 몸의 움직임이라는 단계다. 곧, 숲의 나무를 베어 개척지를 만들고, 자연의 혼돈에 질서를 부여하는 것을 말한다. 그러나 환경에 대한 우리의 감각적 관계(배고픔 같은)를 안정시킴으로써 개척지가 '우리를 위한 것'이 되는 것처럼, 인간의 산물인 **가로**(*street*) 또한 '우리를 위한 것'이 된다. 가로는 우리의 자연에 대한 관계를 안정시킨다. 그러나 가로에 표명된 자연과의 관계는 자연을 구성하는 다른 인간들, 달리 말하면, 본질적으로 사회성에 따라 행동하는 다른 피조물과의 관계이다. 이로부터 경관유형이 배열되는 또 하나의 연속체를 생각할 수 있다. 이 막대의 한쪽 끝에는 개척지 같은 **인간 대 자연**의 설계 유형(*human to nature designed type*)이 놓이고, 다른 끝에는 가로와 같은 **인간 대 인간**의 설계 유형(*human to human designed type*)이 놓인다.

대臺, Promontory

대(臺)는 높은 조망지점이 되는 장소이다. 인간이 그런 질서를 부여할 때 대가 된다. 그것에는 인간이 발을 디디기에 적합한 바닥이 있다. 그것에는 인간에 적절한 크기의 실제 벽 또는 가상의 벽이 있다. 대(臺)의 공간에는 바위 · 나무 · 공기로 만든 벽이 있다. 그래서 고정된 경계가 없어도 그 공간의 범위가 촉지된다. 홀로 선 나무와 같이, 대(臺)는 분화되지 않는 바닥 면과 불멸의 하늘 사이를 연결한다.

바닥 면이 한 뼘 융기하여 대(臺)를 받들고 있다. 이렇게 높여진 땅으로 에워싸이지 않은 '망루'(*lookout*)는 성격이 다른 공간이며 대(臺)가 아니다. 우리의 자만을 땅이 묵인해주는 표시가 땅의 에워쌈이라고 생각하며 우리는 에워쌈을 요구한다. 에워싸인 후에야 우리는 자연의 힘 앞에서 경계심을 늦춘다. 대(臺)의 벽으로 보호하고 그것의 창으로 틀을 만들면 무서운 자연은 아름다운 자연이 된다.

대(臺)에서 우리는 인간 이상이고 신 이하다. 우리는 어느 날은 부정(不淨)하다가 다음 날은 고귀해지는 그리스신화의 카스토르(Castor)와 폴룩스(Pollux)[14] 같다. 우리는 올림포스 산의 정상에서 경관을 바라본다. 우리의 가슴은 힘껏 부풀지만 내장은 걱정으로 떨린다. 우리는 자연의 방대함 앞에 작아진 것이다.

고대 그리스의 올림포스 산에서 워싱턴 DC의 국회의사당에 이르기까지 마찬가지다. 대부분의 문화는 대(臺)를 이런 식으로 발견하고, 만들고, 사용하고, 그것에 의미를 부여한다. 대라는 단어의 맥락에서 볼 때, 어떤 '신성한 산'에 사람들이 오르고 그곳에 뚜렷한 대가 있으면, 그 산 자체가 바로 하나의 대다. 대는 그것을 포함하는 신성한 산과 마찬

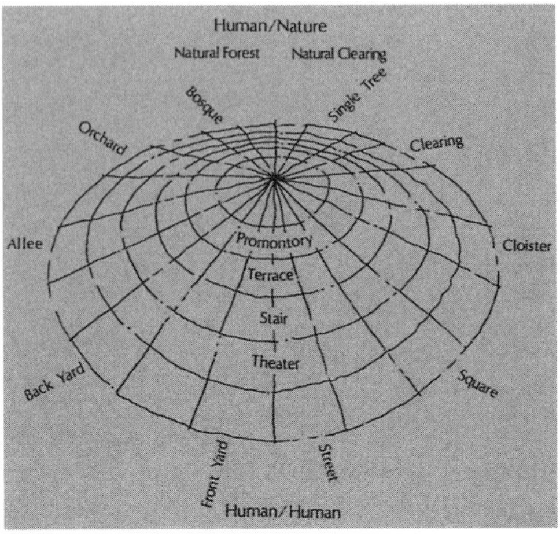

그림 4-10 질서

경관유형과 그 배열. 내가 제안하는 모형의 세 가지 차원은 (1) 개척지와 숲 사이의 연속체, (2) 인간과 자연 관계의 연속체, 그리고 (3) 대지형태(*landform*)의 연속체다. 이 세 가지 차원은 〈그림 4-10〉에서 보는 것처럼 3차원 모형 위에 배열된다. 그 형태는 원뿔형이다.

개척지와 숲 사이의 연속체는 원뿔 바닥의 둘레에 배열된다. 이 연속체는 원뿔의 뒤 가장자리에서 시계방향으로 진행한다. 그것은 자연 개척지와 가장 깊이 연관되는 경관공간 유형에서 시작해 자연 숲과 가장 긴밀히 연관되는 유형에서 끝난다. 이 연속과정에서 우리는 일반적으로 가장 개방적인 경관공간 유형에서 가장 폐쇄적인 경관공간 유형으로 움직인다.

인간과 자연 관계의 연속체는 원뿔의 뒤 가장자리, 같은 지점에서 시작한다. 그러나 여기에서는 두 방향으로 진행한다. 하나의 흐름은 시계 방향으로, 다른 하나는 반 시계방향으로 움직이는데, 두 흐름은 원뿔의 전면 바닥에서 끝나고 하나로 이어진다. 내 생각에 보스케(bosque),[15] 홀로 선 나무, 개척지는 모두 자연의 혼돈으로부터 질서를 만드는 유형들이다. 곧, 그것들은 모두 인간과 자연 관계에 관련된다. 그것들이 원뿔의 뒷바닥에 있는 **인간 대 자연** 부근에 놓인 것은 이 때문이다. 이런 유형들의 반대

가지의 위상을 갖는다. 대부분의 종교와 정부는 대를 중요한 지점으로 여긴다. 즉, 대는 많은 종교와 정부의 중요한 **상징**이다.

대(臺)를 만들고 그곳으로 간다는 것은 우리가 자연에 관심이 있음을 의미한다. 우리는 자연이 알아주기를 바란다. 우리는 우정을 굳게 하려고, 사랑을 잃지 않으려고, 경의를 표하려고, 자연의 산등성이로 올라가는 것이다.

편에는 가로와 앞마당 같은 유형, 곧 본질적으로 사회적 성격에 따라 자연스럽게 행동하는 인간에 주로 관련되는 유형들이 놓인다. 이것들은 원뿔의 앞바닥에 있는 **인간 대 인간** 가까이에 배치되었다. 흐름의 양끝 사이에는 원뿔의 좌측에 위치한 산책로와 우측에 위치한 중정회랑 같은 유형이 있다. 중정회랑과 산책로에는 인간과 자연의 상호작용이 비슷하게 나타나는 것처럼 보인다. 그러나 숲과 개척지의 연속체라는 측면에서 볼 때 그것들은 매우 다르다. 그것들의 공간구조와 폐쇄도가 서로 매우 다르기 때문이다.

대지형태의 연속체는 매우 단순하다. 설계 경관공간의 어떤 유형은 전적으로 대지형태에 관련되는 것 같다. 극장 · 계단 · 테라스 · 대(臺, *promontory*)가 그런 것들이다. 극장은 사실상 인간과 다른 인간의 관계에 전적으로 관련된다. 이 척도의 반대쪽 끝, 원뿔의 정점에 대(臺)가 있다. 대(臺)는 사실상 인간과 자연의 관계에 전적으로 관련되는 것으로 보인다. 인간과 자연 관계의 연속체에서 이 두 극단의 사이에 계단과 테라스가 놓인다.

다음으로 이러한 설계 경관공간 유형학을 이루는 유형의 목록들을 살펴본다. 경관에서 유형은 홀로, 결합된 상태로, 또는 복잡하게 중첩된 상태로 나타날 수 있다. 유형은 전형적인 경관 경험의 골격(*armature*), 좀더 정확히 말하면 미적이고 의미 있는 인공경관에서 일어나는 우리 경험의 골격을 이루는 것으로 생각된다. 홀로 선 나무, 개척지, 중정회랑, 광장, 가로, 앞마당, 뒤뜰, 산책로, 과수원, 보스케, 극장, 계단, 테라스, 대(臺)가 그런 예다.

오랜 숙고 끝에, 다음 네 가지의 기준을 분명히 충족하는 설계 경관공간 유형들을 선정했다. 첫째, 미적인 형태적 이상에 대한 인간의 욕망 그리고 어떤 식의 형태적 이상에도 무관심한 자연의 숭고 사이의 이항대립을 형태로 현현한다. 둘째, 경관에 인간이 개입함으로써 얻어진 산물이다. 셋째, 논리적으로 더 이상 본질적인 공간으로 환원될 수 없다. 넷째, 부단히 표상됨으로써 유형으로서 타당성을 갖는다. 예를 들어, 홀로 선 나무는 그리

그림 4-11 인간이 농장경관에 미적으로 개입함으로써 자연의 숭고한 복합성을 억압할 수는 있어도 그것을 완전히 가릴 수는 없다. 미네소타 주 스코트카운티(Scott County)에 대한 USDA 토양보전사업(Soil Conservation Service) 항공 조사.

스로마 신화에서 오랫동안 삶과 여성의 생식력을 상징했다. 포도밭이나 올리브 숲과 같은 과수원은 유대-그리스도교 전통에서 오랫동안 인간성(*humanity*)을 상징했다.

물론 이러한 기준에 맞지 않는 많은 인공 경관공간 유형이 이 목록에서 배제되었다. 주차장과 주간(州間) 고속도로에는 이항대립이 현현되어 있지 않다. 공원과 정원은 더 기초적인 공간 유형으로 환원될 수 있다. 구장(*ball field*)은 공간이라기보다 기능이다. 곧, 그것은 개척지 안에서 일어나는 기능에 불과하다. 골목은 설계 경관공간 유형인가? 나로서는 확답할 수 없지만 아마 누군가는 그렇다고 대답할 수도 있다. 통로(*path*)는 어떠한가? 역시 설계 경관공간 유형이라고 생각하는 사람도 있을 것이다.

아무리 가정법을 동원해 포장을 해도 유형의 목록을 작성하는 것은 불완전한 것으로 보이면 다행이고 나쁘게 보면 주제 넘는 것으로 보이기 십

상임을 인정한다. 그럼에도 불구하고 나는 이 목록이 가치를 갖는다고 생각한다. 그것은 **초기의** 설계 어휘, 곧 단어에 불과하다. 문장을 쓰는 것은 설계자에게 달려있다. 유형만으로는 결코 충분하지 않다. 설계자는 부지의 특정한 물질적 언어, 부지 역사(과거와 미래)의 설계 언어, 그리고 설계에 수용될 인간 행위의 설계 언어를 이해해야 한다. 따라서 설계자가 유형을 여러 언어들을 결합하는 골격으로 사용한다면, 그 결과는 공간에 쓴 시(*poem in space*)가 될 수 있다.

결론

우리가 경관에서 일상을 보내는 것은 서사(*narrative*) 속에서 일상을 보내는 것과 같다. 이 서사의 절반은 실제고 절반은 고안한 것이다. 실제 부분은 인간이 구성한 것이 아니며, 그것에는 자연 자체의 혼란스럽고 무섭고 굉장히 **숭고한** 물리성이 있다. 이러한 자연은 대부분 보이지 않는다. 고안된 부분은 인간이 살아가며 만든 것인데, 그것에는 우리가 자연을 길들이기 위해 부과한 질서가 있다. 그것에는 잔디밭 · 농장 · 가로, 심지어 고속도로와 쇼핑몰에서 보는 이상적 · 추상적 · **미적** 질서가 있다. 이 부분은 모두 잘 보인다. 너무 잘 보이기 때문에 그것이 억압하는 숭고한 자연을 우리가 직접 경험하는 경우는 거의 없다.

설계 경관공간 유형은 이러한 서사를 이루는 단어다. 서사 자체와 마찬가지로, 그것의 절반은 숭고하고 절반은 미적이다. 또 절반은 실제고 절반은 고안된 것이다. 이러한 언어는 실제로 살아있다. 그 언어의 활력은 난폭한 자연의 숭고한 힘에서 나온다. 인간은 이런 난폭한 자연을 인간의 미적 질서라는 가죽 끈으로 채찍질하고 속박한다.

우리가 마당 · 가로 · 개척지 · 수풀을 조성하고 경험할 때, 이러한 활력있고 미적이고 숭고한 언어의 단어들로 생활의 이야기가 쓰인다. 우리 각자가 이야기를 연출함과 동시에 관람하기 때문에 우리는 서사에 계속 매료

된다. 그러나 우리 세계의 언어가 파괴되면 우리는 속수무책이 된다. 우리가 자연과 소통하는 통로가 닫히고, 다른 사람들과 의사소통하는 통로는 방해받는다.

경관의 설계자는 우리가 함께 하는 세상을 건설하는 데 있어 누구보다 더 많이 공헌한다는 점을 유념해야 한다. 설계자는 설계 경관공간의 공통언어를 자신 **특유의 문장**을 이루는 **전형적 단어**로 생각하고 그것을 사용해야 한다. 이렇게 하면 우리가 자연과 소통하는 통로는 열리게 된다. 그리고 자연과 마음 사이, 미와 숭고 사이, 정자(*arbor*)와 덩굴 사이의 대립의 춤(*dance of oppositions*)은 계속될 것이다.

역자 주

1) 이 장에서 '인상'과 '표현'은 서로 대응하는 용어로 사용되고 있다. 필자는 이 용어들을 철학·미학·심리학 등의 분야에서 일반적으로 사용되는 의미로 사용하고 있는데, 이를 좀더 살펴보기로 한다.

'인상'은 자극에 의하여 생체에 각인된 상(像)을 말한다. 심리학에서 인상은 좁은 의미로는 감각, 넓은 의미로는 감정을 포함하는 '느낌'과 동일한 의미로 사용된다. 철학에서는 흄(D. Hume)의 인식론에서 인상은 가장 중요한 개념으로 등장한다. 흄은 인간의 마음속에 떠오르고 마음의 활동의 대상이 되는 것을 지각(*perception*)이라 했는데, 지각은 인상과 관념으로 나뉜다고 보았다. 인상이란 말하자면 난롯불을 쬘 때의 좋은 기분과 같은 것이며, 관념은 기억에 의해 회상될 때의 좋은 기분과 같다. 흄에 의하면 이러한 구별은 인간의 마음에 작용하는 힘과 강도의 차이에 따른다고 한다. 즉, 인상이란 강렬한 힘을 갖는 지각으로서, "처음으로 인간의 마음속에 나타났을 때의 감각·정념·정서"다. 이에 비해 관념은 비교적 약한 힘을 갖는 지각으로서, 사고나 추리에서 마음의 대상이 된다.

'표현'이란 일반적으로 사물이나 정신의 내적인 본질이 객관화되어 밖으로 나타나는 것을 말한다. 철학사에서는 플라톤이 현실의 개체는 원형인 이데아를 모방하는 모상이고, 이데아를 표현한다고 설명했다. 딜타이(W. Dilthey)는 언어·예술·제도 등 일체의 문화를 생의 직접 체험의 역사적 객관화, 즉 표현으로 파악하여 이것을 통하여 체험 → 표현 → 이해의 관련을 그 해석학의 기초에 두었다. 우리가 체험한 것은 표현되며, 이해할 대상도 모두 체험된 표현들이라고 보았다. 후설(E. Husserl)은 의미적 작용은 표현을 통해 논리의 영역에 들어온다고 하며, 이로부터 현상학을 개진했다. 미학의 영역에서는 크로체(B. Croce)가, 예술은 순수한 창조적 직관의 표현이라는 입장에서 미학을 표현학(表現學)으로 체계화했다. 일반적으로 미학 사상의 기초를 이루는 사고방식에는 이와 같이 예술은 예술가의 주관적 정서나 관념을 표출하는 것이라고 보는 표현론이 있는데, 이는 리얼리즘의 입장과 대립한다(《철학대사전》, 동녘, 1989; 《철학사전》, 청사, 1998; 《우리말철학사전 1》, 지식산업사, 2001).

2) 메를로퐁티(1908~1961)는 프랑스의 철학자다. 후설에게 많은 영향을 받았지만, 신체행위와 지각에 대한 자신의 이론을 바탕으로 독자적인 현상학적 철학을 전개하였다. 저서에 《지각(知覺)의 현상학》(1945), 《눈과 정신》 등이 있다.

나선형 방파제

3) 로버트 스미스슨(1938~1973)은 대지 미술로 널리 알려진 미국의 예술가이자 비평가다. 주요 작품으로 〈아스팔트 런다운〉(*Asphalt Rundown*, 이탈리아 로마, 1969), 〈글루 푸어〉(*Glue Pour*, 캐나다 밴쿠버, 1969), 〈나선형 방파제〉(*Spiral Jetty*, 미국 솔트레이크시티, 1970), 〈부서진 원〉(*Broken Circle*, 네덜란드 엠멘, 1971), 〈나선형 언덕〉(*Spiral Hill*, 네덜란드 엠멘, 1971) 등이 있다. 대표작인 〈나선형 방파제〉는 미국 유타 주 솔트레이크시티의 그레이트솔트 호에 설치한 것으로, 나선의 폭 4.6미터, 직경 48.8미터, 길이 457미터에 달하는 대작이다.

스미스슨은 화랑이나 미술관 같은 제도적 기관을 '문화적 감옥'이라고 표현했다. 예술가들은 그러한 기제에 대해 주도권을 쥐고 있다고 착각하지만 실상은 그 기제들이 그들을 장악하고 있다는 것이다. 작가가 화랑이나 미술관에 작품을 전시하는 일은 화랑과 미술관의 문화에 복종하는 것이며 나아가 자신의 통제력 밖에 있는 문화적 감옥을 지지하는 셈이라고 강조했다. 그는 더 이상 모더니즘론에 억압받지 않고 자연으로, 선사시대로 눈을 돌려 스톤헨지나 돌무덤을 찾아다녔으며 자연사박물관을 방문하고 지구과학 서적을 읽었다. 이렇게 해서 그가 얻은 결론은 '있는 그대로의 자연'으로 돌아가야 한다는 것이었다. 그래서 그는 퇴적지, 폐광, 사막, 오염된 강 등을 찾아다녔고, 현장에서 아스팔트나 진흙 혹은 끈끈한 용액을 경사면에 부어서 재료에 따른 속도를 살펴보기도 했다(사진 자료: http://en.wikipedia.org).

4) 이런 맥락에서 'dialectic'을 '변증법'이 아니라 '이항대립'으로 번역했다.

5) 조지 이네스(1825~1894)는 미국의 풍경화가로, 뉴욕 뉴버그(Newburgh)에서 태어나 스코틀랜드에서 죽었다. 허드슨강파, 바르비종파의 화가인 그는 심령주의적인 임마누엘 스베덴보리(Emanuel Swedenborg)의 신학에 영향을 받아 성숙기에는 생동감 넘치는 작품을 그렸다. 그는 색조주의 운동의 특징이 된 작품들로 잘 알려져 있다.

6) 픽처레스크는 18세기와 19세기 초의 예술개념이자 양식이다. 그것은 건축과 조경에서 서로를 회화적으로 결합하는 것을 특징으로 한다. 영국에서 픽처레스크는 시골풍경 같은 분위기, 곧 다양성, 불규칙성, 비대칭성, 그리고 흥미로운 텍스추어를 갖는 미학적 특징으로 정의되었다. 예를 들어, 자연 경관 속에 있는 중세의 폐허가 픽처레스크로 생각되었다. 내시(J. Nash, 1752~1835)는 〈레전트공원 테라스〉(Regent's Park Terraces) 등 이 개념을 구현한 모범적인 작품들을 남겼다.
7) 뉴욕 센트럴 파크(Central Park)의 설계자로 유명한 프레드릭 로 옴스테드(1822~1903)는 근대 조경의 선구자로 불린다.
8) 렌슬롯 브라운(1715~1783). 영국의 조경가. 케이퍼빌리티 브라운은 그의 별칭이다.
9) 윌리엄 길핀은 픽처레스크 이론을 정립했으며, 유브데일 프라이스는 그것을 구체적인 정원조영 이론으로 발전시켰다. 프라이스는 풍경식 정원(*landscape garden*)의 미적 효과를 픽처레스크라 했으며, 그것을 에드먼드 버크가 논한 '숭고'와 '미'에 대응하는 제 3의 미학으로 제시했다.
10) 블랙스톤(William Blackstone, 1723~1780)은 영국의 법학자다. 그가 쓴 《영법석의》(英法釋義, *Commentaries on the Laws of England*)는 산업혁명 이전까지의 영국법 전반을 체계화하고 해설한 것인데, 이로 인해서 영국법학의 학문성이 높아졌고 독립전쟁을 전후해 미국법의 발달에 커다란 영향을 주었다.
11) 홀로 선 나무는 인간의 질서와 자연의 혼돈을 함께 갖고 있다는 의미다. 그것은 인간이 심고 가꾼 식물로서 질서가 있지만 자연요소이므로 기본적으로 형태적 이상(여기서는 리듬으로 표현됨)에 무관심하다.
12) 르네 뒤보(1901~1982)는 의학적 생태학의 제창자다. 프랑스 출생으로, 후에 미국으로 귀화해 록펠러연구소의 의학교수로 재직했다. 주요 저서로 《환경과 인간》(*Man Adapting*, 1965), 《인간이기 때문에》(*So Human an Animal*, 1968), 《눈뜨는 이성》(*Reason Awake: Science for Man*, 1970) 등이 있다.
13) 조지 프레이저(1854~1941)는 영국의 민속학자로, 민족학과 고전문학의 자료를 비교 정리해 주술과 종교의 기원과 진화의 과정을 논했다. 저서로 《황금가지》(*The Golden Bough* 12권, 1890~1915), 《토테미즘과 외혼성(外婚性)》 등이 있다.
14) 카스토르는 그리스로마신화에 나오는 영웅으로, 제우스와 레다 사이에서 태어난 아들이다. 그는 폴룩스(그리스신화에서는 폴리데우케스)와 쌍둥이 형제다. 이 쌍둥이 형제는 숙부 레우키포스의 딸들을 사랑하는데, 이 자매는 사촌인 이다스와 린케우스의 약혼녀다. 이들 네 남자는 서로 싸우다가 불사(不

死)의 몸인 폴룩스를 제외하고 모두 죽는다. 폴룩스는 카스트로 없이 혼자 살 수 없다고 제우스에게 죽음을 간청하고, 형제의 우애에 감동한 제우스는 이들을 반신(半神)으로 삼아 지옥과 올림포스를 하루씩 번갈아 오가게 한다. 그리고 쌍둥이자리의 별로 만든다.

15) 보스케는 숲이라는 뜻의 스페인어로, 특히 미국 남서부에서 하천의 범람원에 조성된 숲을 말한다. 이 글에서는 자연 숲(*forest*)의 대칭어로서 인공 숲을 지칭하는 용어로 사용되었다.

제2부

유형의 정착

FIXING TYPES

미국 중서부의 농장유형: 정부 정책의 반영

헤말라타 단데카 Hemalata C. Dandekar

미국의 중서부와 초원 지역에서 발전한 웅장한 농장 건축에 건축가들은 매력을 느낀다. 지역의 토속적인 농장경관에 기원을 둔 프로젝트들이 최근 건축잡지들에서 특집으로 다루어지고 있다. 대형 헛간(*barn*)과 사일로(*silo*)에서 '지역'(*regional*) 건축의 본질적 요소로 여겨지는 형태를 볼 수 있다.* 수재너 토르(Susana Torre)는 미시간대학 건축·도시계획대학에서 진행하고 있는 파이어스테이션 파이브(Firestation Five) 프로젝트를 설명하면서 인디애나지역의 콜럼버스(Columbus)에 있는 농장의 이미지를 보여주었다. 그리고 그 지역에서 농장 건물들이 가장 중요한 건축을 이룬다고 말했다(Torre 1988).** 1960년대 초, 외국의 건축과 학생으로 미국

* 예를 들어, 미시간에서 자라고 미시간대학에서 교육받은 찰스 무어(Charles Moore)는 중서부의 전원적 형태를 특별히 각색해 오하이오 주 톨레도(Toledo) 근처에 트리노바(TRINOVA) 본사를 설계했다(Bleznick 1991). 미니애폴리스에 기반을 둔 스톤(Stone)과 셔플레드(Scherfleth)가 미시간 그라프샤프(Graafschap)에 설계한 허먼 밀러(Herman Miller) 디자인센터, 그리고 피터 랜던 어소시에이츠(Peter Landon Associates)의 작품들도 참조할 것(Keegan 1989).

** 위스콘신 주의 워싱턴 아일랜드(Washington Island)에 부모의 주택을 설계한 프리데릭 필립스(Frederick Philips)는, 현대 프로젝트의 영감을 농장의 토속

그림 5-1 찰스 무어(Charles Moore)는 중서부 전원의 형태를 번안해 트리노바(TRINOVA) 본사에 적용했다.
자료: Gary Quesada /Korad Ltd.

의 중서부를 처음 방문한 나는 뜻밖에, 미국에서 공부하려 했던 라이트와 미스의 건축만큼이나 중서부의 대형 헛간, 사일로, 농가주택에 관심이 갔다. 이들 미국 농장 건물군의 '유기적인' 배치는 미학적으로 기분 좋은 것이었다. 그것은 곡창지대 평원에 있는 농장의 방대한 부지에 뚝뚝 떨어져 있거나 목장과 다양한 생산농장의 작은 부지에 가까이 모여 있었다. 전통적인 농업 구조물은 꼭 맞는 느낌, 아름답고 인상 깊은 지형에 소속되고 안착된 느낌을 발산했다.

1980년대에 중서부 헛간에 대해 체계적인 조사에 착수한 후 오랜 시간이 지나서야 나는 미국의 농장클러스터들에 나타난 유형의 발전이 북미 특유의 것임을 깨닫기 시작했다.* 중서부와 초원지역의 광활한 경관에서, 높

건축에서 얻는 또 한 사람의 건축가다(Davidson 1990).

* 미시간 농장과 그 건물에 대한 나의 초기연구 중 일부는 미시간 의회의 인문학 소연구비(Mini-Grant 1986)와 정규 연구비(Regular Grant 1988), 그리고 미시간에 있는 대형 헛간의 보존에 관한 미시간 역사사무국(Michigan Bureau of

이 솟은 19세기 말 박공이나 2단 맞배지붕의 사면 헛간(*bank barn*),[1] 빨간색을 칠한 도발적인 증축건물 등은 종종 작은 부속건물과 높은 사일로로 둘러싸여 있었다. 이런 수직적인 사일로 기술의 최고점인 하베스토어 사일로(*Harvestore silo*)는 여름 태양 아래서 장대하고 믿기지 않는 금속성의 푸른색을 발하며, 근대성과 과학을 말해주고 있었다. 전통적이고 과학적인 구조물들은 기계화된 새로운 기업농장의 금속마감을 한 낮은 현대적 창

그림 5-2 미시간 주 앨리건(Allegan) 카운티의 농가주택과 대형 헛간. 사진: 필자

그림 5-3 신·구 구조물이 조화롭게 공존하고 있다. 미시간 주 워시테노(Washtenaw) 카운티, 워터스 로드(Waters Road)에 있는 목장. 사진: 필자.

History) 프로젝트의 1단계(1988~89)와 2단계(1991~92)의 지원을 받았다.

고들과 때로 조화롭게, 때로는 어색하게 병치되었다. 세계 대부분의 농촌 지역에서, 특히 전통적 농업을 하는 지역에서 농장과 그 건물의 모습은 변하지 않는 듯하다. 이와 대조적으로, 농업생산이 여전히 경제의 중요한 부분을 차지하는 미국의 중서부 등지에서는 농촌경관의 구성과 농업 구조물이 역동적으로 발전하고 있다.

미국 농장의 물리적 배열, 그곳에 있는 건물들의 형상, 그리고 농지의 패턴과 분할은 농장기업에 대한 내·외부의 압력에 의해서 변형되어 왔다. 농업시스템의 역사적 변화는 때로 전형적인 농장의 개별 농업건물 그리고 농장의 전체 배치와 구성의 물리적 형태에 극적인 변화를 초래했다. 미국 중서부 농장의 발전에 대한 조사를 통해, 정부정책이 이러한 변화에 영향을 미치는 중요한 여러 방식들이 드러났다. 정부는 토지소유권, 운송수단, 그리고 농업시장에 영향을 미쳤다. 정부의 지원으로 농업에 영향을 주는 농업관련 교육이 장려되었다. 기술을 발전시키고 가져오고 농민에게 새로운 기술 교육을 한 것은 정부였다. 기술적 변화는 농장을 형성하는 데 직접적인 영향을 끼쳤다. 다른 사회·경제 분야에서의 정부정책은 신용대부, 지원서비스, 그리고 종자와 비료 등의 원료 같은 다양한 농업생산 요인의 비용에 영향을 미쳤다. 이는 다시 농민들의 생산물과 건물에 영향을 미쳐 농촌사회의 미학적·시각적·물리적 특징을 초래했다. 그러나 농촌의 건물형태를 분석할 때 이런 적극적인 정부의 역할은 너무 소홀히 다루어져 왔다.

미국 농장건물의 유형 분석

다양한 학문의 시각에서 접근한 여러 연구들에서 농가주택과 대형 헛간을 포함한 미국 농장건물의 유형학이 논의되었다. 농가주택(McAlester and McAlester 1984; McLennan 1987)이나 헛간(Tishler 1986; Tishler and Witmer 1986) 같은 개별적 건축단위의 차원에서는 평면·배치·시공상세 · 재료, 그리고 전반적인 형태와 장식의 양식에 초점을 맞추어 유형을 분석했다. 단데카 · 다바스 · 맥도날드(Dandekar, Darvas, and MacDonald 1992)는 구조와 골조의 특징에 대한 분석을 바탕으로 중서부 헛간의 유형학, 그리고 내부공간의 건축적 성격을 밝혔다. 허브카(Hubka 1984)는 뉴잉글랜드 농민 생활의 변화를 농장건물의 형태와 배치의 변화에 관련지어, 뉴잉글랜드 농장에서 농민의 실제적 요구를 충족하기 위해 건물을 변경하고 재배치하는 방식을 기술한다. 그는 환경 · 경제 · 문화에 의해 형성된 건물의 특징을 분류했다. 또한 설계자 역할을 하는 농민들의 개별적인 선택의 결과 발달한 특징들에 대해서도 지적했다.

노블(Noble 1984)은 북미 농장건물의 지역적 다양성, 변화, 그리고 본질적인 발전을 국가적 차원에서 기술했다. 노블의 책은 대형 헛간의 발전을 물질적 시각과 문화지리학자의 시각에서 개괄하는 데 크게 기여했다. 비슷한 맥락에서 노블과 세이모어(Noble and Seymore 1982)는 미국 북동부에 있는 헛간의 유형학을 헛간 구조물의 시각적 형태와 공간구성 요소에 바탕을 두고 서술했다. 그들은 대형 헛간의 외부 형태와 피막, 레벨의 수와 높이, 지붕선과 내부의 공간구성을 고려했다. 또한 민족학적 선례를 농장 형태를 설명하는 변수로 제시했다.* 그러나 단데카와 스쿠프(Dandekar and Schoof 1988)는 미시건 농장의 유형학 연구에서, 초기 미국 헛간 유형의 구성에 미친 민족의 영향이 후대에 와서 미국식의 경제적 · 기술적 · 기능적 합리성에 바탕을 둔 설계로 대체되었다고 가정한다.

단데카와 스쿠프는 농장클러스터를 분석의 단위로 하여 미시건의 농장을 다섯 개의 유형으로 분류한다. 요소단위의 배치 · 윤곽 · 구성이라는 물리적 속성으로 유형을 구분한 것이다. 이 유형들은 지역시장에 생산물을

* 노블과 세이모어(Noble and Seymore 1982)는 기본적으로 영국 · 독일 · 네덜란드 등 기본적으로 세 민족의 영향을 논한다. 그들은 지역적 차원의 분석을 통해 세 가지 기초적인 헛간 유형과 그 변형의 분포를 농장사회의 주요 민족들과 관련시킨다. 또한 미국 북동부에서 헛간 설계의 아이디어와 선택이 어떻게 확산되었는지 논한다.

판매하는 농장부터 외국시장이나 국제시장에 판매하는 농장까지 그 범위가 넓다. 〈그림 5-4〉에서 볼 수 있듯이 (1) 농장의 생산물이 판매되는 시장의 지리적 범위, (2) 생산된 농업상품과 농장기업의 구조, (3) 생산의 양식과 기계화의 정도, 그리고 (4) 건설기술의 변화에서 유형을 도출했다. 이 유형학의 시간적 범위는 물리적 구조물이 지속적으로 변형된 약 150년간이다. 이 유형들은 대상으로 하는 시장의 이름을 따서 자급(*subsistence*)·지역(*regional*)·국가(*national*)·국제(*international*)·기업(*corporate*) 농장이라고 불렀다. 그러나 어떤 하나의 농장이 하나의 '순수한' 유형에만 해당되는 경우는 거의 없다. 왜냐하면 수확물이 다양하게 변경·추가·결합됨에 따라 구조물이 계속 변경되었기 때문이다. 어떤 시기에 농장은 하나의 시장에 한정되어 초기의 생산패턴이 형성되나 그것이 계속 성장해 후속 유형과 공존하기도 한다. 형태를 용도와 연결해 파악하고 건물형태의 변화를 기능이나 기술의 변화에 관련시킴으로써, 이 유형학은 농장 발전을 이해하는 데 유용한 방법이다. 그러나 연방·주·지방 차원에서 정부의 작용이 용도 자체를 형성하는 방식을 보여주는 데는 거의 도움이 되지 않는다. 사실상 농장에 관한 많은 연구에서 물리적 형태의 변화와 정부정책의 변화 사이의 연관성은 무시되거나 경시되었다. 그래서 형태의 발전을 정부의 특정한 작용에 관련지은 경우는 드물다. 따라서 이 글에서는 중서부 농장을 실례로 그런 연관성을 탐구하고자 한다.

전통적 농업을 하는 국가들을 비롯한 많은 국가는 20세기 북미 농업의 과학화를 만성적인 국제적 식량부족을 해결하기 위해 모방할 가치가 있는 패러다임으로 받아들였다. 국제사회에서 미국은 세계에서 가장 개방적이고 자유주의적인 경제체제를 가졌다고 인정된다. 그러나 역사를 피상적으로만 고찰해 보아도, 미국에서 농장과 농업의 형태가 개척자의 자급농업에서 현재의 기업농장에서 보는 하이테크한 기계화·전산화 농산업으로 바뀐 것은 자유시장만이 아니라 정부의 개입에 크게 영향 받았음을 알 수 있다. 자유기업에 관한 국가의 수사적 표현에서는 무시되지만 미국 농업에 관한 문헌에서는 미국 농업을 형성한 정부의 역할이 일반적으로 인정되고 있다(Rasmussen 1960; Cochrane 1979). 실제로 코크런은 미국 정부가 넓고 포괄적인 범주에서 적극적으로 영향을 주었음을 지적하며 "정부가 농업 발전의 거의 모든 측면에 개입해 왔다"라고 단언한다(Cochrane 1979, 227).

이 논문에서는 이런 정부의 정책과 작용 중에서 가장 중요한 세 부류를 다루고자 한다. 첫 번째 부류는 전반적 정주패턴과 건물형태의 구성에 영향을 끼친 정책이다. 이들 정책은 여러 면에서 토지소유권, 토지 정착, 그리고 운송에 영향을 미쳐 오늘날까지 미국 경관에 영향을 주고 있다. 두 번째 부류는 1950년대와 1960년대 미국 농업을 그토록 유명하게 만든, 근

그림 5-4 단데카와 스쿠프가 제시한 헛간의 유형학. 이 유형학에서 농장 형태의 발전은 시장, 그리고 농업 및 건설기술의 변화와 관련되어 있다. 자료: Dandekar and Schoof 1988, 62

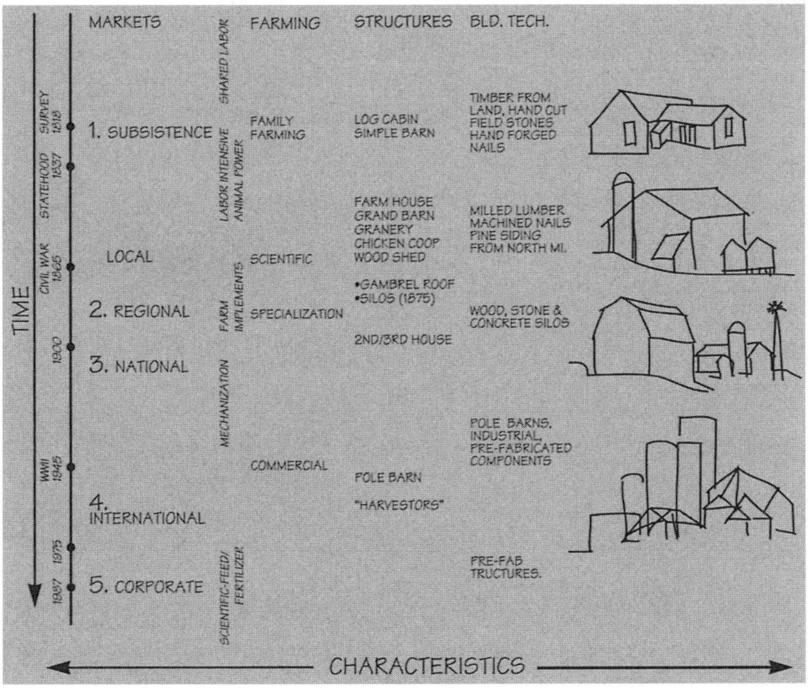

대 과학기반 농업을 양성한 농업교육 관련 정책이다. 랜드그랜트칼리지(land grant college)[2]와 미국 농업진흥청(agricutural extension service)과 같은 공공기관이 이런 과학적인 농업을 장려했으며, 그것을 촉진하기 위한 물리적 구조물을 구축하는 데 큰 영향을 미쳤다.

세 번째 부류는 미국 농장의 규모, 생산고, 그리고 생산 혼합에 중요한 영향을 준 가격 보조, 생산 상한제, 신용대부, 곡물 보관에 관한 최근의 정부정책들이다. 이들 정책은 농민들이 지불해야 하는 재료와 원료 가격, 그리고 지역시장과 외국시장 등 다양한 시장에 판매하여 얻는 이윤에 영향을 미쳤다. 그것들은 토지이용 방식, 재배 작물, 그리고 이런 경작을 지원하는 기술에 관한 미국 농민들의 선택에 간접적으로, 때로는 매우 직접적으로 영향을 미쳤다. 이런 선택은 농민이 수확물과 경작 기계를 보관하기 위해 짓는 건물의 구성에 영향을 미쳤다.

중서부에서 정부정책과 농장 형태 사이의 상호연관성을 조사함으로써, 북미의 농촌에 있는 농장의 유형학을 밝힐 수 있다. 그리고 농촌경관의 공간패턴에 기호화되어 있는 정보를 파악하는 데 도움이 된다. 농장유형에 대한 분석에서, 나는 특정 농장건물 형태학의 범위를 넘는 요소들을 고려했다. 농장건물의 규모 · 기능 · 공간구성, 토지분할 패턴, 건설과 농업기술, 그리고 사용된 재료의 성격과 특징이 그런 요소에 포함된다. 이 글에서 나는 농업 발전을 위한 정부의 개입 중 농장형태에 매우 중요한 것들을 선별했다. 그것들로부터 미국에서 국가 · 주 · 지방 차원의 정책이 농장활동을 돕고, 그럼으로써 미국 농장의 면모를 형성한 방식을 볼 수 있었다. 이 연구를 통해 정부정책이 미국의 경관에서 건물유형의 발전에 끼친 영향을 매우 실체적이고 공간적으로 밝히고자 한다. 사회적 · 경제적 구조가 건물유형의 발전에 중심적 역할을 한다는 주장을 실증하려는 것이다. 더불어 건물형태를 형성하는 우선적인 원리인 기술적 · 경제적 합리성이 정부의 작용에 의해 형성됨을 보여주고자 한다.

1단계: 초기 이주시기

미국 역사에서 초기 식민지배에 이어 나타난 초기의 이주 및 확장 시기에 정부정책은 토지분할과 그에 따른 농장 구성에 막대한 영향을 주기 시작한다. 스페인인 · 프랑스인 · 네덜란드인 · 영국인 등 북미에 온 초기의 유럽 이주자들은 나름의 토지분할 방식을 가지고 있었다. 하트(Hart 1975)는 이런 초기 식민 개척자들이 다양한 토지조사체계를 사용한 결과 나타난 다양한 토지분할 패턴을 논한다.

그림 5-5 미국의 몇몇 지역에서 나타난 토지 분할. 이 다이어그램에는 토지 조사와 분할에 대한 건국 전의 식민적 접근방법, 그리고 건국 이후의 탈식민적 접근방법에서 생긴 다양한 토지분할 패턴이 나타나 있다. 출처: Hart 1975, 50

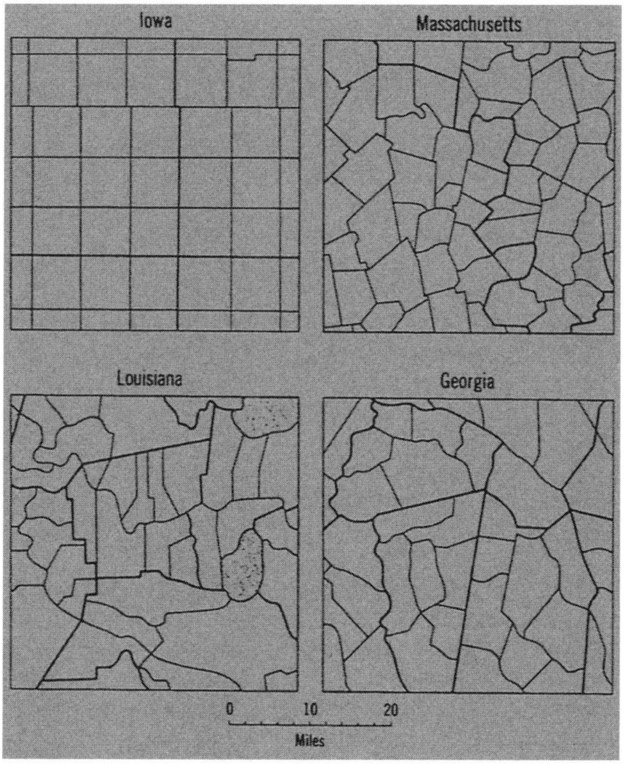

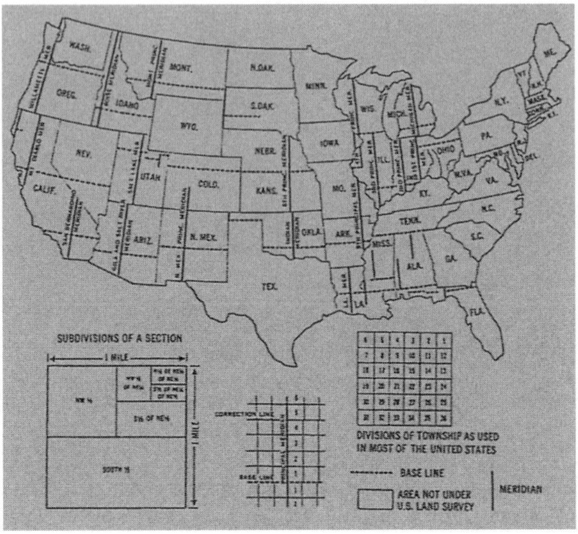

그림 5-6 정부의 토지조사에 의한 미국의 토지 분할. 출처: Cochrane 1979, 43. 미네소타대학 출판사 자료

북동부에서 영국의 지배가 강화됨에 따라서, 뉴잉글랜드에서는 집촌(集村)과 그 주위의 분산된 필지로 이루어진 토지배분 패턴이 발전했다. 개별 농민들은 토양의 품질과 지형이 서로 다른 수많은 필지의 토지소유권을 가졌다. 이런 토양 유형과 토지 구성의 혼합으로 인해 농민은 다양한 작물을 혼합해 재배할 수 있었다. 그럼으로써 농가는 한두 작물의 생산에서 생긴 손실을 보전하고 자급생활을 할 수 있었다. 마을에 집들이 모여 군집을 이루었고, 따라서 도덕적이고 검소하며 통일된 규약을 시행할 수 있었다. 물질의 축적만을 추구하는 것에 대한 영국과 뉴잉글랜드 사람들의 저항감에 영향을 받아 주변 토지는 신중히 사용되었다(Hart 1975). 미국독립혁명은 토지소유권에 큰 변화를 가져와서 영국의 지배 아래서 통용된 봉건적 토지법은 다른 법으로 대체되었다(Cochrane 1979). 건국 시의 13개 주가 채택한 토지정책은 주마다 강조점이 다르지만 자유보유 토지권(*free-hold land tenure system*)의 확립을 가져왔다. 1853년까지 서부로 영

토가 확장됨에 따라 19억 에이커에 달하는 국토를 가진 국가가 탄생했는데, 국토의 약 3분의 2는 공공영역에 속했다. 처음에는 새로운 정부를 위한 자금을 조달하기 위해 토지를 비교적 큰 단위로 처분하려는 정책입안자의 견해가 우세했다. 이로부터 토지에 대한 투기가 일었으나 재정적으로 실패한 경우가 많았다. 초기의 토지 투기꾼들은 소규모의 이주자들로부터 이익을 얻고자 했으나 그들은 돈이 없었기 때문이다. 채무불이행이 횡행했고, 이에 따라 정부는 공공토지 매각의 한계를 규제할 법률을 서서히 완화했다.

1785년의 토지조사 조례

의회는 1785년의 조례에서 공공토지의 매각과 배분이 용이하도록 공공영역에 대한 토지조사를 승인했다(Cochrane 1979). 정부 조사자들은 미정착 토지에 '기준선'(*baseline*)이라 불린 동서 수평선과 '자오선'(*meridian*)이라 불린 남북선을 정하는 임무를 수행했다. 이들 선으로부터 36개의 섹션(*section*)으로 이루어진 타운십(*township*)[3]이 구성되었다. 토지는 개인에게 640에이커의 최소 필지단위로, 공공경매에서 에이커당 1달러 이상의 현금 가격에 판매하도록 되어 있었다. 타운십마다 하나의 섹션은 공립학교를 지원하기 위해 남겨두었다.

여러 이유로 인해 공공토지는 느리게 처분되었다. 그중 가장 큰 이유는 초기 이주자들이 640달러를 투자할 수 없었기 때문이다. 또다시 서부에서 토지 투기가 만연했다. 이것을 해소하기 위한 노력으로, 1820년의 토지법은 개인이 살 수 있는 최소 면적을 80에이커로 축소했다. 코크런이 지적하듯, 이 법과 그것의 집행에는 많은 단점이 있었지만, 그것으로 인해 많은 사람들이 토지를 소유하게 되었다. 그는 "땅을 경작한 사람들에게 그렇게 토지를 대량 분배한 것은 세계 역사에 유래가 없다"라고 지적한다(Cochrane 1979, 57).

몇몇 지역의 의회는 공공토지를 이주자에게 무료로 배분하라는 압력을 받았다. 그런 압력을 가한 사람들 중에는 도시 공장노동자들의 경제적 궁핍을 완화하려 했던 개혁가들이 있었다. 그러나 1852년에 이런 목적으로 도입하려던 법은 통과되지 못했다. 1860년에 의회에서 통과된 자영농지법(Homestead Act)[4]은 남부의 농원 농민들을 비롯한 여러 압력단체의 압박을 받은 뷰케넌(Buchanan) 대통령이 거부했다. 그러나 1862년 5월 20일 남부가 폭동을 일으키는 가운데 이 자영농지법이 제정되었다. 그것에 따라 어떤 사람도 미국에서 일정한 시민권의 조건을 충족하거나 시민권을 획득하려는 의지가 있으면 160에이커의 미개척 공공토지를 신청할 수 있게 되었다. 토지에서 5년간 거주하여 시민이 되고 적은 가격(초기에는 단지 10달러)을 내면 소유권을 얻었다. 당초의 법은, 토지에서 5년간 거주하는 것을 원치 않는 사람들의 경우 그곳에서 6개월 동안 살고 그곳을 다소 개량하면 토지를 1에이커당 1달러 25센트에 사는 것을 허용했다.

조사체계와 이런 토지구매 규정들은 토지분할의 격자체계가 미대륙의 지배적인 패턴이 되는 데 영향을 주었다. 그것으로 인해 독특한 미국의 경관, 퀼트같이 규칙적이고 네모난 패턴의 토지소유권이 형성되었다. 덧붙여서, 개인에게 자유보유권을 주는 토지소유권의 철학, 그리고 토지를 분할하고 이런 철학을 시행하기 위해 도입한 기술적 조사체계는 자작농과 농장가족이라는 독특한 미국의 전통을 확립하는 데 기여했다. 농장가족들은 서로 격리되어 규칙적인 패턴으로 분산된 자신의 토지에 거주했다. 이렇게 서로 격리됨에 따라 각 농장가족은 자급생활을 위해 곡물창고, 훈제실, 상수도, 그리고 후에는 풍차, 우유보존실, 소규모 축산을 위한 울타리 등이 필요해졌다. 그리고 각 농장은 자급농업을 해야 했다. 농장 사이의 거리가 멀기 때문에, 농장은 자체적으로 폭풍우로부터 보호하고 난방과 피난을 위해 적절한 방풍·담장·식림지(植林地, *woodlot*) 체계를 갖추어야 했다. 분할된 토지의 크기는 각 가족이 과수를 심고 부엌 뜰을 조성해 일상의 식량을 조달하기에 충분했다. 이는 뉴잉글랜드나 유럽에서 조상이 살던 집촌과는 매우 다른 정주지 구성이자 토지패턴이었다. 이런 전개 양상은 미국에서 토지라는 필수재에 관한 정부의 작용이 매우 거대한 규모로 경관에 각인되어 독특한 패턴, 곧 유형을 만들어냈음을 보여주는 아주 분명한 사례다. 이 유형은 오늘날까지 중서부의 경관에 유지되고 있다.

미국에서 초기 이주자들은 토지의 특성을 과학적으로 평가해 그것을 바탕으로 토지를 선택하는 경우가 많았다. 북미의 초기 이주자들은 땅의 식생이 그곳에서 식물들이 어떻게 자랄 수 있는지를 알려주는 훌륭한 지표임을 잘 인식하고 있었다고 하트(Hart 1975)는 지적한다. 19세기부터 편람에는 토양 품질의 지표로서 다양한 활엽수종의 의미가 설명되어 있었다. 나무가 없는 지역은 거주가 곤란하기 때문에 이주자들은 처음에 초원을

그림 5-7 농장이 성장하고 증축되었지만 퀼트 같은 패턴은 지속되고 있다. 미시간 주 앤아버(Ann Arbor) 서쪽 농장의 항공사진. 사진: 케니스 베어드(Kenneth Baird)

피했다. 주택·헛간·담장을 만들고 불을 때는 데 나무가 필요했기 때문이다. 이런 합리적이고 과학적인 토지 선택의 접근방법은 경작과 거주의 다른 측면으로 확대되어 농업이 합리적이고 과학적인 특징을 갖게 되었다. 미국의 이주 농민들은 과거 고향의 토지에 구조물을 지었던 관습과 전통을 신속히 버리고 매우 '미국적인' 농장을 건설하기 시작했다. 이때 그들은 지역의 자원, 그중 가장 중요한 토지 자체와 식생·물·지형의 제한과 이용가능성을 고려했다. 더불어 그들은 법과 정책에 따라 조성된 주변 지역의 어메니티(*amenity*)[5]를 중시했다. 그것은 서비스·생산물·재료의 이용가능성과 가격에 영향을 주었기 때문이다.

미시간: 예시 사례

대규모의 정부조사와 공공토지의 처분이 이루어진 시기에 조성된 미시간의 초기 마을과 토지 패턴에서, 정부정책이 초기 정착의 속도와 양상에 미친 영향을 볼 수 있다. 1815년 미시간 주에서 조사가 시작되었고, 토지 사무소가 디트로이트에 문을 연 1818년까지는 잘 진척되었다. 1825년 개통된 이리 운하(Erie Canal)는 이주자들이 미시간으로 유입하는 데 도움이 되었다. 1831년, 천만 에이커에 대한 조사가 완료되어 공공이 토지를 매각하는 것이 용이해졌다. 1836년 4백만 에이커 이상을 매각하면서 정부는 토지 붐을 일으켰다.

북서부 조례(Northwest Ordinance)에 명문화되었듯이, 미시간의 토지는 타운십(*township*)이라 불리는 사방 6마일, 면적 36평방마일의 필지로 분할되었다. 각각의 타운십은 가로·세로 6개의 격자로 나뉘어져서 섹션(*section*)이라 불린 36개의 사방 1마일 필지로 분할되었다. 이런 경계를 따라 초기 미시간의 도로체계가 구성되었다. 그리고 오늘날까지 그 격자의 흔적이 미시간 농촌경관의 구성에 남아 있다. 농업의 비중이 큰 지역에서 간선도로들은 여전히 1마일씩 떨어져 일정한 간격으로 조성되어 있다. 미시간 지역정부(Territorial Government of Michigan)가 매각하려고 양도하

그림 5-8 미시간 주 워시테노(Washtenaw) 카운티, 브리지워터(Bridgewater) 타운십의 현행 지적도에서 기존의 도로패턴을 볼 수 있다.

거나 제공한 전형적인 필지는 4분의 1 섹션, 곧 160에이커였다. 토지분할의 크기와 패턴은 1862년에 제정된 자영농지법의 조항에 따라 정해졌다. 4분의 1 섹션은 한 가족이 운영할 만한 농장 규모로 생각되었다. 필지의 두 면이 길에 접해서 물품과 농산물을 운송하기에 편리했다. 타운십 곳곳에 '교차로' 혹은 '네거리' 타운이 조성되기 시작했다. 그런 타운은 개인 기업가가 건설했지만, 도로·배수체계 같은 여러 하부구조를 공공 또는 공동으로 건설함으로써 타운의 조성이 촉진되었다. 원래의 자작농으로부터 토지를 산 이주자 집단은 대개 40 또는 80에이커를 구입했다. 이는 4분의 1 섹션의 4분의 1 또는 절반에 해당한다. 일반적으로 구입한 필지는 적어도 한 면이 섹션 도로에 면했다. 이렇게 해서, 좀더 세분되긴 했지만 본래의 패턴은 그대로 유지되었다. 오늘날에도 이 패턴은 대부분 유지되어, 아주 간단한 법적인 표기명만으로도 지도상에서 특정 부동산을 확인할 수 있다. 이런 체계의 본래 모습은 개별 소유권이 직선으로 표시된 필지지도에 분명히 남아있다.

중서부의 다른 곳과 마찬가지로 미시간에서도 정착기와 자급농업의 초기에는 가족의 생계에 필요한 것을 거의 다 생산하는 가족농업이 특징이었다. 도로와 운송 여건은 열악했고 근처의 타운으로 오가는 일은 가끔 있었다. 노동집약적인 일반 농장에서는 다양한 작물을 재배했다. 주로 집에서 소비하기 위해 소·돼지·양·닭 등을 몇 마리씩 사육하는 소규모 축산을 했다. 1850년대에 말이나 소를 이용한 노동 절약 기술이 널리 확산

그림 5-9 오늘날의 개인 소유권에 원래의 정부조사를 기입했다. 미시간 주 워시테노 카운티, 어거스타(Augusta) 타운십의 이 지적도는 중서부의 전형적인 지적도다. 전형적인 토지 분할에 따라 네모난 격자형의 개인 소유권이 형성된 방식을 볼 수 있다.

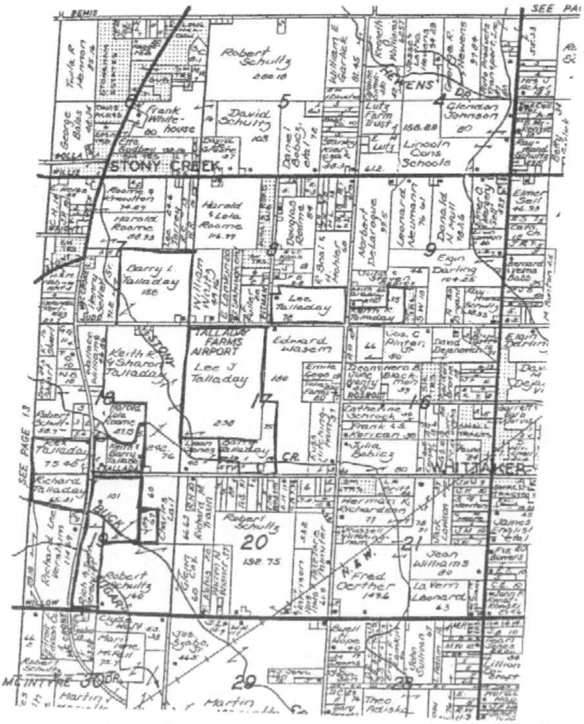

그림 5-10 미시간 주 워시테노 카운티에 있는 통나무주택, 1930년대까지 사용되었다. 사진: 클레어런스 해먼드 (Clarence Hammond)

되었지만(Cartensen 1980), 19세기 말, 20세기 초까지도 여전히 가족 모두가 일을 분담했고 수확기에는 일반적으로 이웃사람들이 서로 노동력을 교환했다.

도끼로 치목한 통나무집(*hewn-log house*)은 초기 이주자들이 지은 초기 구조물의 하나다. 일시적 · 부분적 이용을 위해 설계한 통나무 오두막집(*log cabin*)과 달리 이것은 영구적인 집으로 지은 것이다. 옥외 변소, 곧 '아웃하우스'(*outhouse*)는 주요한 편의시설이었다. 통나무주택과 후의 목골조주택(*timber-framed house*)은 1940년대와 1950년대까지도 가족용 주거의 본채 역할을 하는 경우가 있었다. 가족이 부유해짐에 따라 주택도 바뀌고 확장되었다. 1870년대에 미시간 주 그래티어트(Gratiot) 카운티에 지어진 초기의 통나무주택은 후에 부엌과 연장실(*tool room*)을 목골조로 증축했는데, 1950년대 중반까지 다른 구조적 변화 없이 사용되었다. 초기 농장 구조물과 그 유형의 이런 지속성은 초기 이주시대의 특징이다. 훨씬 뒤에 정착이 이루어진 미시간 주의 북부반도 지역에서, 나는 스웨덴 · 핀

그림 5-11 미시간 주 북부반도의 통나무 헛간. 사진: 필자

란드 · 슬라브(Slavic) 이주자들이 1900년대 초에 지은 통나무주택과 농가주택의 사진을 찍었다. 그것들은 독일이나 영국 이주자들이 훨씬 일찍 미시간 주의 남동부에 지은 것과 비슷하다. 더 도시화되고 산업화된 미시간의 카운티에서도, 농민들이 '현대' 주거와 생활방식으로 이행한 것은 비교적 최근의 일이다.

섹션으로 분할된 경관이 각 농장의 전체 배치에 큰 영향을 주었다. 기본방위보다도 섹션 도로가 농장과 접근 차도를 배치하는 데 중요한 기준이었다. 주택은 일반적으로 섹션 도로에서 후퇴해 그것과 나란히 지어졌다. 다른 농업건물들은 주택에서 떨어져서, 그 옆이나 뒤에 배치되었다. 유럽과 달리, 풍부한 토지를 좀더 여유 있게 사용할 수 있어서 그러한 분산 배치가 가능했다.

규모나 시각적 효과로 보아, 주택은 항상 농장의 가장 중요한 구조물인 헛간에 부속되는 구조물이었다. 헛간은 가장 높고 배수가 잘되는, 부지에서 가장 높은 지점에 지어졌다. 그것의 향(向)은 기본방위에 맞추어 신중하게 정해졌으며, 창과 문은 효과를 최대화하고 비용을 최소화하도록 주의 깊게 설계되었다. 주변 경관을 압도한 헛간은 농민의 부와 성공의 척도였다. 그것은 안정성, 영속성, 그리고 주변 토지에 대한 가족의 통제를 나타냈다. 헛간은 수작업으로 치목하고 은못으로 맞춘 목골조로 지었고 박공지붕에 나무 비늘판(*siding*)을 대었다. 그것은 가축을 사육하고 건초와 곡식을 저장하는 데 사용되었다. 부유한 농민은 닭장·곡물창고·돼지우리·훈제실·얼음창고 같은 부속 구조물을 지어 자급농장 건물군을 이루었다.

많은 가족 노동력을 투입하고 가족의 토지에서 얻은 재료를 사용해 농장건물을 건설했다. 통나무주택을 지을 때 사용한 재목은 대부분 경작을 위해 토지를 개간하는 과정에서 벌목한 것이었다. 개간하는 과정에서 확보한 돌을 석공이 가공해 헛간을 비롯한 여러 구조물의 기초벽을 만들었다. 최상의 경질목(*hard wood*)은 구조재로 썼다. 나머지는 담·벽(비늘판)·바닥·지붕(싱글, *shingle*)에 사용했다. 까뀌(*adze*)·도끼·자귀·나무메·톱 같은 가장 기초적인 목공도구로 이 모든 작업을 했다. 건설 활동은 지역과 개인에 따라 달랐다. 따라서 이 시기의 구조물에는 개인적 양식 혹은 헛간을 지은 대목의 성향이 반영되었다. 시공자의 민속적 전통은 구조물에서 명확히 나타난다. 이런 작은 규모의 건물 설계에서는 정부의 직접적인 영향을 거의 찾아볼 수 없다. 이 시기 농장에 관한 정부 정책의 영향은 주로 토지와 그것의 분할 패턴, 또한 지역사회에서 서비스와 어메니티의 배치에 나타났다.

2단계: 철도와 상업적 농업

19세기 동안 미국은 운송체계의 물리적 하부구조 건설에 크게 치중했다. 공공부문의 입장은 정부 토지에 대한 조사와 매각이 하부구조의 건설과 나란히 진행되어야 한다는 것이었다. 이 하부구조가 배후지에 이주자들을 정착시키고 그들이 요구하는 물품을 공급하며 농업생산물의 유출을 촉진하리라는 것이 그 근거였다. 초기에는 연방이나 주가 도로와 교량의 건설에 많은 보조를 하지 않았다. 그러나 이리 운하(뉴욕주의회가 인가함)의 성공으로 촉발된 운하 시대에는 정부기관들이 여러 차원에서 개입해 전국적으로 운하 건설이 시작되었다. 연방·주·지방정부의 개입이 큰 비중으로 이루어진 것은 철도체계의 건설에서였다. 리겔(Riegel 1926)은, 이미 1850년대에 주의 신용대부와 지방의 보증으로 철도체계의 건설 자금을 조달한 미주리 주 등 여러 주의 노력을 기술했다. 일리노이 주에 토지를 양도하여 일리노이 중앙철도회사(Illinois Central)가 사용하도록 하는

그림 5-12 랍(Raab) 농장 건물. 미시간 주 브리지워터 타운십의 한 농장에 있는 기존 구조물의 드로잉에서 이 시기에 보편적인 농장 구조물의 유형을 볼 수 있다. 자료: 메리 박스탈러(Mary Bockstahler)

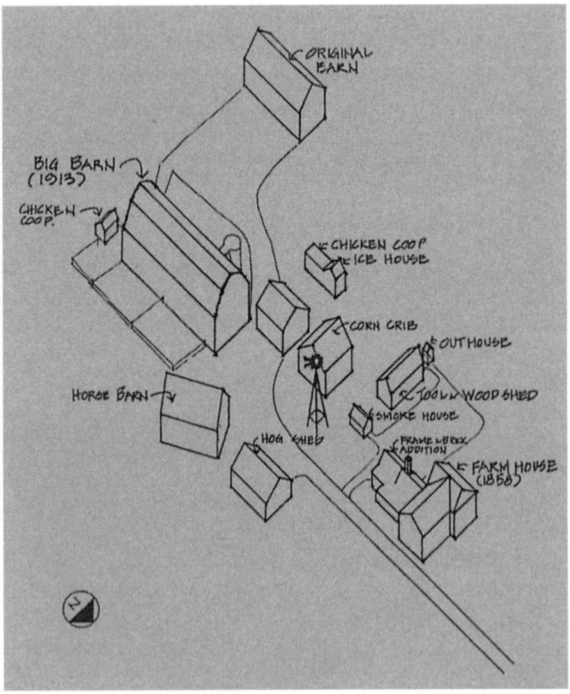

법안이 1850년에 통과되어 주로 토지를 양도하는 형태의 연방 보조에 대한 선례가 마련되었다(Riegel 1926). 철도 건설을 위한 토지 양도는 내무부의 국유지관리국(Land Office)이 집행했다. 철도의 노선이 정해지면 국유지관리국으로 지도를 보낸다. 그러면 국유지관리국은 공공용지에서 철도에 양도할 토지를 확보한다. 이로써 철도회사는 용지의 위치를 거의 결정할 수 있었고, 따라서 토지가격에 영향을 미칠 수 있는 강력한 기관이 되었다.

19세기 후반, 개선된 철도체계의 노선을 따라서 수많은 도시가 성장했다. 철도체계를 확대하도록 지방정부로부터 다양한 인센티브를 받은 개인 철도회사들이 철도의 성장에 많은 부분 책임이 있었다. 이 시기에 초기 이주자의 서비스 요구에 대응한 소규모 네거리타운과 시장타운(*marketplace town*)은 철도노선과 정거장의 위치에 따라 번창하기도 하고 사라지기도 했다. 허드슨(Hudson 1985)은 노스다코타(North Dakota) 같은 주에서 철도가 경관의 시각적 측면에 미친 영향을 설명한다. 성장하는 철도 중심지에 솟아오른 곡물엘리베이터에는 반경 8마일 안에서 생산된 곡물이 효과적으로 집하되었는데, 그것은 지역에서 막대한 시각적·정치적·사회적 의미를 가졌다.

이런 중심지의 분포와 위치는 농민의 효율성에 대한 관심에서 비롯된 것이 아니라 개인 철도회사의 기준과 목적에서 비롯되었다(Hudson 1985). 철도의 출현으로 미시간 같은 중서부 주들의 일부 농민은 지역시장(*regional market*)에 진입할 기회를 얻었다. 그들은 오하이오·일리노이·아이오와 같은 이웃 주들과 경쟁할 수 있게 되었다. 또한 그로 인해 미시간의 시장에 팔 수 있는 작물이 영향을 받았다. 대표적인 환금작물인 밀은 다시 자급작물이 되었다. 반면 소·양·돼지의 목축은 점점 중요해졌다. 이런 가축을 수용하기 위해 새로운 건물을 짓거나 오래된 구조물을 증축하거나 변경할 필요가 생겼다. 농장에서 연료와 건축재료를 얻기 위한 식림지(*woodlot*)의 면적은 유지되었다. 농민들 자신이 사용하기 위해서도 말과 소는 계속 사육했다. 가족 소유의 일반적 농장이 여전히 농장형태의 표준이었으나 상업적 판매를 위한 잉여생산을 목적으로 농장의 규모는 확대되었다. 노동절약적 기계의 기술이 발달하면서 한 가족단위가 더 넓은 면적을 경작하는 것이 가능해졌다. 그리고 그 기계를 농장에 수납할 필요가 생겼다. 남북전쟁[6] 중에는 남성 노동력이 부족하여 철제 쟁기와 밀 바인더(*wheat binder*) 같은 노동절약적 농업기계가 혁신되고 사용이 촉진되었다. 산업혁명으로 노동력이 농촌에서 도시로 이동함에 따라, 농민들은 또다시 농업노동의 부족을 보충하기 위해 새롭고 효율적인 노동절약 장치들을 도입해야 했다.

이런 농업의 변화가 있었지만, 농가 가족은 극히 자족적이어서 계속 자신들의 식량 대부분을 생산했다. 그러나 그들의 소비패턴에 산업화, 기계화, 그리고 개선된 도로와 운송의 영향이 명확히 나타났다. 버터와 같은 생산품은 농장의 외부에서 처리되기 시작해 농가 가족이 버터 젓는 일을 하는 것보다 그것을 잡화점에서 사는 것이 경제적이게 되었다. 신발과 의복 같은 물품은 근처의 시장타운에서 사는 일이 많아졌다. 이런 비용 효율적 접근방법은 농민생활의 다른 영역에도 흔적을 남겼다. 그러나 1800년대 말의 혁신과 발전으로 농민들이 부유해진 것은 아니다. 생산이 좀더 효율적이 되고 증가되면서 농산물 가격은 지속적으로 하락했다. 그래서 이 시기의 농민은 압박을 받았다. 결과적으로, 농업조직을 결성해 전국적으로 연대한 농민들은 주 의회와 연방 의회에서 대규모 철도와 곡물엘리베이터 기업에 대항해 투쟁했다. 그리고 지역의 농업협동조합(*grange*)이 조합 창고와 곡물엘리베이터를 운영하는 경우가 많아졌다. 1875년 미시간에는 600개의 지역 농업협동조합이 있었는데(Dunbar 1965), 아직도 미시간의 여러 타운십에서 조합의 회관을 볼 수 있다.

운송수단의 개선과 함께 시장이 증가함에 따라, 농민들은 생산 작물을 특화하기 시작했다. 번창한 농민들은 농장 구조물의 유형을 다양화하고 규모를 증가시켜 부를 축적했다. 이렇게 번창하는 농장에는 박공지붕을 얹은 3층의 대형 사면 헛간(*banked barn*)이 건설되었다. 축사는 아래층에 두었는데, 땅의 단열효과를 활용해 찬 북풍을 막기 위해서 대개 북쪽이 높은 지형에 배치했다. 가축마당은 남쪽의 최하층에 두어 겨울에 태양의 온기를 받도록 했고 그곳에 축사의 문을 설치했다. 2층은 타작과 키질을 하며, 도구를 보관하고 곡물을 수납하는 창고로 사용했다. 3층은 건초 저장고였다. 기초는 가족의 토지에서 얻은 잡석으로 만들었다. 구조는 목골조로, 은못과 장부맞춤으로 접합하고 싱글을 이은 박공지붕을 얹었다. 목골조는 가족의 토지에서 얻은 재목으로 만들었으며, 비늘판벽은 대개 북부 미시간에서 철도로 운송해온 스트로부스소나무(*white pine*)로 만들었다.

농민이 부유해짐에 따라 큰 규모의 헛간이 필요해졌다. 그것을 건축하기 위해서는 가족 노동력보다 많은 노동력이 필요했다. 노동교환체계가 발달해 이런 대형 헛간을 짓는 데 이웃과 지역사회 전체가 참여했다. 이런 전통적인 '헛간 건립'에 남녀노소 모두가 어떤 식으로든 기여했다. 새로운 유형의 농가주택이 통나무주택을 대체하거나 보완했다. 이것은 보통 본래의 것보다 큰 골조구조로 지어졌으며, 부엌과 침실을 별도로 갖추었다. 가족의 부는 주택의 규모뿐 아니라 사용재료(벽돌이 목재보다 비쌌음)와 세련된 건축 상세에도 반영되었다. 마차・도구・말・사료를 수납하는 마차 차고가 지어지기도 했다. 설치동물을 막도록 설계・시공된 옥수수 창고도 지어졌다. 이렇게 공공의 보조금과 도움으로 효과적인 운송체계가 발달함에 따라 농업이 상업화되고 번성했으며, 이런 부를 바탕으로 정교한 대규모의 농장 구조물이 많이 지어졌다.

3단계: 기술과 과학적 교육

1900년에서 1945년까지는 환금성 작물로 인해 농업에서 전이와 변화가 일어난 시기다. 생산된 환금작물은 주로 대규모 지역시장에 판매되었다. 가족의 자급 및 지역시장 판매를 위한 축산과 사료작물의 재배가 환금성 작물로 전환되는 현상이 중서부 주들에서 나타났다. 시장 수요가 경작 작물의 선정에 주요한 요인이 되었다. 소규모의 노동집약적 가족 소유 농장은 여전히 유행했지만, 농민들은 자본집약적 농업 사업을 경험하기 시작했다. 동시에, 자동차의 발달로 인해 큰 도시의 주변부에서 농장이 사라지기 시작했다. 자동차와 개선된 도로를 이용해 도시로 이동하는 데 몇 시간 혹은 며칠이 아니라 몇 분이 걸렸다. 그리고 마차 수납고는 차고나 가축의 축사로 개조되었다. 도시의 산업이 더 매력 있게 됨에 따라 농장 가족이 자영농장을 버리는 현상도 나타났다. 농가주택과 헛간의 건물군은 버려지고 퇴락했다.

도시와 산업의 성장에 따라 도시의 노동 수요가 농업에 큰 영향을 미쳤으며 많은 농민의 자녀들이 농장을 떠났다. 내연기관 트랙터와 콤바인 같은, 생산가를 낮추기 위한 새로운 기술의 발달과 도입으로 노동의 수요는 줄었다. 따라서 기계화와 관련지어 볼 때, 이촌향도의 현상에는 배출요인(*push factor*)과 흡인요인(*pull factor*)이 모두 작용했다. 어디서나 트랙터를 도입한 데서 보듯, 생물(말)의 마력을 무생물의 기계력으로 대체하는 현상이 농촌에서 분명히 나타났다. 1900년대 초 농장에 나타난 트랙터는 처음에 증기동력을 이용했는데, 1920년대에 내연기관이 확산됨에 따라 널리 보급되었다. 처음에는 트랙터로 밭을 가는 일만 할 수 있었으나, 곧 왜건·수확기·콤바인을 끌도록 개조되었다(Stadtfeld 1972). 트랙터는 탈곡기와 사일로 주입기를 운전하는 데도 사용되었다. 사일로 주입기는 통옥수수를 잘게 잘라서 사일로로 불어넣는 기계다. 트랙터를 수납하고 수리하기 위해 창고를 짓거나 헛간을 개조 또는 증축했다. 그리고 마구간은 쓰이지 않게 되었다.

이 시기에 가장 중요한 기술 혁신 중 하나는 1875년에 처음 개발된 사일로에서 일어났다. 최초의 사일로는 목재로 만들었는데, 정사각형 평면으로 기존 헛간의 모퉁이에 지었다. 후에 '원통 제작' 기술이 적용되어 우리에게 좀더 친근한 원형 평면의 사일로가 건설되었다. 이로써 내부 표면의 마찰 저항이 줄고 그에 따라 저장품의 변질이 줄어들었다. 사일로는 즙이 많은 '녹색 가축사료', 곧 영양소와 수분이 많은 사료용 옥수수를 저장하는 데 주로 사용되었다. '신선 보존'(*silage*)에는 몇 가지 이점이 있었다. 옥수

수는 전통적인 건초나 저장 곡물보다 영양가가 높아 농민들이 가축을 사육하는 데 많이 사용했다. 또한 신선 보존으로 소는 6·7개월만이 아니라 일 년 내내 우유를 생산할 수 있는 '싱싱한' 상태를 유지했다. 사일로 덕분에 낙농농장의 효율성은 엄청나게 증가되었고 그에 따라 높은 수익을 냈다. 미국 중서부 전역에서 사일로가 급증함에 따라 농장경관의 이미지도 크게 바뀌었다. 1924년 사일로는 위스콘신 주에 가장 많아 10만 개가 있었고, 미시간 주에는 4만 9천 개가 있었다. 높이 솟은 원통형의 탑이 대형 헛간 옆에 배치되었는데, 헛간보다 더 높이 솟을 때가 많았다. 근대적인 사일로가 미국에서 개발된 것은 아니다. 그러나 단데카와 사비츠키(Dandekar and Savitski 1989)가 기록했듯이, 일리노이 산업대학(Illinois Industrial University), 미주리 낙농위원회(Missouri Dairy Commission), 주 농업위원회(State Board of Agriculture) 같은 공공기관의 활동을 통해 미국은 사일로 기술을 널리 보급하고 그것의 설계를 발전시키는 데 중요한 역할을 했다. 이런 기관들은 사일로의 효용성을 분석하고 홍보하는 기술회보를 출간, 보급했다. 또한 '과학적인' 사일로를 짓는 데 필요한 상세한 디자인과 평면도를 제공했다. 결과적으로 사일로 건설의 붐이 일어났다.

이렇게 새로운 경작방법과 기계의 채용으로 농장에 새로운 구조물을 건축하거나, 기존의 건물을 새로운 요구에 맞게 근본적으로 개조하거나 증축하는 현상이 나타났다. 또한 이 시기에 진행된 기계화로 인해 환금성 작물 농업으로의 전환이 촉진되었다. 기계화된 탈곡기를 도입한 결과 이런 현상이 나타났다. 일찍이 1835년에 미시간에서는 다양한 탈곡기가 고안되었다. 그러나 탈곡기가 상업적으로 생산되어 이용된 것은 1920년대에 들어와서다(Chase 1922). 트랙터에서 그랬듯이, 초기의 증기 탈곡기는 내연기관으로 대체되었다. 증기기관은 토지에서 자란 밑동줄기와 짚 등 생산물을 연료로 삼아 동력을 얻기 때문에, 그것을 사용해도 농장은 자족적일 수 있었다. 그러나 내연기관을 사용하기 위해서는 등유나 휘발유를 구입해야 했다. 이에 따라 농민은 팔 수 있는 환금성 작물을 경작해야 했다.

분무 설비, 자주식(自走式) 수확기, 건초 초퍼(*chopper*), 건초 적하기

(*loader*)를 비롯한 여러 노동절약적 도구가 이 시기에 개발되었다. 미시간 주립 농업대학 같은 랜드그랜트칼리지(land grant college), 그리고 주와 카운티의 농장사무국은 이러한 농업의 '과학화'를 도왔다. 그들은 농민들이 작물을 증산하고 농업을 효율화해서 경제적으로 성장하는 것을 도왔다. 정부는 매우 일찍부터 교육기관을 지원했다. 1862년 모릴 토지양도법(Morril Land Grant Act)이 통과된 후 주립 농업대학들이 설립되었다. 모릴 토지양도법은 미국농업의 발전에 주목할 만한 진일보였다. 이어서 농업 업무에 과학적 기반을 제공한 농업실험연구소가 설립됨에 따라 농업에 대한 좀더 발전된 연구와 대학원 수준의 연구가 이루어졌다. 1875년 코네티컷에 주가 지원하는 농업실험연구소가 처음으로 설립되었다. 1887년 해치법(Hatch Act)은 각 주에 일 년 단위로 보조금을 제공해 농업실험연구소를 지원하도록 했다. 십 년 이내에 각 주는 기초적인 농업연구에 전념하는 농업연구소를 갖추었다(Rasmussen 1960). 근대 미국 농업의 과학적 기반을 형성하는 데 이러한 입법의 효과는 매우 컸다.

이 시기의 건설기술에 그렇게 과학적이라고 할 수는 없지만 혁신적인 경향이 나타났다. 1800년대 말에는 표준화된 제재목 — 현재 미국의 건설 현장 어디에나 있는 2×4, 2×6, 그리고 2×8 — 을 사용할 수 있게 되었다. 이때 과거의 수제 못 대신에 신뢰할 만한 강도와 치수를 가진 표준화된 못을 사용하기 시작했다. 이것들이 헛간하면 매우 친숙한 2단 맞배지붕의 시대를 예고했다. 헛간의 평면은 이미 매우 커졌고, 2단 맞배지붕이 전형적인 박공지붕을 대체해 용적이 상당히 증가되었다. 이에 따라 농민은 다락에 더 많은 건초와 짚을 저장할 수 있었다. 이 시기부터 농장건물 '패턴북'(*pattern book*)은 2단 맞배지붕과 박공지붕 구조물을 모두 다루었다. 미시간에서 헛간 건설이 최고조에 달한 1910년에 새로운 구조물의 대부분 — 그중의 일부는 이전의 박공지붕 헛간에서 취한 재목을 사용했다 — 에는 2단 맞배지붕을 얹었다. 농업진흥연구소의 농민용 기술회보는 농민들에게 원형 헛간과 같은 새로운 건물유형을 알림으로써 그러한 변화를 촉진했다. 기술회보에는 기존 건물을 비용과 공간 면에서 좀더 효율적으로 건축하는 방법이 실렸다.

단데카 · 다바스 · 맥도날드(Dandekar, Darvas, and MacDonald 1992)가 중서부의 여러 주에 있는 진흥연구소의 회보와 농업실험연구소의 출판물을 검토한 결과, 6개의 주요 헛간 구조유형을 발견했다(〈그림 5-4〉 참조). 연대기적으로 배열된 이들 6개의 유형을 보면 건축에 소요되는 목재의 양에 있어서 효율성이 증가했음을 알 수 있다. 그리고 새로운 대형 기계를 수납하기 위해 내부공간의 용적이 확대되는 것을 알 수 있다. 실험연구소의 권장 문헌에 바탕을 둔 이런 유형학은 미시간의 여러 지역에서 실제로 지어진 헛간의 유형을 밝히는 데 매우 유용함이 입증되었다. 그것은 실제로 세워진 건물의 유형에 영향을 미친 정부기관의 힘을 보여준다.

이 단계에서 농업건물의 형태는 기술적 합리성을 토대로 발전했다. 전문화된 농장 구조물의 최적 배치와 설계를 다룬 농업진흥회보는 "형태는 기능을 따른다"라는 격언을 그래픽으로 설명했다. 기술의 전환으로 인해 기업 형태의 농장 생산이 발달함에 따라 미국 농장건축의 규모 · 형상 · 재료에서 실용적인 변화가 초래되었다. 새로운 농업기술들을 이용해 개인 농장 소유권의 규모를 늘리는 것이 가능해졌다. 기술의 기초를 이루는 연구는 대개 랜드그랜트칼리지에서 공적인 지원을 받아 수행했다. 정부정책은 농장의 수와 분포에 영향을 주었고 이전 시기의 많은 농장 구조물이 쓸모없게 되었다. 단데카와 사비츠키(Dandekar and Savitski 1989)는 이런 현상이 미시간에서 대형 가족농장의 물리적 시설에 미친 영향을 보여주는 사례들을 제시했다.

4단계: 현대적 기업농업

농장의 원료 가격과 생산물 허용 규모에 영향을 주는 법률을 통해 정부가 농업에 직접 개입한 것은 1930년대 대공황 이후다. 루스벨트 시대의 뉴딜 사고로부터 나온 농업조정법(Agricultural Adjustment Act)이 인준되었으며, 반대 소송에 따라 개정되었고, 마침내 1938년에 제 2농업조정법(Second Agricultural Adjustment Act)의 일부로 수용되었다. 이러한 기념비적 법률이 결국 통과됨으로써 현행의 농장 운영에 영향을 준 다양한 농장 법률이 통과될 수 있었다. 이들 법률 제정의 중심적 주제는 농업 기업의 가격과 소득을 안정시키는 것이었다. 이런 법률의 효용성·성격·한계에 대해서는 방대한 문헌이 있으며 현재 논쟁이 진행되고 있다. 이런 법률은 농민에 대한 보조금 지급, 농업 소득을 높이기 위한 세제, 생산을 감소시키는 프로그램, 가격 지원 기준, 상품 저장 등에 영향을 주었다(Cochrane 1979). 정부 프로그램을 시행한 결과 나타난 주요한 현상 가운데 하나는 정기적으로 축적된 방대한 곡물 재고였다. 이는 생산을 제한하지 않은 채 높은 가격을 지원한 데 따른 부작용이었다. 재고 축적은 풍년에 의도적으로 재고를 확보함으로써 흉년의 소비를 보완하고 가격 상승을 감소시키는 데 필요하다고 정당화되기도 했다. 농민들은 곡물을 농장에 보관하기 위해 원형 철제 저장창고 같은 구조물을 고안했다. 정부의 권유에 따른 곡물 재고와 그것의 보관에 대한 보조금의 영향으로 많은 구조물들이 건립되었다.

정부의 개입이 농장의 형상에 미친 다양한 영향을 자세히 다루는 것은 가능하지도 유용하지도 않을 것이다. 아직도 법률이 생산에 관한 농민들의 결정을 좌우하고, 경제적인 농장 규모를 결정하는 데 도움이 된다는 것을 지적하는 것으로 충분하다. 대체로 이런 법률의 제정에 따라 농업의 위험이 감소되었고, 미국의 농민들은 좀더 전문화되었다. 농업은 혼합적 생산에서 단일 작물이나 2·3개의 전문화된 작물을 재배하는 것으로 변화했다. 법률은 미국의 농장경관에 최근 건립된 구조물의 종류에도 영향을 미쳤다. 이와 관련해 다음과 같은 두 단계의 발전이 있었다. 1945년경부터 1975년까지의 첫 번째 단계에 단데카와 스쿠프(Dandekar and Schoof 1988)가 "현대농장"(*modern farm*)이라고 부른 것이 나타났다. 1975년경 이후의 두 번째 단계에는 이른바 "기업농장"(*corporate farm*)이 생겨났다.

현대농장

1945년부터 1975년까지, 전국시장과 해외시장에 생산물을 판매하는 전문화된 농업이 많은 미국 농민들에게 표준이 되었다. 이것에는 다음과 같은 몇 가지 중요한 이유가 있었다. 전국/해외 운송의 빠른 발전, 강대국 미국의 출현과 그에 따른 미국 국내·외 정책의 변화, 고수익 잡종, 비료, 해충 방제, 대규모 기계화 등 과학적·기술적 농업의 엄청난 발전 등이 그것이다. 제 2차 세계대전 후에 농업의 붐이 일었다. 복귀한 군인들이 가족농장으로 돌아가는 경우가 많아 가용 노동력과 함께 새로운 자본이 크게 증가했다. 이 자본은 새롭고, 크고, 효율적이고, 전문화된 기계를 구입하는 데 사용되었다. 대규모 농업은 특히 대평원(*Great Plains*) 주들에서 일반화되었다.

농업기술의 발전과 함께 농장경관은 극적으로 변화하기 시작했다. 새로운 포장기계로 건초를 단단하게 거대한 뭉치로 묶어서 겨울에 대형 헛간의 2단 맞배지붕 아래에 저장하지 않고 농지에 그대로 둘 수 있었다. 새로운 포장기계를 사용하는 농장에서는 대형 목조 헛간이 필요하지 않게 되어 사라지기 시작했다. 안전을 위해 그것을 불도저로 밀어내 세금을 절약하고 목재를 얻거나 방치해 소멸시켰다.* 목조 헛간은 건축비가 너무 비싸고 현대적 농업활동에 비효율적이어서, 조립식 판금기둥 헛간으로 바뀌었다. 농민들은 새로운 저상형(*low-slung*) 기둥 헛간을 의욕적으로 도입했다. 그것은 쉽고 신속하게 지을 수 있고 바닥면이 개방형이어서 융통성이 매우 크다. 그리고 다양한 새 기계들을 쉽게 수납할 수 있는 크기와 형상을 가졌다. 그러나 이런 판금건물에는 과거로부터 내려오는 민속적인 선례, 곧 문화적·민족적 뿌리가 없다. 그것은 대량생산이 용이하고 가격이

* 지방정부의 부동산세 조절 방식을 연구한 단데카와 박스탈러(Dandekar and Bockstahler 1990)는 잘 관리된 부동산에 대해 세금을 올리는 경향이 있음을 설명한다. 이에 따라 사람들은 경제적 기능이 없는 헛간을 퇴락하게 내버려두거나 철거했다.

저렴해 선호되었다. 크고 아주 볼품없는 기둥 헛간이 효율성 때문에 농장에 도입되었으나, 그것의 공업화된 색채와 형태에서 농장경관의 전통적·낭만적 아름다움을 찾아볼 수 없다. 그것은 미학적으로 눈에 거슬리는 구조물이었다.

확대된 시장도 농업의 성격을 변화시켰다. 일시적으로 그럴 때도 있지만, 농민들은 더 이상 가족의 자급을 위해 생산하지는 않는다. 윙(Wing) 씨는 미시간 주 앤아버의 변두리에 농장을 가지고 곡물 재배와 축산을 하는 농민인데, "다른 사람들처럼" 앤아버에는 콩 한 알도 팔지 않고 슈퍼마켓에서 큰 용기에 담긴 우유를 산다고 고백했다(Wing 1987). 윙 씨 가족은 1850년대 이래 이 농장을 경영해왔다. 그의 부친 때는 소·양·닭을 사육해 가족들이 소비했으며, 큰 정원을 가지고 있었다고 한다. 이제 그는 슈퍼마켓에서 우유를 사서 마시고 곡물을 재배해 해외시장에 판다. 전문화된 대규모 농업에 따른 제약, 그리고 우유 같은 식량 생산의 품질과 표준에 대한 정부의 규제 때문에 자급을 위한 생산은 비용에 있어 비효율적이다. 대신에 농장정책은 국제시장을 겨냥한 생산에 초점을 맞추고 있다. 1991년 8월 18일의 대화를 포함해 윙 씨와 몇 번 인터뷰하는 과정에서, 그는 점점 더 큰 소리로 정부의 농업정책에 대해 불평했다. 그는 정부가 농장기업을 부당하고 불공정하게 규제하고 통제한다고 느낀다. 정부의 개입활동으로 그의 현대적 가족소유농장이 기업농장에 비해 불리한 입장이 되었다는 것이다.

기업농장

현대농장에서 기업농장으로의 전환을 촉발한 것은 세계 문제에서 미국의 역할과 대외정책의 변화다. 국제 자유무역을 주도적으로 지지하는 최근 미국의 자세는 미국 농업이 "세계의 빵 바구니"로 생각됨을 의미한다. 농민들은 인도, 러시아, 그리고 전에는 농민가족에게 알려지지 않았던 여러 나라에 판매하기 위해 작물을 생산했다. 국가·해외 운송의 발전은 이런 시장의 확장에 도움이 되었다. 이 시기는, 뜻밖에 높은 작물 생산성을 초래한 "녹색 혁명" 기술의 시기였다. 고밀도 비료(*super-fertilizer*)와 해충 방제는 물론, 소출이 대단히 많은 잡종이 개발되었다. 전문화가 강조되었고 단일작물농장이 일반화되었다. 새로운 생산품과 기계를 사용하면서 농업은 에너지 집약적으로 되었다. 에너지 가격이 낮아서 이런 발전이 합리적인 것으로 보였다.

1년에 5백만 달러 이상의 판매를 기록하는 대형 기업농장은 1975년경에 시작되어 현재 미국에 천 개 이상 있는데, 이것들이 미국 농업의 얼굴을 변화시키고 있다. 1960년대 초, 최소 10만 달러어치를 판매하는 농장은 식량을 재배하는 미국 350만 농민의 1.1퍼센트에 불과했다. 이들 대형 농장은 농장 생산물 총 판매의 25퍼센트 가까이를 차지했으나 이익은 총 이익의 10퍼센트에 불과했다. 그러나 1982년, 1.2퍼센트의 농민이 판매고를 엄청나게 증가시켜 개인당 50만 달러 이상의 판매고를 올렸다. 3년 후인 1985년, 농장의 총수는 2백2십만 개로 줄었고, 상위 1.2퍼센트가 총 판매량의 33퍼센트 가까이를 생산했다. 그리고 그들의 이익은 훨씬 빨리 증가해 전국 농장 총 이익의 55퍼센트 이상이 되었다(Robbings 1987).

기술적으로 세련된, 청색 유리섬유 하베스토어(*Harvestore*) 사일로는 높이 18.6미터에 지름이 6.1미터다. 이전에는 전통적인 헛간에 두었던 대량의 사료를 여기에 효과적이고 효율적으로 저장할 수 있다. 그러나 이것은 지금 기업적 '슈퍼농장'(*superfarm*)의 위협을 받고 있다. 기업농장이 추구한 규모의 경제로 소를 비롯한 가축의 수가 크게 증가했다. 이런 농장들에 필요한 신선 보존(*silage*)이 증가함에 따라 '벙커 사일로'라고 불리는 수평형의 사일로가 더 효율적이었고 선호되었다. 이제 대형 수직 사일로는 쓸모없게 되었다. 목재나 콘크리트 옹벽으로 만든 1.8 또는 2.1미터 높이의 대형 사각용기는 꼭대기에서 무거운 기계를 작동시켜 목초를 빽빽이 다져 저장한다. 이 사일로에 저장할 수 있는 목초의 양이 크게 증가했기 때문에 측면과 꼭대기에서 변질된 목초가 늘어도 전체 목초의 작은 부분에 지나지 않는다. 그린(Green 1988)과 탈러데이(Talladay 1988)에 따르면,

현대의 농장표준에 의하면 그 손실은 무시할 만하다.* 수직 사일로의 장대함과 달리 벙커 사일로의 외관은 아주 평범하다 못해 추하기까지 하다. 만일 그것이 앞으로도 대규모 농업을 위한 사일로로 계속 선택된다면, 중서부의 경관에서 높이 솟은 수직 사일로는 볼 수 없게 될 것이다. 수직 사일로의 규모는 19세기의 농촌경관을 압도했고, 농장을 나타내는 그것의 상징적 중요성은 그 이전 시기 대형 적색헛간의 그것과 대등했다.

기업형 슈퍼농장으로 인해 농촌경관은 엄청나게 변화하고 있다. 축산의 기계화, 조립식 건물, 회계·급식·배달체계의 전산화는 이런 새로운 농업의 특징이다. 공업 구조물같이 생긴, 서로 비슷해 보이는 번쩍이는 금속 건물들이 닭·돼지·소의 사육을 위해 지어지고 있다. 미래의 농장 공장은 이제 현실이 되었다. 여러 세대 동안 농장과 농장경관의 이미지는 '대형 적색헛간과 사일로' 하나였다. 다음 세대에는 그와 아주 다른, 공장 같아 보이는 공업구조물이 그것을 대신할 수도 있다.

결론

미국 농업건축 형태의 역동적인 변화는 정부의 다양한 정책과 작용에서 큰 자극을 받았다. 급속히 실험·채용·보급한 기술에 의해 농업경관과 공간구성이 이토록 직접적으로 또 대규모로 영향 받은 나라는 거의 없다. 주로 과학에 의해 변화가 일어났는데, 다양한 개발유형의 지속가능성에 대한 전 지구적 관심을 생각할 때 그런 변화는 점점 비판을 받게 될 것이다. 화학제품·호르몬·살충제·비료·첨가제의 광범위하고 집중적인 사용에 대한 의문이 제기되고 있다. 먹이사슬의 잔류물과 농장 배수에 의

* 그린(M. M. Green)은 가족 소유 기업을 운영하고 있는데, 농장의 토지는 4천 에이커, 등록된 홀스타인은 3천 두다. 그중 1천 5백 두는 젖소다. 리 탈러데이(Lee Talladay)도 가족 소유 기업을 운영하는데, 토지 1천 5백 에이커를 소유하고 육우 250두를 사육한다.

한 지하수 오염에 관심이 모아지고 있다. 가축의 유전자 복제 실험은 불편하게 여겨지고 있다. 그리고 그러한 조작이 초래할 결과에 의문이 일고 있다. 유기농업 운동에서 오랫동안 논쟁거리였던 이런저런 관심사가 이제 미국 여론의 주류로 편입되었다.* 좀더 전통적인 접근방법에 비해 대규모 하이테크 농업이 갖는 비효율성에 대한 최근의 학술연구는, 다양한 전통적 농민에 좀더 호의적인 방향으로 연방 농업정책과 보조금 지원이 전환되는 결과를 가져올 수 있다. 전 지구적 환경에 관한 소비자의 관심은 미국 농업에 사용되는 기술과 과정을 바꾸어놓고 미국 농업건축의 형태와 구조물에 본질적 변화를 가져올 수 있다. 그러나 현재 이 글에서 기술한 추세는 계속되고 있으며 그 방향을 돌리려는 노력에도 불구하고 지속될 수도 있다.

결과가 무엇이든, 정부정책과 정부기관이 농업과 농업 구조물의 미래에 광범위한 변화를 초래한다는 점은 분명하다. 아마 현재 미국의 다른 건물 유형에 있어서도 마찬가지일 것이다. 이 글에서는 미국에서 형태의 발전이 '자연스런 것'이거나 자유시장 요인 혹은 설계자/건설자의 사회적/문화적 성향에서 유래된 것이 아니라, 정부와 공공기관의 지침에 큰 영향을 받는다는 것을 밝히고자 했다. 지방·주·국가/국제 정부가 정책을 수립할 때 정치적·이념적·경제적 관심이 매우 강하게 작용한다. 결과적으로 어떤 설계 결정에서 "기술적 합리성"의 방정식을 왜곡하거나 성립시키는 것은 입법 환경이다. 농장과 농장 구조물의 경우, 과학적 합리성의 모델과 미국 정부가 보증한 국제시장은, 개별 농민의 차원에서 볼 때 지역사회와 자치단체의 손실을 증가시켰다. 나는 기업농장으로 발전함에 따라 삶의 질과 농촌 환경의 미학은 악화되었다는 인상을 받았다. 도시거주자들은

---

* 예를 들어, 키스 슈나이더(Keith Schneider)는 〈뉴욕타임스〉(1989년 9월 11일)의 1면에 "화학품 사용에서 벗어나다: 농장에서 일어난 반란의 씨앗"이라는 제목의 기사를 썼다. 이 기사에서 그는, 농민들이 "대안농업"으로 전환하는 것을 장려하는 방향으로 연방 정책이 변화해야 한다고 촉구한 국립과학아카데미의 보고를 언급했다. 대안농업은 좀더 자연적인 농법으로의 전환을 말한다.

낮은 가격과 믿을 만한 식량 조달이라는 혜택을 즐긴다. 그러나 그들은 먹이사슬을 통해 그들에게 전해지는 잔류물과 첨가물에서 과학적인 하이테크 농업의 결과에 직면하게 된다. 정부의 작용이 초래한 환경의 손실과 가족농장의 붕괴에도 불구하고 미국 정부는 아직까지 농촌의 사회적 · 경제적 조직을 원상태로 유지하는 것에 거의 관심을 기울이지 않고 있다.

나는 건축가와 물리적 계획가가 건물의 형태학을 분석할 때 전문적 관심을 제한할 필요는 없다고 믿는다. 그러나 단지 우리의 전공이라는 이유로 공간적 · 기술적 관점만을 취하면, 우리는 변화의 구경꾼이 되고 만다. 반면 그 변화는 우리의 영역, 곧 물리적 환경의 성격과 그에 따른 삶의 질에 많은 영향을 미친다. 농장 구조물에 대한 연구를 통해 나는 농장정책을 형성한 여러 가정들에 대해 의문을 갖게 되었다. 그리고 기업농장을 향한 현재의 발전을 보증하는 기술적 · 경제적 합리성을 비판하게 되었다.

건물형태의 유형을 분석할 때 우리는 '사물이 어떠해야 하는가'에 관해 나름의 입장을 취한다. 이런 면에서, 유형 분석을 전문적 의제를 이루는 본질적 구성요소로 볼 필요가 있다. 어쨌든 유형 분석을 통해 우리는 건조된 세계(*built world*)를, 그리고 그것이 그런 식으로 형성된 방식을 이해해야 한다. 그러나 또한, 왜 그런 식인지에 대해 다면적으로 설명하고 그것이 어떻게, 무엇으로 변화해야 하는지에 대한 결론을 얻어야 한다. 이를 소홀히 하는 것은 물리적 환경의 형성을 돕는 전문가로서의 사회적 · 윤리적 책임을 저버리는 일이다.

미국 농업에 대해 매우 귀중한 통찰력을 제공해 주고, 이 장의 초고에 대해 비평을 해주었으며, 미국 농업에 관련된 문헌에서 유용한 연구를 지적해 준 글렌 넬슨(Glenn Nelson)에게 감사드린다.

역자 주

1) 사면 헛간(*bank barn* 혹은 *banked barn*)은 헛간의 한 양식으로, 비탈면에 위치해 아래·위의 두 지면 레벨에서 접근할 수 있는 것이 특징이다.
2) 1862년의 제 1차 모릴법(Morrill Act)에 의해 설립된 미국의 고등교육기관. 주정부가 연방정부로부터 국유지를 교부받아 그 국유지를 매각한 자금으로 설립했다. 모두 69개 학교가 설립되어 농업, 공학, 수의학, 그리고 기타 기술과목을 가르쳤다. 모든 교과과정에는 군사훈련이 있어서 미래의 장교 육성을 위한 예비역장교 훈련단도 창설했다. 농업·공업 등 산업부문에 관한 응용연구의 여러 분야를 개척했고, 고등교육기관의 사회 기여를 장려해 오늘날의 주립 종합대학 및 칼리지의 기초를 닦았다(자료: 두산백과사전).
3) 미국과 캐나다에서 이주시대에 시행한 공유토지의 분할제도.
4) 남북전쟁 때인 1862년에 제정된 미국의 자영농지법(自營農地法)은 주로 미시시피 강 서쪽의 미개척 지역을 신속히 개척하고 동부 산업자본의 국내시장 확대를 촉진시키는 동시에 자영농민의 수를 늘리려는 의도를 가지고 있었다. 이 법률에 의해 1883년까지 약 2300만 에이커의 토지가 주어지고 정주자가 증가하여 미개척지의 소멸을 앞당기게 되었으나, 한편으로는 토지 투기에 악용되기도 했다(자료: 두산백과사전).
5) 일반적으로 자연요소 등 '쾌적 요소'를 말하나 여기서는 도로·서비스시설·편의시설 등을 통칭한다. 이런 의미의 어메니티는 당시 미국에서 농업의 생산과 유통에 큰 영향을 주었다.
6) 1861~1865년.

제 6 장

지역지구제를 통한 미국 지역사회의 가족유형 규제

마샤 리츠도프 Masha Ritzdorf

미국의 지역지구제[1]와 토지이용정책들에 내재된 하나의 기본적인 가치가설(*value assumption*)은 단일가족(*single-family*) 생활방식의 '정당성'이다. 단일가족은 집에 있는 어머니와 일하는 아버지, 그리고 자녀들로 이루어진 전통적 핵가족을 말한다. 1990년의 인구조사에 따르면 미국 가족의 13퍼센트만이 이러한 기준에 해당하지만, 단일가족은 여전히 미국의 문화적 신화에 뿌리 박혀있으며, 미국의 토지이용패턴에 굳어있다. 도시의 북새통에서 멀리 떨어진, 나무들이 줄지어 선 조용한 가로의 개별 대지에 위치한 단독주택(*single-family detached home*)[2]은 아메리칸 드림(*American Dream*)의 환유적인 표상이다.

지역지구제는 이러한 공간적 은유를 경관에 결합해주는 도구다. 그리고 전통적인 가족으로 이루어진 가구유형(*household type*)을 단독주택이라는 주거유형에 융합시키는 메커니즘이다. 용도유형을 경관에 중첩시키는 지역지구제 조례(*zoning ordinance*)의 취지는 지역사회의 공공복지를 보호하는 것이다. 그러나 실제로는 정치적으로 강력한 하위문화를 보호하는 역할을 한다. 동네의 배타성을 유지하는 데 열중하고 '가족 가치'를 증진시키고자 하는 교외가족(*suburban family*)은 그런 하위문화에 포함된다.

거주구역을 설계하고 계획할 때 흔히 '가족유형'(*family type*)을 가정한다. 단일가족 전용의 지구에서는 '전통적인' 핵가족 또는 지방정부가 그것의 대안으로 인가한 가족만 주택의 점유자로 설정된다. 미국에서 20세기까지(역사적으로 몇몇 예외가 있지만) 중상류계층의 생활에 대해 단일가족을 전제하는 것은 합리적이었다. 그러나 1990년의 인구조사 수치가 반영하듯이, 현대 미국에서 "부모와 두세 자녀들로 이루어진 전형적인 가구는 급속히 옛 이야기가 되고 있다"(Houston 1981, 73).

최근 이렇게 미국의 가족이 변화했음에도 불구하고, 대부분의 지역지구 법률은 여전히 직장·집·서비스시설이 공간적으로 분리된 지역사회의 토지패턴을 '올바른'(*correct*) 것으로 보는 과거지향적 해석을 고집하고 있다. 이러한 해석은 격리된 교외환경의 조성을 미화한다. 주거지가 직장, 서비스시설, 그리고 다른 사회경제적 지위를 가진 사람들과 멀리 있을수록 그 주거지는 "더 좋은" 것으로 여겨진다(Ritzdorf 1987).

가족을 제한적으로 정의함으로써, 어떤 유형의 가족관계는 합법화되고 다른 것들은 그렇지 않게 된다. 가족을 규정하는 용어, 특히 전통적인 핵가족의 용어는 지역지구 규정에 침투되어 있다. 이 규정들에 가족의 정의가 포함되어 있을 뿐 아니라, 단일가족에서 다가구(*multifamily*)에 이르는 가족 거주의 위계적 유형들이 나타나 있다. 아무튼 가족의 정의로부터 이런 적층적이고 가치 판단적인 분류를 반영하는 사회물리적 공간이 나타난다.

이 장의 목적은 다음과 같은 네 가지다. 가족의 문화적 이상 그리고 가족과 지역지구 규정의 연관관계를 논의하는 것, 이러한 연관관계의 실제 작용, 특히 문화적 이상을 실행하기 위해 조례가 작용하는 방식, 이러한 활동을 지지해온 법원의 역할을 간략히 분석하는 것, 그리고 변화를 위한 전략을 제안하는 것이다.

'가족'의 문화적 이상

모든 문화에서 전통적 가족관계는 높이 평가된다. 그러나 비교문화적으로 볼 때, 가족형태는 너무 다양해서 심리학적 · 사회학적 · 생물학적으로 보편적인 가족관계가 있다고 주장할 수는 없다. 19~20세기 구미의 백인 문화규범에서 그렇게 중요한 핵가족이 다른 문화나 구미의 소수민족 집단들에게도 항상 중심적인 참조점이 되는 것은 아니다(Coontz 1988). 모든 사회에는 그 나름대로 가족을 정의하는 방식이 있다.

> 가족의 구성, 심지어 그 정의도 매우 다양하지만, 어느 정도 규모가 크거나 복잡한 사회는 모두 가족의 개념을 사용해서 집단의 다양한 구성원들이 사회적으로 인정한 어떤 특별한 관계를 제도화 · 합법화하는 것으로 보인다(Coontz 1988, 22).

가족의 개념은 어느 집단의 사회에 대한 관계를 전체적으로 파악할 수 있는 기본 틀이다. 그것으로 사회와 '가족'이라는 집단 사이에 규칙이 정립된다. 그러므로 사회의 주류가 실천하는 생활과 다른 생활방식을 표상하는 집단들을 인정한다는 것은 그들이 금지된 경계를 넘도록 허용하는 것이다. 미국에서 핵가족은 지배적인 사회집단인 백인 중산층의 문화적 규범을 표상하므로, 어떤 동네가 '우리와 다른' 집단들이 모여 같이 사는 동네로 바뀌는 것은 일종의 위협이다. 보호권역을 제공해온 동네가 훼손되기 때문이다(Perin 1988).

페린(Perin)은 1977년 미국의 몇몇 주요도시에서 토지이용 분야의 주역들(은행가 · 계획가 · 건축가 · 개발자 · 지방 공무원)을 인터뷰했다. 그녀는 사회구조와 그것을 영속시키기 위한 공간적 규칙에 관해 그들이 갖고 있는 개념들을 기록했다. 그런데 그들은 모두, 단일가족으로 구성된 균질한 동네를 중심적인 개념으로 갖고 있었다. 그녀는 최근 출간한 《미국에서 살기: 행간 읽기》(*Belonging in America: Reading Between the Lines*, 1988)에서 교외의 남녀 100명 이상을 인터뷰해 자신의 주제를 더 발전시켰다. 많은 젊은 가족들이 주택 소유를 꿈꾸지 않는 이 시대에도 미국의 문화적 가치와 균질한 교외 주거지에 대한 선호 사이에는 여전히 큰 관련성이 있다. "이혼율과 주택가격이 높아졌음에도 불구하고, 단일가족이라는 이상을 상징하는 주택은 조금도 힘을 잃지 않았다"(Perin 1988, 98).

남성이 가장이 되는 것은 핵가족의 본질적 특징이다. "가족의 합법성은 남편과 아버지에 의존한다. 어머니와 아이들의 지위는 파생적이다"(Perin 1988, 40). 역사적으로 볼 때, 서유럽에서 핵가족은 높은 독립성, 그리고 신속하고 경제적인 이동성과 관련되어 있었다(Coontz 1988). 19세기 미국에서 가족과 일터가 분리됨에 따라 핵가족 단위가 좀더 중요한 사회적 의미를 띠게 되었다. 그리고 "일부일처 가족은 낮은 생활수준으로부터 진화한 결과물이며 신성하게 질서 잡힌 최종 형태"(Lund 1937, 410)라는 신념이 지속되었다. 미국이 이런 '사회적으로 정당한 한 가지의 가족'을 보호하는 주거패턴을 채택하려 한 것은 이상한 일이 아니다.

남성이 없으면 이 중산층 가족의 기준에 위배된다. 많은 여성들은 자신의 젠더(*gender*)보다 이 가족의 기준에 의해 더욱 강한 정체성을 느낀다. 가족이 기본적으로 젠더의 역할에 의해 정의된다고 할 때, 일반적으로 여성은 궁극적으로 자신을 비하하는 체계에 동조해온 셈이다(Perin 1988). 배우자와 이혼하거나 사별한 남성은 남성 가장을 유지하기 때문에 비정상이라고 생각되지 않는다. 가족의 정의가 남자의 존재를 요건으로 하기 때문에, 남성이 없을 때만 가족의 기준에 위배된다. 1990년 이전에 미국 인구조사는 '가족'과 '여성 가장의 가구' 등 두 가지 가족유형만 인정했다. 이제 인구조사의 통계에서 다양한 가족유형이 인정되지만, 지역지구 규제에서는 전통적인 정형(*stereotype*)이 여전히 작동하고 있다.

주거유형에 관련된 언어는 주거의 크기·특징·위치에 부합되는 가족의 정형을 부각시킨다. 부동산회사는 정형의 교외 단독주택을 "단독주택, 그곳이 바로 당신의 자녀를 키울 곳입니다"라고 선전한다. 그렇지만 동네의 외적 성격이나 형태의 '전통성'으로 그 안에서 영위하는 삶의 질이 확보되는 것은 아니다. 예를 들어, 어린이/아내의 성적·신체적 학대의 빈도와 그 가해자의 성격에 관한 누적된 통계를 볼 때 그것이 모든 경제계층에서 발생하며 주로 "가족이 있는 남성"의 범죄임을 알 수 있다. 그러나 공적인 토지 이용 방식은 아직도 시대에 뒤떨어진 정형에 근거하고 있다.

미국에서 핵가족 단위에 대한 편견은 계획분야에 한정된 것이 아니고 모든 공공정책의 입안에 퍼져 있다. 에이브라모비츠(Abramovitz)는 이러한 역사적 패턴을 설명하기 위해 다음과 같이 "가족윤리"(*family ethic*)라는 개념을 제창했다.

> 지배적인 사회적 기준으로서 가족윤리는 여성의 일과 가족의 역할에 대한 조건을 만들어낸다. 그것의 규칙에 의하면 보통의 여성은 결혼하고 아이를 갖는데, 그 과정에서 경제력 있는 남성의 부양을 받고 그에게 종속되게 된다. 정치경제에 주요한 변화들이 일어났음에도 불구하고 가족윤리는 지속되고 있다. … 식민지시대 이래, 사회복지 정책에서 여성은 가족윤리의 조건을 따르는 정도에 따라 달리 대우되었다(Abramovitz 1988, 2).

가족 윤리는 지자체의 토지이용패턴을 형성한다. 집과 가족의 사적 부문을 관리하는 것은 여성의 역할이라고 오랫동안 규정해온 패턴은 다수의 여성들이 노동력에 편입되었음에도 변하지 않았다. 오히려 여성은 가족의 사적 영역을 유지하면서 유급노동에 참여해 가족의 부양을 보조하는 책무까지 갖게 되었다. 전통적인 가족윤리에 바탕을 둔 토지이용패턴은 현대의 가족, 특히 여성과 자녀들에게 별로 도움이 되지 않는다. 그리고 그것은 작업·놀이·거주·여행패턴의 변화를 반영하지 못한다. 덧붙여서, 그것은 대안가족(*alternative family*)의 요구를 반영한 적이 없다. 많은 중산층 여성들이 이혼 때문에 하향 이동하고, 마땅한 정체성을 발견하는 데 곤란을 겪는다.

지역지구 법률에서 가족의 의미에 대한 사법적 시각

지역지구제로 토지이용을 규제하는 조례를 제정하는 미국 지방정부의 권리는 1926년에 확립되었다〔유클리드마을 대 앰블러 부동산회사 소송의 판례(Village of Euclid v Ambler Realty Co.) 272 U.S. 365, 1926〕. 그 판례 이래로, 대법원은 일관되게 지역지구제를 지지해 단일가족 주거지역의 성격을 보호·유지했다. 단일가족의 생활과 다른 생활방식들은 엄하게 다루어졌다. 일찍이 **유클리드**(Euclid)에서부터, 법원은 다음과 같이 주거지를 집합주택(*multifamily housing*)으로부터 보호한다고 천명했다.

> 특히 아파트에 관해 말하자면, 단독주거구역의 발전이 아파트의 대두로 인해 크게 지체되었음을 지적할 수 있다. 아파트는 때로 사적 주거를 목적으로 하는 구역 전체를 파괴하는 결과를 가져왔다. 그러한 단독주거구역에서 아파트는, 그 지구의 거주 특성에 의해 조성된 오픈스페이스와 매력적인 환경을 이용하려고 건축된 기생자일 뿐이다(272 U.S. 365, 114, 1926).

법원이 작성한 지역지구제 계획에 따르면, 지역지구제의 주된 목적은 단일가족의 주거지를 보호하는 것이었다. 지역에서 토지이용의 순위를 매길 때 공통적으로 단일가족 주거를 "최상·최선의 용도"로 평가했다. 원래는 **단일가족**(*single-family*)이라는 말이 단독주택이라는 물리적 구조물을 가리키는 것이었음에도 불구하고, 지자체는 그것을 주거 점유의 유형(전통적인 핵가족 단위에 의한 점유)에 관한 문제로 비약해서 해석했다.

역사적으로, 지역지구제 조례의 합헌성이 확립된 후 연방 법원과 대부분의 주 법원은 지역 차원의 통제에 최고권이 있음을 인정해왔다. 이는, 특정한 지역사회에 직접적인 영향을 주는 정치적 결정은 그 지역사회에 의해서만 결정되어야 함을 의미한다. 지역지구제 실행에서 이것은, 그 지역에 살지 않는 사람은 지역지구제 청문회에서 발언하는 것도 허용되지 않을 정도로 강화되었다. 실제로 1928년 이후 46년 동안 대법원은 지역지구제 소송의 재심을 거부했다.

1949년에서 1955년 사이, 대법원은 계획이나 지역지구제 사안에 관련된 21개 사건에 대해 상고를 기각하거나 사건이송명령(*certiorari*)을 거절했다. 1966년 리처드 밥콕(Richard Babcock)은 다음과 같이 신랄하게 논평했다.

> 우리의 고등법원 재판관들은, 그가 보수주의자든 자유주의자든, 민주당원이든 공화당원이든, 남부 사람이든 양키(*Yankee*)든, 법인 변호사(*corporate lawyer*)든 전직 교수든, 한 가지 점에 대해서만 합의한 것으로 보인다. 그것은 '우리가 안정을 중시한다면, 절대로 지역지구제 소송을 재심하지 않는다'는 점이다(Babcock 1966, 109).

1974년, 법원은 지역지구제의 사안에 대해 46년 동안의 침묵을 깼다. 그것은 **벨 테르 마을 대 보라스**(Village of Belle Terre v Boraas) 소송 때문이었다. 지방 지역지구제 조례에 가족의 정의를 포함하는 것이 합법적인가 하는 문제가 이슈였다(94 S. Ct. 1536, 1974). 뉴욕 주 롱아일랜드(Long Island)의 작은 마을인 벨 테르는 단일가족 주거지에서 가족으로서 동거할 수 있는 무연고자의 수를 제한했다. 지역지구제 조례상, 혈연·결혼·입양에 의한 가족은 가구원 수와 무관하게 단독주택을 점유할 수 있었고, 그런 관계가 없는 두 명이 단독주택을 점유하는 것도 허용되었다. 6명의 학생에게 세를 준 주택의 소유자가 그 제한에 대해 이의신청을 했다. 지구 법원(*District Court*)은 그 제한을 인정했고 항소 법원은 그것을 파기했다. 그래서 그 사안은 대법원으로 갔는데, 대법원은 그 조례를 인정했다. 판결문을 쓴 더글러스(Douglas) 판사는 그 조례에 대한 이의신청과 관련되는 헌법적 쟁점들을 다음과 같이 개괄했다.

> 현행의 조례에 대해 다음과 같은 몇 가지 논거에서 이의가 제기되었다.

> 그것이 개인의 이동권을 침해한다는 것, 그것이 개인이 이주하고 주(*state*) 내에서 정착할 권리를 침해한다는 것, 그것이 현재의 거주자와 다른 부류의 사람들을 배제한다는 것, 그것이 거주자와 동질의 사람들에 대한 사회적 선호를 표현한다는 것, 사회적 동질성은 정부의 적법한 관심사가 아니라는 것, 이웃이 좋아하지 않는 사람들에 대한 제한이 신입자의 프라이버시 권리를 침해한다는 것, 거주자가 결혼했는지 여부가 마을 사람들의 적법한 관심사가 아니라는 것, 개방되고, 평등하고, 통합된 사회인 국가의 경험 · 이념 · 자기인식에 조례가 반한다는 점(94 S. Ct. 1536, 1974).

그 조례를 인정하는 것이 다수 의견이었다. 많은 사람들은 지방 권력이 주거지역을 파괴적인 침범으로부터 보호해야 한다는 것이 그 소송의 본질이라고 보았다. 그 조례가 피상고인의 이동 · 교섭 · 프라이버시에 관한 기본권을 위반하지 않았음을 선고한 법원은, 그 조례가 "주의 허용 목표(*permissible state objective*)와 합리적 관계를" 유지할 것만을 요구했다. 더글러스(Douglas) 판사는 전통적인 가족과 환경 가치를 보존하고자 하는 그 마을의 소망에 주(*state*)의 허용 목표가 있다고 보았다.

> 가족의 요구에 대응한 토지이용사업의 적법한 지침은 마당이 넓고, 사람들은 적고, 자동차를 제한한 조용한 장소를 조성하는 것이다. 경찰권은 불결하고 건강에 해로운 장소를 제거하는 데 국한되지 않는다. 가족의 가치, 젊은이의 가치, 그리고 조용한 삶과 깨끗한 공기의 축복으로 사람들을 위한 성역(*sanctuary*)이 만들어지도록 지역(*zone*)을 배치하는 것도 경찰권에 속한다(94 S. Ct. 1536, 1974).

1974년의 **벨 테르** 판결은 놀라운 것이 아니었다. 전통적인 가족을 긍정적으로 인정하는 법적 전통이 정착되어 있었기 때문이다. 볼렌버그(Wollenberg) 판사는 1970년의 판결문에서 다음과 같이 진술했다.

> 전통적인 가족은 단절하기 어렵거나 불가능한 생물학적·법적 유대로 결속된 제도다. 그것은 젊은이를 교육하고 양육하는 역할을 한다. 이는 '자발적인' 것과는 거리가 멀고 의무적일 때가 많다. 마지막으로, 그것은 장구한 시간 동안 인간의 가장 깊은 정서적·신체적 요구를 만족시키는 수단이었다(Palo Alto Tenants Union v Morgan, 321 F. Supp. 908, 1970).

이런 견해에 따라 가족의 권리를 정의·규제·보호하는 가족법이 제정되었다. 아인바인더(Einbinder)는 "법적 가족"의 발전에 대한 분석에서, 가족의 정의가 보험·복지법의 판례에 상당히 안정적으로 남아있고 결혼과 지역지구제의 영역에서는 다소 교란되고 있다고 결론지었다(Einbinder 1974).

벨 테르 마을 대 보라스(Village of Belle Terre v Boraas) 소송 구두주장(*oral argument*)의 한 대목에서 이런 점이 강조되었다. 구두주장의 기록에서 재판관이 누군지는 확인할 수 없다. 세이거(Sager) 씨는 마을 조례를 반대하는 측의 변호사다.

질문 그리고 그 마을이 이번 사건에서, 적어도 그들의 방식대로, 가족을 정의할 법적 권한을 갖지 못한다, 그 말입니까?

세이거 씨 맞는 말씀이라고(권한을 갖지 못한다 — 역자 주) 생각합니다.

질문 그리고 가족을 지금 사회주의자들이 핵가족이라고 부르는 것으로 정의할 수 없다, 그런 말인가요?

세이거 씨 … 이 (조례의) 기준을 만족시키는 친밀한 관계는 핵가족보다 혈연적으로 훨씬 먼 것일 수도 있습니다. 예를 들어, 먼 사촌, 삼촌, 할아버지도 그 기준을 만족시킬 수 있습니다.

질문 그럼, 종족(*tribal*). 그들은 가족을 종족의 용어로 정의할 수 없게 됩니다.

세이거 씨 종족의 용어는 더 정확히 사용될 수 있습니다, 재판관님.

질문 그럼, 변호사의 의뢰인들은 가족을 이루지 않았죠, 그렇지 않나요?

질문 변호사의 정의에 따르면 그들은 가족을 이뤘습니다. 그렇지 않습니까?

세이거 씨 그들은 가족을 이루지 않았습니다. 누구의 정의에 따를 것인지 물어야 한다고 생각합니다, 재판관님. 사회주의자의 정의에 의하면, 잘 모르겠습니다. 벨 테르 마을의 조례에 의하면, 확실히 아닙니다. 저의 정의에 의하면 그들은 확실히 단일 가계단위(*single housekeeping unit*)를 형성했습니다. 실제로, 그들은 저녁식사를….

질문 내 질문은 그것이 가족이냐, 가-족-이-냐는 것입니다.

세이거 씨 그들은 제가 가족이라고 부르는 그런 가족은 아닙니다, 재판관님. (Perin 1977, 91에서 재인용)

벨 테르(Belle Terre) 지역지구제 조례가 가족에 대한 극단적이고 좁은 시각을 보여주지만, 18년이 지난 지금도 여전히 '가족'이라는 용어는 지방정부의 지역지구제 조례에서 일관되게 정의되지는 않는다. 주 법원이 가족의 해석을 훨씬 더 자유롭게 하는 경향이 있는 반면(세 개 주의 법원은 이제 정해진 숫자로 가족을 정의하는 것을 금지한다), 여전히 많은 주 법원들이 영향력 있는 연방판례인 **벨 테르** 판례를 의사결정의 참고사례로 사용한다. 예를 들어, 1991년 8월 코네티컷 주(Connecticut) 대법원은 한 가구를 이루는 무연고자의 수를 3인으로 제한하는 가족의 정의를 인정했다. 재판관들은 직접 **벨 테르**를 인용하며, 원고의 주장 그리고 미국계획협회(American Planning Association)와 코네티컷 시민자유연대(Connecticut Civil Liberties Union)가 제출한 **법원 고문** 소송적요서(*amicus curiae brief*)를 기각했다. 소송을 제기한 사람들은 "스트랫퍼드(Stratford)의 가족에 대한 정의가 구시대의 산물이다"라고 주장하고, 그 규정의 배타성을 지적했다. 또한 그것을 좀더 완화해도 지방정부의 목표는 달성될 수 있다고 말했다(Dinan v Town of Stratford 220 Conn. 595, 1991).

지역지구제를 통한 차이의 배제

지역지구 규정에서는 핵가족이 거주하는 '단일가족'의 주거지로부터 이질적인 생활방식을 분리하고자 한다. 페린(Perin 1988)은 미국에서 토지이용과 사회질서의 관계에 대한 연구에서, 미국인들은 자기와 다른 사회적 지위를 가진 사람들의 주거지에서 불안을 느낀다고 말한다. 페린은 자신의 연구를 언급하며 다음과 같이 말한다.

> 나는 미국인들이 임차인·흑인·어린이·노인·저소득자, 그리고 주거와 지리적 입지에 나타나는 그들의 표지(*sign*)를 문화적으로 불안정한 것으로 본다는 사실을 발견했다. 고대 이국적인 사회의 사람들처럼 미국인들은, 명확히 규정된 사회적 지위의 주변부나 사회적 지위들 사이의 전이지대에 위험한 사회세력이 존재한다고 생각한다. … **임차인·미성년자·여성·흑인·도심에 낮은 문화적 등급을 매김으로써 그들의 상대인 소유자·성인·백인·남성·교외의 명확한 업적과 성취가 더욱 부각된다. 세계를 그렇게 분류하려는 노력은 이런 식으로 조장된다**(Perin 1988, 40, 필자가 강조를 추가함).

유럽에서 이주해온 사람들은 식민지시대부터 지역사회의 구성원을 같은 생각을 가진 사람들로 제한함으로써 자신들의 문화적 차별성을 강조했다(Norgren and Nanda 1988). 지역사회의 가치에 동조하지 않는 사람들은 자발적으로 떠나거나 쫓겨났다. 산업혁명 기간 동안 교통체계의 발달로 중산층의 직장과 주거가 분리되는 일이 많아짐에 따라 동경의 대상이던 핵가족 단위를 중심으로 한 배타적인 지역사회가 구성되었다. 전업주부와 단독주택이라는 모델은 아메리칸 드림의 표상이 되었다. 지역사회에서 경제적 계층들을 물리적으로 분리하고 차이가 있는 집단을 공간적으로 분리하는 것은 계약조항과 지역지구제를 통해 법제화되었다.

19세기에, 큰 지역사회 안에서 동네의 공간적 배타성을 보호하기 위해 제약적인 실행계약서(*deed covenant*)가 사용되었다. 그리고 20세기에는, 토지 이용이 동질적인 주거지는 물론 전통적인 핵가족 생활방식을 보호하는 주거지를 확보하는 데 도움이 되는 공적 수단이 지역지구제에 추가되었다. 더 나아가, 가치의 결정자인 법원은 생활방식의 동질성을 영속시키려는 지역사회의 권리를 일관되게 보호했다(Norgren and Nanda 1988).

지역지구제는 토지의 공간구조를 규정함으로써 지역에 따라 활동들을 허용하거나 금지한다. 그것이 또한 가족의 정의를 통해 '누가' 어디에서 살 수 있는지를 규정한다는 점이 중요하다. 가족의 정의에 따라 혈연이나 결혼 관계가 없는 사람들의 동거가 제한되거나 금지됨으로써 가족 구성이 규정된다. 20세기 초, 최초의 지역지구법이 제정되고 실행된 이래로 지역지구제에는 가족의 정의가 포함되어 왔다. 초기에는 가족을 "단일 가계단위(*single housekeeping unit*)의 건물에서 자고, 취사하고, 식사하는 한 명 이상의 사람들"로 정의함으로써 간단한 기준으로 가족을 정의하는 경향이 있었다(Bassett 1936, 189). 그러나 1960년대 이래로 미국의 지역사회에서는 가족을 좀더 제한적으로 정의하려는 움직임이 있었다.

1960년대에 생활양식의 변화(특히 공동생활을 향한 움직임과 정신질환자의 수용시설 탈피 경향)와 작은 핵가족을 보존하려는 강한 욕구에 직면해, 지방정부는 조례에 엄격한 가족의 정의를 반영하기 시작했다. 1960년대 이후 가족에 대한 새로운 정의에 따라 동거할 수 있는 무연고자들의 수(그리고 어떤 경우에는 혈연관계가 있으나 핵가족의 구성원이 아닌 사람의 수)가 제한되기 시작했다(Ritzdorf 1985). 예를 들어, 시애틀-에버렛 광역시(Seattle-Everett metropolitan area)에 대한 1983년의 조사를 보면, 모든 지역사회가 1950년 이후 법제화된 가족의 정의를 사용하고 있었다. 그리고 74퍼센트는 1960~1982년에 제정되었거나 크게 개정된 것이었다. 9개(29퍼센트)의 지역사회는 무연고자의 동거를 허용하지 않았다. 그중 8개가 교외의 작은 지역사회였던 반면, 나머지 한 개는 인구가 5만 명이 넘는 에버렛이었다(Ritzdorf 1983).

미국의 시영주택에서 가족을 정의하는 데는 다양한 기준이 사용되었다.

가구 구성원의 관계, 가족단위의 구성원 수, 단일 가장에 의한 통제, 가족의 기능,[3] 가구의 비영리적 성격, 부엌의 공동사용 등이 그런 기준에 포함된다(Shilling 1980). 미국의 지방정부 조례에 나타난 가족의 정의는 다음의 네 범주에 속한다.

(1) 정의가 없음: 일부 지역지구제 조례에는 가족의 정의가 포함되어 있지 않다. 그러나 이는 드문 경우다.
(2) 넓은 정의: 가족을 '단일 가계단위'(*single housekeeping unit*)로 정의하는 조례. 이것도 드문 경우다.
(3) 완화된 정의에서부터 제한적 정의까지의 범주: 가족을 **혈연·결혼·입양**으로 맺어진 전통적인 가족으로 정의하는 지역지구제 조례, 그리고/또는 단일 가계단위를 구성하는 일정한 수(보통 2~5)의 무연고자로 정의. 미국 커뮤니티의 다수가 이 범주에 속하는 가족의 정의를 가지고 있다(Ritzdorf 1985).
(4) 매우 제한적인 정의: 가족을 혈연·결혼·입양에 의해서만 법적으로 관련된 사람들의 집단으로 정의(Ritzdorf 1983).

법원과 지역사회는 가구 구성의 제한을 합리화하는 다양한 이유를 제시해왔다. 이러한 정당화의 이유로는 재산 가치의 보존, 임대건물의 보존, 주차나 교통문제의 방지, 주거지 안전의 보존, 인구밀도의 통제, 소음과 소란의 방지, 그리고 비도덕적이거나 반사회적인 행태의 통제 등을 들 수 있다(Shilling 1980).

확대가족과 무연고자의 동거 권리를 부정하는 지자체의 공권력에서 사회적 배제가 일어나는 중요한 방식을 볼 수 있다. 그것은 사회의 소수민족과 빈자뿐만 아니라, 스스로 선택했거나 부득이하게 기준과 다르게 생활하는 모든 사람들에게 영향을 미친다. 한 부모(*single parent*)들과 노인들은 주택을 공유하면 유리한 점이 많다. 아이러니하게도 지역사회는 그런 선택을 금지하거나 제한함으로써 그들이 익숙한 주택·주거지·지역사회에서 가족을 이루어 살 수 있는 유일한 기회를 박탈하고 있다.

가족을 제한적으로 정의하는 것은 혁신적인 주거와 역사적 건물의 보존 정책을 좌절시킬 수도 있다. 가족의 정의가 걸림돌로 작용하지 않으면, 오래되고 규모가 매우 큰 주택들도 여러 가지 혁신적 방식으로 재사용될 수 있다. 예를 들어, 자유로운 액세서리 아파트(*accessory apartment*)[4] 조례에서는 대개, 그 안에 있는 모든 주거단위의 점유자 총수가 가족의 정의상 한 가족이 사는 주택의 점유자 수보다 많을 수 없다는 규정이 '딜레마'다. 이 조항으로 시민들의 비위를 맞출 수는 있겠지만, 이용되지 않는 대규모 주택의 거주밀도를 높이는 데는 도움이 되지 않는다.

1984년 나는 미국 전역의 교외 및 도시 주거지에 대해 무작위 표본조사를 수행해 지방정부의 토지이용계획과 지역지구제 정책에서 "새로운 전통 가족"(*new traditional family*)의 요구가 어떻게 다루어지는지에 대한 정보를 수집했다. 지방조례와 회수된 설문지를 다섯 개의 주제에 따라 분석했다. 첫 번째 주제는 지방정부가 무연고자들이 동거할 권리를 제한하고 있는지를 평가하기 위해 가족에 대한 지방정부의 정의를 조사하는 것이다. 예를 들어, 두 개의 한 부모 가구가 같이 하나의 생활공간을 사용할 수 있는가를 조사했다. 두 번째 주제는 지방조례가 사람들이 집에서 작업을 하여 경제적·가정적 책무를 결합하는 것을 제한하거나 금지하는 방식을 탐구하는 것이다. 세 번째 주제는 지역사회가 집이나 센터에서 운영하는 데이케어(*day care*)[5]를 규제하는 방식, 그리고 데이케어 시설이 어떤 유형의 주거지에 입지할 수 있는지를 평가하는 것이다. 네 번째 주제는 단독주택에 있는 액세서리 아파트의 취급에 대한 조사이다. 마지막 다섯 번째 주제는 지방정부가 지방의 임대주택에 사는 어린이에 대한 차별을 허용하는지 여부를 검토하는 것이다〔현재는 1988년의 공정주택거래법 개정조항(Fair Housing Act Amendments)에 의해 금지됨〕.

이 조사의 결과, 지역사회가 주거지에 사는 가족의 변화하는 요구에 거의 대응하지 않는다는 사실이 밝혀졌다(Ritzdorf 1987). 장기적으로 계속 조사해봐야 알겠지만, 지방정부의 지역지구제에 중요한 변화가 있을 것 같지는 않다.

지역지구제 조례에는 가족 구성원의 정의 외에도, 어떤 주택과 주거지가 상대적으로 더 적당한 주거환경인지가 명시되어 있다. 지역지구제에서는 주거가 **단독**(*single-family*)과 **집합**(*multifamily*)의 두 범주로 나뉜다. 전형적인 지역지구제 조례를 조사하면 건폐율이나 주거단위 수 등에 따라 주거지가 세분된 것을 볼 수 있다. 예를 들어, 단독주택지가 밀도나 최소 대지면적에 의해 나뉜다. 집합주택지역의 경우, 듀플렉스(*duplex*)[6]만 허용되는 지역도 있고 고층아파트가 허용되는 지역도 있다.

이러한 각각의 지역(*zone*)은 자가와 임대주택, 고급 주거지와 열등한 주거지 등에 관해 다중의 문화적 메시지를 전달한다. 더욱이 각각의 지역에서 허용되는 실제 용도는 지역의 '명성'(*prestige*)에 따라 달라진다. 대부분의 지역사회에서는 단일가족 지역에 거주하는 것이 가장 고급이며, 소요필지가 클수록 그리고 주거 이외의 다른 허용용도의 수가 적을수록 그 지역이나 지역사회의 수준이 높아진다고 생각한다. 실제로 대형필지(1에이커 이상)와 고가의 주거 이외에 다른 용도는 절대적으로 허용하지 않는 지역사회도 있다. 이런 작은 지역사회에는 서비스시설이 전혀 없다(Ritzdorf 1983).

보통의 지방정부에서 지역지구제 조례는 다양한 방식으로 특정한 유형들을 요구한다. 예를 들어, 현재 많은 지역사회에서 다음과 같은 주거지 정책을 편다. 주택과 작업장의 결합을 배제한다. 어린이집·쇼핑·근린생활시설의 입지를 배제한다. 고가의 오래된 대형주택을 다수의 주거단위로 리모델링하는 것을 금지한다. 조립식 또는 공장생산 주택 같은 저렴 주택 형태를 배제한다.

현재 좀더 통합적인 지역사회의 설계를 실험하는 곳은 드물고, 배타적이고 고가인 개발지가 대부분이다. 이들 '탈근대적' 지역사회가 가진 본질은 엄격한 주거지개발 법규를 사용해서 "옛 마을"을 복제하는 것이다. 이들 지역사회는 전통적인 단일가구의 지역지구제 패턴을 해체하는 것을 공식적인 목표로 내세우지만, 여전히 건축적·문화적으로 복고적인(*nostalgic*) 상태에 있는 것으로 보인다. 장래의 개발에서는 그런 지역사회에 비전통적인 저소득 가구도 허용될 것이라는 주장이 실현될지에 대해서는 좀더 연구가 필요하다. 그리고 이러한 엄격한 법규가 주택 안에서의 작업(센터가 아닌 주택에서 어린이나 노인을 돌보는 것을 포함), 액세서리 아파트, 그리고 다른 혁신적인 주거 공간 이용방식을 허용해야 하는지 여부를 조사하는 연구도 필요하다.

지자체의 지역지구제와 토지이용규정은 건조환경에 있는 물리적 영역을 지역사회의 차원에서 규제하고 강화한다. 토레(Torre 1977)가 주장하듯이, 건물이 사람들의 생활방식과 가치의 종류·위계에 관한 문화적 이념을 구현하는 상징적 형태라면, 지역지구제 조례는 동일한 유형이 양성되고 계속 만들어지는 것을 보증하는 규정이다. 이에 따라, 지역사회에서 이루어지는 물리적 설계는 현 상태를 변함없이 재창조한다(Torre 1977).

결론

지방정부의 지역지구제 조례에 사용된 가족 유형은 문화와 관련되는 담론이다. 가족이라는 언어는 우리에게 어떤 가치와 태도를 확인시켜주고 알려준다. 그것은 출처가 불분명한 규범인 핵가족 유형, 곧 작업장이 없는 주택에 사는 부부라는 사회적 관계의 특정 유형을 전제로 한다. 미국에서 가족을 핵가족에 국한함으로써 야기된 좁은 선택 폭은 사람들의 요구가 변함에 따라 바뀔 필요가 있다. 물론 미국 중산층의 생활에 본질적인 공통의 행태기준은 유지되어야 할 것이다.

핵가족이 미국 가족들이 바라는 생활방식의 모델이라는 가정을 받아들인다 해도(이 가정은 20세기 후반에 계속 도전받을 것이다), 그것이 중산층이나 백인이 아닌 사람들의 삶을 무시하는 데 문제가 있다. 미국 역사상, 생계수단이 없는 여성 가족구성원이나 여성 가장은 언제나 사회 노동력의 일부로서 집 밖에서 노동을 해왔다. 그 밖에도 그들은 가족의 경제적 요구를 충족하기 위해 집에서 하숙을 하거나 세를 주었고, 집에서 일을 해왔다.

가난한 유색인종 사람들에게 인종은 "제 2의 억압 축"(*second axis of oppression*)이 되었다. 지방정부의 전통적인 규정이 백인들을 우대하고, 유색인종 사람들을 착취하거나 그들의 삶의 기회를 축소시킨 경우가 많았다. 지역지구제가 특히 그랬다. 지역지구제는 유색인종이 백인 중산층의 공간으로 확장하는 것을 계속 방지해왔다.

21세기 계획 · 설계의 과제 중 하나는 미국 지역사회의 경계를 변화시키고 확대하는 것이다. 그래도 단독주택이라는 주거유형, 그리고 그것에 결부된 무수한 상징적 이미지는 여전히 불투명한 미래의 사회규범으로 남을 것이다. 그러나 지역지구제는 주거의 유형과 규모, 그리고 그 안에 거주하는 가족의 성격에 대해 좀더 융통성을 발휘하도록 재구성될 필요가 있다.

그러한 변화에는 가족에 대한 차별적인 정의 대신 연고자나 무연고자를 가리지 않고 적용할 수 있는 주거지 밀도의 합리적인 기준이 포함되어야 한다. 또한 '단독' 주택이라는 주거유형에 관한 변수들의 의미를 재구성하는 것도 포함되어야 한다. 곧, 모든 주거지역에 재택근무, 어린이와 노인 돌보기, 그리고 합리적으로 설계된 액세서리 아파트가 포함되어야 한다. 통합적인 설계안과 사회적 생활방식〔코하우징(*cohousing*)[7] 같은〕을 조장하고 지원해야 한다. 미국 전역에 분포하는 전형적인 지역사회에 이런 모든 용도를 합리적으로 통합할 수 있다.

사회구조는 그 지역사회의 공간설계에 표명된다. "그리고 자유롭게 활동할 수 있는 사람들은 물리적 환경의 권력을 인식하지 못할지라도 물리적 환경으로 인해 선택이 제한된 사람들은 그것의 권력을 명백하게 인식한다."(Salem 1986) 미국 사회의 인구통계학적 변화에 현실적으로 민감하게 반응하는 혁신적인 계획 · 설계안은 기존의 지역지구 규정을 일신하지 않고는 가능하지 않다. 미국 지역사회의 쇠퇴는 다양한 생활방식 유형을 나타내는 가족과 주거단위가 있어서라기보다, 대안적 가족형태의 실험을 제한하고 주거 혁신을 좌절시키는 정책 때문이다.

역자 주

1) 지역지구제(*Zoning*)란 건물의 용도와 설계에 따라 토지를 분할하는 제도를 말한다. 건강, 안전, 복지 등 공공이익을 목적으로 각 지역이 인접 용도의 방해 없이 가장 잘 사용될 수 있도록 토지용도를 분리하는 제도다. 현재의 지역지구제에서는 지역·지구별로 건물의 용도, 높이, 용적, 밀도 등을 제한한다.
   1916년 뉴욕에서 최초의 현대적 지역지구 조례가 제정되었다. 1922년 미국 상무성은 토지 규제가 경제에 유익하다고 보고, 주(州)가 시에 지역지구제의 권한을 부여할 수 있는 최초의 '주 표준 지역지구제 법안'을 반포했다. 1926년 미국 대법원이 지역지구제의 합헌성을 지지한 유클리드(Euclid) 마을 대 앰블러(Ambler) 부동산회사의 판례가 나온 후, 지역지구 조례(*zoning ordinance*)는 일반적인 규제로 확산되었다. 이때부터 하위용도는 상위용도에서 허용되지 않으나 상위용도는 하위용도에서 허용되는 유클리드식 지역지구제〔Euclidean zoning, 적중식(積重式) 지역지구제라고도 함〕라는 개념이 등장했다.
2) 동일하게 명명되는 주택유형의 정의가 모든 사회에서 일정한 것은 아니다. 이 글에서 single-family house, single-family (detached) home 등으로 표현된 '단독주택'은 하나의 독립된 건물에 한 가족이 거주하는 가옥을 말한다.
   참고로 우리나라의 경우, 건축법 시행령의 별표 1에서 규정한 단독주택에는 한 가족이 거주하는 주택 외에도 다중주택, 다가구주택, 그리고 공관(公館)이 포함된다. 다중주택은 학생 또는 직장인 등 여러 사람이 장기간 거주할 수 있는 구조로 되어 있고 독립된 주거의 형태가 아니며, 연면적이 330제곱미터 이하이고 층수가 3층 이하인 주택을 말한다. 그리고 다가구주택은 주택으로 쓰는 층수(지하층 제외)가 3개 층 이하이고 한 동의 바닥면적(지하주차장 면적 제외)의 합계가 660제곱미터 이하이며, 19세대 이하가 거주할 수 있는 주택으로 공동주택에 해당되지 않는 것으로 정의되어 있다.
3) 주택에서 경제적 활동을 하는지 여부를 의미한다.
4) 기존의 단독주택의 내부나 증축부, 혹은 기존 주거와 동일한 필지에 있는 부속 건물에 별도의 취사·식사·위생·취침 공간을 갖춘 독립 주거시설을 말한다.
5) 미취학아동·고령자·장애인 등을 주간에 돌보는 일.
6) 하나의 주거단위가 연속되는 2개 층으로 구성된 형식, 또는 각 층에 한 가구씩 두 가구가 거주하는 2층 주택으로, 출입구도 2개인 주택이다. 여기서는 후자를 의미한다.
7) 1960년대에 덴마크에서 시작된 공동의 주거형태로, 시설을 공유하며 생활도 공유하는 주택을 말한다.

제7장

용어와 유형: 주거유형과 도시유형의 이해

앤터니 D. 킹 Anthony D. King

모든 이해는 분류에서 시작된다.

하이든 화이트(Hayden White) 1978, 22

건물유형의 기원, 사회적 의미, 그리고 경제적·정치적·문화적 중요성에 관한 문제는 여러 방향에서 접근될 수 있다. 우리가 어떠한 문제를 다루어도 분류체계, 그리고 민속분류학[1]을 비롯해 지식의 사회적 구축에 관한 매우 기본적인 논제들이 제기될 것이다.

건물형태가 사회적으로 생성되는 문제를 사회학적 시각에서 생각해볼 수 있다. 곧, 사회적 형태·차이·관계가 공간에 매핑되는(*mapped*)[2] 방식뿐 아니라 특정한, 때로는 배타적인, 건물형태의 유형을 통해 그것들이 어느 정도 영속성을 획득하는 방식을 논할 수 있다. 그러나 이렇게 사회적인 것을 공간적인 것보다 우선하면 (특정한 건물유형의 형태와 구성을 포함한) 공간이 실제로 사회적인 것의 상당 부분을 **구성한다는** 점을 소홀히 할 우려가 있다.

여기에서 대두되는 문제는 해석의 정확도를 제대로 확보하느냐 하는 것이다. 건조형태와 사회적 형태의 상호관계에 대해 생각해볼 수 있지만, 과연 공간적으로 서로 다른 건물유형이 각각 어떤 사회적 의미를 뒷받침하는가를 명확히 확인하기는 어렵다.

이러한 맥락에서, 문제가 되는 사회조직의 사회적·문화적 차별성을 나타내는 용어체계와 분류법이 있다면 그것들에서 귀중한 통찰력을 얻을 수 있을 것이다. 그것들을 통해 문화적으로 의미 있는 사회적 차이가 건물유형의 내부공간 분할은 물론 위상기하학적 구성에 매핑되는 방식을 볼 수 있기 때문이다(King 1974, 1980; Markus 1982, 1987, 1993). 이러한 접근방법은 또한 권력의 전체적인 분포 안에서(Foucault 1980) 특정한 집단의 담론이 새로운 건물유형(여러 건축형태로 나타나지만)을 만들 뿐 아니라, 담론을 구성하는 데 있어 설계 및 건설과정 자체는 물론 유형과 형태가 없어서는 안 된다는 사실을 보여준다(Metcalf 1989; Prior 1988; Rabinow 1989; Scull 1981).

그러나 탐구의 방법으로서, 한 사회의 용어체계를 건물유형과 그것의 세분된 공간에 매핑하는 일이 개인적 행위의 영역과 사회적 행위의 영역 사이를 거울같이 '반영'한다고 의심 없이 받아들일 수는 없다. 르페브르(Lefebvre)[3]는 다음과 같이 말했다.

> 논리적·인식론적·발생론적으로 말할 때, 언어가 사회적 공간(의 생산)에 선행하는가, 그것을 수반하거나, 아니면 그것을 따르는가? 언어는 사회적 공간의 전제조건인가 아니면 그것의 표출일 뿐인가? 언어의 우선성은 확실히 정립되지 않았다(1991, 16).

명명된 것은 모두 실제로 존재하는가, 그리고 존재하는 것은 모두 실제로 명명되는가 하는 존재론적 질문은 중요하다. 누가 또는 무엇이 공간을 구축하고 생산하는가 하는 질문에 덧붙여, 누가 또는 무엇이 공간을 명명하는가 하는 권력에 대한 질문도 생각해볼 수 있다.

이러한 탐구의 두 영역, 곧 건물형태의 사회적 생산 그리고 건물의 형태와 공간을 구별하는 수단으로서 언어의 사회적 생산과 전유(專有)는 모두 기본적으로 건물유형의 사회적 생산에 관련되어 있다. 여기서 **유형**이란 수도원·주유소·시청과 같은, 사회적으로 분류되거나 흔히 용어상으로 구분된 건물형태를 말한다. 건물**형태**는 건물에 부여된 공간의 특성과 건조형태의 특성을 말한다. 그 특성에는 특정한 건물**유형**을 생산하는 데 필요한 것들이 포함된다. 이제 생산의 문제에서 소비의 문제로 가보자.

(특수한 건물유형을 포함해서) 어떤 사회적 형태를 생각할 때, 명명된 공간 범주와 그것의 정규적인 사회적 재생산(물질적 의미에서는 물론 정신적 구성개념과 언어에서) 사이에는 상호 관계가 있다고 논리적으로 가정할 수 있다. 건조환경에서 사회적 의미는 특정한 공간과 관련하여 구축된다. 그리고 그러한 특정한 공간은 다시 사회적 의미를 낳는(해석이 없이는 안 되지만) 개념과 공간을 요구하고 재생산한다. 여기서 우리는 일상 언어에서 사회·공간적 범주가 사회적 은유로 사용되는 방식을 인식할 수 있다. '교외 생활방식'에서 '맨해튼 유형'에 이르기까지, '빈민가(*ghetto*) 정신'에서 '2호연립 생활'(*semidetached existence*)까지 곳곳에서 그런 방식을 볼 수 있다. "동네 사이를 연결하는 다리의 건설"이라고 은유적으로 말하거나 "백악관 입장"이라고 언급하는 사람들은 그런 은유가 유래한 물리적 실체의 존재를 가정한다.

그러나 요점은 건물, 건물유형, 건축적 상징, 그리고 형태는 그것들이 속하는 역사·사회·문화 — 어쩌면 언어공동체 — 를 초월해 영속적인 사회적 의미를 갖는 것은 아니라는 점이다. 의미는 안정적이지 않다. 지속적으로 변화하는 사회질서에 의해 사회적·문화적으로 분화된 범주들이 건조환경에 부단히 등록되고 재등록된다. 같은 방식으로, 그 범주들은 여러 사회적 자아들의 주체성(*subjectivity*)에 등록된다.

더욱 중요한 점은, 유형이라는 말뜻에 관계없이 유형이 존재한다는 사실 자체가 어떤 종류의 차이를 나타낸다. 가장 간단한 예를 들어보자. 두 집이 아무리 비슷하게 지어졌더라도 그것들은 항상 서로에 대한 관계 속에서(즉, 다른 집의 오른쪽 또는 왼쪽에, 다른 집보다 가까이 또는 멀리에) 존재한다. 그것들이 속하는 사회의 질서에 따라서 그것들이 어느 정도 유사한지 또 어느 정도 다른지 규정된다. 나는 서로 다른 두 가지 자료를 인용해, 분류법을 구성하고 표현하는 용어체계 그리고 이런 분류법과 용어에 의해 구성되는 건물·도시 유형 사이의 관계를 설명하고자 한다.

내가 조사한 첫 사례는 북 잉글랜드에 있는 한 도시의 주택시장에서 관계자, 특히 부동산중개업자(즉 주택과 토지 중개업자)가 한 공적인 대화다. 이것은 1980년대 초에 수행한 연구에 바탕을 둔 것이다. 자료에 따르면, 주거유형의 개념, 그리고 서로 다른 유형들 사이를 구분하고 그것들을 세분하기 위해 선택된 특성들은 경제 부문에서 주거의 상품화와 마케팅 과정의 일부로 활용된다. 부동산중개업자들이 일반적으로 물건(物件, *property*)이라 부르고, 공적 부문에서는 보통 주택(*house*, 미국에서는 종종 *home*이라고도 함)이라고 하는 것을 나는 '주거유형'(*dwelling type*)이라는 포괄적인 사회과학 용어로 지칭한다. 포괄적 의미에서 주택은 일·이층 또는 그 이상이 될 수도 있는데 보통은 4층 이하다. 〈표 7-1〉에 나타난 것처럼, 부동산중개업자의 언어에서는 사무소·상점 등 '상업 물건'에 반대되는 '주거 물건'이라는 용어가 주거의 모든 측면들을 지칭한다. 도처에서 볼 수 있는 "탐나는 저택"(*desirable residence*)이라는 표현에서처럼 "저택"(*residence*)은 주로 부동산중개업자가 사용하는 언어다. 그것은 사회적 의미가 짙게 드리운 용어다. 그것은 부동산중개업자가 '개인 대지'에 세워진 평균 규모 이상의 단독(곧 독립) 주택을 묘사하거나, 마케팅 전략상 그런 단독주택을 표현하기 위해 사용하는 용어다.

유형, 그리고 유형들 사이를 구분하는 속성들은 시장을 작동시키는 데 반드시 필요한 메커니즘이다. 그러나 그것들은 경제 부문의 내부는 물론 **외부에서** 나름의 결정력을 가진 일련의 사회적·문화적 의미에 좌우된다. 또한 그 사회적·문화적 의미는 시간에 따라 변화한다.

두 번째로, 연구자들이 도시의 유형을 분류하는 데 사용하는 용어를 조사한 일련의 연구들을 살펴보기로 한다. 이들 연구에서는 여러 도시유형을 아우르는 분류체계를 만들기 위해 여러 분야의 (영어) 담론이 다양한 도시성(*urbanism*)의 형태에 매핑되는 방식에 주목해 논의를 진행한다. 이런 연구들을 다루는 것은 판단기준의 일관성과 비일관성에 관해 기초적인 질문을 제기하기 위해서다. 그러나 더 중요한 것은, 그 범주들이 일반적으로 내포한 유럽중심성을 표면화함으로써, 모든 분류체계의 생성에서 시간적

표 7-1 1980~82년 잉글랜드 웨스트요크셔(West Yorkshire)에서 주거유형을 비교하는 데 사용된 대비 항목들

1. 지역/소재지	9. 위치	16. 설비
2. 가격	a. 교통과 그 밖의 어메니티[4]	17. 시공 상태
3. 주거유형(〈표 7-2〉 참조)	b. 사회적 평가	18. 크기/생활공간
4. 침실 수	10. 대지	19. 시공재료
5. 중앙난방 여부	11. 외관/시각적 특성	20. 수명/건립년도
6. 차고/주차공간	12. 전반적 수준	21. 양식
7. 방의 목록	13. 개별성의 정도	22. 대지/필지 면적
(예, 부엌 · 홀 · 식당 등)	14. 물리적/사회적 속성	23. 세금/지방세
8. 정원	15. 상태/유지관리 수준	24. 욕실 색채
		25. 그 밖의 인테리어 특징

[요크셔 이브닝 포스트(Yorkshire Evening Post)에 실린 토지/주택 중개업자와 개인 판매자의 광고를 토대로 작성한 표. 자주 언급되는 항목을 빈도순으로 정리한 목록이다.]

· 공간적 · 문화적 · 이념적 측면의 위치성(*positionality*, *situatedness*)이 갖는 막대한 중요성을 밝히는 것이다. 분류체계란 모두 인류학자들이 말하는 '민속분류법'이라 할 수 있다(Conklin 1972). 담론에서는 언제나 사회적 · 정치적 영향력이 가장 큰 집단이 사용하는 분류체계가 채용된다.

주거: 사회적 · 문화적 범주들

주거형태와 관련해 문화를 개념화한 최근의 연구들은 사회적으로 구축된 의미체계에 있는 상징적 요소를 강조한다. 《주거, 문화, 그리고 디자인》(*Housing, Culture, and Design*, 1989)에서 로(Low)와 체임버스(Chambers)는 문화를 정치적 · 경제적 구조, 인지, 의미체계, 해석 등 네 가지로 정의하고 주거를 논한다. 여기서 나는 그 이전의 연구를 참조해 인지 · 의미체계 · 해석 등 세 가지의 개념화를 다루고자 한다. 굿이너프(Goodenough)에 따르면, 한 사회의 문화는 다음과 같은 것으로 구성된다.

> 그것이 무엇이든, 그 사회의 구성원들이 받아들일 수 있는 방식으로 행동하기 위해 알거나 믿어야 하는 것. …… 사회의 문화는 사람들이 생각하는 사물들의 형태이며, 사물들을 지각하고, 관계 짓고, 아니면 해석하기 위한 모델이다(Sturtevant 1972, 131에서 인용).

그 밖에 문화에 대한 개념화에서는 일련의 규칙 또는 모델이라는 개념, 특히 현상을 분류하는 공유된 체계라는 개념이 강조된다.

이 장에서 내가 민족과학적 접근방식을 사용하는 첫째 목적은 어떤 문화의 분류체계를 그 문화 자체의 용어로 발견하고 기술하는 것이다. 곧 프레이크(Frake 1972)가 말하듯, “사람들이 경험세계를 설명하는 방법을 그들이 그것에 관해 말하는 방식에서 파악”하려는 것이다. 민족과학적 접근방법은 담론이론의 주장들 그리고 “해석공동체”(*interpretative community*)(White 1978; Fish 1980)의 개념과 어느 정도 친근 관계가 있다. 두 번째 목적은 그 체계의 바탕이 되는 원칙들을 확인하는 것이다. 민속분류법을 발견하고자 할 때, 조사하려는 문화에 적절한 발견 절차를 밟는 것은 꼭 필요하다. 예를 들어, 레비스트로스(Lévi-Strauss)[5]가 지적했듯이, 호피(Hopi) 인디언이 올빼미가 복숭아나무에 좋은 영향을 준다고 믿는다는 사실은 그들의 나무 분류법을 이해하는 데 필수적인 지식이다(Sturtevant 1972에서 인용).

어떤 문화나 하위문화에서 문화적으로 가장 의미 있는 영역들을 발견하는 것도 마찬가지로 중요한 작업이다. 어떤 문화에서는 일정한 분야의 경험(예를 들면 음식 · 기후 · 건강상태 등)에 대해 아주 정교하게 이해하나 다른 분야에 대해서는 그렇지 않다. 그런데 이런 차이는 지역의 용어에 반영되어 있다. 따라서 특정 문화에서 용어화된 어휘가 상대적으로 적고 빈약한 영역이 있는 반면(영어에서 맛과 향과 같이), 어휘가 훨씬 더 발달되어 있는 영역도 있다. 민족과학은 그런 이유를 설명하고자 한다.

분류구조를 세울 때 근거하는 참조체계의 형태적 특성에 따라 문화는 풍부한 것으로 또는 빈약한 것으로 분류된다(Sturtevant 1972). 이런 논의의 맥락에서, 사람들이 문화적 차이를 사회적으로 의미 있게 등록하는 한 방법은 주거에, 좀더 일반적으로는 건조환경에, 지속적으로 의미를 부여하는 것임을 알 수 있다. 이것이 사람들 사이에서 사회적 구분이 만들어지는 방식이다(Bourdieu 1984). 프레이크가 말하듯,

> 특정한 현상에 대한 정보가 소통되는 사회적 맥락이 많을수록, 그 현상을 분류하는 대비의 단계들(*levels of contrast*)이 많아진다(Frake 1972, 198).

따라서 사회적 현상을 분류하는 데 다수의 "대비 항목들"(*dimensions of contrast*)을 사용하면 그 현상이 사회적으로 중요하다는 뜻이다.

주거에 관해서 볼 때, 어느 두 주택이 모든 측면에서 정확하게 같지는 않을 것이므로, 그것들을 분류하기 위해서는 그것들 사이를 구분하는 데 의미를 갖는 특징만을 선정할 필요가 있다. 사람들이 어떤 분류법에서 중요한 특징들이 무엇인지를 아는 방식은 분명히 주택 자체에만 관련된 것이 아니며 개인의 사회적·문화적 지식의 일부다.

분류법에서는 범주에 위계질서를 부여함으로써, 주어진 상황에서 한 사물에 대한 정보의 **양**을 규제할 수 있다. 분류법은 식물학자·사서·부동산중개업자의 전문적 지식이지만, 일상생활의 일부, 곧 인간 사고의 기본 원칙이기도 하다. 잘 알려진 예를 인용해보자. 어떻게, 어떤 기준으로 햄버거와 핫도그, 한 종류의 맥주와 다른 종류의 맥주, 또는 방갈로(*bungalow*)와 단층 코티지(*cottage*)[6]를 구분하는가? 그리고 이러한 기준의 근거가 되는 원칙은 어떤 의미를 갖는가?

이에 따라 주거를 분류하는 데 있어서도 주택이 '다른 것이 아닌 바로 그 범주'로 분류되는 기준을 알아야 한다. 그리고 그런 기준 안에서 주택을 비교하는 "대비 항목들"이 무엇인지 알 필요가 있다. 따라서 단지 국가·지역·지방의 언어뿐 아니라, 굿이너프의 표현대로, 어떤 문화의 구성원들에게 "받아들여질 수 있는 방식으로 행동하기 위해 알거나 믿어야 하는 것"

을 알아야 한다. 요컨대, 중요한 것은 용어와 그것이 지칭하는 사물에 부여된 사회적 · 문화적 · 역사적 의미다. 예를 들어, 다음의 독일 광고를 이해하기 위해 잉글랜드의 잠재 구매자는 무엇을 알아야 하는가?

> 개인 주택. 북부 바이에른 지역 키퍼스펠덴(Kiefersfelden)/건축면적 약 160평방미터. 대지면적 약 500평방미터. 건축년도 80/81. 알프스 가옥 양식. 500미터 높이의 산중턱에 위치. 정원 딸림, 온실, 테라스 면적 14평방미터, 사우나, 계단과 복도는 대리석, 지하실과 취미실 32평방미터. 세탁실 및 창고, 방 5개, 차고, 절충가 440,000마르크〔디 벨트(Die Welt) 1982년 7월 31일〕*

아니면, 독일의 구매자는 다음의 광고를 이해하기 위해 무엇을 알아야 하는가?

> 웨스트요크셔 주의 길더섬(Gildersome). 하자 없음, 평균 규모 이상의 양면 개방, 지붕창 있는 단독 방갈로, 조용한 막다른 골목 끝의 눈에 잘 띄는 모퉁이 집. 스페인식 문이 달린 현관, 주방, 마셜라이트(*Marshal-lite*) 벽난로가 있는 라운지, 조지아풍 창문이 달린 침실 3개(하나는 붙박이 옷장 딸림), 컬러 변기 · 세면대 · 욕조를 갖춘 타일 마감 욕실. 아르텍스(Artex) 마감 벽과 천장 및 기타 많은 부속 설비. 배수로 설치된 차고. 완만한 경사의 정원. 실속가 25,000파운드〔〈요크셔 이브닝포스트〉(*Yorkshire Evening Post*), 1982년 8월 7일〕

적어도 위의 광고를 읽는 잉글랜드 사람들은 대개, 우리가 사회적 · 문화적 현상을 서술하고자 경험을 분류하고 의미 있는 특징을 선정하는 데

---

* 논의의 맥락에서 볼 때, 각각의 용어를 역사적 · 문화적 의미의 맥락에서 충분히 설명하지 않는 한 그것을 '번역'하는 것은 불필요하다(이와 달리 번역의 맥락에서 볼 때, 번역문이 독자들에게 좀더 도움이 되고 독일어 광고 원문은 불필요하다고 판단해 역자의 번역문만 실었다—역자 주).

사용하는 지식을 의식하지 않을 게 뻔하다. 외국인에게 설명할 때를 제외하면, 그런 정보는 당연하게 생각될 것이기 때문이다.

주거유형, 그리고 일반적으로 개인 주거에 부여된 사회적·문화적 의미는 자료를 비교해 보면 좀더 명확해진다. 다음과 같이 매우 다양한 방식으로 이런 비교를 할 수 있다. (1) 시간을 고려한 분류법을 사용해서 한 사회에서 역사적으로 비교, (2) 한 사회 안에서, 둘 이상의 서로 다른 사회경제계층이나 집단 사이를 비교, (3) 한 사회 안의 서로 다른 지역 사이에서, 두 개의 대등한 사회계층 집단을 비교, (4) 서로 다른 두 개의 언어공동체와 문화 사이에서, 표본들의 사회적·경제적 비교가능성에 주목해 비교. 다음의 예비적 논의에서는 특히 두 번째와 세 번째의 차원에서 체계적이기보다는 다소 인상주의적인 비교를 하고자 한다.

단어, 주거, 그리고 부동산 시장

평가의 복잡한 항목들을 고려하지 않을 때, 자유시장 사회에서 주거의 시장가격은 주로 위치에 의해서 좌우된다고 가정할 수 있다. 모든 측면에서 비슷하나 위치가 다른 주거유형들의 가격이 다르기 때문이다. 그러나 특정한 속성을 상품화하고 '그것에 값어치를 부여'함으로써 가치를 창출하거나 최대화하려는 시장의 힘이 지속적으로 작용할 때, 그러한 주거의 속성은 잠재 구매자에게 사회적·문화적 의미와 중요성을 가져야 한다. 구성원이 기대와 기준을 공유하는 사회에서, 다른 것들이 동등할 때 중앙난방, 이중유리, 방 개수와 같은 주거의 물질적 이점은 시장가격에 반영된다. 그러나 다른 특성들은 어떤 한 사회의 **일부** 사회집단(계층·민족·인종·젠더·연령 집단과 그것들의 지역적 변형을 포함)이나 특정한 어느 사회나 문화의 구성원에게만 의미, 곧 경제적 가치를 갖는다. 따라서 "건강한 바이에른 숲 공기, 가까이에 약국 있음"(*gesunder Bayerische Waldluft, Apotheke in der Nahe*)은 **디 벨트**의 주택 광고를 보는, 건강을 의식하는 독일 구매자에게 지불 가치가 있는 속성이다. 그러나 그/그녀는 북 잉글랜드

〈요크셔 이브닝포스트〉(*Yorkshire Evening Post*)의 광고에 나타난 "전면에 석재를 붙인, 2호연립식 네오조지아풍 주택, 단지 내 주택 아님"이라는 문구가 갖는 사회적 중요성에 거의 관심이 없거나 심지어 그것을 전혀 모를 수도 있다. 아래에서는 이같이 사회적 · 문화적으로 특수한 속성과 기준들을 조사하려 한다.

모든 사회적 · 문화적 현상과 같이, 주거는 유형이나 범주들로 분류된다. 그것들을 구축하는 데 사용된 기준, 그리고 그것들 사이의 분화 정도는 범주를 만드는 목적에 따라 달라진다. 다양한 사회적 · 경제적 정책을 비롯한 여러 이유로 인해, 영국에서 주거는 대개 5~6개의 유형으로 분류된다. 공식적인 정부 통계에서 인정되는 것들은 다음과 같다. (1) 단독주택과 방갈로, (2) 2호연립주택,[7] (3) 테라스하우스(*terraced house*),[8] (4) 플랫(*flat*)[9]과 복층아파트(*maisonette*), (5) 기타 숙박시설.

부동산중개업자와 일반인들도 이런 용어(그리고 유형)들을 사용한다. 때로는 더 나아가 특별한 목적의 플랫과 불특정 다수를 위한 플랫 사이, 또는 고층 플랫의 층수를 구분하기도 한다(예로, 영국 환경부 1978, 1, 4; HMSO 1980, 1990).

주택 구매자에게 융자를 알선하는 주요 기관들을 대표하는 건물협회연합(Building Societies Association)은 다음과 같은 여섯 개의 유형을 사용한다. (1) 방갈로, (2) 단독주택(*detached house*), (3) 2호연립주택, (4) 테라스하우스, (5) 특별한 목적의 플랫, (6) 개조된 플랫. 건물협회연합은 유형과 지역(정부 통계에 사용되는 12개 표준지역)별 평균 주거가격표를 정기적으로 발표한다(Building Societies Association 1980, 1985, 1990).*

* 이런 용어들에 해당하는 미국의 용어는 일층 단독주택(*one-story single-family house*), 단독주택(*single-family home*), 듀플렉스(*duplex*) 곧 두 가구주택, 로우하우스(*row house*), 특별한 목적의 아파트, 개조된 아파트이다. 이런 설명의 근거 자료가 1980년대 초의 것이라고 해서 이런 일반적인 논의의 의미가 축소되는 것은 아니며, 전반적인 결론은 여전히 유효하다. 지난 10년간 일어난 변화를 기록하는 이차 연구를 계획하고 있다.

유형·가격·지역 이외의 정보가 없다는 점 때문에, 규모(바닥 면적이나 필지 면적), 위치, 부지, 방의 개수, 설비 등 다른 요인들과 무관하게 주거 유형 **자체가** 시장 가치는 물론 사회적 의미를 갖는다는 가정이 당연시된다. 주거가격표 앞에 제시되는 다음과 같은 **공보**(*Bulletin*)의 해설 또한 이를 뒷받침한다.

> 물론 이 숫자들이 …… 반드시 비교대상 주거들의 가격 차이를 나타내는 것으로 볼 수는 없다. 테라스하우스는, 첼시(Chelsea)에 있는 호화 타운하우스에서부터 주택을 처음 구매하는 사람에게 적합한 아주 소박한 주거에 이르기까지 그 범위가 넓다. 한편, 단독주택도 거대한 저택에서부터 작은 코티지에 이르기까지 그 범위가 넓다. 그럼에도 불구하고, 이 숫자들은 다양한 지역에 있는 여러 주택유형의 가격 차이를 알기 쉽게 나타낸다(Building Societies Association 1982, 22).

마지막으로, 일부 주택·부동산중개업자들이 언론에 주거를 광고할 때 가격이나 지역(위치)에 따라 주거의 등급을 매기는 한편, 적어도 북 잉글랜드의 이 지역 중개업자들은 주거를 유형에 따라 분류한다. 잠재 구매자들은 아마도 유형에 부여된 사회적 위신 때문에 **일차적으로** 도시나 교외에 있는 특정한 **유형**의 주택을 구매하는 데 관심이 있으며, 위치는 부차적으로 생각한다고 가정할 수 있다. 이렇게 주택유형 자체가 경제적·사회적 중요성을 갖는 것은 영국에서는 상식이다. 주택유형은 사람들이 당연하게 받아들이는 사회적·문화적 범주다. 이러한 사실에도 불구하고, 주택의 보유 문제나 사회적 영역에 관한 방대한 연구에 비할 때, 유형의 공간적·지리적 중요성(예로, Carter 1983)과 구분되는, 유형의 사회적 중요성에 대해서는 상대적으로 거의 알려진 것이 없다. 이런 점을 염두에 두고, 다음 절에서는 요크셔 지방을 대상으로 영국 주거형태의 민속분류법을 기초적으로 작성하고자 한다.

유형: 사회적 · 문화적 차이의 기표(*signifier*)10)

어떤 사회에서 주거유형의 총체, 주거유형을 구별하는 용어들, 그리고 영국에서 사회적 차이를 등록하고 유지하기 위해 주거유형과 용어를 사용하는 방식을 고찰하기 위해서 다음의 연구를 수행했다.

주거유형에 대한 정보는 개인 판매자나 그를 대신해 부동산중개업자가 게재한, 주거 판매를 위한 신문광고에서 수집했다. 이런 판매방식은 영국에서 흔히 볼 수 있는 관행이다. 1980년과 1982년의 같은 달에 두 개의 서로 다른 출처에서, 주거를 설명하는 데 사용한 용어들을 다른 모든 정보와 함께 수집하고 분류했다.

웨스트요크셔, 특히 리즈(Leeds)의 탈공업 광역도시 지구(인구 70만 5천 명)에서 광범위하게 유포되는 석간신문인 〈요크셔 이브닝포스트〉(*Yorkshire Evening Post*, YEP)에 실린 주택 광고를 매우 종합적으로 분석했다. 비록 1980년대 초 웨스트요크셔에는 잉글랜드와 웨일즈 전체보다 '숙련공' 계층이 다소 많았지만(36퍼센트에 비해 43퍼센트), 이 표본은 영국의 많은 지역문화를 대표하는 것으로 받아들일 수 있다. 또한 웨스트요크셔는 잉글랜드와 웨일즈보다 전반적으로 '중류계층'(전문직과 '중간' 그룹)이 적었다(27퍼센트에 비해 19퍼센트) (Reid 1977, 65). 역사적인 이유에서 그 지역에는 테라스주거, 특히 백투백(*back-to-back*) 주거 형태의 전형적인 잉글랜드 산업주거의 비율이 높았다(Muthesius 1982).*

동일한 시기에 〈더 타임스〉(*The Times*)에 실린 부동산 광고에 대해 좀 더 인상주의적으로 분석을 했다. 이 신문은 중 · 상류 계층의 독자가 우세

---

* 여기서 대지(*terrace*)를 앞뒤로 다 차지하여 거주자가 말 그대로 전면의 문으로 들어가서 뒷문으로 나올 수 있는 '관통 테라스'(*through terrace*) 주거와 백투백(*back-to-back*) 주거를 구분할 필요가 있다. 백투백 주거는 공통 벽을 가운데에 두고 두 주택이 '등을 맞대고' 있게 된다. 이때 안쪽 대지의 백투백 주택은 네 벽 중 한 곳에만 창과 문이 있고 인접 주거와 만나는 다른 세 벽은 막혀있는 것이 특징이다.

하고(Reid 1977) 영국의 남동부에서 좀더 널리 유포된다는 점을 생각할 때 〔요크셔와 험버사이드(Humberside)는 전문직과 '중류' 계층이 지역 인구의 19퍼센트인 데 비해 이 지역은 인구의 28퍼센트다〕, 결과에 지역적 차원은 물론 계층적 차원 또한 반영될 것이다.

'현지인 피조사자'로부터 얻은 구술 정보를 사용하는 주의 깊은 민족과학적 방법의 도출 과정과 비교할 때, 여기서 논의하는 결과는 제한적일 수밖에 없다. 여기서는 부동산중개업자가 사용하는 '일반대중 용어'에 관해 연구했는데, 개인 광고를 분석한 결과 그것에 사용된 용어들과 범주들이 부동산중개업자의 것들과 서로 비슷함을 발견했다. 표본은 '일반대중 용어', 특히 부동산을 광고하고 마케팅할 때 사용되는 범주와 현지용어다. 부동산중개업자나 개인이 그들끼리 주택을 **실제로** 분류하고 주택에 대해 이야기하는 방식을 조사하려면 다양한 도출 과정이 필요할 것이다.

이 연구에서 나온 기초자료는 〈표 7-1〉과 〈표 7-2〉에 제시되었다. YEP 표본에서 주거는 25개에 이르는 주요 기준 또는 "대비 항목들"로 구분되어 비교되었다. 가장 짧은 광고에는 이것들 중 지역 · 유형 · 가격 등 **세** 가지만 포함되어 있다〔예로, "가포스, 2호연립, 21,000 파운드(Garforth, semi. £21,000)"〕. 여기서 유형의 사회적 중요성을 다시 볼 수 있다. 〈표 7-1〉에는 광고에 사용된 주요 기준들이 대략 언급된 빈도순으로 열거되었다. 다음 절에서 그것들의 이미지를 제시하였고, 논의를 위해 중요한 곳에서는 간단한 설명을 덧붙였다. 이 표에서 첫 두 항목, 곧 지역과 가격은 예상 구매자의 결정을 좌우하는 두 가지 일차적인 결정 기준이므로 그 유형에서 논의를 시작하기로 한다.

〈표 7-2〉는 전체 용어로 구성한 광범위한 분류표다. 이 분류표에서 '타운하우스'나 '단독방갈로'(2 · 3열) 같은 약 12~15개의 용어(그리고 유형)가 공통적으로 사용되었지만, 정규적으로 사용되는 40개 이상의 확인 가능한 유형을 분류하기 위해 '2베이' 또는 '측면 식기실'(3 · 4 · 5열) 같은 특성들을 선정해 의미를 부여했다. 이들 특성들은, 모두는 아닐지라도 대부분 약 20~25개의 차원으로 대비될 수 있다(〈표 7-1〉). 광고에는 종종 판

표 7-2 잉글랜드 지역 주거유형의 잠정적 분류표(1980~82년 웨스트요크셔)

요크셔 이브닝 포스트에 실린 토지/주택 중개업자와 개인 판매자의 광고를 토대로 한 분류표. 이 분류표에는 개인 소유의 주거만 포함되었다. 공공부문의 주거유형은 본문에서 논의되지 않는다. R=저택(*residence*), H=주택, DH=단독주택, SDH=2호연립주택, TH=테라스하우스, ToH=타운하우스, B=방갈로, DB=단독방갈로, C=코티지, *F=플랫(경우에 따라 아파트로 지칭됨).

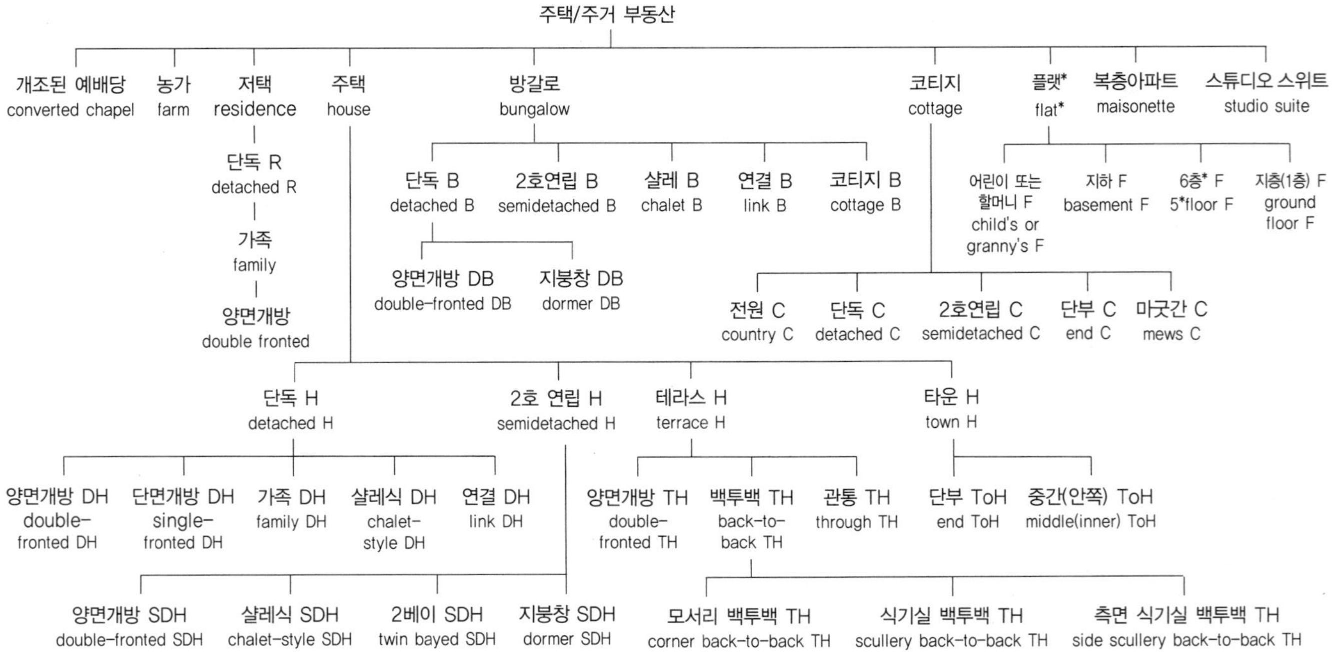

매하는 주거의 사진 이미지가 포함된다. 〈그림 7-1〉과 〈그림 7-2〉에서 이미지와 설명을 함께 사용한 광고를 볼 수 있다. 이 그림들에는 분류표에 있는 범주들이 일부 포함되어 있으며 대비 항목들도 일부 언급되어 있다.

단독 · 2호연립 · 테라스하우스 · 방갈로 · 복층아파트 · 플랫 사이의 고유한 구분은 표면상으로 물리적 형태나 설계를 기준으로 한다. 그리고 여러 요인들 중에서, 이웃 가구와 물리적으로 분리된 정도가 그런 구분에 나타난다. 예를 들어, 한쪽 면에서 접하고 있는지(2호연립주택), 양면에서 접하고 있는지(테라스하우스), 또는 위나 아래에서 접하고 있는지(플랫) 등이다. 이런 틀 안에서 단독주택, 특히 방갈로는 물리적 · 공간적(그리고 아마도 사회적) 분리도가 가장 크다. 그 밖에 '양면개방'이나 '관통 주택' 같은 용어들도 물리적 설계의 특성을 나타내지만, 앞의 용어들과 같이 공간이나 시설을 암시한다. 더 중요한 것은, 그런 용어들에도 위치 · 수명 · 조건, 특히 위치의 사회적 성격에 대한 암묵적인 정보가 포함되어 있다는 점이다.

우리가 정교한 분류체계를 가지고 있어도 그것이 어떤 사회적 목적에 도움이 되지 않으면 의미가 없으므로, 이런 정보가 유형을 이해하는 데 적절한가 여부는 그것이 사회적 측면을 갖는가에 달려있다. 정교한 분류체계가 존재하는 이유에 관해서는 두 가지 설명을 할 수 있다. 첫째는 순전히 경제적 관점으로, 모든 시장경제에서와 마찬가지로, 특성화와 차이를 활용해 자산을 가격에 따라 구분하려는 것이다. 그러한 설명이 분명 그럴듯하기는 하지만, 그것은 주거유형에 부여된 사회적 의미를 간과하고 있다. 전국적으로 또 지역적으로 구축되고 주의 깊게 분화된 사회적 의미와 지위의 위계구조에서 각각의 주거유형은 나름의 위치를 차지한다. 특히 이러한 사회적 · 문화적 의미의 맥락에서 주거에 경제적 가치가 부여된다.

영국에서 주거유형이 계층적 지위와 관련해 뚜렷한 의미를 갖는다는 사실은 노동자계층 주거에서부터 다른 다양한 유형에 이르는, 방갈로와 '2호연립'에서 전원주택에 이르는 광범위한 연구문헌들(Girouard 1971; Jackson 1973; King 1984)에서 제시되었다. 이런 위계상에서 단독주택은

그림 7-1 부동산중개업자가 준비한 홍보물에서 인용한 사진과 설명. 〈요크셔 이브닝포스트〉에 실린 광고의 유형이 예시되어 있다.

"2침실 석조 양면개방 백투백 단부 테라스하우스, 도심에서 가까운 보행거리"

"한적한 숲에 위치한 경제적인 가족 타운하우스"

"전통적인 관통 테라스하우스, 학교, 상점가, 대중교통에 가까운 편리한 위치"

"약 2백 년된 쾌적한 석조 코티지"

그림 7-1 계속

"널찍한 1940년대 2호연립주택, 지역의 어메니티 (amenity)와 가까운 좋은 주거지역에 위치"

"대형 양면개방 석조 2호연립 빅토리아 양식 빌라, 후면에 그린벨트 인접, 기차역에서 경치 좋은 평지로 보행 거리"

"첫 구매자, 전문직, 또는 은퇴부부에게 이상적인 매력 있는 2층 아파트, 잘 관리된 정원에 위치"

"개인이 건축한 멋진 단독 방갈로, 한적하게 담으로 둘러싸인 1/3 에이커에 달하는 부지에 위치"

"모퉁이에 자리 잡은 흰색 양면개방 5침실 단독저택"

'2호'(*semi*) 보다 좀더 사회적 위신이 높다. 양면이 개방된 단독주택(곧, 중앙 현관문의 양쪽에 한두 개의 창이 있는 주택)은 한 면만 개방된 단독주택보다 선호된다. 모서리 백투백이나 단부 테라스는 중간, 곧 안쪽의 것보다 사회적으로 우위를 차지한다. 이러한 체계에서는 '분리도'가 가장 높을 때 사회적 영향력도 가장 높다. 사회적 위계의 최상에 있는 것은, 한 광고가 적절히 표현했듯이, "자체의 대지로 완전히 둘러싸인" 전원주택(*country house*)이다.

북부 도시지역의 노동자나 중류계층인 **YEP** 독자들은 과거와 근래에 대량생산된 주거유형들에 부여된 사회적 차이를 인지하고 있다. 부유한 남부의 상류·중류 계층인 **더 타임스** 독자들은 준(準) 교외의 전원적인 입지뿐 아니라 개별적인 주거유형들에서 계층의 차별성을 인지한다. 따라서 (요크셔 지역에서만 나타나는 백투백 주택은 제외하더라도) 단독, 2호연립, 테라스, 방갈로 등 표준적인 '공통 문화' 유형에 더해 사냥꾼 오두막(*hunting box*), 전원 코티지, 은거주택(*retreat*), 농가주택(*crofter's house*), 가든 플랫(*garden flat*), 빌라, 장원 주택(*manor house*), 옥상주택(*penthouse*), 사제관(*rectory*), 마구간 코티지, 전원주택, 목사관(*vicarage*), 방앗간 코티지(*mill cottage*), 스튜디오 주택, 창고주택(*barn*), 보트하우스, 맨션 부속주택, 강변 플랫, 캐슬(*castle*), 맨션 플랫, 장인 코티지(*artisan's cottage*), 아파트, 로지(*lodge*) 같은 용어와 주거유형이 대두됨에 따라 사회적·건축적 분화가 이루어졌다.

여기서 차별성이 생성되는 것은, 주거는 개별성을 갖는 것으로서 대량생산되지 않기 때문만이 아니라, 부르디외(Bourdieu 1984)에 의하면, 유형마다 서로 다른 문화자본이 투여되기 때문이다. 프레이크(Frake 1972, 198)가 지적했듯이, 분류법은 차별의 수평선을 따라서, 곧 "분류된 사물이 논의되는 다양한 문화적 환경"을 따라 만들어진다.

여러 대비 항목들에 따라서 주거유형이 만들어지는 방식을 아는 것은 중요하다. 여기서 나는 연구내용을 일부 인용해 두 모집단과 관련된 외관, 시대나 양식, 건축재료, 그리고 입지에 대한 정보를 언급하고자 한다.

YEP와 **더 타임스**의 모집단들이 모두 주거의 외관, 그리고 내가 말하는 개별성과 차별성의 정도에 관심이 있는 데 반해, 그들이 인용하는 용어의 범위는 같지 않다. 용어의 범위로부터 그 표본에 존재하는, 사회적 특성을 가진 언어공동체들을 살펴볼 수 있다. **YEP** 독자들은 시각적 대상을 "매력 있다, 정말 멋지다, 유쾌하다, 마음을 끈다, 어필한다(*appealing*), 눈을 사로잡는다"라고 표현한다. 그리고 '개별성과 차별성의 정도'에 대해서는 "독특하다, 예외적이다, 구분된다 또는 개별적으로 설계되었다"라고 기술한다. **더 타임스** 모집단의 경우는, 주거의 외관을 "예쁘다, 우아하다, 사랑스럽다, 매혹적이다, 장려하다(*glorious*), 그림 같다"라고 묘사한다. 그리고 '개별성과 차별성의 정도'에 대해서는 "훌륭한 특징을 가졌다, 매우 재미있다, 인상 깊다, 걸출하다, 흥미를 자아낸다, 독보적이다"라고 기술한다. 주거와 관련된 물리적 · 사회적 특성을 언급할 때, **YEP** 모집단은 주거가 "매우 인상 깊다, 매우 고급이다, 뛰어나다, 눈길을 끈다, 실속 있다(*substantial*)"라고 언급한다. **더 타임스** 독자들은 좀더 발전된 용어를 사용해 주거가 놓인 주변 환경에서 공간적으로 차별성이 있음을 지적한다. 주거가 "전망이 좋은, 탁월한 입지의 한적한 장소에 있다, 격리되어 있다". 또한 "기품이 있다, 훌륭한 성격이다, 당당하다"와 같이 주거에 의인화한 특성을 부여한다.

두 모집단 모두에 있어서, 주거들의 건축 시기와 장소가 다양하다. **YEP**와 **더 타임스** 독자들 모두 역사 속에 살고 있지만, 그들의 역사가 반드시 같지는 않다. 주거가 "1백 년 되었다"고 표현하는 것과 연도를 측정해서 "1894년에 지어졌다"고 말하는 것은 같지 않다. **더 타임스** 판매자들이 주거를 설명하는 데 동원한 역사적 · 문화적 자산은 **YEP**의 판매자들이 사용한 것보다 정교하다. **YEP**에는 덜 분화된 시대구분과 양식의 범주들이 사용되었다. 예를 들어 "제 2차 세계대전 전"과 "제 2차 세계대전 후"가 양식이나 건축 연도 또는 시공의 품질을 지칭할 수 있음을 감안해, **YEP** 판매자들은 "17 · 18 · 19세기, 빅토리아, 에드워드, 1929년 건축, 제 2차 세계대전 전, 제 2차 세계대전 후, 근대, 조지아, 전통, 과거, 유사 튜더,

성숙기, 조지아 양식" 또는 단순하게 "시대"(*period*)라는 용어로 양식과 역사를 지칭한다. 그러나 **더 타임스**의 판매자와 독자들은 시기를 좀더 세분한다. 일찍이 "15, 16세기", 심지어 "고대"와 "중세" 시대에서 시작한다. "20세기 초, 1840년경, 1895년 건축"처럼 그들은 시간의 정확성을 더욱 엄밀히 따진다. 시대와 양식의 범위는 "튜더, 엘리자베스"로부터 "윌리엄과 메리, 앤 여왕, 그리고 초기 조지아"를 거쳐 "초·중·후기 빅토리아, 에드워드", 그리고 "미술공예운동(Arts and Crafts)의 일원인 베일리 스코트(Baillie Scott)의 1904년 설계"에 이른다. '역사적으로'나 '건축적으로' 중요한 건물의 국가 목록에 공식적으로 등재되었음을 나타내는 "I(또는 II, III)등급 문화재"라는 문구가 한층 더 역사적 의미(그리고 경제적 가치)를 부여한다.

이러한 광고에서 재료는 건축적 의미보다 사회적 의미를 가지며 또한 지역적·문화적 의미도 갖는다. 따라서 "요크셔 석재로 전면(*front*) 마감"이라는 지역 정체성에 호소하는 문구가 자주 나온다. 사실상 모든 경우에 (가장 비싼 재료인) 석재가 벽돌보다 선호된다.

용어들이 의미하는 바와 같이, **YEP** 판매자들이 점유한 공간은 "어메니티에 근접, 고속도로 접근 용이, 시내 이용 편리, 상점가 접근 용이, 골프장 인접" 등 기능적인 경향이 있다. 그렇지 않으면 "인기 있는 주거지역, 사적인 막다른 골목 끝, 소규모 고급 전원풍 단지, 상급의 주거지역, H_의 요지에 있는 일급 주거지, 일급 주거지구, 유지들이 사는 마을" 등 사회적 평가의 내용을 담는 경향이 있다. **더 타임스** 판매자들 사이에서는 명시적인 사회적 평가가 비교적 덜 사용되었다. 그들에게 중요한 대비 항목들은 특정한 환경을 사회적·문화적으로 특정하게 표현하는 것이다. "호수가 있는 아름다운 공원에 위치, 울퉁불퉁한 길을 따라 2분의 1마일 내려간 곳의 매우 예쁜 전원, 잘 보존된 중세마을 옆에 위치, 녹지가 내려다보이는 최상의 위치, 아름답게 물결치는 전원에 위치, 나무들이 줄지어 선 둥근 대지에 위치, 공원과 마을 녹지 근처" 등이 그런 예다.

이러한 특정한 시장사회에서, 주거유형과 그것을 표현하는 용어체계는

그림 7-2 부동산중개업자가 준비한 홍보물에서 인용한 사진과 설명. 〈더 타임스〉에 사용된 광고의 유형이 예시되어 있다.

"쾌적하고 한적한 정원에
자리한, 독특한 전원풍의
고딕양식 코티지, 훌륭한 상태"

"매력적인 정원과 마당에
자리한 문화재, 조지아 양식
전원주택"

"매우 매력적인 역사 문화재로,
제임스 1세 시대의 구 사제관,
예쁘게 잘 조성되고 수목이
많은 정원의 쾌적한 입지"

사회적으로 분화된 주체들이 정체성을 확립하는 데 사용하는, 문화적 의미를 갖는 자원이다. 여기서 정체성이란, 꼭 그것만은 아니지만, 주로 계층의 정체성이다. 유형은 지속적으로 분화한다. 그리고 유형에는 거주자의 지역적 특성에 따라 사회적 의미가 부여된다. 주거형태와 그에 대한 사람들의 취향은 일반적으로 보수적이지만, 시장에서는 계층 차이를 이용하고 새로운 특징과 유형을 고안함으로써 지속적으로 새로운 수요나 욕구를 창출하려고 한다. 이러한 의미에서 주거의 새로운 유형과 양식은 요구르트의 새로운 향이나 자동차의 새 디자인과 같은 속성을 갖는다.

이런 논의에서 범주체계는 매우 경직된 것이라는 인상을 받을지 모르지만, 꼭 그런 것은 아니다. 시간이 경과해도 주거는 대체로 같은 상태를 유지하지만, 그것을 점유한 사람들의 사회적 특성은 변할 수 있다. 예를 들어 지난 10년간, 이 자료를 얻은 도시지역(리즈)은 영국에서 런던 다음으로 큰 금융중심지가 되었고(Times Educational Supplement 2/24/93), 도시의 점유 구조에도 그 영향이 나타났다. 교외의 중심부와 내부에 주거가 많이 지어진 19세기와 20세기 초, 이 도시는 대규모 섬유와 공업생산 중심지였다. 20세기 중반에는 영국 기성복 산업의 주요 도시가 되었다. 1960년대와 1970년대의 탈식민주의시대에 남아시아와 카리브 해 제도에서 많은 이민자를 끌어들인 것은 이들 산업의 마지막 단계였다. 더 최근에는, 고등교육의 확대에 따라 점점 많은 학생이 이 도시로 왔다. 테라스하우스의 임대료나 가격이 낮은 것이 학생들을 끌어들인 한 이유다. 도시의 사회적·문화적 구조를 재편하는 이런 폭넓은 경제적·인구학적 발전은 시간의 경과에 따라 주거유형에 부여된 사회적 의미를 변화시키는 원인이 되기도 한다. 그러나 주거유형과 그 공간적 분포의 세분된 성격이 사회적·문화적 차이를 재등록하고 유지하는 데 필요한 기성의 틀이 되는 것 역시 사실이다.

도시의 유형학

앞 절에서는 하나의 행정단위 안에서 용어가 다른 주거유형들을 사용해 사회적・지역적・문화적 정체성을 등록하는 방식을 논했다. 이제 영어권 학계에서 도시유형을 사용해 국가・전공・이데올로기의 차이를 등록하는 방식으로 넘어가고자 한다.*

질서화(*ordering*) 작업을 하는 개인이나 집단은 '이해'의 방법으로 분류체계를 사용한다. 상대적으로 논란의 여지가 없는 현상으로 보이는 도시에서도 종류뿐 아니라 척도(*scale*)에 따른 분류의 문제들이 제기된다. 제임스 도널드(James Donald)는 다음과 같이 말한다.

> 도시가 단지 특정한 장소에 있는 일단의 건물들을 지칭하는 것은 아니다. 논쟁적으로 표현하자면, 도시라는 **사물**은 없다. 오히려 **도시**는 역사적・지리적으로 특정한 제도들의 상호작용, 생산과 재생산의 사회적 관계, 정부의 활동, 의사전달의 형태와 매체 등에 의해 생성되는 공간을 지칭한다. 이러한 다양성을 **도시**라고 부름으로써, 우리는 그것이 응집력 혹은 통합성을 갖는다고 생각한다. 그런데 **도시**는 무엇보다도 표상(*representation*)…… 나는 도시가 **상상된 환경**을 구성한다고 주장한다. 그런 상상에 포함된 것들, 곧 담론・상징・은유・판타지를 통해 우리는 도시생활의 근대적 경험에 의미를 부여하는데, 그것들은 물리적 환경에 중요한 물질적 결정인자들만큼이나 사회과학에 중요한 주제다(Donald 1992, 6).

도널드의 입장 그리고 "도시에서 걷기"(*walking in the city*)에 관한 미셸

---

* 이 절은 《이슬람 도시론: 이슬람 도시론에 관한 국제회의 발표논문집》〔*Urbanism in Islam: Proceedings of the International Conference on Urbanism in Islam*, October 22~28, 1989. Middle Eastern Culture Center, Tokyo, Japan. Vol. 5 (Supplement), 339~74〕의 "문화, 공간, 그리고 표상: 도시연구에서 방법론의 문제들"에서 처음 제시했던 논의를 발전시킨 것이다.

드 세르토(Michel de Certeau)의 논문들로부터, '도시'에는 그것을 만드는 사람만큼이나 많은 표상들이 있음을 분명히 알 수 있다. 그건 그렇다 치더라도, '도시'를 **이해하려는** 학술적 목적, 도시를 **통제하거나** 계획하려는 정치적 목적, 또는 실제로 도시를 **생산하려는** 경제적이거나 정치적 목적(Holston 1991)을 가지고, 학자를 비롯한 여러 사람들은 도시의 현상을 포착하고 통제하기 위해 폭넓게 분류 기획을 하고 개별적인 유형들을 만들어냈다. 권력/지식이라는 푸코주의적 원리[11]에서 볼 때, '도시'의 개념화와 분류는 권력의 실제관계를 표상할 뿐 아니라, 그러한 표상들은 특정한 정치적·역사적·지리적·문화적·사회적 입장에서 나온다. 그것들에는 또한 지식의 세계 정치·경제에서 분류자가 처한 위치가 반영된다.

영어로 된 학술문헌에서 도시가 분류되는 좀더 일반적인 방식을 생각해 보자. 〈표 7-3〉은 잘 알려진 모노그래프나 도시에 관한 글들의 제목에서 도시와 도시 형태를 서술하는 데 공통적으로 사용된 범주의 목록이다. 26번부터는 사용 빈도가 낮은 범주들이지만, 적어도 20~25개의 분류체계나 참조틀이 공통적으로 사용되었다. 이들 각각은 도시나 도시특성을 분류하거나 이른바 '설명하는' 하나 이상의 결정적인 변수나 특징을 나타낸다. 더욱이 이런 도시계층(대륙·국가·지리적 위치 같은)들에는 다른 체계들에서 가져온 자료와 분석 주제가 포함되어 있는 경우가 많다.

서술어의 범위는 기술, 에너지 기반, 생산양식에서부터 국가적·문화적 정체성과 종교를 거쳐 경제발전 수준, 민족, 위치에 이르기까지 매우 폭넓다. 이에 따라 '도시'의 다양한 표상들을 연구하는 학자들이 이런 관례적인 범주만을 다루는 데도 마찬가지로 폭넓은 방법들을 사용해야 할 것이다.

모든 도시나 도시 형태에 반드시 하나의 속성에 바탕을 둔 분류체계들이 사용되는 것은 아니다. 그런 분류체계들은 오히려 그다지 적절할 것 같지 않다. 한 예가 종교/문화라는 분류체계다. '이슬람/무슬림 도시'라고 불리는 도시들과 고대 힌두도시의 특징적 성격들을 한 가지로 설명하려는 경향이 있다. 그러나 하나의 도시 내에서 개신교/천주교 차이〔예로, 벨파

스트(Belfast)를 언급할 때], 그리고 시아/수니/마론파의 차이(예로, 베이루트를 언급할 때)라는 관점에서 도시를 분석하는 경우가 있기는 하지만, 불교나 오늘날의 기독교 도시를 그렇게 종교의 측면에서만 설명하려 하지는 않는다. 아부루곳(Abu-Lughod 1987), 브라운(Brown 1986) 등이 지적했듯이, 이슬람 도시라고 규정된 도시를 분석할 때 주로 종교/문화의 기준을 적용하는 것은 대체로 오리엔탈리즘(*Orientalism*)의 산물이다(Said 1978).

그런 범주들은 무엇을 위하여 또 어떤 이유로, 어떤 시기에, 어떤 정보에 바탕을 두고, 어디서, 누구에 의해 구축되었는가? 크라우타이머(Krautheimer 1983)가 중세 유럽의 '기독교 도시'를 논했지만, 오늘날 유럽도시에 기독교 도시라는 이름표를 붙일 (유럽) 학자는 거의 없을 것이다. 그러나 기독교가 아닌 다른 종교의 관점에서 보면, 종교라는 범주는 여전히 의미를 가질 수도 있다.

20세기 초의 '이슬람 도시'를 예로 들면, 다수의 다른 범주들이 제시되고 있는 오늘날에도 이슬람 도시라는 이름이 과거 그렇게 불렸던 그 도시들에 가장 적절한 이름표인가? 더 이슬람적으로 되고 있는 다른 도시들이 있는 것은 아닌가? 파리가 그런 도시일까? 아니면 무슬림 거주자들이 많은 영국의 브래드퍼드(Bradford, Yorkshire)가 그런가? 아니면, 브래드퍼드는 후기산업, 후기자본주의 이슬람 영국 도시인가? 우리가 안일하게도 그 도시를 단순히 탈근대도시라고 이름붙이는 것은 아닌가?

마찬가지로, '제 1세계' 학자들의 '제 3세계 도시'와 '제 3세계 도시화'에 대한 연구는 급증하는 반면, 내가 아는 한 '제 3세계' 학자의 '제 1세계' 도시에 대한(분류 측면에서의) 연구는 없다. 다른 범주에서도 그렇지만, 분류 행위는 분류하는 권력을 가진 사람들에 의해 좌우된다. 이와 유사하게, 학술문헌에서 '서양의' 도시나 도시성이 자주 언급되지만 동양·북부·남부의 도시에 대해서는 (특정 국가나 대륙을 제외하면) 그렇지 않다. 물론 막스 베버(Max Weber 1958)의 분류에 서양과 동양의 도시들이 포함되었기는 하다. 사회주의적 도시화와 도시에 대한 연구는 있지만(Scargill

1979; Forbes and Thrift 1987), 문헌에 분명히 나타나는 탈사회주의 도시에 대한 연구는 없다.

에드워드 사이드[12]가 지적했듯이, "인간성을 단일화하는 하나의 인간 역사는 유럽 혹은 서구 중심의 관점으로 완성된 것이거나 그런 관점에서 관찰된 것이다"(1986, 223). 이른바 "세계 지식"은 제 1식민지 언어인 영어나 또 다른 주요 세계(또는 식민지) 언어인 프랑스어와 스페인어의 언어적·개념적 범주를 통해서 전달된다. 이렇게 도시와 도시성을 정의하는 주요 용어와 분류법은 구미에서 유래했다. 그런 용어와 분류법은 '산업도시'·'자본주의도시'·'사회주의도시'·'근대도시' 등 '서구' 도시를 정의할 때 사용하는 중요한 특징들과 관련된다. 타자의 도시는 다르게 정의된다. 따라서 '비서구' 도시는 그 도시가 **무엇인가**에 따라 분류되기보다 **무엇이 아닌가**에 따라 분류된다. 마찬가지로, 식민통치 지역에서 '전통' 도시는 그것과 나란히 형성된 식민지 '근대' 도시의 맥락에서만 정의된다(Hamadeh 1992). 제 1 또는 제 3세계에서 '경제 수준'이라는 용어도 이런 식으로 '서구'에서 유래했다. 시간·역사성·시대구분도 유럽 중심적이다. 비종교적인 '사회과학적' 지식에서 '지금'은 유럽과 북미의 '지금'이다(Fabian 1983). 다른 종말론적 시각에서 본다면 도시는 어떻게 분류될 수 있을까? '비아프리카', '비인도' 또는 '비이슬람' 도시는 어떤 것일까?

〈표 7-3〉에 나타난 많은 범주들은 도시나 도시성의 유형을 공간(국가·대륙)적으로 정의하는 지리적 기준에 바탕을 두고 있다. 그런 기준에 따라 도시는 지리적 공간에 위치된다. 이러한 맥락에서 분류체계는 공간을 가로질러 '옆으로 움직임'으로써 작동한다. 언뜻 이것은 꽤 논리적으로 보인다(즉, 일본도시는 일본에 위치한 도시이다). 그러나 이러한 틀로 19세기 인도의 심라(Shimla)나 20세기 초 모로코의 라바트(Rabat) 같은 식민도시들을 설명하지는 못한다. 그것들은 인도적이거나 모로코적인 것 못지않게 영국적이고 프랑스적이다. 또한 이 틀로 스페인화가 됐든 미국화나 이슬람화가 됐든, 외부의 문화적 영향을 많이 받은 도시들을 기술할 수 없다.

현대 도시들은 어떤 기준으로 분류해야 하는가? 오늘날 많은 문화들이 발생 지점에서 멀리 떨어진 곳에 존재하며 그것들이 존재하는 도시를 바꾸어 놓고 있다. 이와 유사하게 자본은 국제적이며 지역의 문화와 정치의 제한을 받기는 하지만, 그것이 뿌리내리는 곳은 어디나 공간과 환경이 변형된다. 그러므로 우리는 일차적으로 도시의 지리적 입지, 사회 주류의 인구와 제도, 사회적 · 문화적 · 종교적 · 정치적 생활, 또는 물리적 · 공간적 건조환경과 건축형태를 근거로 어떤 도시가 '아시아', '서구', '라틴 아메리카', 또는 '이슬람' 도시인지 물을 수 있다. 봄베이(Bombay)는 인도에서 가장 '서구적인' 도시인가, 아니면 '서구'에서 가장 '인도적인' 도시인가?

공간이 아니라 시간에 위치되는 도시의 유형들도 있다. 19세기나 20세기, 또는 선산업이나 탈공산주의 같은 '선'(*pre*)과 '탈'(*post*)로 규정되는 사회적 · 경제적 · 정치적 단계에 도시가 위치된다. 한 생산양식에서 다른 생산양식으로, 또는 한 왕조에서 다른 왕조로의 변화를 나타내는 유형도 있다. 이러한 맥락에서 분류체계는 '옆으로 움직임'으로써가 아니라 시간의 선적 개념에 따라 '앞뒤로' 움직임으로써 작동한다. 이런 시간적 유형을 단일한 관점에서 보면, 분류방식에 온갖 종류의 불일치가 있음을 알 수 있다. 미국이나 영국의 학자들이 자주 사용하는 '19세기 도시'라는 정형(*stereotype*)은 첫째로 이슬람이 아닌 기독교나 동방정교의 달력을 바탕으로 한다. 그것은 또한 일반적으로 산업화를 전제로 하는데, 생산과 소비의 식민지세계 체계는 고려하지 않는다. 그러한 식민지세계 체계에는 리우(Rio)나 캘커타(Calcutta) 등 '비산업적' 도시가 포함되는데, 이것이 없이는 영국이나 미국의 '19세기 도시'를 이해할 수 없다(King 1990a, 1990b). '근대도시'라는 범주도 마찬가지로 애매한 정형이다. 이것에는 시간적 · 공간적 위치의 측면에서 훨씬 더 큰 개념적 문제가 있다(King 1994).

이러한 호칭에 내재한 명백한 자민족 중심주의 이외에도, 표상과 모델로서 호칭의 조작적 유용성(*operational utility*)이 작다는 문제가 있다. 지난 20년 동안 주요 '서구' 도시들(예로, 로스엔젤리스 · 뉴욕 · 런던 · 파리 · 베를린 등)이 국제화됨에 따라 이러한 도시들과 '서구' 도시의 초기 모델들 사이에는 큰 차이가 생기게 되었다. 이와 유사하게, 현대 '서구' 도시에 '전

표 7-3 기준 속성에 따라 정리한 도시 분류표

1. **기술/에너지 기반**
   - 선산업 도시
   - 산업
   - 후기산업
   - 전자(*electronic*)
   - *후기전자 (*post-electronic*)
   - *태양
   - *전기
   - *원자력

2. **생산양식/정치경제**
   - 선자본주의
   - 자본주의
   - 후기자본주의
   - *선사회주의
   - 사회주의
   - 탈사회주의
   - 포스트포드주의 (*PostFordist*)
   - 금융(*Finance*)
   - 공산주의
   - 탈공산주의
   - 중상자본주의
   - 산업자본주의
   - 독점자본주의
   - 선식민주의
   - 식민주의
   - 탈식민주의
   - *선제국주의
   - 제국주의
   - 탈제국주의

3. **대륙/지리적 지역**
   - 아프리카
   - 북 아메리카
   - 남/라틴 아메리카
   - 아시아
   - 중동
   - 극동
   - 유럽 등

4. **국가/국가 문화**
   - 캐나다
   - 독일
   - 일본
   - 한국 등

5. **종교/문화**
   - 기독교
   - *불교
   - 힌두교
   - 이슬람교
   - *유대교
   - 시크교
   - **종교성/세속성**
   - 신성
   - *불가지론
   - 세속
   - 경건

6. **민족**
   - 아랍
   - 하우사족
   - 요루바족
   - *베두인족
   - 영국인

7. **경제/사회**
   - *제1세계
   - *제2세계
   - 제3세계
   - 생산
   - 기생
   - 부유
   - 빈곤

8. **인종**
   - 인종차별 (*apartheid*)
   - 흑인
   - 백인

9. **지리적 척도**
   - 지방
   - 지역
   - 국가
   - 전지구(Global)
   - 세계
   - *전 세계(*Universal*)
   - 메트로폴리스
   - 세계도시 (*Ecumenopolis*)
   - 국제
   - *행성
   - *지구
   - *달
   - *화성

10. **이념**
    - 전근대
    - 근대
    - 탈근대
    - *탈탈근대(*Post-postmodern*) 전통

11. **민족지리학(지역 또는 대륙 이외)**
    - *동부
    - 북부
    - *남부
    - 서부
    - 서구
    - 동양

12. **지리적 위치**
    - 해안
    - 구릉지
    - 산
    - *지하
    - *해저
    - *공중
    - *외계

13. **인구규모(인구학 특성, 밀도 등 포함)**
    - 대규모
    - 중규모
    - 소규모
    - (제시된 수를 기준으로)
    - 증가
    - 정체
    - 감소

14. **문화 성향**
    - 계통발생적
    - 이종발생적
    - 다문화적
    - 단일문화적

15. **기능**
    - 행정
    - 수도
    - 상업
    - 교육
    - 산업
    - 레크리에이션
    - 종교 등

16. **연대기(양력)**
    - 15세기
    - 18세기
    - 19세기 등
    - 고대
    - 중세
    - 근대 초기

17. **국가 개입 정도**
    - 계획
    - 비계획

표 7-3 계속

18. **도시 구획/공간**
    - 외부
    - 내부
    - *상부
    - *하부
    - 가장자리
    - 안팎 역전 (*Inside Out*)

19. **성/성적 성향**
    - 게이
    - 여자
    - *남자
    - 페미니스트
    - *탈페미니스트
    - 레즈비언
    - 소년
    - 소녀
    - *남성적
    - *여성적
    - 성차별 없음

20. **계층**
    - 노동 계층
    - 중류 계층
    - 하류 계층

21. **교통**
    - 도보
    - 전차
    - 고속도로

22. **기후**
    - 열대성
    - 지중해성
    - 태양지대(*Sunbelt*)
    - 한랭지대
    - *더위
    - *추위
    - *바람
    - *강우

23. **사회병리**
    - 비행
    - 범죄
    - 살인
    - *범죄 없음

24. **계절**
    - *봄
    - 여름
    - *가을
    - 겨울

25. **왕조/'시대'**
    - 튜터
    - 윈저
    - (왕)
    - 조지아
    - 엘리자베스
    - 연방
    - 전쟁 전
    - 진보
    - 빅토리아

26. **공상과학 소설**
    - 죽은 자의 도시
    - 상상

27. **도덕성**
    - 죄
    - 부도덕
    - 선
    - 악

28. **우주론**
    - '4구역론'(Four Quarters)
    - 마야

29. **공상/유토피아**
    - 정원
    - *'녹색'(생태)
    - 이상(*Ideal*)

30. **인지(도시 건설/도시성)**
    - 실버(사진)
    - 마음의 도시

31. **시대**
    - 고대
    - 중세
    - 신생
    - *청년(*Young*)

32. ***건축재료**
    - *대나무
    - *벽돌
    - *콘크리트
    - *진흙
    - *돌
    - 목재

33. ***높이**
    - *높음
    - *낮음
    - *평평함

34. ***무게**
    - *무거움
    - *가벼움

35. ***성향**
    - (사회적/문화적)
    - *창조
    - *파괴
    - *쾌락
    - *억압

36. ***문화(예술/미디어)**
    - *예술
    - 음악

37. ***감각**
    - *소음
    - *정숙
    - *멋/열 등
    - *냄새
    - *촉각
    - 보이지 않음
    - *시각

38. **은유**
    - *활동
    - *죽어감
    - *우울(*Blue*)

* 필자가 알기로 별표 항목은 문헌에 나오지 않는 것들이다.

통'·'제 3세계'·'동양'·'선산업'·'이슬람'의 부분이 있는 것만큼, 이른바 '제 3세계'와 '이슬람' 도시에도 '근대'·'제 1세계'·'서구'·'후기 산업'의 부분들이 많다.

형상의 측면에서 또 하나의 문제가 부각된다. 도시에서 여성의 사회적·행태적·공간적 활동과 관련해 젠더(*gender*)는 주로 비이슬람권의 남성 학자들이 이른바 이슬람 도시의 차별성을 평가하는 전형적인 기준이었다. 그러나 지난 20년 동안 유럽과 북미의 도시와 도시공간에 대해 이루어진 페미니스트 연구를 보면, 건축형태는 물론 사회적·공간적 생활에서 젠더에 관련되는 많은 항목들이 지적되었다(Hayden 1984; Matrix 1984; Little, Peake, and Richardson 1988).

마지막으로, 비록 공공 안전성, 오염과 소음 수준, 건강 지표 등에 관한 도시의 '삶의 질' 분류가 있지만(Population Crisis Committee 1990), 개개 도시의 다양한 조건에 의해서 형성되고 그 도시의 문화적 산물에 영향을 주는 상대적인 독창성을 조사하는 방법은 아직 아무도 발견하지 못했다.

결론

사회에서 언어, 특히 용어체계는 분류체계를 구축하는 데 중요하다. 그러나 언어만으로는 결코 특정한 분류법과 그것이 지칭하는 유형들을 충분히 이해할 수 없다. 이 장에 제시된 주거의 사진들에서 확인할 수 있듯이, 이미지에 의한 시각적 정보도 필요하다. 또한 어떤 공간과 유형의 범주들을 확인하기 위해서는 후각과 청각의 정보도 필요하다. 특정한 사람들이 물리적·공간적 환경에서 다양한 유형을 구성하는 미묘한 사회적·문화적 차이를 구별하기 위해서는, 이런 정보들로도 충분하지 않을 수 있으며 따라서 현지 정보제공자가 필요하다.

이 글에서 물리적·공간적 환경 자체도 마찬가지로 중요한 의미를 갖는다고 지적했다. 그러한 환경을 통해서 사회적·문화적·정치적으로 구성된 분류법이 구축된다. 푸코식의 용어를 쓴다면 **분류체계**, 그리고 그것에서 발생한 유형과 범주들은 담론구성체(*discursive formation*)의 필요 불가결한 부분이다.

주거와 도시라는 두 분류체계를 병치해 봄으로써 매우 임의적이고, 특정한 문화에 국한되고, 이해할 수 없는 범주들이 있음을 알 수 있었다. 현상에 명칭을 부여하는 것은 그것을 일반화하는 행위다. 아부루곳(Abu-Lughod)은 다음과 같이 지적한다.

> 일반화는 불가피하게, 기술되는 것의 외부에 있는 사람들이 사용하는 권력의 언어다. 일반화는 한 공동체에서 사람들 사이의 차이를 없애는 동질성·일체성·무한성의 효과를 가져온다(Abu-Lughod 1991, 139).

인간 외적인 현상에 대해서도 같은 이야기를 할 수 있다. 주거유형이라는 매우 작은 척도의 공간에 용어체계를 부여해 형성되는 세밀한 분류법과 비교할 때, 도시의 대단히 다양한 공간 척도에 적용되는 분류법은 그로테스크하게 보이기까지 한다.

유형과 용어에 대한 가정을 공유하는 것은 사회적·문화적 사고의 기본이다. 그러나 도시에 대한 논의에서 명백해졌듯이, 그러한 유형과 분류체계를 정신적으로 구축하는 것은 시간·공간·역사·문화상의 특정한 위치에서 비롯된다. 극적으로 변화하는 현대 세계의 성격, 하비(Harvey)의 말대로(1989) "시간-공간의 압축"의 산물로 인해 우리가 세계를 이해하기 위해 사용하는 많은 범주들이 불안정하고 과잉의 상태가 되었다.

내가 이 장에서 내내 강조했듯이, 범주화는 사회적 권력에 관련된다. 권력은 명명에 내포되어 있으며, 전 지구적 척도에서 작용한다. 서구에서 고안한 '탈근대'는 한편으로 우리의 불확실성을 어떤 범주 아래에 둠으로써 그것을 통제하려는 절박한 인간 욕구의 증거다. 다른 한편으로, 탈근대를 거부하는 현상은 "제국주의의 인식 폭력(*epistemic violence*)의 역사"(Spivak 1988, 172)에서 최근 나타난 위기관리의 증후라고 할 수 있는데,

그런 현상에서 우리는 분류하는 권력이 현대 문화정책의 중심에 있음을 잘 알 수 있다.

이 논문은 긴 역사를 가지고 있다. 초기 원고에 대해 조언해 준 프랭크 더피(Frank Duffy), 존 워딩턴(John Worthington), 앨런 립만(Alan Lipman), 도시 부분에 도움을 준 데릭 홀스워스(Deryck Holdsworth), 그리고 편집에 관해 귀중한 제안을 많이 해준 캐런 프랭크(Karen Franck)와 린다 쉬니클로스(Lynda Schneekloth)에게 특히 많은 도움을 받았다. 수많은 사진 중에서 게재할 것을 선택해준 프랜시스 킹(Frances King)에게 깊이 감사드린다. 언제나 그렇듯이 이 원고에 대한 책임은 전적으로 나에게 있다.

역자 주

1) 민속분류학은 지역의 사회적 지식을 바탕으로 한 민간의 분류체계를 말한다. 그것은, 사회적 관계와 관련되지 않는 객관적이고 보편적인 분류체계인 과학적 분류학(*scientific taxonomy*)에 대응하는 개념이다. 별과 천체를 관찰한다는 점에서는 마찬가지지만 점성술은 민속분류학에, 천문학은 과학적 분류학에 속한다.
2) 매핑에 대해서는 "옮긴이 해제" 참조.
3) 앙리 르페브르(Henri Lefebvre, 1901~1991)는 프랑스의 사회학자로, 흔히 네오맑스주의자로 불린다. 그는 레비스트로스가 제기한 구조주의에 대해 맑스주의적 이념으로 반대한 후기구조주의자다. 그는 사회적 공간이 계급에 따라 할당되는 현상, 곧 계급구조를 재생산하는 사회계획에 의해 부유한 사람에게는 더 큰 공간이, 가난한 사람에게는 더 작은 공간이 주어지는 현상을 지적했다. 그는 건축가·사회학자·경제학자·심리학자, 그리고 다른 여러 전문가들의 제휴를 통해 사회관계를 개조하려 했다.
4) 자연 요소 등 쾌적한 요소를 말한다.
5) 레비스트로스(1908~2009)는 프랑스의 인류학자다. 이항대립의 변별성에 기초한 구조주의적 방법으로 인류학을 연구한 선구자로 1972년 《구조인류학》을 펴냈다. 레비스트로스는 음소개념 등 현대 언어학의 방법을 비언어적 데이터를 분석하는 데 이용했다. 그는 문화적 행동·격식·예절·친족관계·혼인규칙·조리방법·토템체계 같은 것에서 그 구성요소를 본래적인 혹은 이산적인(*discrete*) 실체로 보는 것이 아니라, 그 구성요소들이 상호간에 맺고 있는 대립관계라는 점에서 언어의 음소구조와 유사한 구조를 지니는 것으로 파악했다. 그에 따르면, 문화 전체가 궁극적으로는 하나의 거대한 언어로 파악되며, 친족·양식·정치 이데올로기·혼인예식·조리와 같은 개체는 그 거대한 언어의 부분적인 표현이 된다. 이런 여러 가지 영역에서 공통적인 구조를 발견할 수 있다면, 고찰 대상 사회가 무의식적으로 안고 있는 태도에 대해 중요한 지식을 갖게 될 것이다.
6) 방갈로(*bungalow*)는 인디언 방갈로에서 나온 주택유형으로, 특히 20세기 초반에 미국에서 유행했다. 대개 넓은 박공지붕, 큰 현관을 가진 1층이나 1층 반 건물이다. 소박한 자연재료로 지어지는 경우가 많다. 코티지(*cottage*)는 주로 전원지역에 있는 1층 반 규모의 소형 단독주택을 말한다.
7) 2호연립주택(*semi detached house*)은 두 채의 단독주택을 합벽한 주택으로, 출입문이 별도로 나고 두 집 모두 독립된 마당을 갖는다. 이는 한 면의 벽체

를 두 집이 공유하고 같은 규격의 자재를 두 벌씩 구입하며 골조를 한꺼번에 시공함으로써 공기가 절감되어 최소한 10퍼센트의 건축비가 절감되는 경제적인 주택유형이다. 그리고 주택 사이에 불필요하게 남겨지는 공간이 없이 대지를 효율적으로 활용할 수 있는 주택유형이다. 영국의 경우, 대지가 일정 수준 이하로 되면 2호연립주택의 유형을 택하는 경향이 있다. 그리고 밀도가 비교적 낮은 교외지역에서도 이러한 2호연립주택이 주택형의 표준으로 되어 있다(이영석 편저, 《주거환경계획》, 대우출판사, 1998, 112쪽).

8) 로우하우스(*row house*) 혹은 타운하우스(*town house*)는 우리의 연립주택 개념에 해당되는 서양의 집합주택의 유형이다. 이들은 일반적으로 2층으로 구성되며 개별 정원을 갖는다. 로우하우스는 노동자 계층의 암시를 담고 있어서 개발자들은 흔히 그것을 '타운하우스' 혹은 '테라스하우스'(*terrace house*)라고 부른다. 타운하우스는 로우하우스와 구분해 건물 내에 개별 주차장을 갖는 유형으로 구분하기도 한다(Untermann, Richard 외, *Site Planning for Cluster Housing*, Van Nostrand Reinhold, 1977, 54쪽).

모든 단위주거를 지면에서 진입할 수 있는 집합주거유형인 로우하우스는 단층 혹은 다층으로 구성될 수 있는데 일반적으로 이층으로 건립된다. 단위주거의 열을 연속시킴으로써, 특히 지형을 따라서 굴곡되거나 일정한 면적을 둘러싸는 방식으로 형성될 때, 일정한 시각적 공간을 조성하는 것이 용이해진다(Lynch, Kevin/Hack Gary, *Site Planning*, MIT Press, 1984, 277쪽).

9) 우리의 일반적인 아파트와 같이, 한 세대가 단일층으로 구성되는 단층형 아파트를 말한다.

10) 구조주의 언어학자 페르디낭 드 소쉬르(Ferdinand de Saussure, 1857~1913)의 기호이론에서 언어적인 기호(*sign*)는 기표(記標, 시니피앙, *signifiant*, *signifier*)와 기의(記意, 시니피에, *signifié*, *signified*)로 구성된다. 소쉬르는 기호를 '기표'와 '기의'의 결합으로 보는데, '기의'는 어떠한 대상이 지닌 의미 또는 개념을 뜻하며, '기표'는 그 의미를 지닌 대상을 표현하는 명칭, 혹은 청각 이미지를 의미한다.

11) 푸코(Michel Paul Foucault, 1926~1984)는 프랑스의 구조주의 철학자다. 대학에서 철학을 전공한 후 정신의학의 역사를 연구했으며 《광기의 역사》(1961)와 《임상의학의 탄생》(1963) 등을 저술했다. 그는 각 시대의 앎(知)의 기저에는 무의식적 문화의 체계가 있다고 주장했다. 이를 바탕으로 《말과 사물》(1966)과 《지식의 고고학》(1969)에서 무의식적인 심적 구조와 사회구조 그리고 언어구조가 일체를 결정하며, 주체로서의 인간이라든가 자아라고 하는 관념은 허망하다는 반(反)인간주의적 사상을 전개했다.

12) 예루살렘에서 태어난 사이드(Edward Said, 1935~2003)는 미국의 컬럼비아

대학에서 가르치며 많은 저작을 통해 서구의 잘못된 동양관을 체계적으로 그리고 통렬하게 비판했다. 그가 쓴《오리엔탈리즘》(*Orientalism*, 1978)은 주로 중동을 다룬 책이지만, 우리의 문화에 대해 올바른 시각을 갖는 데도 큰 도움이 된다.

제3부

유형의 타협

NEGOTIATING TYPE

제8장

사회적 실천과 건물유형학

토머스 A. 마르커스 Thomas A. Markus

건물의 생산, 건물의 사용, 그리고 건물에 대한 글쓰기는 건축분야에서 일어나는 사회적 실천의 세 가지 형태다. 다른 모든 사회적 실천과 마찬가지로, 건축 분야의 사회적 실천들도 현실을 구축하는 방법이다. 그것들은 물질세계뿐만 아니라 물질세계가 지각되는 방식, 곧 물질세계의 의미도 변화시킨다. 이렇게 건설자·사용자·화자(話者)의 공동체에 의해 구축된 건조환경이 갖는 의미에는 그들의 관계가 반영되어 있다. 건물의 의미는 사회적 실천을 생성하고 사회적 실천에 의해 생성되는 사회적 관계와 관련된다.

건물을 사용할 때 우리는 그것에 내포된 의미를 경험한다. 의미가 언어를 통해서 전달될 때 그 경험은 공유된다. 그러한 경험의 무한한 다양성은 안정적이고 단순한 틀로 구조화된다. 건물유형들의 명칭은 이러한 틀을 구성하는 언어 범주(*language category*) 다. [1)]

물질 역사

이 장에서는 사회·언어·의미, 그리고 건물의 창작, 건물에 대한 글쓰기, 건물의 사용에 관해 논의한다. 이러한 개념들 사이의 관련성은 물질

역사(*material history*)를 가진 개인이나 주체에 관한 기본적인 이론으로 파악하고자 한다. 여기에서 주체는 진화, 유전, 언어학습 및 구사능력 등 고래(古來)의 요인, 그리고 초기 환경(*early environment*)이라는 근접요인뿐만 아니라, 사회와의 상호작용 과정을 통한 부단한 성장에 의해 역사적으로 형성되었다고 간주한다.

주체는 내적 세계를 갖는데, 그것은 외적인 물질세계를 구성하고 그것에 의미를 부여한다. 이 내적 세계는 부분적으로 개인 — 후설(Husserl 1970)이 말한 "생활세계"(*lifeworld*)[2] — 에 따라 다른 것이며, 부분적으로 다른 사람들과 공유하는 것이다. 그러나 그것의 모든 측면들은 역사적 과정 안에서 형성되며 물질 존재에 뿌리를 두고 있다. 건물을 연구하는 사람들에게 중요한 물성(*materiality*)이라는 측면은 공간, 대개 어떤 목적을 위해 조성된 건조공간(*built space*)에 위치한 신체의 느낌에 관한 것이다.

주체는 개별적·집단적·제도적으로 자신의 사회를 생산하고 재생산한다. 이러한 생산과정으로 물질세계의 의미는 물론 물질세계 자체가 변화한다. 그것은 사회적 실천이며, 그것을 통해서 내적 세계와 외적 세계가 만난다. 곧 외적 세계는 의미를 획득하는데, 이러한 의미가 우리의 사회적 관계다. 인간을 정의하고 인간을 다른 생물과 구분해주는 가장 보편적인 사회적 실천은, 언어를 구사하고 의식적으로 사용하여 사회적 관계를 형성하는 능력이다.

〈그림 8-1〉에서 주체(건물을 경험하거나 그것에 관한 텍스트를 읽는 사람), 사회적 실천, 사회적 관계가 세 개의 영역으로 표현되었다. 그것들은 역사 속의 사회라는 공통의 영역으로 둘러싸여 있다. 사회적 실천에는 우리의 논의와 관련되는 세 가지가 포함된다. 하나는 일상 언어의 사용, 또 하나는 건물에 관한 텍스트의 생산, 세 번째는 건물의 실제 설계와 생산이다. 주체는 건물을 사용함으로써 경험한다. 그리고 이 경험을 통해 건물의 의미가 사회적 관계의 유형을 표명한다는(*signifying*) 사실을 발견한다. 이것이 삼각형으로 연결된 세 점으로 표시되었다.

이 장은 특히 구어나 문어 형태의 언어와 건물유형 사이의 연관관계를

그림 8-1 주체, 사회적 실천, 사회적 관계 사이의 관계를 보여주는 다이어그램
T = 건물에 관한 텍스트
L = 언어
⇧ = 건물의 설계와 생산

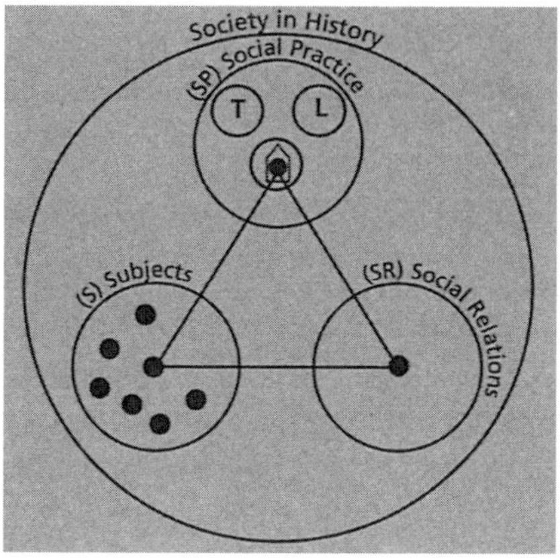

다루지만, 건물은 일차적으로 형태와 공간구조라는 또 하나의 언어를 통해서 의미를 전한다는 점을 상기하는 것이 중요하다. 이러한 기호(*sign*)와 은유의 체계가 사회적 관계를 말해준다. 그리고 그 체계를 통해서 우리는 한 건물을 이해하게 된다. 그 체계는 일상 언어가 할 수 없는 **방식**으로 표명하지만, 그럼에도 불구하고 그것이 표명하는 **내용**, 곧 의미는 구어나 문어의 형태로 분절(*articulation*)[3] 될 수 있어야 한다. T. S. 엘리엇(Eliot)은 시를 '분절되지 않은[4] 것에 대한 습격'이라고 말한다. 그렇지 않으면, 이런 의미에 관한 의사전달은 불가능하며 따라서 의미를 공유하는 것도 불가능하다. 그러면 언어를 공유하는 공동체가 존재하지 않게 될 것이다. 여기서 우리가 관심을 기울이고자 하는 일상 언어의 측면은 용도와 기능에 관련된 것들이다. 형태와 공간이 표명하는 의미가 용도와 기능에 따라 변할 때, 의미의 상실[5] 을 가져오는 모순이 생겨난다.

사회적 실천과 건물

건물에 관한 말하기와 글쓰기가 그렇듯, 모든 선진사회에서 건물의 설계 · 시공 · 사용은 주요한 사회적 실천이다. 건물은 사회적 관계를 생산하

기 위해 공간을 조직하는 객체로서 의미를 갖는다. 물리적 환경에서 물질적 변화가 일어나야만 의미를 갖는 것은 아니다. 자연에 있는 꿈의 대지(*Dreaming site*)는 호주의 원주민에게 세계가 창조된 '꿈의 시대'(*Dream-time*)[6)]에 관한 의미를 전한다. 이야기 · 노래 · 춤 · 그리기를 통해서 이 신화는 계속 살아 있다. 곧, 그 장소의 의미는 계속 살아 있다.

구어나 문어의 사용은 보편적인 사회적 실천이다. 건물에 관한 텍스트는 언어 사용의 특별한 예다. 그것은 존재하는 건물에 관한 기술이거나(*descriptive*), 설계되고 지어질 건물에 관한 규범이다(*prescriptive*). 특히 건물공간에 관해 유효한 언어요소는 용도를 지칭하는 단어들, 곧 기능-언어(*function-language*)다. '박물관', '거실', '아트리움'과 같이 매우 단순한 단어들이 풍부한 실체 · 목적 · 관계를 기술한다. 안정적인 건축문화에서 그 단어들에는 용도 이상의 내포(*connotation*)가 있다. 그 단어들은 건물의 형태와 공간구조, 그리고 건물에서 일어날 행위에 관한 기대를 불러일으킨다.

사회적 관계와 건물

사회과학을 통해 우리는 오래전부터 권력의 사회적 관계에 친숙해졌다. 그런 사회적 관계는 대지 · 자본 · 에너지 · 원료 · 기술 · 노동 · 지식 · 생산력 · 무기 등 유한한 자원의 배분에 바탕을 두고 있다. 그것은 기본적으로 경영 연구에서 그렇게도 소중히 생각되는 케이크 자르기, 곧 제로섬 게임이다. 더 많은 곳이 있으면 더 적은 곳이 있다는 말이다. 사회에서 권력의 배분은 공식적 · 비공식적 정치에 의해 결정되며 지지하는 이념에 따라 달라진다. 그것을 비판하는 것이 정의다.

모든 인간 집단에는 권력관계와 함께 고르(Gorz 1989)가 "결속"(*bond*)이라고 부른 것이 있다. 그것은 법률이나 계약, 또는 생산에 대한 보상과 무관하다. 이러한 이유로 그는 그것을 "전복된"(*subversive*) 것이라고 부른다. 그리고 결속의 가장 두드러진 예로 어머니와 아이의 관계를 꼽는다.

시인과 신학자들은 사랑을 말한다. 정치에서 결속은 연대(*solidarity*)라고 알려져 있다. 일상생활에서 우리는 우정을 통해 결속을 경험한다. 이상하게도 결속은 무한하며, 권력관계의 역이다. 개인 사이에서나 한 집단 내에서 결속이 강할수록 더 많은 것들이 허용된다.

권력관계가 아무리 억압적(불균형적)이라도, 결속이 생성되지 않는 인간사회는 없다. 그러나 권력의 불균형이 클수록 결속을 유지하는 데 더 많은 희생이 요구된다. 프리모 레비(Primo Levi)[7)]의 아우슈비츠(Auschwitz) 사진은 그것을 웅변으로 증언한다. 건물은 권력관계를 만들고, 유지하고, 조절하는 가장 강력한 물질적 도구 가운데 하나다. 또한 건물은 반응적 공간(*responsive space*)을 만들거나, '틈새 공간'이나 용도가 지정되지 않은 공간(*unprogrammed space*)에서 결속을 허용함으로써 결속의 형성에 영향을 준다.

모든 인간관계를 기술할 때 '사회적'이라는 단어를 사용하면 일견 인간관계를 실험적 관찰이 가능한 것으로 축소시키는 듯한 인상을 줄 수도 있다. 그러나 그 단어는 사회적으로 형성된 주체로서 우리가 경험한 것들, 곧 외부에서 내부를 보는(*outside-in*) 분석이 가능한 것들뿐만 아니라, 각 개인(후설의 "생활세계")에 특유한 것들을 포함한다. 철학·언어학·예술·시·정신분석은 내부에서 외부를 보는(*inside-out*) 분석의 가능성을 일깨워준다.

권력과 결속 관계에는 각각 적어도 세 개의 단계가 있다. 첫째 단계는, 자아 대 자아(*self-to-self*)의 관계, 곧 자아 발견의 근저에 있는 관계다. 그것은 '나는 누구인가?', '나는 어디에서 왔는가?', '나는 어디로 가는가?' 같은 질문에 대한 해답의 단서를 지속적으로 제공한다. 둘째 단계는, 자아 대 타인들(*self-to-others*)의 관계다. 이에 대해 '사회적'이라는 말이 일반적으로 사용된다. 물론 자아는 대화를 통해 타자들과 상호작용하며 형성되므로 이것은 또한 첫째의 관계를 나타낸다. 그것은 또 타자 대 타자의 관계에 대해 자각(학생의 경우, 공부)하도록 해주므로, 자아의 외부를 나타낸다. 셋째 단계는 자아 대 **타자**(*self-to-other*)의 관계다. 이는 역사에 무관한 것으로 생각되는 우주적 기획(*cosmic scheme*)이다. 여러 문화에서 그것은 이성, 과학, 자연, 명백한 종교적 기획, 예술, 정의 등 광범위한 개념과 신념에서 나타난다.

맑스(Marx)는 경제적 불균형이 관계의 반대말, 곧 소외를 초래한다고 보았다. 그리고 그는 자아·타인들·자연(물질주의 시각에서 받아들일 수 있는 유일한 **타자**)으로부터의 소외를 지적함으로써 마찬가지로 세 단계의 소외를 정의한다.

건축적 담론과 사회적 실천

분석의 대상이 되는 사회적 관계는 권력과 결속 형성의 관계다. 이 두 관계는 모두 사회적으로 구성되는 것이면서 또한 내적인 "생활세계"의 영역에 있다. 그리고 이 두 관계는 바로 위에서 설명한 세 개의 단계로 성층화된다. 건물의 의미, 곧 건물이 이러한 사회적 관계를 구현하는 방식을 이해하려면, 건물을 생산하는 사회적 실천을 조사해야 한다. 건물의 물성, 건물이 설계·생산·사용되는 과정, 그리고 건물에 관한 텍스트에서 단서를 찾을 수 있다. 이것들 각각을 분석하는 데는 적당한 도구가 있다. 물론 분석도구는 견고한 이론을 바탕으로 해야 하지만, 그보다도 그것은 경험에 비추어볼 때 중요하다고 생각되는 특성을 다루어야 한다.

그러나 경험에 의존하려는 생각은 즉시 어려움에 직면한다. 건물에 대한 우리의 경험이 통일성을 가진 것으로 보이지만 사실은 대개 서로 독립적이고 구분되는 요소들로 이루어지며, 따라서 그것들의 다양한 조합이 가능하기 때문이다. 이는 우리가 다른 사람들을 경험할 때도 마찬가지다. 신체적 외모, 지성, 유머감각 등이 일정한 방식으로 결합되는 것은 아니다. 우리는 사람의 개성을 이루는 이런 측면들이 광범위한 조합을 통해 나타난다는 사실을 안다. 또한 우리가 아는 어느 특정인에 있어서 그런 측면들이 결합되는 방식이 바로 그 사람의 개성을 만든다는 것을 안다. 창조적인 작가들은 강력하고 적절한 방식으로 특성들을 결합해 **원형적인** 인물을 고안해낼 수 있다. 팔스타프(Falstaff)[8]의 몸과 얼굴, 위트, 지성의 조합은 매우 강력하여 '팔스타프적'(*Falstaffian*)이라는 말이 인물을 일반적으로 묘사하는 말이 되었다.

형태, 기능, 그리고 공간

건물에 대한 우리의 경험을 이루는 명료한 요소들, 특별한 경우에는 뚜렷이 일체성을 가지지만 대개는 독립적으로 존재하는 요소들은 무엇인가? 나는 형태, 곧 사물의 **외관**(그리고 어느 정도는 사물의 느낌·냄새·소리), 건물과 그 각각의 공간에서 사람들이 하는 것, 곧 건물의 **목적**, 그리고 우리가 **어디에** 있는지, 누구 또는 무엇 옆에, 건물 내·외부의 다른 공간들과 어떤 관계 속에서 있는지를 감지하는 방식 등이 건물에 대한 경험을 이루는 가장 중요한 세 가지 요소라는 가정으로부터 논의를 시작하려 한다. 건물에 관한 이야기의 근저에는 대개 이런 세 가지의 경험이 있다. 따라서 형태·기능·공간이 건축의 세 가지 담론의 대상이며, 그 각각을 분석하는 데는 적당한 기법들이 있다.

형태의 경험이 굉장히 강력한 것은 분명하다. 그것은 즉각적이고 직접적이다. 건축에서 전통적인 형태분석 방법은 예술사의 방법에서 왔다. 이런 형태분석 방법은 평면·입면·용적의 기하학적 구성, 표면의 분절, 장식·회화·조각의 도상 프로그램(*iconographic program*), 리듬에 내재된 성격, 척도와 비례, 색채, 질감, 빛의 흐름, 불투명성과 투명성, 그리고 고전 오더와 같은 양식적 체계 및 언어에 초점을 맞춘다.

세 가지 요소 중에서 형태는 전통적으로 서구인들에게 가장 익숙하다. 거의 모든 건축 비평과 역사적 연구에서 건물은 예술적 대상으로 간주되었다. UDC[9]나 Dewey 십진분류법에서 '건축'은 720으로 '미술' 분야인 700대에, '조경 정원'의 710과 '조각'의 730 사이에 있다. 건축과 학생들이 작업하는 장소는 '스튜디오'다. 건축형태의 주제는 언론매체의 '예술' 부문에서 다루어진다. 예술로서의 건축에 계층 구분은 없다. 찰스(Charles) 황태자부터 시영주거단지에 있는 아주 소박한 세입자 조합에 이르기까지 누구나 건축형태를 논한다.

기능은 우리가 참여자이거나 당사자일 때 가장 직접적으로 경험한다. 한 걸음 떨어져서, 건물을 사용하는 다른 사람들을 관찰할 수도 있다. 그렇지 않으면, 모든 종류의 물질적 단서로부터 기능을 추론할 수도 있다. 전체 건물의 형태 · 공간구조 · 위치나 건물의 어떤 공간, 공간의 가구 · 내용물 · 비품, 또는 건물이나 방문에 있는 명패 등이 그런 단서의 예다.

그러한 단서가 없을 때, 기능을 기술한 텍스트에서 기능을 발견할 수 있다. 이러한 텍스트에 사용된 단어들, 곧 기능-언어는 일상대화에서 사용된다. 우리는 이 언어로 건물과 그 공간의 일상적인 사용에 대해 중요한 것들을 거의 모두 전달할 수 있다. 그 단어들이 단순한 물질과정(*material process*)보다 훨씬 많은 것을 기술하기 때문에 가능한 것이다. '구내식당'(*canteen*)은 먹는 장소 이상이다. 레스토랑, 군 식당, 나이트클럽, 펍(*pub*), 카페테리아, 해변 방갈로, 카페도 결국은 먹는 장소를 나타낸다. 이러한 각각의 단어는 먹는 사람들 사이, 그리고 먹는 사람들과 음식 제공자 사이의 다양한 관계를 매우 잘 구별해준다. 즉, 각각은 동일한 문화에서 알려져 있는 서로 다른 여러 관계들을 나타내 준다. 또한 그 각각은, 안정적인 건축 전통 안에서 쉽게 인식되는 형태와 공간구조의 범주를 암시한다. 그러한 단어들은 **유형**을 나타낸다.

이 같은 전통의 일관성으로 인해 형태와 기능 사이의 관계를 예견할 수 있었다. 주어진 형태에서 건물의 기능을 확실히 예견할 수 있었으며, 그 역도 사실이었다. 18세기 중반에 와서 계몽주의와 프랑스혁명, 그리고 산업혁명으로 그런 일관성이 깨어질 때까지 이 상황은 지속되었다. 그때 새로운 건물유형들이 폭발적으로 나타났다. 과거와 달리 모든 건축가가 주요한 고객과 동일한 지배계급 출신은 아니었다. 그리고 보편적인 고전주의 언어가 새로운 다양한 양식들로 대체되었다. 형태와 기능의 연계성을 최후로 또 가장 강력하게 변론한 사람들 중 한 사람은 블롱델(Blondel,

1771~77) 이다. 그는 일련의 **장르** 곧 기능유형을 제시하고, 각 **장르**에는 그것에만 적합한 성격이 있다고 보았다. 이 이론은 르쾨(Lequeu)·불레(Boullée)·르두(Ledoux)의 **말하는 건축**(*architecture parlante*)[10]에서 결실을 맺었다. 그러한 건축에서는 목적의 매우 미세한 차이를 표현하기 위해서 유추적이고 은유적인 형태들을 고안해냈다. 다음은 불레(Boullée, 1781~97)가 자신이 감옥 위에 배치한 법정의 설계에 대한 변론이다.

> 만일 내가 이 위엄 있는 궁(*palace*)을 죄로 그늘진 소굴 위에 놓는다면, 이것들이 대조를 이룸으로써 건축의 고귀함에 도움이 될 뿐 아니라, 정의의 무게에 압도되는 악의 이미지를 인상적이고 은유적으로 보여줄 것이다(1974, 98).

공간구조란 형태를 통해 경험되고 분석이 가능한 공간의 기하학적·입방체적 특성이 아니라 인접성이라는 위상기하학적[11] 특성을 말한다. 한 건물의 공간들은 특정한 방식으로 서로 침투할 수 있다. 한 공간은 하나 혹은 몇 개의 다른 공간으로 열린다. 한 공간은 가로에서 직접 혹은 소수의 다른 공간들을 통과한 후에, 아니면 많은 공간들을 가로지른 후에만 도달된다. 그러한 위상기하학적 관계를 정량화하기 위한 그래픽 기법들과 정확한 방법들이 있는데, 그중 많은 것을 힐리어와 한슨(Hillier & Hanson 1984) 그리고 그들의 동료가 개발했다. 공간들 사이에 선택할 루트가 없을 때, 그 공간은 나무처럼 가지를 뻗는 구조를 갖는다. 선택할 루트가 있으면 고리가 생긴다. 입구에서 가까운 공간은 심도가 얕고, 긴 연계과정(*sequence*)의 끝에 있는 공간은 심도가 깊다. 이런 나무·고리·심도의 특성은 사람들 사이의 마주침의 빈도, 통제하고 통제되는 사회적 현상, 프라이버시, 격리, 그리고 감시에 관련된다.

전통적으로, 형태와 마찬가지로 공간적 성격도 기능을 통해 예견할 수 있었다. 전반적으로 볼 때, 점진적으로 진화하는 고전 형태언어와 맞물려서 형태·기능·공간은 일관되고 통일된 의미를 표명했다. 다시 말해 세 가지 담론의 의미들을 각각 사회적 관계의 영역에 표기했다면, 그것들은 하나의 점에 수렴했을 것이다. 그러나 상황이 달라졌다. 건축은 어떠한 외부의 영역을 언급하지 않고도 의미를 낳는, 자체의 고유한 담론을 갖는 것으로 생각할 수 있게 되었다. 18세기 이후 이러한 가능성을 무시하기는 점점 더 어려워졌다. 명백한 일체성이란 건물의 사용자 · 설계자 · 독자 · 화자의 공동체, 곧 언어게임을 공유하는 공동체에 바탕을 둔 것인데, 그런 공동체가 사라지고 있음이 분명했다. 이전의 일체성은 분쇄되었으며, 건물의 개별적 속성을 사회적 관계의 영역에 매핑(*mapping*)[12] 해보아야 건물의 의미를 회복할 수 있음이 분명했다.

최근에 에코(Eco 1986)가 건축이라는 혁신이 일어나는 장의 **외부에 있는** "사회적 요건"(*social exigency*)을 밝히기 위해 건축기호학을 개발한 것에 주목할 필요가 있다. 건축기호학은 "(건축가의) 권력에 종속되지 않는 체계"(Eco 1986, 82)이며, 사회적 관계와 동등하게 생각될 수 있다.

형태 · 기능 · 공간이 실로 중대한 특성들이라면, 건물을 이해하고 그것의 의미를 발견하는 과업은 고고학처럼 보이기도 한다. 고고학자는 건물의 잔해를 마주하고 그것으로부터 형태, 곧 공간의 기하학적 구성, 장식적 · 도상적 프로그램의 종류, 그리고 사용된 양식을 재구축한다. 뼈, 화로, 기구 그리고 기능적 증거 자체 등 발견된 물품의 단서들과 실들이 상호 연결되고 외부와 연결되는 방식에 관한 공간적 단서를 연결함으로써 문화, 용도, 사회적 관계의 그림을 구성할 수 있다.

건물이 사회적 관계를 형성한다

형태 · 기능 · 공간에 관한 건축의 세 가지 담론은 각각 세 단계[13] 에서 작용해 권력 및 결속의 관계를 형성한다. 건물의 생산에서 권력이 작용하는 것은 어렵지 않게 볼 수 있다. 궁극적으로 권력의 원천은 첫째로 건설 프로젝트를 수행할 자원의 소유자에 있다. 그러한 자원을 통제하는 개인이나 사적 기업, 도시, 또는 국가는 언제나, 그것이 건강센터에서의 치료든, 사무실이나 공장에서의 생산성이든, 박물관에서의 전시든, 공개적인 프로그램으로 명문화되지 않은 목적을 갖는다. 이 숨겨진 프로그램이 설계됨으로써 자원의 통제자인 정치권력이 건물의 모든 측면에서 재생산된다.

권력의 중심부에 있는 사람들이 설계자를 지정할 것은 뻔하다. 그들은 훨씬 더 미묘한 방식으로 교육·전문분야·매체에 영향력을 미쳐서 건축의 담론 자체를 형성할 것이다. 그들은 공간프로그램(*brief*)[14]의 언어, 구조, 그리고 무엇보다도 배제할 것들을 결정할 것이다.

건물의 형태가 후원자의 언어를 말한다는 사실 때문에 형태의 정서적 또는 예술적 효과가 감소하는 것은 결코 아니다. 그것은 단지 **누구의** 형태언어, 누구의 심상(*imagery*)이 사용되었는지를 설명할 뿐이다.

기능을 통제하는 최초의 주요한 행위는 지을 것인가, 그리고 어떤 목적을 위해서 지을 것인가를 결정하는 것이다. 나아가 대지·자본·노동의 자원이 제한되어 있으므로 지어지지 않을 것, 곧 도시나 건물로부터 배제할 기능들도 결정한다. 기능 프로그램에 관한 어떠한 의심도 없도록 후원자들은 공간프로그램을 직접 작성하거나 작성을 통제한다. 그들은 그러한 텍스트가 기술적(*technical*) ·중립적·'객관적' 문서가 되고 가치중립적이어서 논란의 여지가 없도록 하려고 많은 노력을 기울인다.

공간구조에서 심도(*depth*), 수형(樹形, *tree*)의 비균제(*asymmetry*), 회로수(*ring*)의 제한,[15] 공적 공간에서의 접근에 대한 통제, 그리고 다른 장치들은 권력을 원하는 방식으로 분배한다. 힐리어와 한슨(Hillier & Hanson 1984)은 공간적 "도치"(*inversion*)라는 개념으로 이것을 그래프로 보여주었다. 상점·은행·도서관·바(*bar*) ·극장·시청과 같이 일반 대중('방문자')이 접근하는 보통의 건물에서 일반 대중은 외부의 얕은 영역들만 점유할 수 있다. 그래서 상점의 가로 쪽 공간, 은행 객장, 도서관의 개가 서고, 음료를 파는 라운지, 강당, 성당의 회중석(*nave*), 안내소는 상점주인의 공간, 은행의 직원사무실, 사서의 구역과 서가, 바 뒤의 준비구역과 음료 창고, 무대와 분장실, 성단소(*chancel*)와 성구실, 시 공무원들의 사무실과 분리된다. 카운터, 문, 그리고 건물 안쪽에 있는 '입주자들' 공간

앞에 위치한 일련의 공간들이 두 영역 사이를 분리한다. 기능 프로그램 전체를 통제하는 것은 입주자들이다. 심도의 증가는 권력의 증가를 나타낸다. 그래서 '신성한 것 중의 신성한 것'은 신성한 건물에만 있는 것이 아니라 복도, 계단, 외부 사무실 등을 경유해야만 도달하는, 나뭇가지구조 끝의 대학총장 사무실의 형태로도 존재한다.

병원·수용소·감옥 등과 같은 공공시설은 전형적인 "도치" 건물이다. 여기서 입주자는 바깥쪽 얕은 공간에 그리고 방문자는('방문'이 20년 수감일지라도) 깊은 곳에 위치한다. 여기서 깊이는 권력의 상실을 표명한다. 비규제적 구조에서 가장 통제받고 약한 집단은 가장 깊은 지점에 위치한다.

한편 형태·기능·공간은 결속 관계의 형성과 유지에도 관련된다. 흔히 대규모 질서의 균일성이 감소될 때, 또는 공간 체계의 일부를 사용하거나 소유하는 사람들이 지속적으로 국부적인 이미지(*local image*)를 만들어낼 수 있을 때, 결속 관계를 지속시키거나 상징화하는 심상이 형성된다. 기능은 변화가능성을 열어두고 개방적으로 정의될 수 있으며, 이때 프로그램을 다시 규정하는 것은 쉽다. 그리고 조직상의 장애나 물질적인 장애를 최소하면서 역할과 행위의 변화를 수용하기 위한 규칙을 고안해낼 수 있다. 프라이버시의 정도를 자유롭게 선택할 수 있도록 하면서도, 의사소통이 쉽고 자유로우며 우연한 만남의 기회를 조장하는 공간구조를 만들어낼 수 있다.

건설자의 기능 언어

용도를 나타내는 표지(*label*)는 건물을 사용하는 사람들의 일상 언어로 편입되어야 작동한다. 사용하기와 말하기는 자연스러운 것이면서 맥락적으로 규정되는 것이다. 어떤 기능이 맥락에서 떨어져 나오면, 그것의 의미를 해석하기가 어려울 뿐 아니라 그것이 자리 잡고 있는 전체 공간구조도 의미를 상실한다. 이는 미술관이나 철도역에 자리 잡은 교실과 그곳에서의 행위들을 상상해보면 알 수 있다. 교실의 목적과 의미를 이해하는 것이 매우 어려울 뿐 아니라 미술관이나 철도역이 갖는 일반적인 목적의 명료함도 손상된다. 공간과 그 안에서 일어나는 행위로 교실의 목적과 의미를 이해할 수 있지만, 어떤 이유에서든 기능을 나타내는 '교실'이라는 단어로 그 공간의 의미를 이해하는 것은 불가능하다. 단어는 그것의 언어구조에서 떨어져 나올 수 없다. 정확한 의미에서 맥락이란 용도와 언어의 텍스트에 결부된 맥락을 말한다. 기능 언어는 유형에 관한 단어들을 통해 의미를 보호하는 안전한 구조다.

기능 언어의 특징 중 하나는, 모든 인간 언어와 마찬가지로 자연물이나 인공물, 음식, 사건, 감정, 사람, 역할, 지식의 분야 등을 명명할 때 범주를 사용한다는 것이다. 이러한 범주들이 조직되어 집단이 된다. 그리고 그것들이 위계를 갖추면 분류법이 되며, 충분히 발전하면 분류체계가 된다. 모든 문화에서는 일상 언어를 사용해 분류체계를 구성하며, 인류학과 언어학은 이러한 분류체계가 세계관을 표상함을 보여준다. 분류체계는 세계에 의미를 부여하는 사회적 구성개념이다.

전문적인 실천적 과제에서 분류체계를 사용하는 것은 물론이다. 도서관·박물관·사회보장제도·교육체계가 분류체계를 사용하지 않고 작동하는 것을 상상하기는 어렵다. 그러나 분류체계의 필요성은 이보다 훨씬 더 심오한 데 있다. 우리의 세계에 대한 경험이 무한히 다양하고 독특하기 때문에, 이러한 풍부한 물질의 범람에 대처하는 유일한 방식은 각각의 독특한 부분을 안정된 일반적 구조 안에 위치시키는 것이다. 곧, 각 부분을 그것과 본질적으로 유사한 것들과 함께 분류하거나 그룹핑하는 것이다. 이러한 전체적인 구조가 우리의 머리에 있는 분류체계다. 분류체계의 개념적 요소들은 언어로 정의된다. 분류하는 것은 세계를 익숙하고 안정적인 것으로 만드는 것이다. 그리고 전문적인 분류에서 볼 수 있듯이, 분류는 사회적으로 생산되지만 완전히 무의식적인 활동이다.

이러한 언어의 사용은 건물을 생산하는 사회적 실천 전체에 침투해 있다. 텍스트는 그 과정에 개입된 사람들을 교육하는 주된 수단이다. 텍스트는 또한 건축법규, 설계지침, 현상설계 등의 프로그램, 비평문, 관리규약

등의 내용을 이룬다.

규범적 텍스트

두 예를 통해 프로그램에 관한 규범적 텍스트가 형성되는 규칙을 살펴보기로 한다. 설계자가 전면에 등장하기 전에도 다양한 방식으로 건물의 설계가 진행된다. 첫째 예는 건축가 윌리엄 스탁(William Stark)이 글래스고우(Glasgow) 최초의 정신병자 수용소의 설계를 위임받았던 1807년으로 거슬러 올라간다(Stark 1807). 그는 주어진 프로그램을 다이어그램으로 해석했는데, 이것이 〈그림 8-2〉의 왼쪽 부분이다. 전체 수용자를 젠더에 따라 나누고 다시 환자의 경제적 수준에 따라 나누었다. 곧, 비용을 지불할 수 있는 사람들을 "상급"(*higher rank*)으로, 주변의 카운티에서 온 빈민들은 "하급"(*lower rank*)으로 분류했다. 마지막으로 각 등급을 "광적"(*frantic*) · "불치"(*incurable*) · "회복기"(*convalescent*) · "보통 상태"(*in an ordinary state*) 등 네 가지 계층의 증상으로 구분했다. 젠더, 경제계층, 그리고 의학적 상태, 곧 사실상 생산 능력에 의한 이런 분류는 산업혁명이 전개되던 시기의 사회 계층구조를 축소판으로 정확하게 반영한다.

다이어그램의 오른쪽 부분에는 16개의 계층을 각각 중심에서 서로 다른 거리와 바닥 높이에 있는 영역에 표기했다. 최종 결과는 돔이 씌워진 중앙 감시실을 중심으로 네 개의 팔이 달린 그릭 크로스(*Greek cross*)형의 평면이다(〈그림 8-3〉). 실로 필연적인 결과였다.

두 번째 예는 1970년 글래스고우(Glasgow)의 버렐미술관(Burrell Art Gallery) 현상설계다. 이 현상설계는 해운업 부호인 윌리엄 버렐(William Burrell) 경의 유산으로 지원되었다. 이 현상설계에 242개 작품이 응모했으며 뫼니에(Meunier), 가슨(Gasson), 안드레센(Andresen)이 당선되었다. 프로그램의 텍스트를 간단히 분석해보기만 해도 완성된 프로젝트, 그리고 실제로 모든 참가작에 영향을 미친 몇 가지 흥미로운 특징들을 발견할 수 있다.

그림 8-2 자신이 건축가로서 일한 글래스고우 정신병자 수용소(1807)의 프로그램을 나타내는 윌리엄 스탁의 다이어그램. 출처: W. 스탁 1807. 글래스고우 의회 도서관 자료.

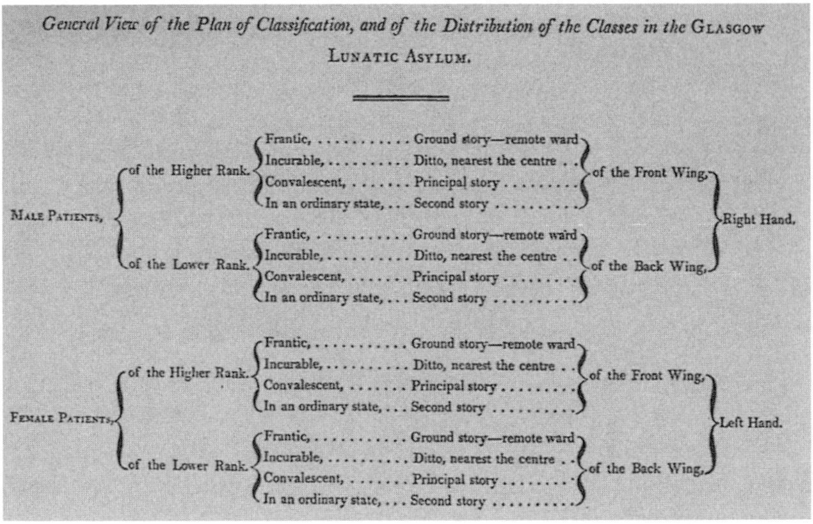

General View of the Plan of Classification, and of the Distribution of the Classes in the GLASGOW LUNATIC ASYLUM.

MALE PATIENTS,
of the Higher Rank.
Frantic, ... Ground story—remote ward
Incurable, ... Ditto, nearest the centre . .
Convalescent, ... Principal story . . . .
In an ordinary state, . . . Second story . . . .
of the Front Wing,
of the Lower Rank.
Frantic, ... Ground story—remote ward
Incurable, ... Ditto, nearest the centre . .
Convalescent, ... Principal story . . . .
In an ordinary state, . . . Second story . . . .
of the Back Wing,
Right Hand.

FEMALE PATIENTS,
of the Higher Rank.
Frantic, ... Ground story—remote ward
Incurable, ... Ditto, nearest the centre . .
Convalescent, ... Principal story . . . .
In an ordinary state, . . . Second story . . . .
of the Front Wing,
of the Lower Rank.
Frantic, ... Ground story—remote ward
Incurable, ... Ditto, nearest the centre . .
Convalescent, ... Principal story . . . .
In an ordinary state, . . . Second story . . . .
of the Back Wing,
Left Hand.

그림 8-3 글래스고우 정신병자 수용소의 평면도. 출처: W. 스탁 1807. 글래스고우 의회 도서관 자료.

〈그림 8-4〉에서 공간프로그램은 블록으로 표현되었는데, 각각의 블록은 공간프로그램에 제시된 텍스트의 분량에 비례한다. 공간프로그램은 제목・부제・절・문단으로 나뉘어졌는데, 이런 체제에 따라 블록들을 아래 방향으로 표기해나가 나무꼴로 정리했다. 이 다이어그램에서는 텍스트의 분량을 기준으로 한 '각 부분의 세밀도', 그리고 부문(*section*) 별로 다른 나뭇가지의 깊이에서 나타난 '세분의 정도' 등 두 가지를 볼 수 있다.

세 가지 이슈가 가장 깊은 5번째 단계까지 전개되었음을 볼 수 있다. 그 중 첫째 이슈는 출품작의 결격사유목록으로, 이는 모든 출품작이 통과해야 하는 '관문'을 나타낸다. 둘째 이슈는 이사들을 비롯해 자금에 대한 통제권을 가진 집단들의 법적 권리를 제시한 조항으로, 이는 후원자가 프로

그림 8-4 버렐미술관 공간프로그램의 텍스트 구조. 드로잉: 필자. 마르커스(Markus, 1987)에 처음 사용됨.

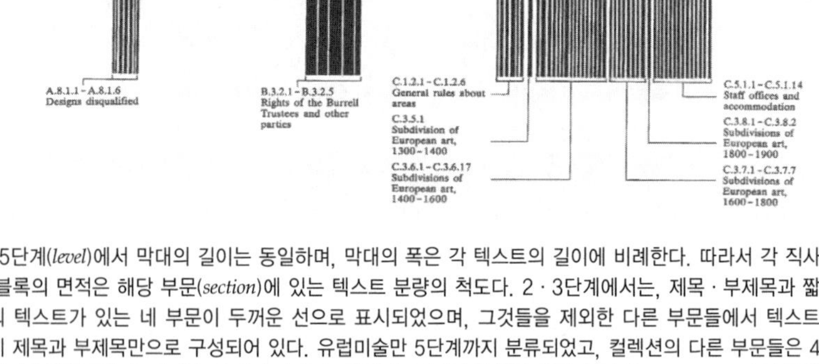

4・5단계(*level*)에서 막대의 길이는 동일하며, 막대의 폭은 각 텍스트의 길이에 비례한다. 따라서 각 직사각형 블록의 면적은 해당 부문(*section*)에 있는 텍스트 분량의 척도다. 2・3단계에서는, 제목・부제목과 짧은 양의 텍스트가 있는 네 부문이 두꺼운 선으로 표시되었으며, 그것들을 제외한 다른 부문들에서 텍스트는 단지 제목과 부제목만으로 구성되어 있다. 유럽미술만 5단계까지 분류되었고, 컬렉션의 다른 부문들은 4단계까지만 분류되었다. 이것은 필자의 다이어그램인데, 필자의 학생인 살만 오스먼(Salman Othman)의 작업을 바탕으로 작성했음을 감사한 마음으로 밝힌다. 그는 1985년의 특별 연구 프로젝트인 "버렐 컬렉션의 사례연구"(*A Case Study of the Burrell Collection*, Department of Architecture and Building Science, University of Strathclyde, Glasgow)에서 처음으로 버렐미술관의 공간프로그램 분석을 시도했다.

젝트에 가하는 전반적인 권력을 나타낸다. 셋째 이슈는 작품 수용 계획의 두 부분을 매우 자세히 발전시킨 것이다. 한 (작은) 부분에서는 모든 분야에 대한 일반적 규칙을 다룬다. 그리고 다른 (큰) 부분에서는 연대기적으로 나누어진, 유럽 미술의 세분된 분야들을 다룬다. 고대 동양과 중동 미술의 컬렉션도 훌륭했지만, '고향'에서 온 미술만 더 많은 분야로 세분한 것으로 보인다.

실제 지어진 프로젝트와 자격을 갖춘 모든 출품작에서 구획된 공간들, 그것들의 크기, 그룹핑, 연계성 등은 〈그림 8-4〉의 작품 수용 계획에 들어있는 분류체계를 물질적으로 재생산한 것이다. 평면(〈그림 8-5〉)은 사실상 미술과 역사의 특정 이론, 그리고 특정 미술연구기법을 구현한 것이다. 무엇보다도, 각기 본래의 가구를 갖춘 중앙 중정, 홀, 식사실, 응접실로 구성된 버릭셔(Berwickshire)의 허턴성(Hutton Castle)에 있는 버렐의 저택을 재현해야 한다는 공간프로그램의 요건에 따라 부유한 개인 수집가와 미술의 관계를 말해주는 미술관이 만들어졌다. 이는 르네상스 군주들의 전통 선상에 있는 것이다. 마지막으로, 이사회가 전원에 있는 대지를 고집한 것〔최종 선택된 대지는 폴록(Pollock) 공원이다〕, 그리고 숲의 경관과 미술품들을 북쪽 끝에 있는 투명한 스크린으로만 분리한 채 병치한 것은 또 하나의 중요한 사실이다. 곧, 미술과 자연은 순수한 동반자이며 그것들은 역사와 사회로부터 분리될 수 있음을 말해준다.

의미의 수렴

사회적 관계의 영역에서 형태·기능·공간 등 세 담론이 전통에 따라 안정적으로 수렴되는 한, 곧 사회적 관계의 영역에서 논점들이 기능 언어로 기술될 수 있는 한, 의미에 관련된 문제는 없었다. 사회적 관계라는 측면에서 건물의 의미는 기능유형의 분류에 의해 권위 있고 확실하게 유지되었다.

물론, 예를 들어 '미술관'의 의미를 **일정한** 주체에 전달하는 설계안이 하나만 있는 것은 아니다. 일련의 해결안들이 비슷한 의미를 전달할 수 있다. 하나의 점이 어떤 특정한 사회적 관계를 나타낸다고 할 때, 일련의 해결안들은 그 점을 중심으로 형성된 '구름'으로 표현될 수 있다(〈그림 8-6 a〉). 같은 이유로 일정한 건물이 **서로 다른** 주체에게 일련의 비슷한 의미를 가질 수 있으며 따라서 또 하나의 '구름'이 만들어질 수 있다.

18세기에 블롱델(Blondel)이 유지하려고 그렇게 애썼던 형태-기능의 연결 관계로 인해 기능 표지(*functional label*)가 그에 적합한 형태를 암시한다는 확신이 생겼으며, 따라서 기능 표지를 사용해 유형을 정의하는 것이 가능해졌다. 기능 표지는 또한 적당한 공간구조도 암시했다. 그러나 공간의 문제는 세 담론 중에서 가장 불분명한 상태였다. 기능 표지가 엄청나게 풍부한 사회적·건축적 기술(*description*)을 축약해주었지만, 블롱델이 바랐던 것처럼 기능 표지로 개별 건물이 갖는 의미를 재구성할 수는 없었다. 개별 건물이 갖는 특정한 의미를 재구성하는 데 직접적인 경험을 대신할 수 있는 것은 없었다.

유형학적 진화는 두 가지 패턴으로 일어난다. 첫째는, 생물학적 진화와 같이 나뭇가지 형으로 갈라지는 성격을 갖는다. 이 패턴에서는 원시적인 유형으로부터 전문화된 유형이 자라난다. 예를 들어, 이 패턴은 18세기 다목적의 구빈원(*poorhouse*)·노역장(*workhouse*)·유치장이 병원·수용소·감옥으로 진화한 것에서 나타났다. 비슷하게 클럽·호텔·증권거래소의 뿌리는 커피점(*coffeehouse*)[16]으로 거슬러 올라갈 수 있다. 또 하나의 진화 형태는, 말하자면 그것의 역이다. 이전에는 분리되었던 유형들이 새로운 복합체로 융합되고 그 복합체를 구성하는 부분들은 이전에 가졌던 전문적 성격을 조금도 잃지 않는 것이다. 자연에서 이것은 불가능한 것이다. 그런 예로 신빈민법(New Poor Law)으로 1834년 이후에 생긴 노역장을 들 수 있다. 그것은 병원·감옥·구빈원·수용소의 요소들뿐만 아니라 공장·학교·농장의 요소들을 결합한 복합체였다.

이러한 변화로 새로운 종류의 공간에 새로운 사회적 관계가 표명되었다. 일단 공간의 새로움이 퇴색하면 그 공간의 의미는 모호한 상태를 탈피

그림 8-5 글래스고우, 버렐미술관(1970~83)의 평면도

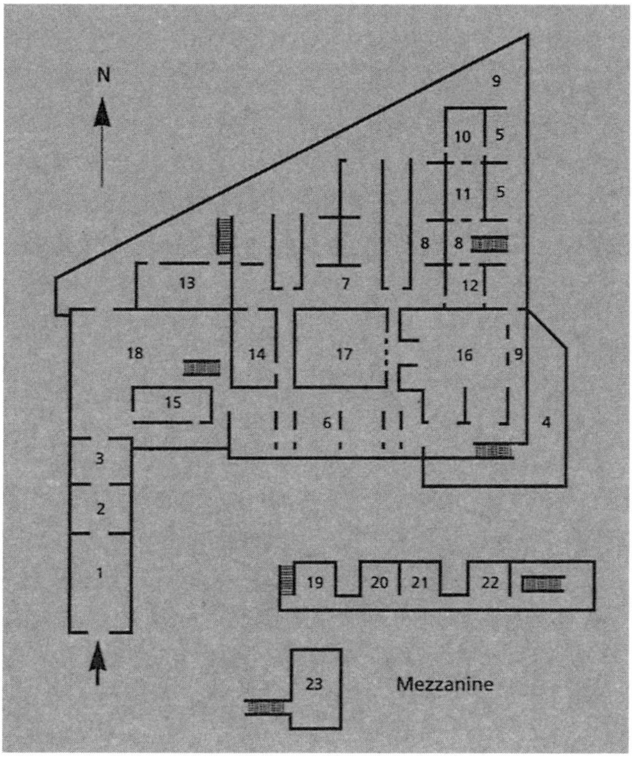

〈1층〉

1. 로비, 보관소, 화장실 2. 내부 로비 3. 상점 4. 레스토랑

동양미술

5. 카펫과 근동(Near Eastern) 지역 도자기

중세와 중세 이후 유럽 미술

6. 스테인드글라스와 가구 7. 태피스트리 8. 자수와 레이스 9. 조각

시대별 갤러리

10.엘리자베스시대 실 11. 17·18세기 실 12. 고딕 주택의 실

허튼성(Hutton Castle) **실**

13. 응접실 14. 홀 15. 식사실 16. 임시 전시영역 17. 강의 극장 18. 중정

〈중 2층〉 (Mezzanine)

회화와 드로잉

19. 고대의 거장 20. 19세기 프랑스 21. 파스텔화: 드가와 마네 22. 컬렉션 특별전시
23. 교실

했다. 그러나 항상 그런 것은 아니었다. 플리머스(Plymouth)[17]에 있는 파울스톤(Foulstone)의 놀라운 로얄극장(Theater Royal, 1811~19)은 지역의 문학·철학협회(Literary and Philosophical Society)를 수용하기 위해 극장에 호텔·무도장·클럽·집회실·학술클럽(*Athenaeum*)을 결합한 건물이다. 이 복합건물의 엘리트 사용자들은 그것을 어떻게 생각했는가? 하나의 공간 복합체로 만들어졌으나 인식 가능한 패턴으로 수렴하지 못하고 그에 적합한 단어가 존재하지 않는 이 건물, 다양한 기능을 가지고 있는 이 장소를 그들은 어떻게 불렀는가? 만일 복합건물을 명명하는 것이 어렵다면, 그것을 사용하고 관리하는 것도 어려울 것이다.

의미의 전환

로얄극장 복합건물은 한 가지 담론, 곧 기능의 담론 내에서 분산된 요소들 때문에 의미가 모호해졌다. 형태·기능·공간 등 세 담론 모두가 상당히 분산되어 있을 때 의미의 편차는 훨씬 더 커진다.

일찍이 프랑스혁명 중에 중세의 수도원 교회들은 물질적 변화가 거의 또는 전혀 없이 새로운 국가의 법원으로 전환되었다. 앱스(*apse*)에 있는 주교좌는 판사의 좌석이 되었다. 그리고 그 뒤에는 커다란 목조 십자가 대신에 **3색기**가 걸렸다. 제단은 판사의 탁자로 재사용될 수 있었다. 측면의 성가대 공간은 이제 변호사와 법원 관리들이 사용했다. 설교단과 성서대가 있었던 곳은 증인과 피고의 자리가 되었다. 그리고 방청객은 회중석(*nave*)을 차지했다. 그러나 교회로부터 법원으로의 변화는 (비록 놀라운 것이었지만) 곧 이해되고 인식되었다. 그리고 표지(*label*)의 변화가 그런 변화를 완전하게 나타냈다. 신성한 심상과 도상적 특징을 파괴하거나 손상하지 않은 채 공간을 존속한 것에서, 옛것을 변형시키는 새로운 이념의 힘이 인상적으로 표명되었다. 새로운 기능은 형태·공간의 담론을 새롭게 수렴된 위치로 '이끌었다'(〈그림 8-6b〉가 이것을 나타낸다). 신성한 기능, 예배하는 기능, 그리고 공동의 기능 속에 확립된 의미를 가지고 있던 형태와 공간구조가 갑자기 새로운 기능에 재사용되게 되었다. 외견상 이런 변화는 적절해 보였다.

같은 시기에 같은 유형에서 일어난 것임에도 불구하고, 또 하나의 변화에 대해서는 많은 사용자와 관찰자가 그런 재정의에 저항했다. 퐁테브로 수도원(Fontevraud Abbey)[18] 이 대규모 감옥으로 전환되었을 때, 훌륭한 건물을 억압적이고 구차한 목적으로 재사용하는 것은 어렵거나 불가능한 것으로 드러났다. 이 건물에 부여된 새로운 기능, 그리고 옛 형태와 공간이 하나로 수렴하지 못했다. 사용자는 물론 관찰자들은 감옥 기능을 억지로 수도원 복합건물에 끼워 맞췄다고 느꼈다. 그러한 모순은 〈그림 8-6c〉에서 두 점 사이의 간극으로 표현되었다.

이것은 사람의 표정 · 몸짓 · 말 사이에 모순이 있는 상황과 유사하다. 현대 연극에서는 일상적 행태와 관계를 탐구하는 방법으로 이런 모순적인 기법이 이용된다. 그러나 그 실험이 무대를 떠나 거리에서 일상적으로 재연될 때, 그런 기법은 의미를 잃는다. 의미가 뚜렷해지기보다 상실되는 것이다.

공간과 형태에 존재하는 권력은 때로 전통적 기능의 의미를 완전히 재정의하기도 한다. 산업건물과 기계의 하이테크 이미지로부터 도출한 형태를 사용하고 슈퍼마켓에서 도출한 공간구조를 사용한 이스트 앵글리아 대학(University of East Anglia)의 세인스버리센터(Sainsbury Center)[19] 는 산업 시장경제에서 미술품을 상품으로 재정의할 수 있음을 보여준다. 전시품을 선반 위나 벽감에 설치하는 것, 그것을 조명하고 그 배경을 중성화하는 것 그리고 전시품을 '매장'(*department*)으로 그룹핑하는 것으로써 전혀 새로운 방식으로 전시품에 접근했다. 〈그림 8-6d〉는 이런 전환이 이념적 목적을 성공적으로 달성했음을 나타낸다. 생산하고 교환하는 공간에서 얻은 형태적 · 공간적 요소들은 사회적 관계의 영역에 있는 점(*point*)에서 '미술관'(*art gallery*)이라는 재정의된 기능과 만난다. 대부분의 관찰자들은 일어나고 있는 변화를 분석하지 않는 한 모순을 느끼지 않는다. 특히 형태적 측면에서 건물이 혁신적이고 우아하기 때문에 더욱더 그렇다.

어느 영국 대학의 한 학과에서 학생과 교수 사회가 새 건물로 이주했을 때 비슷한 경우가 일어났다. 6층의 새 건물에는 통제되는 하나의 현관이 있고 엘리베이터 중심의 수직동선이 있으며, 양끝의 세미나실을 잇는 긴 중복도의 양쪽에는 교수연구실들이 있다. 이 건물에서는 사람들이 우연히 마주치거나, 비공식적인 소집단을 자유롭게 형성하거나, 건물 밖에서 일하는 사람들과 쉽게 연결될 가능성이 적었다. 그런데 그 건물의 깊고 나무 같은 공간구조는 창조적인 지적 자유라는 수사에도 불구하고, 감시, 통제, 그리고 의사소통의 부재라는 공공시설의 특징들을 가짐으로써 공동체의 전통적인 기능을 손상시키는 결과를 가져왔다.

가끔 어떤 건축형태에 대한 한 개인이나 전체 세대(世代)의 경험이 그 건축형태의 역사와 너무 단절됨으로써 그것의 전통적인 의미가 삭제되기도 한다. 고전주의를 즐겨 사용한 무솔리니의 시대에 산 사람들은, 파치 소예배당(Pazzi Chapel)[20]이 시대를 초월해 많은 사람들에게 표명하고 있는 그 조화로움을 다시는 인식할 수 없을지도 모른다(〈그림 8-6e〉).

전적으로 새로운 기능이 완전히 새로운 형태를 만들어낼 때, 사회적 관계의 영역에 새로운 점이 등장한다. 수정궁(Crystal Palace)[21](〈그림 8-6f〉)은 자연·예술·기계·노동관계에 관해 아주 새로운 것을 말했다. 비록 수정궁은 선례에서 취한 것이 거의 없고 그 순수한 의도를 계승한 사례도 나타나지 않았지만, 대부분의 방문자들에게 그런 의미를 전한 것으로 보인다. 이는 진정으로 혁명적인 것이었다. 수정궁은 전통적인 요소들을 교란시키고 그것들을 거부함으로써가 아니라 모든 면에서 새롭게 창안함으로써 의미를 창조했다. 그것의 기능 프로그램은 규모와 공간구성에 있어서 전적으로 새로운 것이었다. 평범한 온실에서 가져와 크게 발전시킨 수정궁의 유리·철·목조 기술도 기능 프로그램과 마찬가지로 새로웠다. 그리고 모듈에 맞춘 그리드 상에 기둥을 설치해 구성한 공간구조는 시장이나 공장에 실제 선례가 있지만, 그러한 규모로 그리드를 위계적으로 분절하고 풍부하게 조합한 것은 50년 이전 뒤랑(Durand)의 상상 속에만 존재했었다.

이 같이 고려할 가치가 있는 전환(*shift*)이 한 가지 더 있다. 이전에는 달랐던 두 개의 분명한 유형을 병치함으로써 새로운 의미를 생산하는 것이 그것이다. 고전이나 고딕의 파사드를 세워 그 뒤의 차고를 숨기는 건물의 표본은 스콧(Scott)이 설계한 프렌치 샤토(*French château*)다. 그것은 세인트 팬크라스(St. Pancras) 역의 발로우(Barlow)가 설계한 거대한 기차대합실 전면에 있다. 유스턴(Euston)에서처럼, 처음에는 그런 이상한 조합이 당황스런 것이었지만, 그것은 곧 유럽 주요 철도역들의 **훌륭한** 패턴이 되었다. 그것은 도시의 전통에 깊이 박혀있던 하나의 구분방식을 보여주었다. 역사적으로 도시 가로에는 결코 산업건물이 면하지 않았다. 산업혁명의 토대가 된 제분소·공장·차고·기계는, 그런 산업에 종사한 사람들의 삶이 그랬듯이 주변적인 것이어서 도시의 변두리에 있거나 도심의 오래

그림 8-6 다양한 경우에 있어서 의미를 표현하는 다이어그램
SR = 사회적 관계 Fu = 기능 Fo = 형태 Sp = 공간

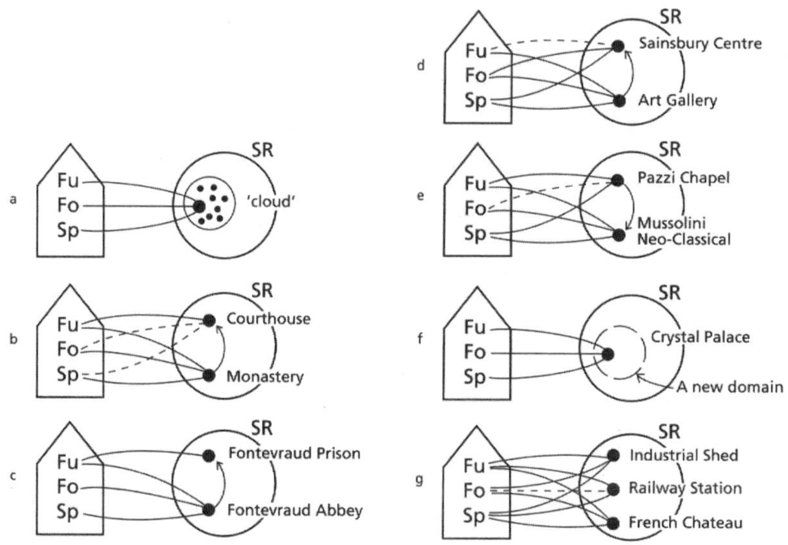

된 상업공간 이면에 숨어있었다. 철도 엔지니어가 설계한 엔진과 기차 차고는 그러한 산업세계에 속했다. 그것들을 상업적인 이유로 도시의 중심부에 배치할 때는 건축가가 설계한 '점잖은' 구조물로 가려야 했다. 그것이 기관차라는 (움직이는) 기계장치를 수용하는 기술적 기능의 건물, 그리고 철도 시스템을 이루는 승객을 수용・분류・통제하는 건물 사이를 분절했다. 큐빗(Cubitt)과 같은 설계자가 '점잖은' 스크린 없이 차고를 가로로 노출시키고자 했을 때, **이것은 비**전형적인(*atypical*) 것으로 생각되었다. 그것은 형태와 기능이라는 두 담론 또는 전통적 건물유형과 산업건물유형이라는 두 가지 유형 사이의 모순이 아니었다. 그것은 기능이라는 한 담론은 있으나 형태라는 담론이 없기 때문에 나타난 모순이었다(〈그림 8-6g〉). 킹스 크로스(King's Cross) 터미널에서 큐빗이 한 대담한 실험이 수정궁과 같은 해에 실현된 것은 우연의 일치가 아니다. 수정궁에서는 이러한 기술적 이면 혹은 음지를 윤나게 해서 공원에 위치시키고 미술작품들과 결합시켰다. 그러나 도시의 역에는 이런 수정궁의 방법이 받아들여지지 않았다.

이러한 모순・미끄러짐(*slippage*)・분열에서 새로운 창조적 가능성이 나타난다. 다른 방법으로는 받아들여지기 어려운 의미들을 위장하기 위해 그것들을 사용할 수 있다. 아니면 모순・미끄러짐・분열이 아주 기괴한 것이 되고 말 수도 있다. 예를 들어, 파리 라빌레트 공원(Parc la Villette)에 있는 추미(Tschumi)의 〈작은 붉은 육면체〉[22]는 러시아 구성주의자들의 조각과 다르지 않은 오브제다. 그러나 여기에서 그것들은 건물로 생각되고 사용할 수 있는 공간을 에워싼다. 그러나 해체주의철학에 바탕을 둔 이념적 이유에서, 그것들에는 정의된 기능 프로그램이 없으며 공공생활에서 어떻게 쓰일지에 대한 어떤 참조점도 없다. 극단적인 경우, 그러한 건물은 횡설수설하는 건축일 뿐이다.

건축의 담론에서 연관성(*connection*)에 대한 깊은 욕구는 건축이 사회적 영역과 "생활세계"에 연관됨으로써 충족된다. 그런데 그런 욕구는 예견할 수 있는 어떤 질서에 대한 욕구라고 할 수 있다. 건축은 항상 규칙을 통해 질서를 만든다. 언어에서 이러한 규칙은 언어 구사자들의 공동체에 의해 만들어지고 이해되는데, 그것은 견고한 구조를 가지지만 각 구사자가 말할 때마다 새로운 것을 말할 수 있는 자유가 허용된다. 언어의 규칙처럼 작동하는 한, 건축의 규칙은 필요하고 수용 가능하다. 이런 규칙의 한 측면은 유형을 정의하는 방식에서 드러난다. 이러한 규칙이 구속이 될 때 창조적인 사고를 하는 사람들은 반발한다. 피라네시(Piranesi)[23]의 카르체리(Carceri) 에칭들은 실제 감옥과 관계가 없다. 그것들은 대개 기이한 공간과 인물로 가득 찬 어두운 지하를 디디고 있는 밝고 합리적인 고전 오더의 상층세계를 묘사한다(〈그림 8-7〉). 이는 하층세계의 창조적인 상상력과 자유를 구속하는 것은 상층세계와 그것의 경직된 규칙임을 암시한다.

그림 8-7 피라네시(Piranesi)의 〈카르체리〉(Carceri).
에칭: No. V, Second Series 1760. 자료: 에든버러, 스코틀랜드 국립미술관

새로운 유형학을 향하여

근래에 벤투리(Venturi)에서 데리다(Derrida)에 이르기까지 의식적으로 기능을 형태에서 '해체'하려는 시도가 있었다. 형태를 계속 강조하고 공간에 대해서는 침묵하며, 기능을 물질과정이라는 단순한 개념으로 격하함으로써, 이런 시도들은 초기의 실험들에서 그랬던 것처럼 일상의 가로, 도시의 산업지역, 개별 건물들을 서로 모순[24] 되는 것으로 만드는 데 어느 정도 성공했다.

극히 드물기는 하지만, 단절하고 다시 연결하는 능력을 이용해 충격적이리만큼 새로운 것들로도 의미를 전할 수 있다. 스카르파(Scarpa)가 설계한 베로나(Verona)의 〈카스텔베키오(Castelvecchio) 미술관〉[25] 에서처럼, 보존 대상인 기존 건물의 역사적 맥락으로 인해 제한이 엄격할 때도 이것은 가능하다. 이러한 전환을 자유롭게 하면 대개 횡설수설하는 것이 만들어지거나, 건축에 어떤 지배적인 이념이 과도하게 개입하는 길이 열린다. 나는 이미 하이테크 형태를 사용해 미술을 재정의하는 것에 대해 기술한 바 있다.

런던의 도크랜드(Dockland)에서 야반도주한 금융기업들은 고대문화에 뿌리를 둔 견실함을 확신시키고자 신고전주의 언어를 사용했다. 특히 고전 언어를 사용하면 어느 정도 효과가 있었다. 그런데 이제 그 의미를 해독하기 훨씬 더 어려운 새로운 상황이 되었다. 새로운 도시경관을 사용하는 사람들은 어쩔 수 없이 복합적인 다중 유형학(*multiple typology*)을 구축하고 그것과 함께 살아가야 한다. 그들은 다음과 같은 경험을 기억하고, 또 그런 경험으로 의사소통을 해야 할 것이다. "나는 고전주의 신전건물에나 있을 만한 현관이 있는 병원에서 일한다. 그것의 내장 같은 실내(빛나는 튜브와 기둥으로 가득 찬)는 공장이나 비행기 격납고같이 느껴진다. 그리고 나는 공간이 깊은 사무실에 있는데, 그곳에 가려면 통로를 통해 다른 사람의 공간을 모두 거쳐야 한다." 그러한 다중 유형들은 어지럽게 느껴진다. 그런데 파편적으로 보이는 요소들은 여전히 사용의 경험, 그러니까 기능-언어에 뿌리를 두고 있다.

이제까지 사회적 관계의 영역은 이차원적으로 기술되어 왔다. 그래서 〈그림 8-6〉의 원에 점을 위치시키는 것이 가능했다. 그런데 현실에서는 그것이 다차원적이며 점은 그 모든 차원이 교차하는 지점에 있게 된다.

새로운 사실은 사회적 관계가 다차원이라는 것이 아니라, 세 가지 건축 담론이 새로운 관계를 표상하기에 적당하지 않다는 것이다. 만일 협동조합 작업장이 기계장치나 처리과정은 공장과 동일한데도 '공장'보다 지역방송국처럼 느껴져야 한다면, 설계자는 서로 상당히 다른 의미를 갖는 형태·기능·공간을 연결시켜야 하는 문제에 직면한다. 그 형태·기능·공간을 모아서 작업장의 새로운 관계를 표명하는 통일된 의미를 만들어야 하는 것이다.

이 문제를 푸는 데는 몇 단계가 필요하다. 첫째, 사회적 관계에 존재하는 많은 차원들의 성격을 명확히 할 필요가 있다. 단지 몇몇 차원에 대해서만 제안해보면 다음과 같다. 권력/결속, 폐쇄/개방, 제약/자유, 위계적 피라미드/비위계적 그물, 구심적/원심적, 협동적/경쟁적, 확고한/와해되는, 전통적/혁신적, 짜임새 있게 규정된/느슨하게 분절된, 생산적/현상유지적, 국지적(그리고 공간적)/전체적(그리고 공간을 초월하는), 제도적(강하게 계획된)/타협적(약하게 계획된).

두 번째 단계는 기능 단어들과 이러한 다차원 공간의 점들 사이에 일치되는 것을 찾는 것이다. 그 단어가 '학교'나 '박물관'같이 확립된 것이든, '협동조합 작업장'이나 '헬스클럽'과 같이 새로운 것이든, 사회적 관계의 측면에서 그것이 갖는 의미를 선택할 수 있다. 건물의 목적이 무엇인가? 그에 따라 건물은 다차원적 공간에서 어떠한 점을 나타내야 하는가, 그리고 어떤 **유형**의 건물이 어떤 **명칭**으로 이 점을 나타내는가에 대해 자유롭게 말할 수 있다.

세 번째 마지막 단계는 형태·기능·공간이 전형적으로 결합되는 점을 찾는 것이다. 그것은 일반적으로 사용되고 이해되는 기능 단어로 기술될 수 있어야 하며, 사회적 관계의 다차원 영역에서 점으로 나타낼 수 있어야 한다. 아직 이 중 어느 것도 가능하지 않다. 우리는 아직 새로운 유형학으로 들어가는 문턱에 이르지 못했다. 한편으로 전통적인 기능 단어들이 재정의되어 새로운 관계들을 의미하기 시작했다. 다른 한편으로는 새로운 기능을 나타내는 단어가 아직 언어에 뿌리내리지 못했다. 그리고 이런 두 이유 중 어떤 것에서든 단어에 모호함이 있는 한, 형태 · 기능 · 공간의 적절한 결합을 찾는 것은 매우 임시적일 수밖에 없다. '박물관'이나 '헬스클럽'은 어떠한 형태와 공간구조를 가져야 하는가? 이러한 단어들이 어떠한 기능을 나타내야 하는가?

아직 건물의 일상적 경험과 일상적 언어가 '새로운 기능의 관계' 또는 '옛 기능의 새로운 관계'를 포함할 만큼 일관성을 갖지 못한다. 파편화로 인해 혼돈에 빠질 수 있는 기회가 엄청나게 증가했고 자유도 많아졌다. 당분간 우리는 파편화된 유형학에 매여 있는 상태다. 그러나 여전히 언어는 안전한 닻이다. 그것은 분열을 통해 자아와 사회를 위협하는 것들로부터 우리를 보호해 주는 동시에 우리가 진정한 혁신에 대응할 수 있도록 해준다.

역자 주

1) 건축공간은 그 구조와 형상적인 측면에서 언어와 유사성을 갖는다. 단어들이 조합되어 하나의 문장이 이루어지듯, 건축공간은 단위공간의 일정한 조합에 의해 구조화된다. 문장의 의미는 그것이 사용된 맥락에서 이해되듯, 건축공간의 기능이나 의미도 그것이 놓인 맥락 속에 이해된다.

더불어 건축과 언어는 모두 사회적 산물이다. 언어를 통해 우리가 소통할 수 있는 것은 우리가 문법체계를 공유하고 있기 때문이다. 건물도 마찬가지다. 건물은 일련의 의미들을 가지고 있으며 사용자는 그것들을 이해하고 전달한다. 이에 따라 건축은 사회적 성격을 가지며 사회적 관계를 반영한다.

이 장의 필자인 마르커스는 건축의 공간을 통해 사람들의 사회적 관계가 실현됨을 일관되게 지적한다. 또한 사회는 건축을 통해 사회적 관계와 이념을 구체적으로 실천한다고 말한다. 그리고 사회관계는 권력을 통해서 단적으로 드러난다고 생각한다. 필자의 이러한 생각은 우리나라에서도 번역되어 출간된 *Building and Power: Freedom and Control in the Origin of Modern Building Types*(《권력과 건축공간: 근대사회 성립과정에서 나타난 건축의 자유와 통제》, 유유상 외 역, 시공문화사, 2006)에 종합되어 있다.

2) 후설은 선험적 현상학의 내용을 선험적이고 주관적인 생활과 생활세계, 그리고 객관 과학으로 나눈다. 그리고 이들을 종종 철학의 출발점으로 삼는다.

생활세계란 현상의 세계, 지각의 세계, 문화세계, 역사세계 등 전체를 포괄할 수 있는 세계다. 그것은 종교·과학·문학 등의 세계 이전에 인간이 지각하는 세계를 말한다. 정신의 흐름, 즉 정신의 역사성(*Geistesgeschichtlichkeit*)은 생활세계의 지평 속에 함축되어 있다. 의미의 역사성과 상황성은 생활세계의 성격이다.

면면부절하게 구성된 의미의 총체적 맥락에 대한 명칭이 생활세계이며, 이는 바로 선험적 자아의 자기발현이다. 후설은 생활세계를 자아의 외부에 존재하는 세계나 자아의 내부에 존재하는 세계로 파악하지 않는다. 후설이 생활세계와 선험적 자아의 상관관계를 지적하는 것은 그러한 해석을 차단하기 위한 방책이다. 생활세계와 선험적 자아는 일상적인 상호작용의 두 요소가 아니라 동전의 양면과 같다. 이에 후설은 생활세계와 선험적 자아의 상관관계를 '선험적 상관관계'로 표기한다. 생활세계는 철두철미하게 선험적 자아의 자기표현이다.

3) 발화(發話)의 각 부분을 의미 있는 언어음으로 나누는 것.

4) 곧 말할 수 없는.

5) 또는 변형.

6) '꿈의 시대'란 호주 원주민들이 생각하는 아득한 신성한 옛날로, 토템의 신들이 천지를 창조한 시간 밖의 시간이다.
7) 프리모 레비(Primo Michele Levi, 1919~1987)는 유대계 이탈리아 화학자다. 그는 아우슈비츠 대학살의 생존자로 회고록, 단편소설, 시, 그리고 소설을 썼다.
8) 〈팔스타프〉(*Falstaff*)는 베르디의 오페라 부파(*opera buffa*)로, 1893년 2월 9일 밀라노의 스칼라극장에서 초연되었다. 오페라 부파란 18세기에 발생한 희극적 오페라를 말한다. 이 작품은 베르디의 최후 작품이며 그의 많지 않은 희가극 중 하나다. 〈팔스타프〉는 셰익스피어의 〈윈저의 즐거운 아낙네들〉(*The Merry Wives of Windsor*)과 〈헨리 4세〉에 나오는 희극적인 인물 팔스타프를 소재로 하고 있다. 팔스타프 경이 남편 있는 여자에게 연문을 보내 유혹하려 하지만 도리어 우롱당하고 끝내는 여러 사람들 앞에서 사죄할 것을 강요당한다는 내용이다. 베르디는 자유분방한 필치로 팔스타프의 인간상을 묘사하고 있다.
9) *Universal Decimal Classification*, 국제십진분류법.
10) 기능에 따라 건물의 형태가 변하는 건축. 예를 들어 르두가 설계한 제염(製鹽) 도시인 쇼(Chaux)에 나타난 건물들은 형태가 기능을 직설적으로 반영한다.
11) 위상기하학이 연구하는 것은 도형의 크기·모양 등에 관계된 성질이 아니고, 도형을 이루고 있는 점·선·면끼리 서로 이어져 있는 관계를 보고 같은 상태인지 아닌지를 살피는 일이다. 위상기하학은 변하지 않는 거리·각도·면적을 문제 삼지 않고 근접(*proximity*)·분리(*separation*)·계속(*succession*)·폐합(*closure*, 내부, 외부)·연속(*continuity*)이라는 관계에 기초를 두고 있다. 따라서 '위상기하학적'이란 기하학적인 절대위치가 일정한 원칙에 따라 변형되어도 그것이 가지는 의미는 변함이 없다는 의미다. 한편 장 피아제(Jean Piaget)는 모든 공간지각의 기본이 되는 위상기하학적 요소로 근접관계·분리관계·질서관계·폐합관계·연속관계 등 다섯 가지를 든다.
12) 매핑에 대해서는 "옮긴이 해제" 참조.
13) 앞서 논한 자아 대 자아의 관계, 자아 대 타인들의 관계, 그리고 자아 대 타자의 관계를 말한다.
14) 영국식 영어에서는 프로그램을 brief라고 한다. 곧, brief는 건물의 소요공간과 그 면적을 정리한 공간프로그램이다.
15) 공간구문론(*space syntax*)에서 사용되는 용어들이다. 공간구문론은 영국 런던대학 바틀렛 건축대학(Bartlett School of Architecture)의 빌 힐리어(Bill Hillier)와 줄리엔 한슨(Julienne Hanson)이 그들의 저서 《공간의 사회적 논리》(*The Social Logic of Space*, Cambridge University Press, 1984)에서 제시한 정량적인 공간구조 분석방법이다. 이는, 모든 건축공간은 사회적 논리

성(*social logic*)을 지니게 되고 이에 따라 그 공간이 속한 사회·문화적 속성을 그대로 반영한다는 전제에서 출발한 방법론이다. 공간구문론에서는 분석 대상인 공간조직을 단위공간(축선 또는 블록공간으로 표현됨)으로 환원시켜 그것들 사이의 상호 연결관계를 정량적으로 산출한다. 단위공간 사이의 연결관계는 컴퓨터 프로그램을 이용하여 작성한 노드(*node*)·링크(*edge*) 그래프로 표현되며, 전체 공간 내에서 각 공간의 상대적 깊이를 계량화해 객관적으로 분석한다. 공간구문론은 건물의 배치와 평면, 지역의 가로망이 내포한 공간구조를 분석하는 데 널리 사용되고 있다.

공간구문론의 주요 용어를 간단히 설명하면 다음과 같다.

① 전체통합도(*Global Integration*): 전체 공간구조 상에서의 중요성과 다른 공간으로의 접근성을 나타내는 지표다.

② 국부통합도(*Local Integration*): 공간의 인지도와 보행자 접근성을 나타낸다.

③ 공간구조명료도(*Intelligibility*): 공간인지도와 공간이용패턴을 보여준다.

④ 상대 심도, 비균제도(RRA): 공간의 상대적 깊이를 나타내는 지표가 비균제도(RRA, *Real Relative Asymmetry*)다. 공간의 상대적 심도 즉 RRA는 개구부를 통한 공간 사이의 연결관계에 따라 어떤 공간이 모든 다른 공간으로부터 얼마나 깊게 위치되어 있는지를 나타낸다. RRA가 낮다는 것은 그 공간이 전체공간의 중심적인 위치에 있으므로 다른 공간으로부터의 접근 및 관계짓기가 용이함을 의미한다. 또한 RRA가 높다는 것은 전체공간에서 그 공간이 분리되어 있으므로 접근이 비교적 불리함을 의미한다. 이같이 RRA값을 통해 각 공간에 내재된 사회·문화적 기능과 의미의 위계를 정량적으로 분석한다.

⑤ 회로: 공간의 통로가 고리를 이루는 것을 지칭하는 용어로, ring·cycle·face·cyclomatic number 등의 번역어다. 회로는 공간의 대체통로와 융통성에 관한 사항을 나타낸다. 대체 통로인 회로가 많을수록 해당 공간조직은 융통성이 많다고 할 수 있다. 공간조직에 존재하는 회로 대 가능한 최대 회로수를 회로율(RC, *Relative Connectedness*)로 표현하는데, 이는 공간구문론에서 공간조직의 융통성을 반영하는 지표로 사용된다.

16) 17~18세기 영국에서 문인, 정객들의 사교장 역할을 했다.

17) 영국 잉글랜드 남서단, 데번(Devon county)에 있는 항구도시.

18) 퐁테브로 수도원은 프랑스 앙주(Anjou)의 쉬농(Chinon)에 위치한 수도원이다. 이 수도원은 로베르 다르브리셀(Robert d'Arbrissel)이 1110년에서 1119년 사이에 설립했다.

19) 노먼 포스터(Norman Foster)가 1974~1978년 설계한 건물.

세인스버리센터 전경

세인스버리센터 내부

20) 이탈리아의 피렌체에 있는 르네상스 양식의 교회로, 건축가 필립포 브루넬레스키(Filippo Brunelleschi)가 1429~1461년 설계했다.

21) 수정궁(Crystal Palace)은 1851년 영국 런던에서 열린 세계 최초의 만국박람회를 위해 런던의 하이드파크(Hyde Park)에 세워진 건물이다. 1850년 현상공모를 실시해 245개의 계획안이 제출되었으나 모두 채택되지 않았고 조원가(造園家)이자 온실건축가인 조셉 팩스턴(Joseph Paxton, 1803~1865)이 설계를 담당했다. 신속한 조립과 해체를 위해서 철제와 유리를 사용해 건축되었는데, 성베드로 성당의 4배인 80만 평방피트(72,000제곱미터) 넓이에 3층의 대규모 건물임에도 9일 만에 계획안을 완성하고 6개월 이내에 공사를 마쳤다. 건물의 길이는 만국박람회가 개최된 해를 기념하여 1851피트(560m)로 정해졌다.

이 건물은 건축생산에 있어서의 프리패브리케이션(*prefabrication*)을 사용한 최초의 대규모 사례로서, 철·유리 등의 새로운 재료가 근대건축의 공간표현에서 실현할 수 있는 다양한 가능성을 보여주었다는 점에서 역사적 의의를 갖는다. 만국박람회가 끝난 뒤 다시 부재별로 해체되어 1854년 런던 근교의 시든엄(Sydenham)에 재건되었으나, 1937년 화재로 소실되었다.

22) 추미가 라빌레트 공원에 설계한 폴리(*follies*)라고 불리는 구조물.

23) 피라네시(Piranesi, 1720~1778)는 이탈리아의 판화가이자 건축가다.

24) 형태의 측면에서 양립할 수 없음을 의미한다.

25) 베로나에 있는 14세기의 성 카스텔베키오를 건축가 스카르파가 1958년부터 1973년에 걸쳐 세 차례 리노베이션을 하여 조성한 현대 미술관이다.

카스텔베키오 미술관

제 9 장

건축 실무에서의 유형학적 사고

마틴 심즈 Martin Symes

이 장에서는 건축가들이 실무작업에서 유형학적 사고를 활용하는 방법들을 논의한다. 이러한 목적에 따라 이 장에서는 설계방법이나 설계 접근방법의 채택, 공간유형의 사용, 그리고 기능 유형학의 사용 등 세 가지 특별한 구성요소를 다룬다. 첫째 요소는 건축가와 설계작업의 맥락 사이의 관계를 규정하는 방식에 관한 것이다. 둘째 요소는 건축적 지식과 경험을 저장하고 전달하는 수단에 관한 것이다. 셋째 요소는 사용자의 요구를 명문화하는 틀에 관한 것이다. 이런 다양한 유형들 사이에 일어나는 상호작용을 세 가지의 사례연구를 통해 설명하고자 한다. 이들 사례연구는 설계과정의 단계 사이를 옮겨가는 순간에 초점을 맞추고 있다. 왜냐하면, 그러한 전이에 문제가 있을 때 설계자가 유형을 사용하면 특히 많은 도움을 얻기 때문이다.

설계자들은 가장 먼저 접근방법을 선택한다. 그들은 합리적인 결정을 내리기 위해서, 사용자를 설계에 참여시키기 위해서, 또는 주관적인 경험을 따르기 위해서 접근방법을 선택한다. 다음으로 그들은 제안하려는 다양한 공간의 형태를 탐구한다. 그리고 예상되는 건물에 포함될 다양한 기능을 고려한다. 그들의 과업은 선택한 접근방법으로 '미래'의 공간과 기능을 하나의 의미 있는 상호관계로 만드는 것이다. 그래서 전문적 입장을 채택해 용도와 공간조직 사이에 모종의 조화를 이루려고 시도하는 것이 건축가들의 전형적인 모습이다. 그들은 건축주와 일정한 관계를 설정하고 여러 공간구성의 원칙들 중에서 하나를 따르는 경향이 있다. 그리고 새로운 요구나 이미 정립된 요구를 기능 명세서(*functional specification*)로 작성한다. 건축가는 유형을 사용하여 여러 측면의 설계문제들을 취합하는데, 이것이 그들의 전문적 기술이다. 그러한 기술을 연마함으로써 그들은 경제적 타당성, 사회적 정당성, 그리고 건축가의 자기표현이라는 목적을 두루 성취할 수 있다.

이 장에서 제시한 사례연구들은 건축 실무의 변화 양상에 관해 진행 중인 연구과제에서 인용했다. 그 과제에서는 대상 설계사무소들의 역사를 고찰했고, 그들이 진행한 많은 프로젝트의 설계과정을 검토했다. 이 장에서는 이들 프로젝트로부터 다양한 사건들을 선정해 분석하고자 한다.

이 사례연구로부터 설계과정이 연속적으로, 곧 하루하루 순조롭게 진행되지는 않음을 알 수 있다. 설계과정은 그 속성상 비연속적이다. 준비된 듯 쉽게 전개될 때도 있고, 어렵고 혼돈스럽고 지연되고 상충될 때도 있다. 설계과정의 여러 단계 사이가 그렇게 단절될 때, 사고과정에 관해 많은 것을 배울 수 있다. 그런 전이가 일어나는 시점에 유형학적 사고가 사용되는 방식을 매우 쉽게 확인하고 평가할 수 있다.

유형과 건축 실무

건축 실무에서 프로젝트는 많은 세부 과업들로 나뉜다. 각 세부 과업에는 표준(*standard*)과 기준(*norm*)이 있다. 예를 들어, 개념설계 공모에서는 확실하고 타당한 개략적 설계개념을 제시하면 당선될 수 있다. 타당성 연구를 수행할 때는 보통 과거에 동일한 건축문제를 다룬 경험에서 얻은 지식을 활용한다. 실내설계의 초기단계에서는 작은 구역들을 계획할 때 적용할 표준들을 정한다. 시공 상세는 현행의 기술을 연구해 개발하는 경우가 많다. 법적 요건들은 실무 법령들에 나타나있다. 시공자와의 의사소통은 제도 규약(*drawing convention*)을 통해 용이하게 이루어진다. 건축재료는 표준시방서에 따라 주문한다. 이 모든 것들은 유형학적 사고의 예들이며, 유형학적 사고의 강점과 약점을 가지고 있다고 볼 수 있다.

프로젝트의 한 세부과업이나 단계로부터 다른 것으로 전이하는 순간에 문제가 발생하는 경우가 많다. 이러한 시점에 설계 프로젝트가 위기를 맞기도 한다. 전문적인 실무 접근방법이 갑자기 문제로 보일 수 있다. 채택한 공간구성 원리와 개발한 기능 프로그램이 예기치 않게 상충할 수도 있다. 이러한 문제가 발생했을 때, 설계를 더 이상 진행하기 어려워 보일 수도 있다. 설계자가 그러한 위기를 극복하는 가장 좋은 방법들 가운데 하나는 이미 내린 일련의 설계 결정들을 더 이상 축소할 수 없는 핵심만 남을 때까지 단순화하는 것이다. 그런 핵심을 바탕으로 프로젝트의 발전에 필요한 새로운 관점을 도입할 수 있다. 그러면 그것은 다른 세부사항들을 재고하는 틀이 된다.

그런 핵심적 결정들을 유형과 연관시켜야 한다. 프로젝트에 대한 접근방법은 **실무유형**(*type of practice*)으로 생각해야 한다. 그리고 물리적 배열은 **공간유형**으로, 기능 명세는 **용도유형**으로 간주해야 한다. 그러면 설계의 여러 측면들 사이에 조화를 이루는 데 필요한 본질적인 기반을 좀더 분명히 규명할 수 있다. 접근방법을 단순화하거나 정교화할 수 있으며, 공간의 세부와 세부 용도를 재고할 수 있다. 그리고 진일보한 설계 진행방식을 발견할 수 있다. 접근방법·공간·용도의 유형학으로부터 기본사항들이 해명되므로, 유형학은 실무에 필수적이다. 유형학이 허용하는 세부 설계의 융통성은 현대적인 건축 실무에 상당한 가치가 있다. 유형학적 사고는 복합적인 설계문제를 해결하는 데 큰 도움이 된다.

쇤(Schön 1988)은 설계 프로토콜[1]에서 때로 사용되는 규칙들이 "어떤 지식의 바탕환경으로 작용하고 있는, 내재된 유형"에서 도출되었다고 설명한다. 유형에는 가능한 설계 활동의 상세한 의미들에 관한 기존의 모든 정보가 요약·결합되어 있다. 유형은 형태를 경제적으로 생산하고, 건축주에게 아이디어를 만족스럽게 설명하고, 혁신의 위험성을 두려워하는 전문가들을 확신시키는 '지름길'이다.

유형학을 설계 실무에 사용할 때 얻는 또 하나의 부차적인 이점은, 유형의 개념에 대한 비들러(Vidler)의 논의에서 발견된다. 그는 유형의 적응성, 곧 특정성의 결여에 관해 논한다. 비들러는 "건축이론에서 유형은 개념, 본질적 형태, 건물유형이라는 포괄적 의미를 갖는다"고 규정하며 논문을 시작한다. 그리고 "유형이라는 단어는 그 어원과 용법의 역사를 볼 때 모호하면서 동시에 정확한 개념이라고 할 만하다"고 지적한다(Vidler 1989, 147).

비들러는 18세기 후반의 건축 담론에서 사용된 **유형**이라는 말의 철학적 기원과 이론적 의미를 참조했다. 그러나 오늘의 독자들은, 비들러가 확신을 가지고 지적한 모호성과 정확성이 조합된 개념들이 실무문제의 해결에 일정한 가치를 갖는다는 점에 주목하면 좋겠다.

유형의 정확성은 우리가 시급히 결정을 내리고 설계과정을 진행하는 데 도움이 된다. 곧, 문제가 있을지라도 백지에 설계를 진행해나갈 수 있다. 그러나 유형의 모호성으로 인해 그러한 결정은 불완전하고 잘 파악되지 않으며 추후에 결정을 해나가기 위한 출발점이 될 뿐이다. 숙련되고 성공적인 설계사무소라면, 유형이 가진 이런 각각의 특징을 사용할 시점과 방법을 파악하는 능력을 갖추고 있을 것이다.

그럼에도 불구하고 다음의 사례연구는 이러한 융통성 때문에 실무자들이 어려움에 봉착할 수도 있음을 보여준다. 어떤 유형학도 항상 토론의 여지가 있고 그것을 구성하는 유형들은 의문시될 수 있다. 유형학에 확신이 결여되어 있다면, 선택한 접근방법 혹은 제안된 '기능과 형태의 합치'에 문제가 발생할 수 있다. 설계 딜레마를 해결하려고 업무를 진행하면 어려움이 덜해지는 것이 아니라 더해질 것이다. 유형학을 활용함으로써 건축 실무가 융통성을 갖기도 하지만 애매해지기도 한다. 확실함을 추구하거나 건축주들에게 확신을 보여주고자 하는 설계자들에게 유형학적 사고는 크게 불리하게 작용할 수 있다. 유형학적 사고의 유리함과 불리함은 이 장의 서두에서 언급한 설계 실무의 세 가지 측면, 곧 설계방법이나 접근방법의 채택, 공간유형의 사용, 그리고 기능 유형학의 사용 모두에서 나타날 수 있다.

건축사무소의 설계 접근방법을 보면, 합리적인 의사결정이 대개 자문, 팀워크, 선례 분석 등과 뒤섞여 이루어진다. 이때 주어진 업무의 맥락에서 무엇이 주가 되어야 하는지는 경험을 통해 판단할 수 있다. 설계과정이 핵심적인 단계들에 이르렀을 때, 이런 선택들의 합리성이 의문시되기도 한다. 이때 설계자는 자신이나 건축주가 선호하는 방법으로 도달한 핵심적인 결정들로 되돌아가야 한다. 그러한 접근방법의 유형과 관련이 없는 것들은 포기하거나 재고해야 한다. 이런 일은 긴 건축과정의 후반은 물론, 설계자가 백지를 놓고 그것을 어떻게 채울 것인가 생각하는 프로젝트의 시작점에도 생길 수 있다.

건물을 설계하고 건설하는 데는 1년에서 12년 사이가 걸린다. 병원은 설계와 시공이 가장 복잡한 건물이다. 그러나 작은 주택이라 하더라도 건축주의 꿈이 충분한 자금으로 뒷받침되지 않으면 여러 해 동안 제도판에서 머무를 수 있다. 설계 접근방법의 유형학은 설계가 제 궤도로 발전되도록 하고, 설계가 중단되거나 지연된 경우에는 다음 단계로 나아가는 방법들을 제시해준다. 설계를 이끄는 방법이 없다면, 선정된 접근방법의 유형을 중간단계에서 포기하고 이전 과정에서 축적한 경험을 잊을 위험이 있다.

기능유형을 사용하는 것에도 유리한 점과 불리한 점이 있다. 한 건물기능의 설계요건에 관한 설명서가 다른 프로젝트의 프로그램에 모델이 되는 것은 분명히 유리한 점이다. 어떤 건축 과업에 한 가지 용도유형만 적용되는 것은 아니지만, 일반적으로 용도유형을 정함으로써 과업을 시작하는 것이 타당할 때가 많다. 이러한 접근방법은 합리주의적 근대건축 이론으로 뒷받침되었다.

집합주택 · 학교 · 철도역 · 백화점에 대해서는 기능 유형학이 정립되어 있다. 그러한 기능 유형학을 구성하는 각 유형을 대지 조건, 예산, 지역의 요구 패턴에 따라 변형할 수 있다. 기능유형을 사용하면 노력을 줄이고 건축의 수용성을 예견할 수 있다는 이점이 있다. 또한 장기적인 건축계획을 세울 수 있다는 점과 실무자들을 훈련시켜 특정한 용도에 전문성을 갖도록 할 수 있다는 점도 이점이다.

그러나 용도의 유형학은 시대에 뒤떨어지거나 과도한 것이 될 수도 있다. 사회의 기대가 변화함에 따라 주거유형에 긴 시간을 투입할 필요가 있는지 의문이 제기되고 있다. 의료와 교육기술이 근본적으로 변화함에 따라 병원과 학교의 유형학에도 같은 일이 생길 수 있다. 심지어 컴퓨터 장비의 발전이 사무소 공간의 유형에 대한 우리의 생각에 근본적인 영향을 미칠 수도 있다. 이러한 상황에서 유형학적 사고는 문제해결에 자극이 아니라 방해가 된다.

건축 분야의 업무에서 공간유형의 역할을 평가하는 것은 어렵다. 크게 보면, 많은 건축사무소들은 모든 건축문제에 대해 동일한 형태를 제안한다. 이러한 현상은 사무소와 건축주 모두에게 유리한 점이다. 사무소는 홍보를 하면 되고 건축주는 설계자를 선택할 수 있기 때문이다. 또한 그들은 설계와 시공 시간을 어느 정도 정확하게 예상하고, 비용을 좀더 근거 있게 추정할 수 있다. 건축비평가들도 설계자가 공간유형을 통해 자신의 건축미학을 발전시키는 것을 가치 있게 본다. 그러나 건축의 역사를 볼 때 부적절한 방식으로 건축을 생산한 진부한 예들이 너무도 많다. 확립된 공간유형을 채택할 때와 새로운 것을 시작할 때를 구분하는 기술은 성공적인 전문가를 구별해주는 하나의 지표다.

이 글에서는 설계방법의 채택, 공간유형과 기능 유형학의 사용 등 건축 실무의 세 가지 핵심적 측면에서 유형학적 사고를 사용하는 것의 주요 장단점들을 개괄했다. 물론 기존 유형을 참조하는 것이 꼭 필요한 것은 아니다. 오히려 모든 문제를 처음부터 줄곧 새롭게 생각하는 것, 각각의 문제에 대해 신선한 해결안을 도출하는 것, 그리고 아이디어를 전달하지 못할 위험을 감수하는 것은 언제나 가능하다. 건축가들은 실제로 그렇게 하기도 한다. 그러나 실용분야인 건축의 문화는 그러한 혁신적 창조성을 표준·기준·모델과 혼합해 사용함으로써 만들어진다. 잘 알려진 유형학도 이러한 혼합으로 형성된 경우가 많다. 건축가는 그런 유형학들을 사용해 복잡한 현대사회에서 활동하는 데 도움을 얻는다. 다음의 사례들은 건축가들이 유형학에서 도움을 얻는 몇 가지 방식을 보여준다.

사례연구

내가 진행 중인 연구 프로젝트들에는 건축설계 실무에 대한 사례연구가 포함되어 있다. 여기서 특히 흥미로운 것은, 한 프로젝트의 여러 측면에서 대두된 실무적인 문제들을 해결하려고 한 사무소가 택한 유형학들이 상호 연결되어 있다는 점이다. 첫 사례에서 이러한 연결성을 볼 수 있다.

건축가들의 행태를 연구한 경험에서 볼 때, 설계과정의 위기를 연구하면 그들의 선택을 가장 잘 이해할 수 있다. 의사결정에 이르는 데는 실제적인 어려움들이 있지만, 위기의 순간에는 시급히 결정을 내려야 한다. 두 번째 사례연구에서는 그러한 경우에 유형을 사용하는 문제를 주로 다룬다.

일면 정확하고 일면 모호하기도 한 유형학을 사용함으로써, 어떤 가능성들은 차단되고 동시에 실무를 더 융통성 있게 전개하는 의사결정이 일어난다. 세 번째 사례연구는 극단적인 경우인데, 유형학적 선택의 모호성으로 인해 심지어 프로젝트가 가진 본래의 이상(理想)을 포기하게 될 수도 있음을 보여준다.

아델라이드 가Adelaide Road[2)]

첫 사례는 런던 도심의 공공주거에 적용된 참여설계 접근방법에 대한 것이다. 이 프로젝트에서는 특별한 공간 형태가 개발되었는데, 이 사례는 선택된 접근방법과 공간 형태가 상호작용하는 방식을 보여준다.

지난 30년 동안 사용자가 주거환경의 설계에 참여함에 따라 저소득층 주거 설계에서는 좀더 민감한 접근방법이 요구되었다. 이는 주로 슬럼 철

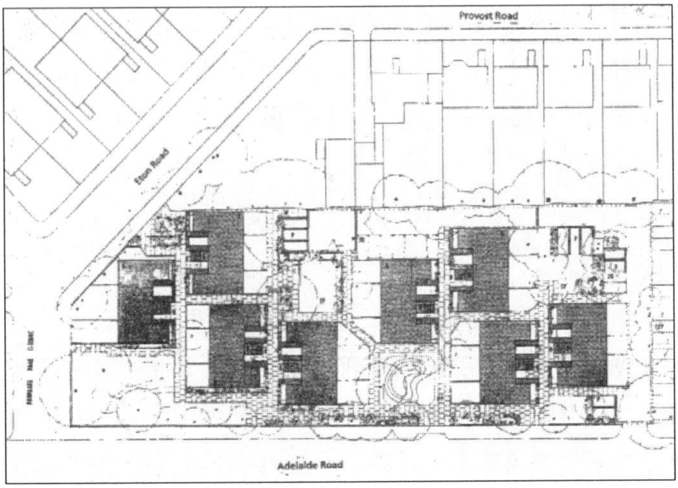

그림 9-1 아델라이드 가의 배치도. 출처: Marmot and Symes 1987a

거계획과 관련되는데, 자신의 집이 협의도 없이 철거되게 되었음을 알고 격분한 지역사회의 항의에 대응해 생겨난 접근방법이다. 지역사회의 파괴, 많은 사람들이 지원 없이 대체 주택을 찾아야 하는 것, 그리고 그들에게 배분될 새 공영주택의 입지와 유형에 선택의 여지가 부족한 것 등이 반대를 불러왔다.

영국에서 공공의 참여는 계획과정의 일반적인 유형이 되었다. 대규모 주거 프로젝트는 이제 어떤 형태든 협의가 없이는 실행될 수 없다. 그러나 주택 설계에 거주자들이 적극적으로 개입하는 일은 여전히 드물다. 매우 부유한 사람들만이 맞춤설계 주택에 사는 사치를 누릴 수 있고, 대부분의 사람들은 개발업자가 제공하는 매우 관례적인 설계 유형을 택하거나 집주인의 취향대로 기이하게 개조한 주택을 선택하는 데 만족해야 한다.

공공부문의 건축가들은 자신들이 이러한 상황을 개선할 수 있다고 생각하기도 한다. 그러나 미리 거주자들을 정해 그들의 요구에 따라 설계하는 것이 불가능하기 때문에 거주자를 참여시킬 수 없다는 점이 문제다. 지방

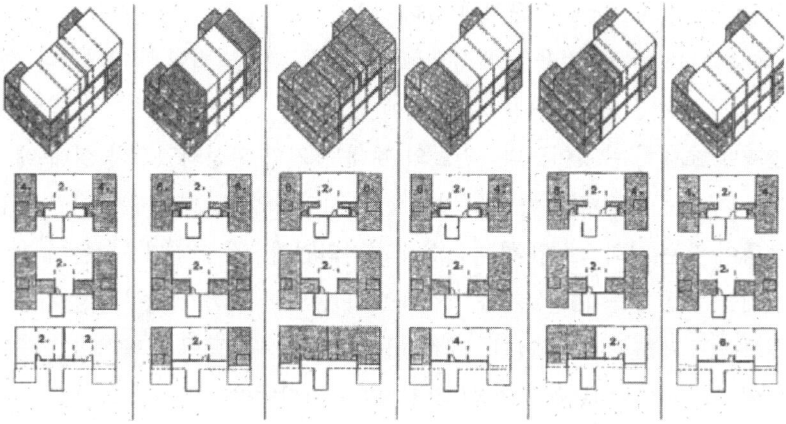

그림 9-2 아델라이드 가의 표준 블록에서 주거 혼합의 다양한 가능성을 보여주는 다이어그램. 출처: Marmot & Symes 1987a.

행정기관이 새로 조성한 주거의 설계와 시공에 거주자들이 적극적으로 참여한 예는 거의 없다. 이런 맥락에서 아델라이드 가(Aldelaide Road)의 계획은 런던의회가 진행한 참여계획으로 널리 알려졌다. 이 계획의 개념은 니콜라스 하브라켄[3] (Nicholas Habraken 1972)의 '고정구조'(*support structure*) 개념[4]에서 도출되었다.

당시 아키텍처럴 어소시에이션(Architectural Association)[5]의 학생이었던 나빌 함디(Nabeel Hamdi)[6]는 아델라이드 가를 하나의 공간유형으로서, 그리고 기능유형에 적합한 접근방법의 유형으로서 개발했다. 그는 건물의 주 구조(고정구조)를 단위주거의 내부장치(조립단위, *assembly kit*)로부터 분리하는 공간 설계를 했다. 조립단위를 조절해 단위주거에서 방의 수와 크기를 조정할 수 있게 함으로써 각 가정의 기능유형을 수용하고 동시에 참여 접근방법에 대한 요구를 충족할 수 있었다.

지금은 보몬트 워크(Beaumont Walk)로 알려진 아델라이드 가 계획안은 1976~79년에 건설되었다. 아델라이드 가는 보존지구 옆, 버스와 지하철의 교통이 좋은 곳에 위치한다. 프림로즈 힐(Primrose Hill)과 레전트

공원(Regent's Park)이 근처에 있다.

여기서는 설계과정을 단계적으로 진행하는 접근방법이 채택되었다. 참여의 첫 단계는 의회의 대기자 명단에 있는 많은 가족들을 계획 원칙의 설명회에 초대하는 것이었다. 건물의 뼈대는 거의 완성되었으나 실내 배치에 대해서는 아직 결정이 내려지지 않은 시점이었다. 회의에서 이런 공간 유형이 갖는 기회요소와 한계요소가 지적되었다. 잠재적 거주자들이 그런 한계들을 받아들이고 설계를 계속하도록 동의할 때까지 세부적인 기능유형들을 구체화할 수 없었다. 의회 임대주택 임차인들의 대략적인 요구조건에 관한 매우 일반적인 아이디어들만 확인되었다.

계속 참여하기를 원하는 잠재적 임차인들에게는 설계과정에 대한 단계적 설명과 그들의 요구조건을 묻는 상세한 체크리스트로 이루어진 매뉴얼을 배포했다. 그들에게 할당된 공간의 개략도면 세트를 전해주고 그들이 아이디어를 스케치하도록 했다. 2주일 후에, 거주자들의 소집단이 현장에서 건축가를 만나 실내설계의 제안들에 대해 논의했다.

주거 설계의 참여 접근방법을 '뼈대와 배경'(*shell and scenery*)[7]을 토대로 한 공간 설계안에 결합함에 따라 문제들이 발생했다. 건축가는 마지막 순간까지 계속 생각을 바꾸는 임차인들을 개인적으로 대하느라 극히 많은 시간을 소모했다. 다양한 배치 때문에 방화와 건축법규를 적용하는 것도 매우 복잡했다. 그리고 시의 담당부서들도 이러한 새로운 업무방식에 대해 거부감을 보였다. 건축가는 이러한 유형의 건축과 전통적인 방법 사이에 비용 면에서는 차이가 별로 없을 것이라고 주장했다. 그러나 단순화된 과정을 따름으로써 설계와 시공의 시간을 절약할 수 있을 것으로 생각했다. 그리고 장기적으로는 시스템을 쉽게 변경하고 현대화함으로써 비용이 상당히 절감되리라 생각했다. 그러나 이러한 이점들을 정량화하지는 못했다.

기능적 · 공간적 설계안을 만드는 데 있어서는 물론 설계 접근방법에서 유형학적 사고를 사용한 이 사례에서, 건축가의 역할 중 하나는 설계의 진행에 따라서 각 측면을 균형 있게 계속 발전시키는 것임을 알 수 있다. 그러므로 여기서 건축가가 자신의 역할을 전문지식을 사용해 사람들의 요구를 해석하고 그것을 법규와 시공의 틀 안에서 실현하는 타협자나 추진자의 역할로 본 것은 놀라운 일이 아니다.

그림 9-3 아델라이드 가, PSHAAK 기본 구조체의 평면과 모형
출처: Marmot & Symes 1987a

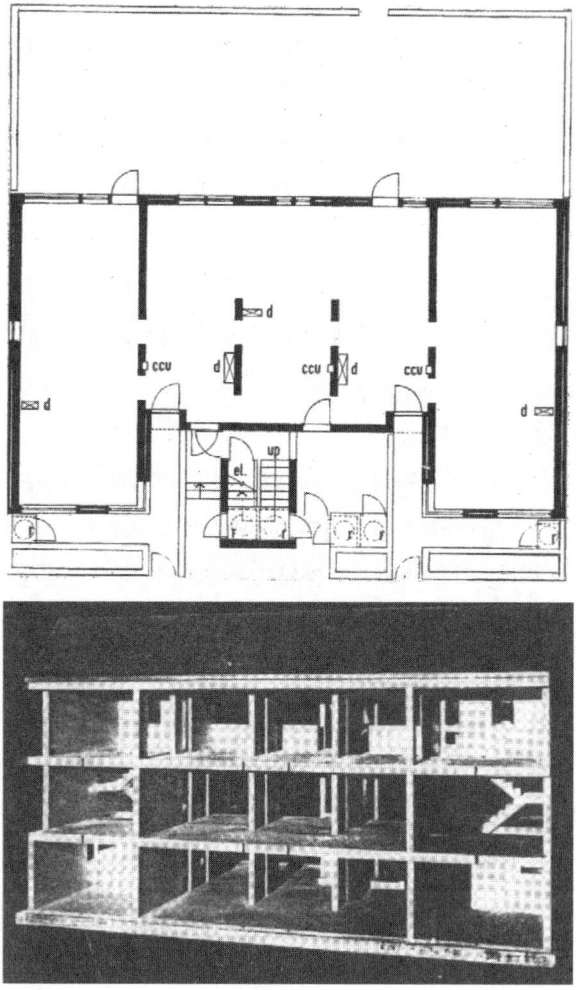

노스위크 파크Northwick Park 병원[8)]

두 번째 사례는 런던의 북쪽 교외에 있는 대형 병원단지의 관료적인 설계과정에 대한 것이다. 우선 이 프로젝트에서는 설계 접근방법과 건물 기능의 수준에 대한 입장이 분명했던 것으로 보인다. 그러나 단지에 필요한 공간유형을 찾을 때 어려움이 생겨났다. 여기서는 그런 문제들 중 하나인 외래진료부 진찰구역의 설계를 다룬다. 이 사례는 기능유형을 구체화하는 과정 이전에 공간에 대한 핵심적인 의사결정이 명확히 이루어져야 함을 보여준다.

기능유형으로서 800병상의 노스위크 파크(Northwick Park) 병원은 지역병원을 의료연구협회의 지원을 받는 대규모 의료연구센터와 결합한 것이 특징이다. 이러한 복합적 기능유형의 이점은 환자들이 최근 개발된 진단·처치 시설을 접할 수 있고, 연구자들은 일상적인 의료문제와 쉽게 접할 수 있다는 데 있다. 상세 설계를 하기 위해 의사결정에 개입한 여러 집단들과의 긴 협상이 필요했음은 물론, 여러 전문구역에 대한 혁신적인 배치안들을 마련해야 했다.

일반적이지 않은 공간유형을 관료적인 접근방법으로 다루어 나갔음에도 불구하고, 이 방대하고 복잡하며 고가인 건축 프로젝트의 설계는 매우 순탄하게 진행되는 것 같았다. 노스위크 파크의 건축가인 루엘린데이비스 건축사무소(Llewellyn-Davies and Partners)는 오랫동안 '다전략'(*multi--strategy*) 건물을 설계하는 데 필요한 '불확정 건축'(*indeterminate architecture*)의 요건에 관심을 가져왔다. 건축팀의 모든 사람들에게 가능하면 빨리 지상에 건물을 선보여야 한다는 과업이 주어졌고 매우 일반적인 설계유형이 선뜻 수용되었다. 그러나 좀더 상세한 공간적 의사결정을 논의하기 시작했을 때 팀의 합의는 깨지게 되었다. 행정가들이 항상 의사들과 의견을 같이 하는 것은 아니었다. 의사들은 공간적 요건에 대해 다른 개념을 가지고 있었고, 간호사들도 그랬다. 합의된 설계는 문제가 있어 보이기 시작했다.

단지에 있는 주요 건물들 중 하나는 외래부였다. 그것은 병원 주 출입구와 행정부문, 응급부, 그리고 진단부와 약국건물에서 가까웠다. 그것은 필요시 장차 서쪽으로 확장할 수 있도록 배치되었다. 환자들은 입원하기 전에 외래부에 가서 전문의의 진찰을 받거나 퇴원 후 진찰을 받기도 하며, 입원과 관계없이 전문의의 진단을 받기도 한다. 노스위크 파크에서 유닛(*unit*)은 매년 15만 명을 진료해야 한다. 곧, 한나절의 진료시간 동안 평균 3백 명의 환자를 보아야 한다. 공간 설계안은 환자·의사·간호사의 요구들을 절충해 만들어져야 했다. 그리고 융통성 있고 경제적이어야 했다.

토론과정에서 기능 요건이 합의되지 않았다. 조사연구에서는 상호 의사

그림 9-4 노스위크 파크 병원 배치도. 출처: Marmot & Symes 1987b.

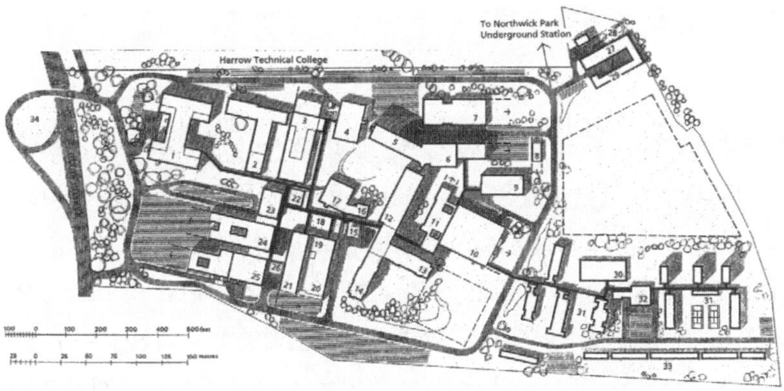

1 산과 유닛
2 심리 의료(정신과)
3 재활 유닛(물리치료)
4 도서관 · 강의실
5 의료 삽화(*medical illustration*)
6 임상연구소
7 동물사육실(동물 축사)
8 방사화학(방사화학 실험실)
9 격리 유닛
10 수술실
11 회복 유닛
12 북쪽동(임상연구센터 병동)
13 동쪽동(임상/외과 병동)
14 남쪽동(의학/외과 병동)
15 교회
16 임상 강의실
17 직원식당
18 중앙 주방
19 약국
20 X레이: 하부 중앙공급실
21 병리학
22 쇼핑 광장
23 행정: 주 현관
24 외래부
25 응급부: 하부 영안실
26 물품배급실
27 보일러실
28 유류 창고
29 관리부
30 간호대학(간호사 양성 학교)
31 직원 주택
32 공동실
33 직원 숙소
34 고가도로

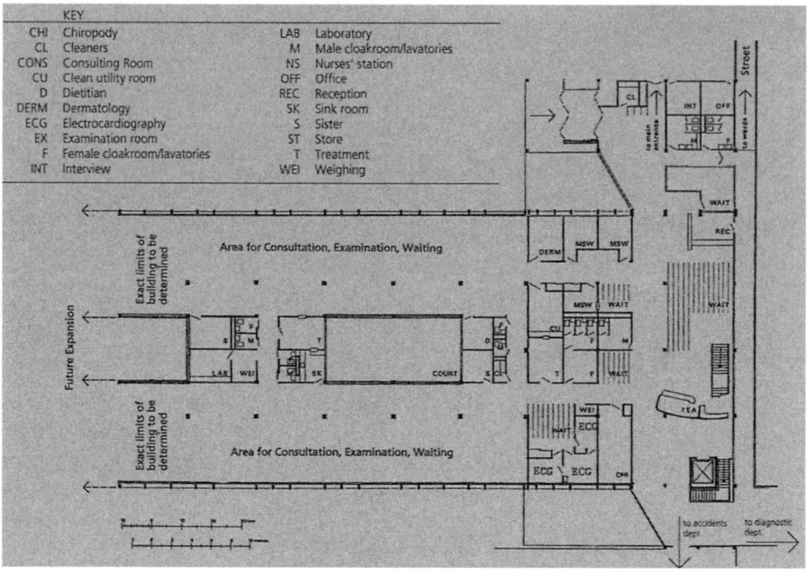

그림 9-5 노스위크 파크 병원, 외래부의 평면도. 출처: Marmot & Symes 1987b.

소통하는 스위트(*suite*)로 그룹핑된, 진찰/검사실로 이루어진 시스템이 선호되었다. 이러한 배열은 여러 과가 사용할 때 융통성이 가장 큰 것으로 느껴졌으며 환자가 의사들로부터 연속적으로 진찰받을 수 있는 이점도 있다. 또한 개인 상담실의 형태이므로 환자들에게 가장 편할 것으로 생각되었다. 진찰실과 조사실 사이를 움직여야 하는 배열방식 대신에 이 배열을 선호한 의사들은, 환자들이 옷을 벗고 입는 시간에 기록을 작성함으로써 시간을 아주 효과적으로 사용할 수 있음을 알고 놀랐다. 그들은 환자들 사이를 몇 차례 움직이며 진료할 때보다 진료시간 후에 피로감을 상당히 덜 느꼈다. 그리고 환자를 기다리느라고 시간을 소비하지 않아 의사들은 진료하는 환자 수를 늘릴 수 있었다.

병원에 재정 지원을 하는 영국정부의 부서는 진찰실과 검사실을 분리한 두 번째 공간유형을 선호했다. 스코틀랜드 보건국(SHD)은 앞의 유형을 선정한 조사연구에 동의했으나, 세 번째 기능유형을 추천했다. 그들은 환

그림 9-6 노스위크 파크 병원 상담과 검사 영역의 배열 유형. 출처: Marmot & Symes 1987b.

		유형 A	유형 B	유형 C
일반 유형		일련의 탈의실을 갖춘 상담 · 검사실 조합 	1, 2, 3개의 검사실과 인접한 별도의 상담실 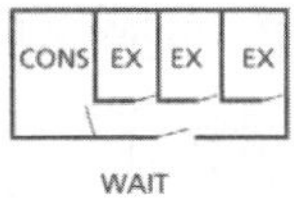	상담 · 검사실만의 조합 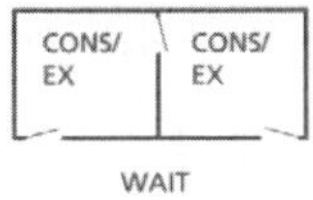
전형적인 시퀀스		환자는 탈의실에서 탈의하고 의사가 호출할 때까지 대기함. 나갈 때 탈의실에서 착의함.	환자는 상담실에서 의사를 만나고, 검사실로 가서 탈의하고 회진하는 의사를 기다림. 환자는 상담실로 돌아와 설명을 들을 수 있음.	환자는 데스크에서 의사를 만나고 커튼 뒤에서 탈의함. 같은 방에서 검사받고 착의함. 의사는 검사 후 인접실로 갈 수 있음.
변형		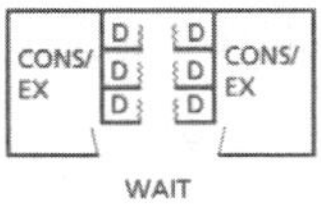 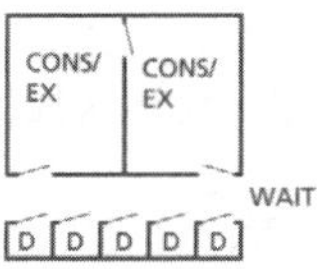	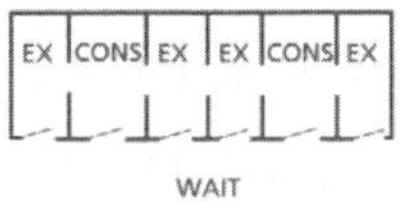 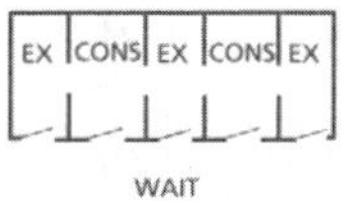 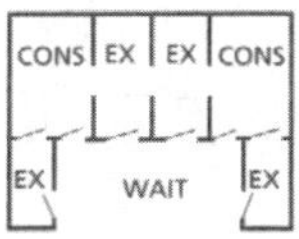	범례 CONS 상담실 EX 검사실 CONS/EX 상담 · 검사실 조합 D 탈의실 WAIT 대기실
장단점	환자	탈의실이 답답하고, 청각 프라이버시가 없고, 비좁음. 소지품에 대한 보안이 없음. 기다리는 시간이 길고 방치된 느낌이 들고, 탈의 상태로 있는 것이 당황스럽고, 다음에 무엇을 해야 하는지 불확실함.	의사와의 상담이 길어지고 중단됨. 상담과 검사 사이에 기다려야 함.	일단 상담이 시작되면 의사와 계속 접할 기회가 있음.
	의사	준비가 되어 있음. 곧, 환자들 사이에 기다릴 필요가 없음.	환자들 사이에 기다릴 필요가 없으나, 그들 사이를 계속 움직여야 함. 곧, 피로가 올 수 있음.	실이 하나만 있다면, 의사는 환자의 탈의와 착의를 기다려야 함. 그렇지 않으면 실 사이를 이동해야 함. 계속적인 상담이 가능함.
	간호사	간호사가 환자를 간호하거나 환자에게 설명할 공간이 없음.	간호사는 주로 환자와 의사를 안내하는 역할을 함.	직원이 충분하지 않으면, 간호사실 하나가 이상적임. 환자 간호와 교육의 기회가 많음.
	비용	공간 사용, 기구, 배관이 경제적임.	공간 사용과 기구가 어느 정도 경제적임.	공간, 기구, 배관이 많이 필요함.

자의 모든 진료 절차를 하나의 실에서 수행하기를 원했으나, 필요할 경우 의사가 실 사이를 움직이기를 바랐다. 이 유형에서 간호사는 각 실에 배치되어 환자가 옷을 입고 벗는 것을 돕고 의사의 조언을 올바르게 이해하는지 확인한다. 그러나 이것은 비용이 훨씬 많이 드는 방안이며, 건축가들은 이 배열방식이 프로젝트팀의 다른 사람들에게 수용되리라는 확신을 하지 못했다. 만일 그들이 적당한 공간 설계안을 추천하지 못하면, 건축주가 기능의 우선순위를 결정하지 못해 프로젝트가 한정 없이 지연될 수도 있었다.

결국 건축가들은 타협안을 제안했다. 조사를 통해 제안된 방식으로 계획한 부분 그리고 건축주 부서에서 선호하는, 비용이 저렴한 유형으로 계획한 부분 등 두 부분으로 외래구역을 분리하는 안이었다. 그러나 '가로'에 많은 부문들이 연결되는 전체적인 건물설계 개념은 기본적으로 유지될 수 있었다. 이런 '핵심' 공간유형은 복합건물의 여러 부분에 있는 다양한 세부 공간유형들을 수용할 만큼 충분히 공고한 것으로 이해되었다. 이 골격을 재확립함으로써 기능문제에서 야기된 위기를 해결할 수 있었다.

장애인 승마장

세 번째 사례는 설계-시공 회사와 지역사회에 봉사하는 건축주 사이에서 계약을 갱신할 시점이 되었을 때 발생한 신뢰의 위기에 대한 것이다. 이 사례에서는 접근방법과 기능유형, 공간유형이 정해진 것으로 보였다. 그러나 결국 이 세 가지 모두 변경할 수밖에 없었다. 이 경우 융통성은 유리하기보다 불리한 요인으로 작용했다.

이 건축 프로젝트의 건축주는 브리스톨(Bristol)에 기반을 둔 자선단체인 에이번(The Avon) 장애인 승마센터, 곧 알디에이번(RDAvon)이었다. 그 단체는 장애인들에게 승마를 보급하려는 목적으로 설립된 국가 자선단체에 가입되어 있었다. 그 조직은 경험은 풍부했지만 자원이 부족했다. 그 단체를 자문하는 사람들은 주로 자원봉사자들이었다. 그들은 기능 프로그

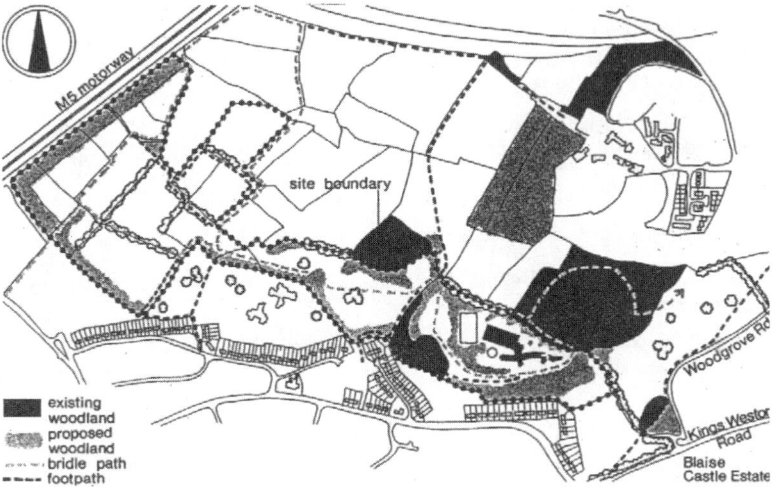

그림 9-7 에이번 장애인 승마센터의 승마학교 단지 배치도. 출처: Clelford and Symes 1987.

램과 그것이 암시하는 공간 배열은 물론, 접근방법의 유형을 혁신하고자 했다. 그들은 먼저, 브리스톨 내부와 주변의 많은 대지들을 조사해 센터의 부지를 선정하는 타당성 연구를 수행하기 위해 지역의 설계 및 시공회사인 폼 스트럭처스(Form Structures)와 접촉했다. 동시에 그들은 지역 '장애인' 분과위원회와 '건축' 분과위원회를 설립해 폼(Form)과 프로젝트 설계안의 기능적 · 공간적 세부사항을 협의했다. 알디에이번의 이 두 분과위원회에는 건축가 · 법무사 · 부동산업자 등 귀중한 경험과 인맥이 풍부한 여러 분야의 사람들이 있었다. 알디에이번은 폼의 구내에 사무소를 열었다. 그리고 새 건물의 건립자금을 확보하는 기금모금 담당자와 프로젝트가 착수됨에 따라 폼과 연락할 직원들을 지명했다. 그러나 건축가-건축주 조직의 상호작용을 위해 접근방법을 애써 고안했지만 자금 부족으로 이 프로젝트에 요구되는 특별한 공간유형을 다루기는 어려웠다. 초기에 선정한 융통성 있는 설계 유형들은 진행과정에서 결국 포기하고, 그 대신 이미 시도되고 검증된 방법들을 채택해야 했다.

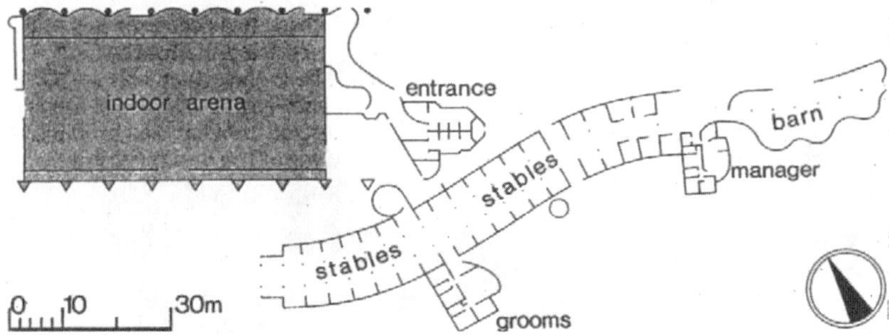

그림 9-8 승마학교 건물 설계안의 지층 평면도. 실제 건축된 승마장(arena) 부분이 톤으로 표시되었다.
출처: Clelford and Symes 1987.

승마센터의 첫 사업단계는 실내 승마학교, 동선 배열, 그리고 초기 조경으로 구성되었는데 성공적으로 완료되었다. 폼 스트럭처스가 준비한 마스터플랜에 따르면 대지에 시설들을 추가해야 했다. 알디에이번은 이제 다음 사업단계의 진행을 생각해야 했다.

이때 채택된 접근방법은 다음과 같다. 부지에 대한 타당성 연구와 건축 프로그램 작성, 설계안 준비, 그리고 견적이 끝난 후, 폼 스트럭처스의 비용 컨설턴트는 다음 사항들을 예산에서 공제했다. 첫째, 그 사업은 정부가 지원하는 인력으로 건립되는 것이므로 노동임금 부분을 공제했다. 둘째, 현장에서 절약할 수 있다고 생각한 금액을 공제했다. 예를 들어, 배수로는 시공자가 부지를 홍보구역으로 사용할 수 있으므로 매우 저가로 견적했다. 이러한 최저가에 간접비(*overhead*) 1퍼센트만 추가했다. 만일 기능상 요구되는 표준에 맞게 사업을 완성할 수 있다면, 이런 정도의 융통성에는 분명히 이점이 있었다.

사업단계 1의 시공과정에서 폼 스트럭처스는 비용이나 시간을 절약할 수 있을 때는 언제나 공간 설계안의 세부사항을 변경했다. 예를 들어, 그들은 지붕 트러스용 강철 부재를 저렴하게 확보하고 그것을 공장에서 전문기술자가 조립하는 대신에, 상대적으로 저렴한 노동력으로 현장에서 볼트

접합을 하도록 했다. 불행하게도 알디에이번은 어떤 건물이 만들어질지 알지 못한 채, 그들이 기대한 기능유형을 실현하지 못할까 염려했다. 그들은 폼 스트럭처스의 융통성이 너무 과하다고 보았다.

승마센터의 사업단계 1은 대중의 갈채와 많은 상호 격려 속에서 인계되었다. 그러나 사업단계 2에 대한 의사결정이 필요한 때까지 사업단계 1의 시설이 개관되지 못했다. 몇몇 기초적인 시설들이 아직 설치되지 않았던 것이다. 예를 들어, 마구간 설비와 관람석은 건축계약에 끼워서 처리하거나 누군가로부터 기부를 받아 임시로 설치하려고 생각했다. 건립 계획상 이것들을 포함한 여러 시설들은 추후의 사업단계에서 좀더 영구적으로 설치될 계획이었다. 따라서 그런 시설들은 건축주가 비용을 모금하기 전에는 설치될 수 없었다. 한편, 비용을 모으기 위해서 알디에이번은 '작동되는' 건물을 견본으로 보여줄 필요가 있었다. 이는 악순환이 될 가능성이 컸다. 건물은 '완공되었으나 불완전했다'. 본래 건물의 기능유형은 고급 운동장이었으나 완공된 것은 동네의 헛간이었다.

폼 스트럭처스의 초기 접근방법에 대해 강하게 이의가 제기됐다. 건축주의 '장애인' 분과위원회는 이전에 합의한 사업단계 2의 공간계획에 커다란, 해결할 수 없을지도 모르는, 설계 결함이 있다고 주장했다. 그 분과위원회는 추가 설계작업과 수정된 계획, 그리고 건축법상의 승인이 필요하다고 주장했다. '건축' 분과위원회는 창문 상세 그리고 마구간과 경기장 입구 사이에 공간이 부족하다는 데에 주목했다. 그리고 알디에이번의 국립 후원자인 장애인 자문위원회는 치료실 확장, 특별 욕실 추가, 그리고 새로운 방풍 로비와 출구가 필요하다고 말했다. 그리고 말을 왼쪽이 아닌 오른쪽에서 타야 한다고 제안했다. 이렇게 공간 형태가 공격받음에 따라 본래의 설계 접근방법과 기능 프로그래밍은 심각하게 의문시되었다.

초기에는 합의가 되었다. 건축의 초기단계에는 올림픽 공간 표준에 따라 계획했고 모두 이에 동의했다. 이제 문제는 그것을 지원하기 위해 구내의 나머지 부분에 (범위, 크기, 그리고 수준에 있어서) 충분한 시설을 갖추는 것이었다. 그것은 새로운 건축작업뿐 아니라 자연 속의 길, 조경, 그리고 후속단계의 작업 등 외부공간의 작업에 시간과 비용, 그리고 모든 관계자들의 노력이 더 투입되어야 함을 의미했다. 승마센터의 직원 고용과 운영에도 좀더 많은 일이 요구될 것이다. 따라서 건축주는 자금 조달과 시공에 시간이 필요했다. 알디에이번 분과위원회의 전문가와 전문분야의 인력들은 모두 설계와 시공과정 중 어디에서 시간과 비용이 절약될 수 있는지에 대해 나름의 아이디어를 갖고 있었다. 그러나 비전문가인 그들의 동료들은 좋은 설계라고 해서 비용이 더 드는 것이 아님을 이해하기 어려웠다. 그들은 완전히 다른 접근방법을 통해 관례적인 입찰과 표준설계의 사용, 그리고 심지어 매우 단순화된 기능 프로그램을 채택해야 한다고 생각했다.

추후의 사업단계들이 '비용을 들일 가치'가 있는 것임을 공개적으로 인식시켜야 하며, 좀더 전통적인 방법을 사용함으로써 그런 인식을 줄 수 있다는 정서가 있었다. 물론 그 자선단체는 여전히 개인이나 기업의 기부, 기금, 정부 보조 등을 최대한 활용하기를 원했을 것이다. 모든 건물 구입자와 마찬가지로, 그들은 당연히 최소의 경비로 최대의 것을 원했고, 그것을 정당하게 기대했다. 당연히 설계자와 지자체는 특출하고 환경적으로 중요한 부지에 훌륭한 건물이 건립되기를 원했다. 그런데 혁신적인 설계 접근방법으로는 이러한 기대를 만족시키지 못할 것으로 보였다. 불확실성의 정도가 너무 심했다. 따라서 좀더 친근한 기능유형과 공간유형을 선정해야 했다.

그래서 폼 스트럭처스(Form Structures)는 알디에이번 프로젝트의 사업단계 2를 재설계했다. 그들은 좀더 관례적인 건물 평면을 채택했고, 다른 회사들이 참여하는 경쟁 입찰을 통해 시공 계약을 하도록 했다. 유형이 융통성을 부여할 수는 있지만, 필요할 경우에는 그 유형이 표명하는 확고한 지식을 바탕으로 그것을 방어해야 한다. 이 사례에서는 그러한 방어를 지속하지 못했으며, 따라서 채택한 유형들을 교체해야 했다.

사례연구의 결론

건축 실무의 사례연구에서 인용한 일련의 사건들을 통해, 설계 문제가 발생하는 여러 경우를 볼 수 있다. 넓게 보면 프로젝트의 진행과정이 하나의 세부 수준에서 다른 수준으로, 또는 한 단계에서 다른 단계로 넘어갈 때 설계 문제가 발생한다. 유형은 이러한 시점에서 적시에 명료하게 제시되어야 한다. 이 사례들은 참여적 · 관료적 · 혁신적 협력방법들이 그러한 위기의 순간에 어떻게 작용했는지 보여준다.

아델라이드 가(Adelaide Road)에서 건축가들은 참여형 주거를 잘 설계하기 위해서 혁신을 해야 했다. 관례에 따랐다면 다른 제안을 했을 것이나, 그들은 그것이 타당한 접근방법이라고 건축주를 확신시켰다. 그들은 다른 건축가들이 개발한 참여적 주거설계안을 사용했다. 그러나 그들은 설계안을 실행할 때 자신의 역할을 창의적으로 규정함으로써 개인적으로 만족스런 결과를 얻었다. 그들은 접근방법, 기능, 공간 설계안의 유형을 서로 연결해 사업에 대한 분명한 입장을 정립했다.

인용된 사건들을 통해서, 설계과정에는 일련의 문제해결 활동이 포함된다는 사실을 알 수 있다. 설계과정은 대개 사업의 여러 측면들 사이의 관계를 점차 더 상세하게 규정하면서 진행된다. 관계자들이 설계가 제대로 진행되고 있음을 확신하도록 유형에 저장된 지식을 제시하고 상세히 발전시켜야 한다. 사례들을 통해, 공간적 원칙에 대한 이해의 부족, 선호하는 기능에 대한 논의, 또는 설계 접근방법의 결과에 대한 실망이 이러한 상세한 발전을 시작하는 계기가 될 수 있음을 알 수 있다. 노스위크 파크(Northwick Park) 설계에서는 선호하는 기능에 대한 논의로부터 상세한 발전이 이루어졌다. 이 사례에서는 유형이 갖는 공간적 융통성 때문에 기능상의 문제가 감추어졌고, 그것은 상세한 설계를 진행한 설계과정의 후반부가 돼서야 해결할 수 있었다. 병원이라는 복합적인 프로젝트를 관료적 접근방법으로 진행했지만, 그런 접근방법에 필요한 유형들을 도입하고 발전시키는 데 걸림돌이 되지는 않았다.

덧붙여서, 여기서 살펴본 사건들은 건축 실무에서 유형학적 사고가 갖는 유리한 점과 불리한 점에 대해 의문을 제기한다. 유형은 건축가가 제안하는 많은 것들의 근저에 있는 것으로 보인다. 그리고 이것으로 여러 부류의 건축주와 의사소통하는 것이 용이해지기도 한다. 유형의 융통성이 어려운 프로그래밍이나 설계 문제의 해결에 도움이 되는 경우도 있다.

그러나 다른 경우에는, 그런 융통성이 불리한 요소가 된다. 유형이 과도하게 모호해서 불확실성과 혼돈이 발생한다. 유형에는 많은 미덕이 있으나, 어느 정도 악덕도 있다. 여기서 폼 스트럭처스(Form Structures)의 사례가 좋은 예다. 알디에이번(RDAvon)과의 위기를 해결할 때, 그들은 건물 설계와 기능 프로그램은 물론 계약방법을 바꾸었다. 그들은 초기에 사용된 혁신적인 유형들을 관례적인 방법들로 대체했다. 그러한 초기의 유형들이 가진 융통성 때문에 심각한 위기가 발생했을 때 모든 것을 바꿀 수 있었다고 주장할 수 있다. 반면에, 초기 유형들이 상세하지 못했기 때문에 재설계가 필요하게 된 것으로 볼 수도 있다.

건축의 사회적 기획을 위한 유형의 의미

건축가들이 심리적·사회적·경제적 목적을 달성하는 과정에서 어려움을 극복하는 데 유형학적 사고를 사용하는 지점에 대한 논의로 되돌아가 보자. 다음의 세 가지 특별한 관찰이 이러한 시각에 관련되는 것으로 보인다.

첫째, 개별 건축가가 일을 잘함으로써 만족감을 얻고자 하는 것은 당연하다. 그러나 그렇다 해도, 자신의 설계가 전적으로 예술적이며 언제나 문제를 개인적으로 해석해야 하고, 가능한 해결안을 항상 개인적으로 표현해야 한다고 생각함으로써 그런 만족감이 얻어지는 것은 아니다. 프로젝트를 수행할 때, 각 프로젝트에서 허용되거나 요구되는 주관적 개입의 수준이 동일하지는 않다. 설계자가 축적된 지식을 사용하고 또 그것에 기여할 때 창의적인 활동으로부터 개인적인 만족을 얻을 수 있다. 설계자는 다

그림 9-9 지역 기마경찰대가 사용하는 승마학교 내부.
출처: Clelford and Symes 1987.

른 사람들과 함께 기여하면서 자신의 개인적 전망을 찾을 수 있다. 설계 접근방법을 유형학적으로 이해함으로써 설계자가 다른 사람들의 경험을 바탕으로 일할 수 있음을 알게 된다. 건물 소유자나 사용자가(설계 참여를 통해서), 다른 전문가가(설계 협의에서), 또는 맥락에 따라 생성된 객관적 기준이(합리적 의사결정에서) 제공한 아이디어를 활용해 설계자는 자신의 과업을 수행할 수 있다.

두 번째 관찰은, 사적 시장에서 일하든 공적 부문에서 일하든, 설계조직은 자신을 정당화해야 한다는 것이다. 설계조직은 특정한 서비스를 다른 사람들에게 제공할 권리를 정당화할 수 있어야 한다. 이에 건물유형학이 도움이 된다. 설계요건이 거주자들의 요구로 만들어지는 것이라면, 설계 사무소는 거주자들과 협동하겠다고 나설 수 있다. 작업장을 설계한다면, 사무소는 자신의 설계개념을 다른 사업들에서 사용되는 설계개념들과 통합하겠다고 할 수 있다. 복합적인 도시문제를 해결해야 한다면, 전문적이고 과학적으로 타당한 방법을 제공하겠다고 할 수 있다. 이전에 고안된 해결안들을 충분히 알고 별도의 노력 없이 그것들을 새로운 건축과업에 적용할 수 있는 시점을 조언하는 것이 건축사무소가 갖추어야 하는 기술이다.

건축 실무에서 유형학적 사고의 가치에 관한 세 번째 중요한 관찰은 그것의 경제적 타당성에 관한 것이다. 모든 설계자나 설계집단(수백 명의 고도로 훈련된 직원으로 구성된 설계사무소도 있을 것이다)은 살아남아야 한다. 그것은 재정적으로 자립하거나 다른 사람들의 도움으로 유지될 수 있어야 한다. 설계집단이 설계의 모든 부분에서 새로 원칙을 만들어내어 설계할 때, 미래 건물의 사용자가 언제나 그 전체 비용을 지불하리라고 기대할 수는 없다. 설계집단은 계획가 · 기술자 · 조사자 · 시공자가 부가하는 제약요소들이 설계에 미치는 영향을 검토하는 것에 대해 언제나 충분한 보수를 받으리라고 기대할 수는 없다. 설계집단은 어떤 설계 결정이 내려지기 전에 종합적인 조사에 착수해야 한다고 항상 건축주를 설득할 수는 없다. 설계집단은 다른 비슷한 설계 문제의 경험으로부터 도움을 받을 수 있고 그래야 한다. 곧, 적절한 선례에서 배워야 한다. 설계집단은 유형을 사용함으로써 분명히 이런 일을 할 수 있다.

설계자들은 예술성으로 만족하고자 하고, 사회는 그들의 서비스에 정당성이 있음을 알고자 하며, 그들은 경제적으로 유지해나가려 한다. 이런 요구도 건축 실무에서 유형의 사용을 조장한다. 이 장에서 소개한 사례연구들로부터 유형의 주된 미덕은 경험의 창고를 유지하고 건축가들이 흔히 직면하는 복합적인 설계문제에 유연하게 대응하는 것임을 알 수 있다. 그럼에도 불구하고, 유형의 모호성으로 인해 의사소통에 혼란을 겪고 유형의 이런 이점들이 부정되는 상황도 있다는 사실을 건축가와 건축주는 인식해야 한다.

역자 주

1) 시스템 사이에서 정보를 주고받기 위한 규약을 말한다.
2) 1979년, 오픈 하우징 시스템(*open housing system*)을 사용해 개발한 주거지의 사례로 유명하다.
3) 하브라켄(1928~)은 1962년 《지지재: 집합주택의 한 대안》(*Supports: An Alternative to Mass Housing*, 1972년 영문으로 번역됨)이라는 책을 통해 고정요소(*support*)와 가변요소(*infill*)의 분리를 주장했다.
4) 하브라켄이 1960년대에 주창한 SAR(*Stichting Architecten Research*, 건축연구재단) 이론의 핵심적인 개념으로, 흔히 고정요소 · 가변요소 시스템(*Support & Infill System*)으로 불린다. 이는 건물을 구성하는 구조를 고정적인 요소와 비고정적인 요소로 구분해 상호 분리 및 유기적인 관계성을 유지함으로써 건설자원을 절약하고 사용자의 요구에 융통성 있게 대응하는 건축시스템이다.
5) 흔히 AA스쿨로 불리는 영국 런던의 건축대학. 정식 명칭은 건축협회 부설 건축학교(Architectural Association School of Architecture)이다.
6) 현재 옥스퍼드 브룩스대학(Oxford Brookes University) 교수.
7) 고정요소 · 가변요소 시스템(*Support & Infill System*)을 말함.
8) 영국 런던에 있는 병원. 이 병원에는 개방적인 건축의 개념이 적용되었는데, 다양한 독립적인 병원건물들이 병원 가로(*hospital street*)로 연결되어 있는 것이 특징이다. 이 병원에서 각 부문(부서)들은 별동으로 건립되었는데 각각의 건물은 한쪽 면이 병원 가로에 연결되어 있으며 다른 한쪽은 필요시 증축할 수 있도록 개방되어 있다.

   병원 가로는 수직으로 분리되어 있어 가장 위는 외래 · 방문객 · 환자 · 침대 등을 운반하는 복도로, 그 아래층은 공급을 위한 복도로, 가장 밑은 설비 및 에너지를 위한 복도로 구성되었다. 이 병원 가로는 사람과 물품을 위한 주 동선축의 역할뿐만 아니라 설비와 정보를 전달하는 기능도 갖고 있다.

제 10 장

유형이라는 질문

줄리아 W. 로빈슨 Julia W. Robinson

건물유형은 건축의 기본이 되는 아이디어다. 따라서 건물유형의 성격을 논할 때 건축에 관한 기초적인 질문들이 제기된다.* 그러나 설계과정에서 유형이라는 개념은 당연한 것으로 받아들여져 왔다. 그리고 유형은 해답, 곧 문제에 대한 해결안이나 종점으로 간주된다. 이 장에서 필자는 왜 유형이라는 개념이 질문이 되어야 하는지, 왜 유형을 종점이 아니라 출발점이나 임시 목적지로 다루어야 하는지 논한다.

유형을 해답으로 간주할 때, 선정된 건물유형에 따라 설계 의사결정을 해나간다. 그러면 유형은 수많은 규범적인 아이디어들과 연관된 전형적인 결과물의 이미지를 제공하는 규범적 역할을 한다. 병원이 선정되면, 그에 따라 기능유형뿐 아니라 배치 · 규모 · 구조 · 재료에 대한 아이디어들, 그리고 창문 · 조명 · 난방 · 가구의 종류까지 정해진다(Robinson 1991). 이런 식으로, 유형의 개념들은 일반적으로 건축과정의 기본적인 요소가 된다. 따라서 그것들을 규범적으로 사용하면 관례적인 해결안들이 만들어지고, 결과적으로 현 상태가 유지된다.

그러나 적어도 다음의 세 가지 방식으로 유형을 질문으로 볼 수 있다.

---

* 이 장에서는 로빈슨의 논문(Robinson 1989, 1991)을 비롯한 기존 논문들에서 나타난 개념들과 함께 몇몇 새로운 개념들을 제시하고자 한다.

첫째, 건물유형을 주어진 건축문제의 특정한 상황에 적용할 때, 기존 유형이나 전형(*prototype*)은 항상 그 상황에 맞게 조정되어야 한다. 이때 유형 자체로부터 무엇이 유지되고 무엇이 변화되어야 하는가에 대한 문제가 제기된다. 예를 들어, 전형적인 단독주택을 언덕 위의 부지에 지을 때, 그 유형은 스플릿 레벨(*split-level*)의 설계안으로 변형된다. 둘째, 우리가 당연시하는 건물유형들은 고정된 것이 아니고 시간에 따라 변하므로 그것들의 성격을 완전히 이해한다고 가정할 수 없으며, 이에 따라 일정한 문제가 남는다. 예로서, 미국에 지어진 전형적인 단독주택이 방갈로(*bungalow*)에서 랜치하우스(*ranch house*), 스플릿 레벨, 유사 빅토리아 양식 등[1]으로 변화함에 따라 주택유형의 개념은 새로운 개념과 형태를 포괄하는 것으로 변경되었다. 셋째, 기존 유형 가운데 적용할 유형이 없어 보이는 상황에서는 무엇을 지어야 하는가 하는 문제가 제기된다. 이러한 상황에서 기존 건물유형의 어떠한 속성들이 유용한가 하는 질문이 제기된다. 뒤에서 논의되겠지만, 비공공시설화(*deinstitutionalization*)에 대응해 그룹 홈(*group home*)[2]이라는 새로운 건물유형이 만들어졌다. 그것은 단독주택과 공공 수용시설에 근거하고 있지만 그 어느 것과도 다르다.

건축가의 매우 중요한 역할은 건물의 규범적 패턴을 비판하고, 관행적인 건축에 대한 대안을 개발하는 것이다. 이러한 역할에서, 건축가는 규범적 패턴과 그것을 분석하는 방식을 인식하고 있어야 한다. 건축계에서는 건물들을 범주화하는 방식이 하나뿐인 것처럼 **유형**이라는 말을 사용하곤 한다. 그러나 적어도 두 가지의 서로 다른 건축 유형이 있다. 하나는 문화의 모든 구성원들이 일상대화에서 사용하는 유형이다. 여기서 그것을 **기초유형**(*basic type*)이라고 부른다. 그리고 다른 하나는 전문가가 건물에서 형태 등의 차이를 묘사하기 위해 사용하는 유형이다. 그것을 여기서는 **분류유형**(*classificatory type*)이라고 부른다.* 이 둘 사이가 혼돈되면서 건축

---

* '기초유형'이라는 용어는 로쉬(Rosch)를 비롯한 연구자들이 개발한 것이다. 그 사례에 대해서는 로쉬 등(Rosch, et al. 1976)과 로쉬(Rosch 1978)를 참조하라. 기초유형은 많은 성격을 가지는데, 아모스 라포포트(Amos Rapoport 1990)

유형에 대한 적절한 비판이 어려워졌다. 설계자들은 언제 어떤 유형을 사용해야 하는지, 그리고 어떻게 그것을 적절히 사용할 수 있는지 알 필요가 있다.

다음의 논의에서는 물리적 세계를 이해하는 방식으로서 유형이 갖는 중요성을 다룬다. 그리고 적합한 건축을 창조하는 데 있어서 기초유형과 분류유형이 갖는 상보적 역할을 설명한다. 마지막으로 그룹 홈의 논의에서는 유형을 질문으로 사용하는 것이 새로운 건축 형태를 제안하고 비평하는 데 기여하는 방식을 밝힌다.

는 그것을 다양한 의미로 사용했다. 반면에 우리가 '분류유형'이라 부르는 것은 단일한 의미를 갖는 경향이 있다. 그래서 라포포트는 그것을 유용하지 않은 것이라며 거부했다. 이상형(*ideal type*)을 설명하기 위해 라포포트가 개발한 다면적인(*polythetic*) 범주들은 이 글의 용어로 보자면 기초적이지도 분류적이지도 않으며 오히려 이 둘을 새로운 분석형태로 결합한 것으로 보인다. 이로부터 이 장에서 논의되는 이 두 가지의 유형범주 외에 아직 건축계에서 발견되지 않은 다른 것들이 개발된다면 유용하리라는 것을 알 수 있다. 그러나 나는 단일한 범주는 쓸모없다는 라포포트의 생각에 동의하지 않는다. 단일한 범주와 다면적 범주는 서로 다르므로 상보적일 수 있다고 생각하기 때문이다. 유형을 다룰 때 중요하게 고려할 사항은, 유형이 그 중심점으로 정의되는지 혹은 그 경계로 정의되는지 하는 점이다. 기초유형과 라포포트의 다면적 유형들은 중심적 조건에 의해서 정의된다. 반면 분류유형은 그것의 경계 조건에 의해 정의된다. 중심적 조건으로 정의되는 범주에서는 그 가장자리가 모호할 수 있으며 따라서 변화와 재정의에 대해 개방적이다. 경계에 의해 정의되는 범주는 상대적으로 명료하고 고정적이다. 이런 차이로 인해, 고정된 분류유형으로 기초유형 같은 좀더 유연하고 가변적인 다면적 유형을 분석할 수 있다.

유형에 관하여

유형이란 우리가 주변 세계를 정의하기 위해서 사용하는 범주다.* 그것은 일련의 구체적인 사물을 나타내는 일반적으로 합의된 명칭을 갖는 이상화된 형태다. 유형을 특징짓는 개념들과 물리적 요소들은 각각의 이상적 형태와 명칭에 연관된다. 이러한 용법에 따르면, 유형이란 정신적 이미지와 명칭을 갖는 일단의 사물이다. 의사전달의 행동은 명칭과 사물 사이의 상호관계를 포함하므로, 유형 명칭은 이상화된 사물과 일단의 특징적 요소들을 생성한다. 또한 역으로, 어떤 유형에 속하는 사물은 유형 명칭을 일관되게 회상시킨다.

우리의 사고에 유형이 항상 존재함에도 불구하고, 어쩌면 그렇기 때문에, 우리는 유형을 당연하게 받아들이는 경향이 있다. 우리가 그것을 의식하든 그렇지 않든, 유형 범주들은 우리의 마음에서 무의식적으로 사고의 패턴으로 형성되고 재형성되며, 사고를 구성하는 것으로 보인다. 댄포드와 빌렘스(Danford & Willems 1975)의 연구는 건물을 지각하는 데 유형이 미치는 영향의 한 사례를 보여준다. 이 연구에서 네 집단은 서로 다른 단서들을 바탕으로 장소의 성격을 평가하라는 질문을 받았다. 안내자가 있는 답사, 장소유형에 관한 지식을 제공한 슬라이드 설명, 장소유형에 관한 지식을 제공하지 않은 슬라이드 설명, 장소유형의 명칭 등이 그 단서들이다. 다양한 자극에 대해 네 집단은 모두 본질적으로 동일한 반응을 보였다. 비록 그 논문은 다소 다른 상황을 만들려고 의도했지만, 건물(법과대학)에 관해 주어진 정보의 형태에 관계없이 건물유형이 확인될 수 있음을 밝혔다. 이 사례에서 제시된 건물은 그것이 속하는 유형의 전형적인 모습이었음이 분명하다. 그래서 명칭만으로도 설명적인 단서와 동일한 반응을

---

* 여기서 범주화(*categorization*)라는 용어는 분류(*classification*)와 대비되는 용어다. 나는 요소들을 집단으로 만든다는 일반적인 의미로 범주화를 사용한다. 분류는 집단 사이를 명료하게 구분하기 위해 개발된, 의식적으로 구성한 판단기준을 바탕으로 요소들을 집단(또는 계층)으로 만드는 것을 말한다.

끌어낼 수 있었다. 이로부터, 어떠한 상황에서는 유형이 매우 강력해서 그것으로 우리가 본 것을 해석하는 방식이 규정됨을 알 수 있다. 확대하면, 그러한 기초유형이 장소에 대한 예상에 기여하는 방식, 곧 표준적인 패턴의 단서를 제공하는 방식을 쉽게 알 수 있다. 유형은 어디에나 존재하면서 주의를 집중시키는 힘을 가지므로, 설계에 유형의 효과를 고려하는 것은 매우 중요하다.

유형은 다음의 두 가지 중 하나의 방식으로 나타나는 것 같다. 첫째로, 그것은 일상생활을 영위하는 데 필요한 사물을 질서화하려는 요구에 대응해 무의식적으로 나타난다. 다음으로, 사물을 기술하고 분석하려는 특정한 요구에 대응해 다소 의식적으로 나타난다. 첫 번째 유형인 **기초유형**은 사람들이 일상적으로 사용하는 것으로, 건축을 일반적이고 식별 가능한 사물로 이해하는 방식이다. 두 번째 종류의 유형인 **분류유형**은 구분짓고 관계를 명확히 하려는 전문적인 시도를 나타낸다. 첫 번째 접근방법에서 유형은 사물들(주택, 아파트)의 수렴점을 표상한다. 두 번째의 유형은 사물들 사이를 기술하고 분화하기 위해서, 곧 경계조건들(단독주택, 공동주택)을 정의하기 위해 사용된다. 이것들은 서로 다른 두 가지의 이해방식에 관련된다. 두 가지 이해방식이란, 축적된 직접 경험으로부터 규범적이고 연상적으로 이해하는 것, 그리고 비판적 · 분석적 · 조직적으로 이해하는 것을 말한다. 이러한 두 가지 시각에 따라 서로 다르지만 상보적이며 종종 중첩되는 범주군이 생성된다. 따라서 어떠한 맥락에서 단순히 '주택'으로 인식되는 특정한 건축적 대상물이 다른 맥락에서는 '단독주택'이나 '조립식 주거'로 인식된다. 설계과정에는 이 두 종류의 유형이 모두 요구된다. 전자는 선정된 유형의 전체적인 성격을 이해하기 위해, 후자는 이상형을 실제 상황에 적용할 때, 그것을 조정하고, 그것에 반응하고, 또는 그것을 대체하기 위해 요구된다.

설계자들은 전문적 맥락에서는 물론 일상생활에서 기초유형을 포함한 문화적 범주를 사용하므로, 설계에 기초적 건축유형을 무비판적으로 적용하는 경우가 많다. 비슷하게, 전문적 맥락에서 습득한 분류유형도 습관적으로 적용할 수 있다. 기초유형은 많은 양의 정보를 가지고 있기 때문에 광범위하고 모호해 복잡한 문제를 만든다. 반면에 분류유형은 제한된 정보를 가지고 있어서 좁고 명료하다. 그러므로 설계자들이 기초유형을 사용해 설계안을 만들 때 그것의 탄력성이 큰 도움이 되곤 한다. 그렇지만 분류작업에서는 그렇지 않다. 제한된 속성에 초점을 맞추는 분류유형을 부적절하게 적용하면 분석이 부정확해질 수 있다. 유형에 관한 논쟁은 주로 유형에 대한 이 두 접근방법 사이를 구분하지 못함으로써 야기된다. 여기서는 이 두 가지 종류의 유형이 하는 역할들과 그것들의 차이에 초점을 맞추어 유형을 질문으로 다룬다.

기초유형과 건축

심리학자들은 유형에 기초적 수준이 있음을 발견했다. 곧, 특정한 사물의 명칭에 일반적으로 합의하는 수준이 있다는 것이다(Rosch et al. 1976; Rosch 1978). 〈그림 10-1〉에 있는 사물을 볼 때, 대부분의 미국 사람들은 그것을 '아파트'(*apartment building*) 라고 부를 것이다. 역으로 누가 '아파트'라고 말하면, 미국인은 이 그림과 똑같은 것은 아니더라도 동일한 특징을 많이 가지고 있는 사물을 상상한다. 이 아파트라는 표본은 또한 '건물'이라는 상위 범주와 '저층 아파트'라는 하위 범주에 속한다. 이 아파트는 '다가구 주거'(*multihousehold dwelling*) 라는 상위 범주로 부를 수 있으며, '엘리베이터 없는 아파트'(*walk-up apartment*) 는 하위 범주로 부를 수도 있다. 하위와 상위의 범주들은 기초적 범주만큼 일관적이지 않으며, 그것보다 더 맥락에 따른다. 그러므로 이 그림의 아파트만 하나 보여준다면 그것을 '아파트'라고 부르지만, 다른 주거유형들과 같이 보여준다면(〈그림 10-2〉 참조) 다른 것과 구별되는 명칭으로 부를 것이다. 그것을 단독주택 및 고층 아파트와 함께 보여준다면, '주거'나 '건물' 같은 좀더 일반적인 명칭으로 부를 것이다.

그림 10-1 우리 마음에 유형을 불러일으키는 건축적 대상물

기초유형에서는 우리가 합의할 수 있는 제한된 사물들만 고려하기 때문에 기초유형은 의사소통에 유용하다. 범주가 유용한 정보를 갖기 위해서는 특정될 필요가 있다. 그러나 특정성이 과도하면 범주가 불필요하게 많아진다. 이렇게 정보가 담긴 범주에 대한 요구와 적은 수의 범주에 대한 요구 사이에서 균형을 잡아 기초수준의 범주가 만들어진다. 기초유형은 폭넓은 사물의 집단들을 설명할 만큼 일반적이며, 그 집단들을 서로 구별할 수 있을 만큼 특정하다(Rosch et al. 1976, 382).

몇몇 연구자들은 일반인들이 물리적 환경을 지각하고 명명하는 방식을 탐구했다.* 그중에서 츠버스키와 헤먼웨이(Tversky & Hemenway 1983)는 환경의 기초유형은 실 유형(*room type*), 건물유형, 경관유형임을 발견했다. 이것은 주거의 실내와 외관사진에 대한 일반인들의 평가를 연구한 내 연구의 결과와도 부합한다(Robinson, et al. 1992). 또한 나는 설계의

---

* 사용자 범주(*user category*)를 도출하는 표준적인 기법은 사람들에게 그들 마음대로 사물·장소 등의 이미지를 집단으로 나누고 그 집단들을 명명하도록 요청하는 것이다. 이런 사례에 대해서는 로쉬 등(Rosch et al. 1976)과 츠버스키와 헤먼웨이(Tversky & Hemenway 1983) 참조.

그림 10-2 건축적 대상물은 다른 것들과의 맥락 속에서 상위 범주, 기초 범주, 또는 하위 범주로 분류될 수 있다.

a

b

c

a. 상위 범주: 건물 대 모형
b. 기초 범주: 아파트 대 주택,
c. 하위 범주: 저층 아파트 대 고층 아파트

측면에서 주거의 종류 사이를 구별하는 데 유용한 유형범주들이 반드시 일반인들에게도 유용하거나 그들의 유형범주와 동일한 것은 아님을 발견했다. 모든 이미지가 건물유형 범주로 분류될 것이라는 예상과는 반대로, 이미지들은 건물유형은 물론 실 유형으로 분류되었다. 실내 이미지가 실 유형으로 분류된 반면, 외관 이미지는 일반적으로 건물유형으로 분류되었다. 대부분의 이미지들이 유형화될 것이라는 초기 연구자들의 예상과는 반대로, 병원 · 기숙사 · 주택(또는 집) · 아파트 등 다양한 건물유형의 일부만이 일관되게 명명되었다. 이는 연구에 착수할 때 지정한 10가지 유형(병원, 요양원, 집, 기숙사, 그룹 홈, 하숙집, 중층 아파트, 엘리베이터 없는 아파트, 연립주택, 단독주택) 보다 훨씬 적은 수다.

기초적 건축유형의 힘은 두 가지의 원천에서 나온다. 하나는 그것이 어떤 문화적 맥락에서 공유된다는 점이며, 다른 하나는 그것이 다양한 범주화 양식을 포괄한다는 점이다. 쇤(Schön 1988)은 기초유형을 지칭하면서, 그렇게 많은 정보를 하나의 도상(*icon*)으로 묶어주는 유형이야말로 강력한 설계도구라고 주장한다. 기초유형은 다음과 같은 것들을 동시에 나타낸다. (1) 기술될 수 있는 일단의 건축적 속성, (2) 공간의 구축과 조직을 위한 일단의 규칙, (3) 공간 안에서 일어나는 일단의 행태와 규정된 역할, (4) 공간이 드러내는 일단의 특성. 그렇다면, 설계에서 기초유형의 유용성은 당면한 문제에 관해 생각하고 그 문제를 다루는 방식들을 규정함으로써 당면한 문제에 즉시 경계를 설정해준다는 점에 있다. 유형을 해답으로 본다면, 이러한 경계로 인해 사고에 한계가 생긴다. 유형을 질문으로 본다면, 이러한 경계에서 앞으로 탐구할 것에 대한 참조점을 얻는다. 관례적으로 사용되었든 관례에 이의를 제기하는 방식으로 사용되었든, 유형이라는 질문은 설계 활동을 위해 본질적인 문제를 제기한다.

기초적 건축 유형에는 보통 건물이나 공간의 기능적 명칭이 붙는다. 그러나 기초적 건축 유형이 기능적 특성에만 관련되는 것은 아니다.* 기초

* 건물유형을 건물 외관의 명명에 폭넓게 사용하는 것은 앞에서 논의한 연구뿐만 아니라, 건물유형의 일반적 용법에 대한 관찰과 츠버스키와 헤먼웨이(Tversky

유형에 연결된 기능 용어나 기능 표지(*functional token*)는 일단의 특성을 모두 지칭한다. 이렇게 범주화의 다양한 양식들을 통합하는 속성으로 인해, 기초적 건축 유형은 분석**의 기법**이 아니라 분석**의 주제**로서 적합하다.

건축적 어법에서, 기초유형은 건조환경의 일반적인 물리적 형태를 나타내는 데 사용된다. 설계의 맥락을 한정할 때에, 건축가들은 공장·학교·창고·교회·요양원·병원·호텔 같은 기초범주들, 교육·레크리에이션·상업·공공시설·산업·주거 같은 상위범주들, 그리고 고층·저층·중층, 집단 간호·전일 간호, 암·심장·소아 같은 하위범주들을 사용한다. 이 같은 범주들은 명료하게 정의되지 않고 서로 중첩된다. 그것들은 물리적 형태에 관한 표준적인 문화적 용법을 따르는 것으로 보인다.

이러한 용법에서 설계자와 일반인의 접근방법이 뚜렷이 만나는 지점이 있다. 그럼에도 불구하고, 용어는 문화적으로 공유되므로 두 집단 사이에 수렴점이 있을지라도 용어가 각 집단에 의미하는 것은 동일하지 않다. 그 차이가 엄청나게 크지는 않지만, 그것을 명백히 하는 것이 중요하다. 예를 들어, 일반인들은 기숙사와 같은 기초유형을 생각할 때 형태적 도상에서 단서를 찾는다. 그러나 일반인들에게 도상은 대개 일차적으로 사람의 문제를 표상하며 물리적 형태는 이차적으로 표상된다. 설계자에게 유형은 일차적으로 물리적 건물 형태이며, 사람의 문제는 이차적이다. 이러한 차이는 두 집단 사이의 의사소통에 방해가 된다. 설계자가 일반인의 관점에 좀더 잘 대응하기 위해 이러한 차이들을 조사하고 이해할 필요가 있다. 예를 들어, 일반인들이 혁신적인 설계를 선뜻 받아들이지 못하는 공통적인 이유는 건물이 친숙해 보이지 않기 때문이다. 민감한 설계자라면 사람들이 배척하지 않고 흥미를 느낄 만한 친근한 특성을 가진 혁신적 형태를 발견할 수 있을 것이다.

또한 기초 범주는 문화를 공유하는 전문가와 사용자가 표준적 관행에 관해 합의하는 토대가 된다. 예로서, 미국 주택에는 독립적이어야 한다든지

& Hemenway 1983)의 연구결과와도 일치한다.

적어도 거실 · 부엌 · 침실 · 욕실은 가지고 있어야 한다는 등 어떤 필수적인 특징이 있다. 건축양식이 극적으로 바뀌었지만, 기초 건물유형은 훨씬 더 안정적으로 유지되고 있다. 그것은 비공식적인 합의를 요하므로 대개는 천천히 변화한다. 근대운동과 같이 건물 형태의 본질적인 재구성에 관심을 집중했을 때도, 기초 범주는 여전히 문화를 연속시키는 힘이었다. 예를 들어, 르코르뷔지에(Le Corbusier)의 주택들은 전통 주택처럼 기초적인 공(公)-사(私)의 공간구성을 가지고 있으며, 심지어 실 구획이 대부분 동일하다. 이같이 기초유형은 문화적 이상과 환경설계 사이의 정합성을 비평하고 개선하는 기준이 된다.*

건축의 분류유형

건축가들은 의도된 목적에 맞는 물리적 장소를 설계한다. 물리적 장소를 제공하는 과정에서 그것의 목적에 관해 흥미 있는 질문들이 제기된다. 그러나 건조형태와 용도 사이의 관계를 논할 때 건축가의 일차적 역할은 주어진 상황에 적절한 물리적 설계를 찾는 것이다. 따라서 건축 전문가가 개발한 분류유형은 다른 속성보다 물리적 형태, 곧 건물의 '형태적' 측면을 강조한다.

건축 형태의 복잡성은 널리 인식되어 있지 않으며, 기초유형의 복잡성도 마찬가지다. 건축에 무수한 분류방식들이 존재한다는 사실에서 건조형태를 만들어내는 일의 깊이를 알 수 있다. 그 사실로부터 얼마나 많은 변수들을 고려해야 하는지 알 수 있다. 덧붙이자면, 이러한 모든 변수들이 기초유형에 구현되어 있으므로 기초 유형의 내용은 매우 풍부하다. 따라서 '주택'(*house*)이 표상하는 가치들에 동의하든 하지 않든, 대부분의 미국 사람들에게 그것은 일반화된 건물형태만이 아니라 잔디밭, 보도, 입구,

---

* 라포포트(Rapoport 1987, 10~15)는 문화적 이상과 환경설계의 정합성이라는 개념을 문화적 반응성이라고 부른다.

우편함, 문, 시공방법, 치수, 벽, 바닥과 천장 재료, 배관설비, 가구, 벽과 천장 몰딩, 조명 등 많은 것들에 관한 아이디어의 결집체로 이해된다. 이렇게 시각 이미지로 표상되는 기초유형의 본질은 단순하지 않다.

환경을 분류하는 데는 네 가지 방식이 있다. 세 가지는 생성양식(*mode*), 곧 건축이 만들어지는 방식에서 도출된 것이다. 그리고 나머지 한 가지는 반응양식, 곧 일반인이 건축을 수용하는 방식에서 왔다.* 첫 번째 방식은 건축에서 유형학이 논의될 때 보통 떠오르는 것, 곧 **물리적 속성**에 의한 환경의 분류다. 두 번째 방식은 **환경이 만들어지는 방법**, 세 번째는 **환경이 사용되는 방법**에 의한 것이다. 그리고 네 번째는 **환경이 이해되는 방법**에 의한 것이다.** 이제까지 발전되어 온 전문적 범주들에서는 이러한 접근방법들이 개별적으로, 또한 모호하고 중첩적인 방식으로 결합되어 사용되었다. 내가 이런 네 가지 방식을 제안하는 것은, 그것들이 순수한 분류이기 때문이 아니라 그것들로 인해 대비되는 목적들이 흥미롭게 나타나고 건축 범주의 성격이 드러나기 때문이다. 예를 들어, 환경이 사용되는 방법을 그것이 이해되는 방법과 분리함으로써, 우리는 이 두 가지 분류방

---

* 모리스(Morris)는 건축 유형의 세 가지 분야를 제시한다. (1) 기능 또는 프로그램의 분류, (2) 형태 또는 구성 분류, 그리고 (3) 이미지 또는 도상 분류가 그것이다(1980, 40). 월리스(Wallace)는 분류에 사용되는 세 가지 척도를 밝힌다. (1) 현상의 특성에 관한 인식론적 척도, (2) 추정되는 현상의 원인에 관한 발생론적 척도, 그리고 (3) 추정되는 현상의 영향을 다루는 기능적 척도가 그것이다(Rapoport 1990에 인용된 Wallce 1983).

** 물리적 속성에 의해 환경을 분류하는 첫 번째 방식은 월리스(Wallace)의 인식론 양식과 모리스(Morris)의 형태 또는 구성양식이다. 환경이 만들어지는 방법으로 분류하는 두 번째 방식은 월리스의 발생 규약(*genetic code*)에 유추적으로 관련된다. 모리스는 발생 규약을 제시하지 않았지만, 그것은 일반적으로 시공이나 다른 기술을 분류기준으로 사용할 때 건물을 범주화하는 방식으로 인정된다. 환경이 이용되는 방법으로 분류하는 세 번째 방식은 월리스와 모리스의 기능 양식이다. 그리고 환경이 이해되는 방법으로 분류하는 네 번째 방식은 상징적/연상적 양식이다. 이것은 모리스의 이미지 또는 도상양식과 유사하며, 월리스의 기능 양식의 하위 범주에 해당한다고 볼 수 있다.

식이 서로 달리 작용함을 인정하고 그것들을 구분할 수 있다.

물리적 속성에는 재료, 공간의 배열, 양식, 크기, 기하학적 질서, 하위요소들, 시공시스템 같은 분류 범주가 포함된다. 건물들은 때로 구조〔목구조, 철구조와 패널, 프리스트레스트 콘크리트(*pre-stressed concrete*)와 조적 칸막이〕, 평면과 공간배열(중정 건물, 아트리움 건물, 격층 엘리베이터 고층아파트, 복층아파트), 그리고 양식〔튜더(*Tudor*),[3] 조지아(*Georgian*),[4] 중세, 탈근대〕으로 범주화된다. 그것들은 선례〔코르뷔지에식(*Corbusian*) 또는 미스식(*Miesian*), 뉴잉글랜드 빌리지 그린(*New England village green*) 대 이탈리아 광장〕, 높이(고층·중층·저층), 또는 하위요소들〔베이 윈도우(*bay window*)[5]·격층 엘리베이터·타워〕에 의해서 분류되기도 한다. 이러한 형태적 범주를 이용해서 기존의 결과물들에 대한 대안적 형태구성을 효율적으로 논할 수 있다. 이런 범주들은 관련되는 형태에 관한 모든 문제들을 대상으로 하지 않고 특정한 형태적 속성들에만 초점을 맞춘다.

그러나 환경의 창조자로서 설계자들은 형태를 생성하는 **규칙과 과정**(환경이 만들어지는 방법)에 관심을 갖는다. 어떤 규칙과 과정은 평면구성과 같은 환경의 형태적 특성으로 나타난다. 범주는 재료(콘크리트구조와 벽돌구조에서와 같이 종종 형태 범주와 중복됨)에 관련되기도 하며, 양식(역시 형태와 중복된다. 그러나 이 경우 조합의 규칙에 대응한다)에 관련될 수도 있다. 기능적 요구에 따라 형태가 생성될 수 있으며, 이때 형태 생성의 아이디어는 실제의 기능작용에 연결된다. 법규의 범주는 생성적일 뿐 아니라 용도의 특성을 나타낸다. 예를 들어, '정신지체인을 위한 중간 간호시설'은 연방 법규에 부합하는 주거의 범주다. 재정과 시공〔조기 착공(*fast-tract*) 프로젝트, 투자성 사무소건물〕 그리고 건축주 관계(정부 건물, 지역사회 참여 프로젝트, 개발업자 주거)에 관련되는 규칙과 과정 유형들도 있다. 이런 생성과정에 초점을 맞춤으로써, 시공방법과 법규가 밝혀지고 그것을 건축형태에 관련된 주요 문제로 다룰 수 있다.

용도 특성도 다른 것들 못지않게 풍부하다. 건물을 사용자(초등학교와 고등학교), 수행 기능(학교·병원·운동장·박물관·교육·레크리에이션·

문화 등), 서비스 수행 방식(그룹 홈과 하숙집 대 기숙사, 호텔 대 모텔, 일급 레스토랑 대 패스트푸드점), 환경조절 시스템 등 여러 시스템의 작동(강제 송풍 대 온수난방), 또는 심지어 가격(중간소득 대 고소득 주거) 으로 분류할 수 있다. 어떤 용도는 법규와 재정구조에 연결되므로, '규칙과 과정'에는 중복되는 것들이 많다(투자성 사무소건물에서는 형태적 결과가 용도와 재정에 연결된다. 그리고 요양원에서는 법규가 용도 및 형태와 연결된다).

마지막 분류범주인 **환경이 이해되는 방법**에 의한 분류는 가치 의존적이고 정성적이다. 가치의 원천은 문화적이거나 개인적일 수 있으나 그것의 범주 자체는 연상적이고 상징적이다. 그것에는 만족함 · 강력함 · 편안함 · 혼돈됨 · 황량함 같은 일반적인 질적 범주가 포함된다. 이런 성질들을 보통 유형으로 생각하지는 않지만, 사람들이 장소를 범주화하는 하나의 방식이다. 누가 "안락한 집"이라고 말하면, 그는 다른 사람들과 부정확하나마 주택의 종류에 관한 이상적 개념을 공유한다. 한편 누가 "큰 건물"이라고 말해도, 우리는 "벽돌 건물"이라고 말할 때처럼 뚜렷한 개념을 갖는다. 이러한 성질들은 반드시 기능적이거나 건물 용도에 구애되지는 않는다. 그러나 그것들을 유용한 건축적 범주로 만들기 위해서는 연구를 통해 그것들을 건축형태에 연결할 필요가 있다.

건축의 분류유형에 변화와 다양성이 있는 것은, 환경이 이해되는 방식이 매우 많으며 건축 프로젝트에는 매우 많은 물리적 변수가 표상되어 있기 때문이다. 유형을 고려할 때, 기초유형이 특정한 분류유형들을 하나의 도상으로 구현한다는 점을 인식하는 것은 중요하다. 이 도상에는 주어진 문화적 맥락과 시간에서 법규 · 재료 · 양식 같은 규범적 개념들이 반영되어 있다. 유형은 역동적이고 복합적이기 때문에 그것을 당연한 것으로 받아들일 수는 없다. 유형은 반드시 연구를 위한 질문으로 생각되어야 한다. 나아가서, 설계과정에서 적절한 분류유형을 선정하는 문제 역시 반드시 짚고 넘어가야 하는 질문이다.

질문으로서의 유형, 주제로서의 그룹 홈

기초유형이 건축적 선택에 영향을 주는 형상(*figure*)이라면, 분류유형은 기초유형이 이해되는 배경(*ground*)을 형성한다. 분류유형은 규범적이거나 과도하게 복잡한 기초유형의 형태적 측면들을 분리하고 비판하는 방식을 제공해 준다. 많은 분류유형들이 있기 때문에 건축형태를 여러 관점에서 분석할 수 있다. 분류유형이 기초유형을 구명하는 방법을 설명하기 위해 진화하는 미국의 건물유형인 그룹 홈을 고찰해보자. 그룹 홈을 현재 그것의 진화상태를 알려주는 기초유형들과 관련해 고찰하고, 또한 힐리어(Hillier)와 한슨(Hanson)의 감마 분석(*gamma analysis*)을 사용해 정의한 분류유형의 견지에서 고찰하기로 한다(1984, 143~63).

일반적으로 **그룹 홈**이라는 명칭은 어떤 감독과 간호를 요하는 많은 사람들을 수용한 건물을 나타낸다. 그러나 이러한 용도에 쓰이는 건물들이 매우 다양하기 때문에, 현재 이 개념을 표상하는 뚜렷한 형태적 도상은 없다. 이러한 이유에서 잠재적 기초유형인 그룹 홈의 존재와 성격은 질문으로 남는데, 여기서 그 질문을 탐구하려고 한다.

이러한 논의의 틀로 사용할 수 있는 분류유형은 공공시설 건물 곧 도치된 건물(*reversed building*)과 일반 주거다.* 힐리어와 한슨(Hillier & Hanson, 1984)은 영국의 사례들을 가지고 '도치된 건물'을 정의했는데,[6] 나는 미국 중서부 도시에서 발견되는 단독주택은 물론 요양원·병원·기숙사의 사례들을 분석해 공공시설 건물, 곧 도치된 건물과 일반 주택 사이에 기본적으로 구조적인 차이가 있다는 그들의 기초적 가정을 뒷받침했다. 도치된 건물, 곧 공공시설 건물은 건물의 입구에 있는 공간들을 점유하는 비거주자(*non-resident*) 집단이 통제한다. 거주자들은 입구에서 먼 장소들을 점유한다. 이는, 거주자가 모든 공간을 점유하고 주거 전체를 통제하는 것과 대비

---

* 도치라는 공공시설 건물의 개념은 건물의 감마분석에 바탕을 두고 힐리어와 한슨(Hillier & Hanson 1984, 183~97)이 개발한 것이다. 로빈슨(Robinson 근간)은 다양한 주거유형을 대상으로 그것을 발전시켰다.

그림 10-3 네 그룹 홈의 공간구조. 그림: 행크 리우(Hank Liu)

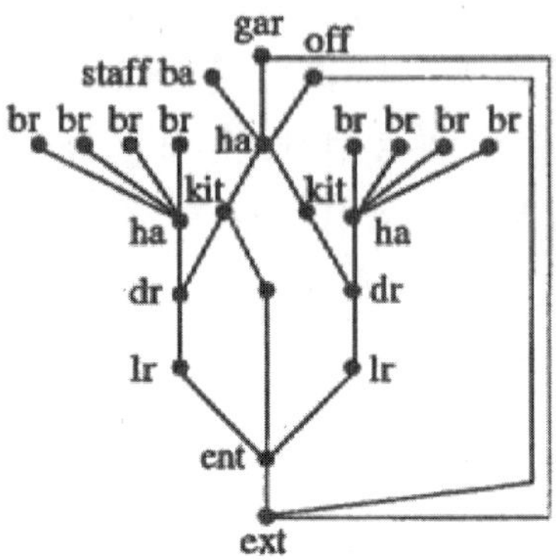

G-1

목적성 주택

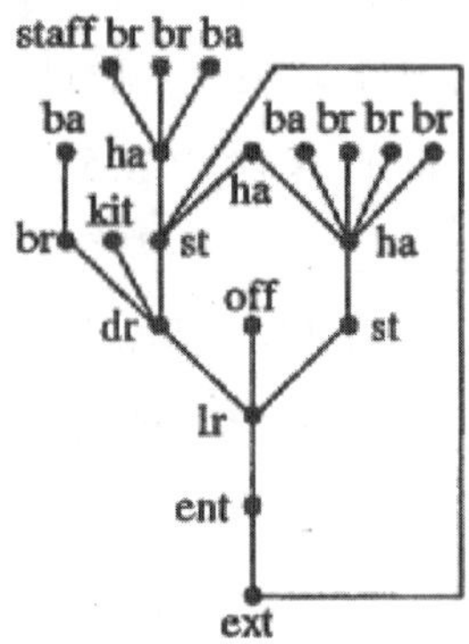

G-2

개조된 주택

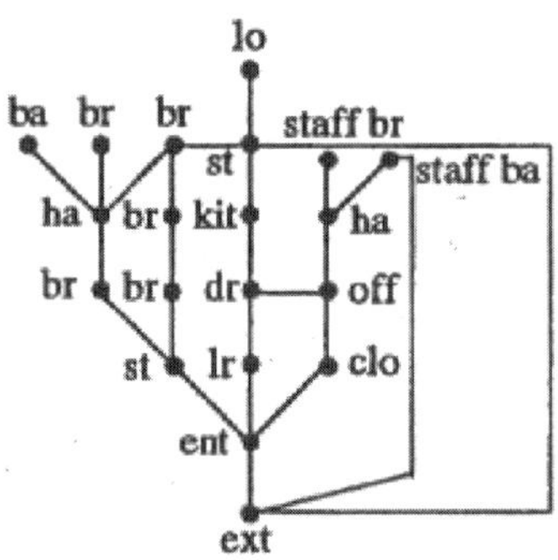

G-3

개조된 복층 아파트

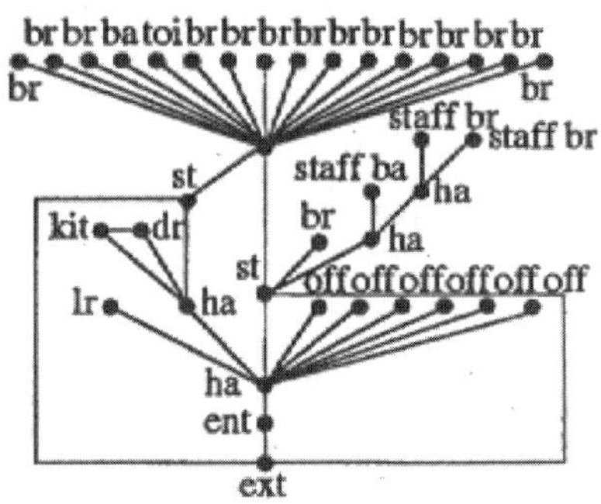

G-4

개조된 수도원 기숙사

ba = 욕실 br = 침실 clo = 옷장 dr = 식사실 ent = 입구 ext = 외부 gar = 차고
ha = 홀 kit = 부엌 lo = 라운지 lr = 거실 off = 사무실 st = 계단 toi = 화장실

된다. 공공시설 공간의 또 한 가지 속성은 사회적 상호작용과 무관한 지점들에 사회적 공간이 위치하는 것이다. 덧붙여서, 공공시설 건물에서는 대부분의 일반 주거에서 발견되는 프라이버시의 단계적 변화(*gradient*)[7] 가 나타나지 않는다. 이는 내밀한 활동을 위한 공간들을 매우 공적인 공간에 인접해 위치시키거나, 많은 수의 사람들을 같이 수용하기 때문이다 (Robinson 근간).

선정된 네 개의 그룹 홈은 다음과 같다. 여덟 명의 신체장애 성인을 위한 목적성 공유주택(G1), 9명의 젊은이가 거주하는 개조된 단독주택(G2), 7명의 젊은이를 위한 개조된 복층아파트(G3), 그리고 30명의 발달장애 성인을 수용하는 리모델링된 수도원 기숙사(G4) 등이다. 이러한 사례들이 그룹 홈에 대한 모든 접근방법을 나타내는 것은 아니며, 연구대상 도시에 있는 사례들로부터 임의로 선정한 것이다.

이들 네 사례에 주택·아파트·기숙사 등 세 가지의 기초적 주거유형이 사용되었다. 이 같은 유형들은 개념적 모델의 역할, 그리고 개조되는 물리적 용기(*container*)의 역할 등 두 가지의 서로 다른 역할을 한다. 첫 세 사례(G1, 2, 3)에서 **주택**은 설계나 재설계의 기준이 된 개념적 모델이다. 네 번째 사례에서는 **기숙사**가 개념적 모델이다. 주택·아파트·기숙사의 기존 표본들은 세 그룹 홈(G2, 3, 4)을 수용하기 위해 개조된 물리적 용기다. 하나만이 새로 건축된 것이다. 기존 건물을 조정할 때, 새로운 주거형태가 요구하는 법규와 생활방식의 요건들을 충족하기는 어렵다. 이런 어려움에서, 물리적 유형이 얼마나 강력하게 어떤 종류의 활동을 지속시키고 다른 것들을 방지하는지 알 수 있다.

새로 대두된 건물유형인 그룹 홈을 하나의 질문, 특히 그룹 홈이 어떻게 설계될 수 있고 설계되어야 하는지에 대한 질문으로 볼 때, 기존의 그룹 홈 건물들을 공공시설의 분류유형으로 분석하고 또한 그것들 본래의 건물유형으로도 분석하는 것이 생산적이다. 감마분석으로 유형의 구조에 관해 전문적인 관점을 가질 수 있다. 그리고 사회적 관계에 연결된 많은 흥미로운 물리적 관계들을 발견할 수 있다(〈그림 10-3〉). 비교분석 또한 설계자가 선택할 수 있는 범위를 한정하는 건물유형의 역할을 드러내준다.

언뜻 보아서는 원래의 건물유형을 다소 임의적으로 선정한 것 같지만, 모델로 선정한 건물유형, 리모델링하려고 선정한 유형, 변화에 대한 금전적 투자의 의향, 그리고 수용되는 사람들에 대한 사회적 태도 사이에는 상관성이 있다. 다음과 같은 세 가지 접근방법은 세 가지 부류의 사람들, 그리고 거주자들의 상대적인 '편차'에 대응한다. 첫째, 신체장애 성인들에게는 목적성 신축시설을 제공했다. 둘째, 문제청년들은 리모델링한 주거에 배치했다. 셋째, 발달장애 성인들은 최소로 리모델링된 공공시설에 수용했다.*

신체장애 성인을 위한 시설인 G1에는 경제적 투자를 상당히 많이 했다. 그런 유형의 거주자를 위한 그룹 홈으로 사용하기 위해 특수하게 설계했고, 일반 주거보다 많은 공간과 좋은 재료를 요구하는 법규 요건에 따랐기 때문이다. 다른 한편, 사용자들이 의존적이라고 가정하고 직원을 위한 실질적인 공간을 두었다. 그리고 구조는 아니더라도, 외관상 일반 주거와 본질적으로 다른 환경을 만든 것은 이런 집단의 어떤 제도화된 특성을 수용하고 있음을 암시한다. 문제청년들을 위한 환경인 G2와 G3은 그들의 집이 속한 주거유형에 가깝다. 그러나 법규와 간호 요건을 충족하기 위해 그 주거유형을 변경했다. 많은 수의 거주자를 수용했고, 좀더 많은 출구를 설치하는 등 어느 정도 재구성했으며, 직원 공간을 마련했다. 이러한 첫 세 환경은, 일상 주거와 유사한 유형이 법규와 간호 요건을 충족하기 위해 변경됨으로써 정상적인 환경과 대조되는 유형으로 표준화되었다. 발달장애 성인들을 위한 시설인 G4는, 비록 여러 비슷한 장소에 그런 사람들이 여전히 수용되고 있지만, 다소 시대에 뒤진 개념을 보여준다.** 분명히 이 환

---

* 이 연구를 수행한 주(*state*)는 발달장애인을 위해 소형 그룹 홈(6~10인 수용)을 설계했다는 점에서 진보적이다. 해당 도시는 오늘날은 말할 것도 없고 이 연구를 수행한 1984년에 이미 발달장애인들을 수용하는 대규모 시설을 많이 보유하고 있었다.

** 1986년 이런 건물들이 기록화되었다. 그 이래로 많은 비슷한 주택들이 내가

경은 공공시설이지만, 거주자들이 직원에 의존할 것이라는 생각, 이 사람들을 일반 주거가 아닌 다른 시설에 격리해야 한다는 요구, 또는 이 사람들의 입장을 반영하고 있다.

원래의 건물유형 그리고 건물의 변화를 조사함으로써 건물유형과 사회적 가치의 관계에 관한 여타의 문제들이 드러났다. 출발점이 된 건물유형은 거주자에 관한 가정을 바탕으로 선정되었다. 그리고 일단 유형을 선정하면, 그에 따라 개조의 범위가 한정된다. 모든 건물이 이상형과 어느 정도 타협을 하는데, 최종 설계는 이상형과 어느 수준에서 타협할 수 있는지를 표상한다. 그런 타협이 없으면, 건물에 사람들이 입주하지 않을 것이다. 그러므로 각각의 건물에서 어떠한 종류의 타협이 일어났는지를 보면 거주자들에 관한 가치관을 알 수 있다.

이것을 좀더 탐구하기 위해, 주택과 기숙사로 표상된 분류유형들, 곧 전형적인 중서부 주거단위(*dwelling unit*)와 도치된 건물의 핵심적 속성을 설명할 필요가 있다. 〈그림 10-4〉에 설명된 바와 같이, 아파트든 주택이든 주거단위는 일반적으로 프라이버시의 단계적 변화를 나타낸다.* 반(半) 사적인 입구공간의 연계과정(*sequence*)은 선적(線的)이다. 사적 공간들(거실 · 식사실 · 부엌)은 하나의 통합 관계를 이룬다(이것이 선적 구성이나 부채형 구성보다 가변적이다). 그리고 반 내밀(침실 복도)과 내밀 공간(침실과 욕실)은 부채형으로 구성된다.** 입구 연계과정의 선적 구조로 인해 방문자는 통제되고 지시된다. 거실 · 식사실 · 부엌은 통합된 성격으로 인해 그것들 사이를 일상적으로 오가며 사용하는 것이 허용된다. 부채꼴의 연결부에 있는 반 내밀한 복도는 내밀한 침실과 욕실 영역에 대한 접근을 제한하는 역할을 한다. 이것은 역시 〈그림 10-4〉에서 설명한, 기숙

여기서 설명한 청소년을 위한 환경에 좀더 가까운 주거로 대체되었다.

* "내밀함의 단계적 변화"(*intimacy gradient*)라고 불리는 것에 대해서는 로빈슨(Robinson 1993)과 더불어 알렉산더, 이시카와, 실버스타인(Alexander, Ishikawa & Silverstein 1977) 참조.

** 이런 용어들은 로빈슨(Robinson 1993)의 정의를 따랐다.

10-4 주거의 공간구조와 도치된 건물. 그림: 행크 리우(Hank Liu)

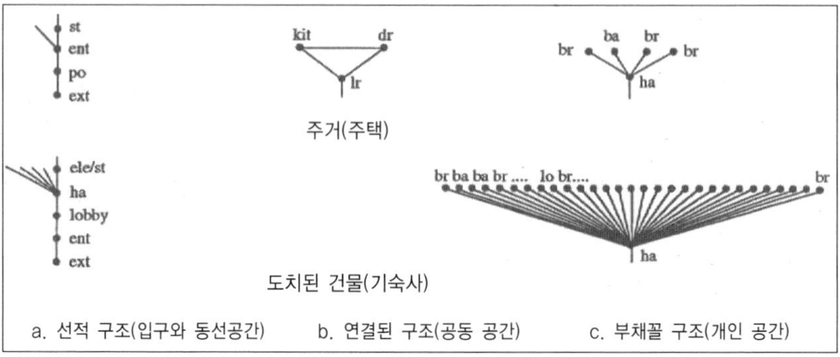

ba = 욕실 br = 침실 ele = 엘리베이터 ent = 입구 ext = 외부 ha = 홀
kit = 부엌 lo = 라운지 lr = 거실 po = 현관 st = 계단

사의 설계와 대조적이다. 기숙사에서도 입구의 선적인 연계과정은 유사하다. 그러나 거기에는 통합 관계가 없다. 그리고 부채형 관계에서 사회적 공간은 격리된 곳에 배치된다. 부채꼴로 구성된 상당히 많은 실들에 반 내밀 공간이 아니라 반 공적 영역의 역할을 하는 홀이 부가된다. 여기서는 내밀한 침실과 반 공적인 복도 사이에 프라이버시의 단계적 변화가 없다. 그리고 침실과 욕실 사이의 통로는 주거단위에서와 같은 반 내밀한 공간이 아니라 반 공적 공간이다.

청년들을 위한 두 시설은 모두 리노베이션된 일반 주거다. 주택인 G2와 복층형인 G3은 많은 청년들이 일상적으로 거주하는 시설이다. 이런 점에서, 그것들이 그룹 홈으로 적절하다는 가정은 타당한 것 같다. 사회적 공간은 두 건물에서 모두 입구 근처 직원공간을 방해하지 않는 곳에 적절하게 위치되었다. 이 청년들은 의존적이므로, 각 건물에서 직원이 입구에 가까운 장소를 점유하고, 청년들이 시설 안쪽의 구역을 점유하는 방식은 적절하다. 거의 모든 청년들이 다른 거주자와 침실을 공유하고 6~7명이 욕실을 공유하기 때문에 프라이버시가 침해되지만, 가정에서도 그런 경우가 많다. 리모델링된 주택 G2는 방화 계단을 추가해 외부로의 접근성을 높이고 직원 침실들로 공간의 수가 증가한 것을 제외하면, 실제로 다른 주택과 똑같은 구조를 가지고 있다. 다른 한편 G3에서는 법규의 제한을 따르느라 거주자의 프라이버시를 침해했다. 과거 위층 아파트의 거실을 침실들로 만들고 계단을 추가해 접근하도록 함으로써 6개의 거주자 침실 중 네 개는 부채꼴로 복도와 욕실에 연결되지 않고 통합 관계를 갖게 되었다. 그 침실의 입주자들은 욕실로 갈 때나 외부로 나갈 때 다른 침실을 통과해야 한다. 이 때문에 침실의 프라이버시가 침해된다. 이 그룹 홈은 복층 구조의 2-침실 아파트를 재구성한 것인데, 리모델링을 했지만 이상적인 침실 관계를 만들지는 못했다. 그렇지만 청년들의 프라이버시가 이 정도로 타협될 수는 있었다.

리모델링된 수도원에서는 다른 유형의 타협이 이루어졌다. 무엇보다도 먼저, 건물에 5개의 사무실이 존재하고 그것들의 위치가 거주자의 사회적 공간보다 현관에 가까운 것에서 그것이 직원에 의해 통제되는 건물, 곧 주거이면서 작업장임을 알 수 있다. 둘째로, 일반적인 주거에서보다 침실 수가 많다. 그리고 30명의 거주자들은 식사, 레크리에이션 등을 위한 영역은 물론 욕실도 하나를 같이 사용해야 한다. 셋째, 프라이버시의 단계적 변화에 대해 심각한 타협이 이루어졌다. 대부분의 거주자들이 2인용 침실을 사용하지만, 침실 하나는 6명이 공동으로 사용한다. 그 침실은 이 건물이 수도원이었을 때 작업실이었다. 더욱이, 다수의 변기와 싱크가 있는 (그 자체가 프라이버시의 심각한 손상이다) 공동욕실을 사용하려면 6인실의 점유자들은 아래층 공용 복도를 가로질러 위층으로 올라가야 한다. 비록 아래층의 하나를 제외하고 침실들이 부채형으로 되어 있지만 30명이 공동으로 사용하는 복도는 반 공적인 공간이다. 따라서 침실과 욕실이라는 내밀한 공간은 반 공적인 영역으로 분리되게 된다. 거주자 통제와 프라이버시의 단계적 변화를 무시함으로써 이 공공시설 건물은 거주자 요구와 극단적으로 타협했음을 알 수 있다.

신체장애 성인들을 위한 그룹 홈인 G1은 한 쌍의 단독주택이 결합되어 전면에서 입구를 공유하고 후면에서는 직원 공간을 공유하며 중앙에서는 아트리움을 둘러싸는 형태다. 거실들은 입구 지점에 있으며, 직원 공간에서 시설을 통제하지는 않는다. 주거에서 보통 발견되는 프라이버시의 단계적 변화를 담아 설계했다. 동시에, 거주자의 일상활동을 방해하지 않고 직원에 접근할 수 있고 외부로 나가는 것이 용이하도록 했다. 전형적인 주거와는 분명히 다르지만, 건물의 구조에 주거의 핵심적 속성들이 반영되어 있다. 이 목적성 그룹 홈은 프라이버시의 단계적 변화와 거주자 통제를 유지하면서도 의존적인 사람들을 위한 주거를 구성할 수 있음을 보여준다. 그러나 앞에서 논의되었듯이, 공간구조는 건축설계의 일부일 뿐이다. 예컨대, 이 특수한 건물의 외관은 아쉬움을 남긴다. 요구에 대응한 건축을 만들기 위해서는, 한두 개의 분류유형을 사용하는 것 이상으로 총체적인 설계안을 개발해야 한다.

명칭은 동일하지만 건축적으로 볼 때 네 그룹 홈은 상호간의 유사성보다 원래 건물유형과의 유사성이 더 크다. 네 그룹 홈이 유사해 보이는 것은 사용목적과 사용방식이 유사하기 때문이다. 우리는 그룹 홈을 하나의 질문으로 생각하면서 단독주택, 복층형 주택, 공공시설 건물을 고찰하고 있다. 하나의 분류유형에 속하는 그룹 홈들의 구성을 비교하는 과정에서, 다른 방식으로는 관찰하지 못했을 중요한 건축적 차이를 발견하고 그룹 홈들이 표상하는 서로 다른 가치를 밝힐 수 있었다.

건물유형은 수용하는 집단에 대한 사회적 개념을 반영하고 또 표출한다. 그룹 홈이라는 건물유형이 예견된 형태로 진화해 종국에는 이상화된 건축구성이 된다면, 그것은 결국 그러한 문화적 태도를 표상하게 될 것이다. 결국 '그룹 홈'이라는 (언어적) 용어로 표출된 상황을 가장 잘 해결한 건물 구성은 질문으로 남는다. 아마 그런 건물 구성은 문화와의 바람직한 정합성을 탐색한 최종 결과물일 것이다. 그러한 정합성은 내재하는 가치를 표상한다. 위에서 설명한 네 시설이 구성된 방식에는 적절한 직원 구성 방식과 거주자 사용공간에 대한 통제의 정도가 반영되어 있다. 이와 함께, 바람직한 투자 수준, 그리고 여기서 분석한 공간구조에는 모두 반영되지 않은 여러 가지 것들이 반영되어 있다. 그러나 우리가 질문으로 생각하는 기초유형이, 그룹 홈처럼 정의되지 않았든 단독주택처럼 정의되었든, 건물유형의 형태는 계속 변화하고 진화한다. 그러므로 유형의 성격은 계속 연구하고 재평가할 질문으로 남는다.

결론

오늘날 많은 건축 전문가들, 특히 이론가들은 분류유형과 그 요소들로만 건축을 생각해 건축의 형태적 속성에 초점을 맞추는 경향이 있다. 형태적 변화가 대개 사회적 효과를 유발한다는 점에서 이런 경향은 어려운 문제들을 야기한다. 이 난제들을 다루기 위해서는 그것들을 이해해야만 하며, 이를 위해 분류유형보다 더 총체적인 접근방법이 필요하다. 건축이 일상의 기능세계에서 그리고 일반인들에게 의미를 가지려면, 문화적인 표준에 맞는 건축적 아이디어가 무엇인지 이해하고 그것을 적절히 다룰 필요가 있다. 잠재적 혁신가들은 그들이 사용하는 범주의 원천에 관심을 기울임으로써, 그리고 분류범주와 기초범주를 모두 사용함으로써 그들의 작업이 아이디어의 시장에서 좀더 효과를 발휘하도록 할 수 있을 것이다.

기존의 문화적 범주, 특히 그중에서 기초적 건축 유형은 가치와 요구에 대한 직접적인 대응들의 조합에서 유래한 것이며, 과거의 형태에서 나온 것이다. 가치와 요구는 시간에 따라 변하는 반면, 건축형태는 대개 변하지 않은 채 유지되거나 그것들에 대응해 부분적으로만 변경된다. 넥타이나 주택의 셔터처럼, 현재의 생활방식에 본질적으로 관련되지 않는 과거의 잔존물들이 있다. 넥타이나 셔터와 같이 유쾌한 연상작용을 일으키고 새로운 가치에 중립적인 요소들도 있다. 그러나 추운 지역의 하이힐이나 홑겹 유리창과 같이, 바람직한 사회적 변화를 억제하는 요소들도 있다. 우리가 기초유형을 연구 주제로 한다면, 주어진 용도에 필요하지 않고 단순히 속성의 이월품이라고 불릴 만한 형태들이 있음을 알 수 있다. 반면 유지하는 것이 바람직한 환경 형태들도 확인할 수 있다. 그리고 새로운 대안적 형태들을 생성함으로써, 현재 존재하는 것보다 나은 환경적 해결안을 만들 수 있다. 이렇게 확인하고 개선하기 위해서는 기초유형과 대조되는 범주들을 사용할 필요가 있다.

최근 그로트(Groat 1988), 힐리어와 한슨(Hillier & Hanson 1984), 크람펜(Krampen 1979), 그리고 로빈슨(Robinson 1988)과 같은 연구자들은 형태적 범주와 일반인의 환경 지각 사이의 관계를 연구하고 있다. 이러한 연구들은, 건축계에 널리 알려지지는 않았지만, 현재 진행 중인 연구의 기초가 되며, 설계자들에게 비설계자인 시민의 시각을 교육할 수 있는 잠재력을 가지고 있다. 그러나 건축가들도 자신들의 문화적 지식에 좀더 민감해질 수 있다. 그들은 건축이라는 하위문화의 구성원일 뿐 아니라 일반문화의 참여자이기 때문이다. 기초유형의 문화적 메시지에 대해 유의함으로써 설계자들은 사용자의 숨겨진 요구에 좀더 잘 대응하는 건물을 설계할 수 있다. 유형을 어떻게 현명하게 사용할 것인가 하는 문제의 중심적인 논제는 건물에 대한 일상적 이해와 전문적 이해 사이의 관계를 설정하는 것이다. 분류유형은 구체적인 물리적 특징을 기술하며 기초유형을 분석하고 그 변화를 생성할 수 있는 참조틀을 제공하므로, 분류유형으로 이런 논제들을 연구할 수 있다.

기초유형은 많은 아이디어들을 하나의 도상으로 모으는 강력한 힘을 가지고 있다. 그것은 풍부하고 복잡하며, 천천히 변화하여 오랜 시간에 걸쳐 진화한다. 그러므로 어떤 순간에 그것의 성격을 당연한 것으로 받아들여서는 안 된다. 기초유형은 우리가 세계를 보는 방식을 형성하므로 세계를 이해하는 데 필수적인 것이다. 그것은 진화하고 변화하므로, 계속 질문으로 남아 재해석의 여지를 남긴다.

다양한 분류체계를 사용해서 기초적 건축 유형의 성격을 분석할 수 있으므로, 기초유형과 분류유형 사이를 구분하는 것은 유용하다. 분류범주를 통해 다음과 같은 몇 가지 방식으로 기초범주에 관한 관점을 발전시킬 수 있다. 기존 유형의 성격을 이해하는 것, 그것을 특정한 상황에 적용할 때 조정의 필요성이 있는지 이해하는 것, 그리고 마지막으로 새롭게 재조합할 수 있는 기존 유형의 속성들을 확인함으로써 설계 가능성을 개발하는 것 등이다. 유형은 해답이 아니라 질문이라는 점을 이해하면 설계자는 표준적인 문화적 패턴을 이해하고, 그것에 대응하고 그것을 변경하는 데 도움을 얻을 것이다.

역자 주

1) 랜치하우스(*ranch house*)는 주로 미국의 서해안에 많은 지붕이 낮은 단층 건물이다. 큰 창이 많고 벽이 적은 것이 특징이다. 보통 지하실은 없다.

스플릿레벨(*split-level*)은 1층과 2층 사이에 방이 있는 건물, 곧 인접한 실들이 서로 반 층 차이가 나는 형태를 말한다. 이 방식으로 된 3층 건물을 트라이레벨(*tri-level*)이라 부른다. 모두 큰 창이 있는 것이 특징이다.

빅토리아 양식은 영국 빅토리아 여왕이 재위한 19세기 중·후반에 나타난 양식이다. 빅토리아 양식 주택(*Victorian House*)은 크고 호화로운 2~3층의 건물이다. 경사지붕에 목재 벽이 설치되며, 천장이 높은 방에 난로를 갖춘 집도 있다.

2) 특별한 조건을 가진 사람들이 모여 거주하는 시설.

3) 튜더 양식 주택(*Tudor House*)은 16세기 후반, 튜더왕조의 지배기간에 발전된 영국 주택 양식이다. 건물에 튜더 아치와 르네상스의 세부처리를 적용한 것이 특징이다.

4) 영국 조지 1세에서 조지 3세에 이르는, 18세기 초에서 19세기 초의 건축양식이다. 조지아 양식 주택은 주로 2층으로, 중앙의 현관을 중심으로 대칭으로 구성된다. 장식적인 몰딩(*molding*)의 코니스(*cornice*)가 설치되고, 창이 일정한 간격으로 배열되는 것이 특징이다.

5) 베이(기둥과 기둥 사이 공간)를 각진 모양이나 둥근 모양으로 밖으로 내밀어 설치한 창.

6) 힐리어와 한슨은 그들의 저서인 《공간의 사회적 논리》(*The Social Logic of Space*, Cambridge University Press, 1984)에서 '도치된 건물'이라는 용어를 사용했다. 도치된 건물은 사용자들(거주자와 방문자)이 건물을 점유하고 통제하는 양상이 일반적인 건물과 다른 건물이다.

일반 건물에서는 거주자가 건물을 통제하고 입구에서 멀리 있는 깊은 공간을 점유한다. 반면, 방문자는 입구 부근의 얕은 공간을 점유한다. 힐리어와 한슨은 이것을 '기본적 관계'라고 부른다. 그런데 병원, 보호시설(*asylum*), 감옥 등의 공공시설들에서는 이런 기본적 관계가 반대로 나타난다. 곧, 방문자(수용자)가 깊은 공간을 점유하고 건물을 통제하는 거주자는 얕은 공간을 점유한다. 힐리어와 한슨은 수용자들이 주요 공간을 점유한다는 의미에서 '도치'라는 용어를 사용했다.

한편, 이 글에서 필자는 도치된 건물을 논하면서, 힐리어 등이 말한 방문자(수용자)를 '거주자'라고 하고 그들이 말한 거주자를 '비거주자 집단'이라고 표현하고 있다. 이렇게 동일한 개념에 상반된 용어가 사용됨으로써 혼돈이 초래될 여지가 있다.

7) 현관에서부터 침실에 이르기까지 프라이버시의 정도가 점차 강해지는 것.

제1장

Agrest, Diana and Mario Gandelsonas. 1994. *Agrest and Gandelsonas, Architects.* New York: Princeton Architectural Press.

Argan, Guilio. 1963. On the typology of architecture. *Architectural Design* December: 564~5.

Bachelard, Gaston. 1969. *The Poetics of Space.* New York: Beacon.

Bandini, Micha. 1984. Typology as a form of convention. *AA Files* (no. 6) May: 73~82.

Barna, Joel. 1992. *The See-Through Years: Creation and Destruction in Texas Architecture.* Houston, Tex.: Rice University Press.

Barth, John. 1988. *The Floating Opera and the End of the Road.* New York: Doubleday.

Bellamy, Edward. [1888] 1983. *Looking Backward.* New York: Bantam Books.

Bender, John. 1987. *Imagining the Penitentiary: Fiction and the Architecture of Mind in Eighteenth Century England.* Chicago: University of Chicago Press.

Berman, Morris. 1989. *Coming to Our Senses: Body and Spirit in the Hidden History of the West.* New York: Bantam Books.

Bishop, Peter. 1988. The soul of the bridge. *Sphinx 1: A Journal for Archetypal Psychology and the Arts* (London).

Calthorpe, Peter. 1993. *The Next American Metropolis*. New York: Princeton Architectural Press.

Chandler, Marilyn. 1991. *Dwelling in the Text: Houses in American Fiction*. Berkeley, Calif.: University of California Press.

Colquhoun, Alan. 1981. Typology and design method. In *Essays in Architectural Criticism*, by A. Colquhoun, 43~50. Cambridge, Mass.: MIT Press.

Cranz, Galen. 1982. *Politics of Park Design*. Cambridge, Mass.: MIT Press.

Cromley, Elizabeth. 1990. *Alone Together: A History of New York's Early Apartments*. Ithaca, N. Y.: Cornell University Press.

Darden, Douglas. 1993. *Condemned Building*. New York: Princeton Architectural Press.

Davis, Mike. 1990. *City of Quartz: Excavating the Future in Los Angeles*. New York: Verso.

Dovey, Kimberly. 1993. Dwelling, archetype, and ideology. In *Dwelling*, ed. R. Mugerauer, 9~21. Austin, Tex.: University of Texas Press.

Duany, Andres and Elizabeth Plater-Zyberk. 1992. The second coming of the American small town. *Wilson Quarterly* Winter: 19~48.

Durand, J. N. L. 〔1801〕 1982. *Survey and Comparison of Buildings of all Types*. New York: Princeton Architectural Press.

Forty, Adrian. 1980. The modern hospital in England and France. In *Buildings and Society*, ed. A. King, 61~93. London: Routledge & Kegan Paul.

Foucault, Michel. 1970. *The Order of Things*. New York: Pantheon Books.

Franck, Karen and Sherry Ahrentzen, eds. 1989. *New Households, New Housing*. New York: Van Nostrand Reinhold.

Garreau, Joel. 1991. *Edge City: Life on the New Frontier*. New York: Doubleday.

Glassie, Henry. 1975. *Folk Housing in Middle Virginia: A Structural Analysis of Historic Artifacts*. Knoxville: University of Tennessee

Press.

Goode, Terrance. 1992. Typological theory in the United States: the consumption of architectural "authenticity." *Journal of Architectural Education* 46 (1): 2~13.

Hahn, Hannelore and Tatania Stoumen. 1991. *Places: A Directory of Public Places for Private Events and Private Places for Public Events.* New York: Tenth House Enterprises.

Harrison, Robert. 1992. *The Forest: The Shadow of Civilization.* Chicago: University of Chicago Press.

Hayden, Dolores. 1981. *The Grand Domestic Revolution: A History of Feminist Designs for American Homes, Neighborhoods, and Cities.* Cambridge, Mass.: MIT Press.

Hillier, Bill and Julienne Hanson. 1984. *The Social Logic of Space.* New York: Cambridge University Press.

Hillman, James. 1980. *Egalitarian Typologies Versus the Perception of the Unique.* Dallas: Spring Publications.

Holl, Steven. 1980. *The Alphabetical City.* New York: Pamphlet Architecture.

Horowitz, Helen L. 1984. *Alma Mater: Design and Experience in the Women's Colleges from Their Nineteenth-Century Beginnings to the 1930s.* New York: Knopf.

Jackson, J. B. 1984. *Discovering the Vernacular Landscape.* New Haven: Yale University Press.

Jackson, Kenneth T. 1985. *Crabgrass Frontier: The Suburbanization of the United States.* New York: Oxford University Press.

Jameson, Frederick. 1991. *Postmodernism, or the Cultural Logic of Late Capitalism.* Durham: Duke University Press.

King, Anthony D., ed. 1980. *Buildings and Society: Essays on the Social Development of the Built Environment.* Boston: Routledge & Kegan Paul.

Lavin, Sylvia. 1992. *Quatremère de Quincy and the Invention of a Modern Language of Architecture.* Cambridge, Mass.: MIT Press.

Lefebvre, Henri. 1991. *The Production of Space.* Cambridge, Mass.: Basil

Blackwell.

Le Guin, Ursula. 1986. She unnames them. In *Hear the Silence: Stories by Women of Myth, Magic and Renewal*, ed. Irene Zahava, 192~4. Trumansburg, N.Y.: Crossing Press.

McCamant, Kathryn and Charles Durrett. 1988. *Cohousing: A Contemporary Approach to Housing Ourselves*. Berkeley, Calif.: Habitat Press.

McClung, William Alexander. 1983. *The Architecture of Paradise: Survivals of Eden and Jerusalem*. Berkeley, Calif.: University of California Press.

McLeod, Mary. 1984. Review of *The Architecture of the City* by Aldo Rossi. *Design Book Review* Winter: 49~55.

Markus, Thomas. 1987. Buildings as classifying devices. *Environment and Planning B: Planning and Design* 14: 467~84.

Mead, Christopher. 1983. Buildings of all types: Jean-Nicholas-Louis Durand. Review of *Survey and Comparison of Buildings of all Types* by J. N. L. Durand. *Design Book Review* Summer: 12~15.

Merchant, Carolyn. 1989. *Ecological Revolutions: Nature, Gender, and Science in New England*. Chapel Hill, N. C.: University of North Carolina Press.

Moneo, Rafael. 1978. On typology. *Oppositions* 13: 23~45.

Morris, Ellen K. 1982. Architectural type and institutional programme. *Journal of Architectural Education* 35 (2): 17~25.

Moudon, Anne V. 1986. *Built for Change: Neighborhood Architecture in San Francisco*. Cambridge, Mass.: MIT Press.

Nesbitt, Lois. 1991. *Brodsky and Utkin*. New York: Princeton Architectural Press.

Newman, Oscar. 1972. *Defensible Space*. New York: Macmillan.

Oechslin, Werner. 1986. Premises for the resumption of the discussion of typology. *Assemblage* 1 (October): 37~54.

Pérez-Gómez, Albert. 1983. *Architecture and the Crisis of Modern Science*. New York: Cambridge University Press.

Pevsner, Nicholas. 1976. *A History of Building Types*. London: Thames and Hudson.

Pignatelli, Paola C. 1985. The dialectics of urban architecture: Hestia and Hermes. *Spring* 1985 (Dallas, Tex.): 42~45.

Pirsig, Robert. 1992. *Lila: An Inquiry into Morals.* New York: Bantam Books.

Polyzoides, Stefanos, Roger Sherwood and James Tice. 1992. *Courtyard Housing in Los Angeles.* 2d ed. New York: Princeton Architectural Press.

Relph, Edward. 1987. *The Modern Urban Landscape.* Baltimore: Johns Hopkins University Press.

Roanoke Vision: Comprehensive Development Plan for Roanoke, Virginia 1985-2005. Prepared by Buckhurst Fish Hutton and Katz with Thomas and Means and Margaret Grieve. Roanoke, Va.: Office of Community Planning.

Rockcastle, Garth, ed. 1991. *Type and the (Im)possibilities of Convention.* Midgård Monographs of Architectural Theory and Criticism 1 (2). New York: Princeton Architectural Press.

Rossi, Aldo. 1982. *The Architecture of the City.* Cambridge, Mass.: MIT Press.

Rykwert, Joseph. 1972. *On Adam's House in Paradise: The Idea of the Primitive Hut in Architectural History.* New York: Museum of Modern Art.

Sardello, Robert. 1985. Saving the things or how to avoid the bomb. *Spring* 1985 (Dallas, Tex.): 28~41.

Schneekloth, Lynda H. and Ellen Marie Bruce. 1989. Building typologies: an inquiry. In *Proceedings: EDRA 20*, eds. G. Hardie, R. Moore, and H. Sanoff. Oklahoma City, Okla.: Environmental Design Research Association.

Schneekloth, Lynda H., Marcy Feuerstein, and Barbara Campagna, eds. 1992. *Changing Places: ReMaking Institutional Buildings.* Fredonia, N. Y.: The White Pine Press.

Schön, Donald. 1988. Designing: rules, types, and worlds. *Design Studies* 9 (3): 181~91.

Sherwood, Roger. 1978. *Modern Housing Prototypes.* Cambridge, Mass.:

Harvard University Press.

Silverstein, Murray and Max Jacobson. 1985. Restructuring the hidden program. In *Programming the Built Environment*, ed. W. Preiser. New York: Van Nostrand Reinhold.

Smith, Neil. 1992. New city, new frontier. In *Variations on a Theme Park: The New American City and the End of Public Space*, ed. Michael Sorkin, 61~93. New York: Noonday Press.

Soja, E. 1989. *Postmodern Geographics: The Reassertion of Space in Critical Social Theory*. New York: Verso.

Solomon, Daniel. 1992. *Rebuilding*. New York: Princeton Architectural Press.

Sorkin, Michael, ed. 1992. *Variations on a Theme Park: The New American City and the End of Public Space*. New York: Noonday Press.

Spiller Farmer Architects. 1990. *Burning Whiteness, Plump Black Lines*. London: Penna Press.

Tice, James. 1993. Theme and variations: a typological approach to housing design, teaching and research. *journal of Architectural Education* 46 (3): 162~75.

Tuan, Yi-Fu. 1974. *Topophilia*. Englewood Cliffs, N. J.: Prentice Hall.

Vale, Lawrence. 1992. *Architecture, Power, and National Identity*. New Haven, Conn.: Yale University Press.

Vidler, Anthony. 1977. The idea of type: the transformation of the academic ideal, 1750~1830. *Oppositions* 8 (Spring): 95~113.

Vidler, Anthony. 1987. From the hut to the temple: Quatremère de Quincy and the idea of type. In *The Writing of the Walls*, by A. Vidler, 147~64. New York: Princeton Architectural Press.

Wilson, Alexander. 1991. *The Culture of Nature*. Toronto: Between the Lines.

Woods, Lebbeus. 1992. *The New City*. New York: Touchstone.

Zukin, Sharon. 1991. *Landscapes of Power: From Detroit to Disney World*. Berkeley, Calif.: University of California Press.

제 2장

Adams, Douglas. 1979. *The Hitchhiker's Guide to the Galaxy*. New York, Pocket Books.

Berman, Morris. 1984. *The Reenchantment of the World*. New York: Bantam Books.

Berry, Thomas. 1988. *The Dream of the Earth*. San Francisco: Sierra Club Books.

Berry, Wendel. 1990. Writer and region. In *What are People For?*, 71~87. San Francisco: North Point Press.

Bishop, Peter. 1986. The shadows of the holistic earth. *Spring* 1986: 59~71.

______. 1990. *The Greening of Psychology: The Vegetable World in Myth, Dream, and Healing*. Dallas, Tex.: Spring Publications.

______. 1992. Personal correspondence 21, October 1992.

Bladerunner. Directed by Ridley Scott and produced by Michael Deely. Screenplay by Hampton Fancher and David Peoples. The Lad Company, 1982.

Brazil. Directed by Terry Gilliam. Embassy International Pictures, 1985.

Butler, Octavia E. 1987. *Dawn*. New York: Popular Library.

______. 1988. *Adulthood Rites*. New York: Popular Library.

______. 1989. *Imago*. New York: Popular Library.

Churchill, Ward. 1992. *Fantasies of the Master Face: Literature, Cinema and the Colonization of American Indians*. Edited by M. Annette Jaimes. Monroe, Maine: Common Courage Press.

Dobb, Edwin. 1992. Cultivating nature. *The Sciences* January/February.

Foucault, Michel. 1970. *The Order of Things*. New York: Vintage Books.

Giegerich, Wolfgang. 1985. The nuclear bomb and the fate of God. *Spring* 1985 (Dallas, Tex.): 1~27.

Harrison, Robert Pogue. 1992. *Forests: The Shadow of Civilization*. Chicago: University of Chicago Press.

Hillman, James. 1982. Anima mundi: the return of the soul to the world. *Spring* 1982 (Dallas, Tex.): 71~93.

______. 1985. Natural beauty without nature. *Spring* 1985 (Dallas, Tex.): 50~55.

Hooks, Bell. 1992. *Black Looks: Race and Representation.* Boston: South End Press.

Le Guin, Ursula K. 1985. *Always Coming Home.* New York: Bantam Books.

Lopez, Barry. 1990. Paying attention: an interview with Barry Lopez. *Orion* Summer: 50~53.

______. 1991. The rediscovery of North America. *The Amicus Journal* Fall: 12~16.

Lovelock, James E. 1979. *Gaia: A New Look of Life on Earth.* New York: Oxford University Press.

Nash, Roderick F. 1989. *The Rights of Nature: A History of Environmental Ethics.* Madison, Wis.: University of Wisconsin Press.

Panshin, Alexei and Cory Panshin. 1989. *The World Beyond the Hill: Science Fiction and the Quest for Transcendence.* Los Angeles: Jeremy P. Tarcher.

Road Warrior. Written by Terry Hayes and George Miller with Brian Hannant. Kennedy Miller Entertainment Pty. Ltd. & Others, 1981.

Robbins, Tom. 1990. *Skinny Legs and All.* New York: Bantam Books.

Short, John Rennie. 1991. *Imagined Country: Environment, Culture and Society.* New York: Routledge.

Star Trek: The Next Generation. Produced by Gene Roddenberry. Episode Eighteen: "Home Soil" by Robert Sabaroff, directed by Corey Allen; Episode Forty-two: "Q Who" by Maurice Hurley, directed by Rob Bowman; Episode Seventy-four "The Best of Both Worlds," Part 1 and Part 2 by Michael Pillar, directed by Cliff Bole. Premier Fall 1987 .

Wilson, Alexander. 1991. *The Culture of Nature: North American Landscape from Disney to the Exxon Valdez.* Toronto: Between the Lines.

제 3장

Appleton, J. 1975. *The Experience of Landscape*. London: John Wiley & Sons.

Bachelard, G. 1969. *The Poetics of Space*. Boston, Mass.: Beacon.

Brill, M. 1985a. Sacred places and embraced places: using design-as-inquiry to understand the difference. An address given to the C. E. L. A., Council of Educators in Landscape Architecture, September 20, University of Illinois, Urbana, Illinois.

______. 1985b. Using the place-creation myth to develop design guidelines for sacred space: A peculiar method. An address given to the C. E. L. A., Council of Educators in Landscape Architecture, September 20, University of Illinois, Urbana, Illinois.

______. 1989. Using archetypes in the design of "charged" places. An address given as the Horace Cleveland Distinguished Fellow, April, Landscape Architecture Program, University of Minnesota, Minneapolis, Minnesota.

______. 1990. Personally important experiences of "charged" places. (Unpublished).

Burke, Edmund. [1757] 1958. *A Philosophical Enquiry into the Origin of Our Idea of the Sublime and the Beautiful*. Edited by James T. Boulton. Notre Dame, Ind.: Notre Dame University Press.

Campbell, J. 1959. The Masks if *God*. London: Pitman Press Ltd.

Cassirer, E. [1923] 1973. *Language & Myth*. New York: Dover Publications.

______. [1925] 1955. *The Philosophy if Symbolic Forms: Vol. 2. Mythical Thought*. New Haven, Conn.: Yale University Press.

Condon, P. 1988. *A Designed Landscape Space Typology*. Minneapolis, Minn.: School of Architecture and Landscape Architecture, University of Minnesota.

Dubos, R. 1965. *Man Adapting*. New Haven, Conn.: Yale University Press.

______. 1968. *So Human an Animal*. New York: Scribner's Sons.

______. 1980. *The Wooing of Earth*. New York: Scribner's Sons.

Eliade, M. 1954. *The Myth of the Eternal Return*. Princeton, N.J.: Princeton University Press.

______. 1957. *The Sacred and the Profane*. New York: Harcourt, Brace & World.

Givens, D. 1982. From here to eternity: communicating with the distant future. *etc* 30 (2), 159~79.

Harries, K. 1982. Building and the terror of time. *Perspecta* 19: 55~69.

______. 1983. Thoughts on a non-arbitrary architecture. *Perspecta* 20: 9~20.

______. 1985. The ethical function of architecture. In *Descriptions*, eds. D. Ihde and H.J. Silverman. Albany, N. Y.: State University of New York Press.

Hildebrand, G. (1991). *The Wright Space*. Seattle, Wash.: University of Washington Press.

Jung, C. 1969. *Man and His Symbols*. New York: Doubleday.

Kaplan, S. 1975. An informal model for the prediction of preference. In *Landscape Assessment*, eds. E.H. Zube, R.O. Bruch, and J.G. Fabos. Stroudsburg, Pa.: Dowden, Hutchinson and Ross, Inc.

______. 1979. Perception and landscape: conceptions and misconceptions. In *Proceedings of Our National Landscape*, eds. G.H. Elsner and R.C. Smardon. Pacific South West #35. Berkeley, CA: Pacific Southwest Forest and Range Experimental Station.

______. 1987. Aesthetics, affect and cognition: environ-mental preference from an evolutionary perspective. *Environment and Behavior* 19 (1): 3~32.

Lobell, M. 1983. Spatial archetypes. *Revision* 6 (2): 69~82.

McCully, R. 1987. *Jung & Rorschach: A Study in the Archetype of Perception*. Dallas, Tex.: Spring Publications.

Munro, E. 1987. *On Glory Roads: A Pilarim's Book about Pilarimaae*. New York: Thames and Hudson.

Orians, G., 1986. An ecological and evolutionary approach to landscape esthetics. In *Landscape Meaning and Values*, eds. E. Penning-

Rowsell and D. Lowenthal. London: Allen and Unwin.

______, and J. Heerwagen. 1992. Evolved response to landscapes. In *The Adapted Mind*, eds. J. Barkow, L. Cosmides, and J. Tooby. New York and Oxford: Oxford University Press.

Pitt, D. 1990. Evolution and the avant-garde: A transactional reconciliation of conflicting landscape value systems. In *The Avant-garde and the Landscape: Can They Be Reconciled?* eds. P. Condon and L. Neckar. Minneapolis, Minn.: Landworks Press.

Quatremère de Quincy, A. C. 〔1825〕 1977. Type. With an introduction by A. Vidler. *Oppositions* 8 (Spring): 148~50.

Rapoport, A. 1982. Sacred places, sacred occasions and sacred environments. *Architectural Design* 52 (9/10): 75~82.

Thiis-Evensen, T. 〔1987〕 1989. *Archetypes in Architecture*. New York: Oxford University Press.

Tuan, Y. 1977. *Space and Place*. Minneapolis, Minn.: University of Minnesota Press.

Walter, E. V. 1988. *Placeways: A Theory of the Human Environment*. Chapel Hill and London: University of North Carolina Press.

제 4장

Appleton, Jay. 1975. *The Experience of Landscape*. London: John Wiley & Sons.

Burke, Edmund. 〔1757〕 1958. *A Philosophical Enquiry into the Origin of Our Ideas of the Sublime and the Beautiful*. Edited by James T. Boulton. Notre Dame, Ind.: Notre Dame University Press.

Condon, Patrick M. 1991. Radical Romanticism. *Landscape Journal* 10 (1): 3~8.

Dubos, Renè. 1980. *The Wooing of Earth*. New York: Scribner's Sons.

Eliade, Mircea. 1959. *The Sacred and the Profane*. New York: Harcourt, Brace & World.

Frazer, James Goerge. 〔1924〕 1951. *The Golden Bough: A Study in Magic and Religion*. Abridged ed. New York: Macmillan.

Fromm, Eric. 1966. *Marx's Concept of Man*. New York: Frederick Unger.

Merleau-Ponty, Maurice. 1974. *Phenomenology, Language and Sociology: Selected Essays of Maurice Merleau-Ponty*. Edited by John O'Neill. London: Heinemann Educational Books Ltd.

Price, Uvedale. 1810. *Essays on the Picturesque*. London: J. Mawman.

Rossi, Aldo. 1982. *The Architecture of the City*. Cambridge, Mass.: MIT Press.

Smithson, Robert. 1972. Cultural confinement. *Artforum* 11 (2): 39.

______. 1973. Frederick Law Olmsted and the Dialectical Landscape. *Artforum* 11 (6): 62~68.

______. 1979. *The Writings of Robert Smithson*. Edited by Nancy Holt. New York: New York University Press.

Vidler, Anthony. 1977. The idea of type. *Oppositions* 8: 95~115.

제 5장

Bleznick, Susan R. 1991. Midwestern vernacular: Charles Moore's TRINOVA headquarters rephrases agrarian form. *Inland Architect* 35 (4): 54~55.

Carstensen, V. 1980. An overview of American agricultural history. In *Farmers, Bureaucrats and the Middlemen: Historical Perspectives on American Agriculture*, ed. T. H. Peterson, 18~19. Washington, D. C: Howard University Press.

Chase, L. S. 1922. *Rural Michigan*. New York: Macmillan.

Cochrane, Willard W. 1979. *The Development of American Agriculture: A Historical Analysis*. Minneapolis, Minn.: University of Minnesota Press.

Dandekar, Hemalata C. and Daniel F. Schoof. 1988. Michigan farms and farm buildings: 150 years of transformation. *Inland Architect*

(January/February) : 61~67.

Dandekar, Hemalata C. and John A. Savitski. 1989. The silo: a century of experimentation on the Michigan farm. *The Chronicle* (Historical Society of Michigan) 25 (3): 2~5.

Dandekar, Hemalata C. and Mary Bockstahler. 1990. The changing farmscape: a case study of German farmers in southeast Michigan. *Michigan History* (Bureau of History, Michigan Department of State) 74 (2): 42~47.

Dandekar, Hemalata C., Robert Darvas and Eric MacDonald. 1992. *Michigan Farm Building: Phase II*. Report to the Bureau of History, Michigan Department of History.

Davidson, Cynthia C. 1990. The psychology of small. *Inland Architect* 34 (2): 32~33.

Dunbar, W.F. 1965. *Michigan: A History of the Wolverine State*. Grand Rapids, Mich.: W.B. Eerdmans Publishing Co.

Green, M.M. 1988. Interview with author. Green Meadows Farms, Elsie, Michigan.

Hart, John F. 1975. *The Look of the Land*. Englewood Cliffs, N.J.: Prentice Hall.

Hubka, Thomas C. 1984. *Big House, Little House, Back House, Barn: The Connected Farm Building of New England*. Hanover, N.H.: University Press of New England.

Hudson, John C. 1985. *Plains Country Towns*. Minneapolis, Minn.: University of Minnesota Press.

Keegan, Edward. 1989. Peter Landon Associates. *Inland Architect* 33 (2): 40~42.

McAlester, Virginia, and Lee McAlester. 1984. Folk Houses. In *A Field Guide to American Houses*, 75~101. New York: Knopf.

McLennan, Marshall. 1987. Vernacular architecture: common house types in southern Michigan. In *Michigan Folklife Reader*, eds. C.K. Dewhurst and Y.R. Lockwood, 15~47. Ann Arbor, Mich.: Michigan University Press.

Noble, Allen G. 1984. *Barns and Frame Structures*. Vol 2 of *Wood, Brick, and Stone: The North American Settlement Landscape.* Amherst, Mass.: University of Massachusetts Press.

______ and Gayle A. Seymore. 1982. Distribution of barn types in northeastern United States. *The Geographic Review* 72 (2): 155~170.

Rasmussen, Wayne D. 1960. *Readings in the History of American Agriculture.* Urbana, Ill.: University of Illinois Press.

Riegel, Robert E. 1926. *The Story of the Western Railroad: From 1852 through the Reign of the Giants.* Lincoln and London: University of Nebraska Press.

Robbings, William. 1984. Down on the superfarm. *New York Times*, August 4.

Stadtfeld, C.K. 1972. *From the Land and Back.* New York: Scribner's Sons.

Talladay, Lee. 1988. Interview with author. Talladay Farm, Augusta Township, Michigan.

Tishler, William H. 1986. Fachwerk construction in the German settlements of Wisconsin. In *Winterthur Portfolio* 24 (4): 275~92. Chicago: University of Chicago Press.

______ and C. Witmer. 1986. The house barns of East-Central Wisconsin. In *Perspectives in Vernacular Architecture*, vol. 2, ed. Camille Wells, 102~19. University of Missouri Press.

Torre, Susana. 1988. Invited lecture at the College of Architecture and Urban Planning, March 3, University of Michigan Ann Arbor, Michigan.

Wing, Leroy. 1987. Interview with author. Ann Arbor, Michigan.

제 6장

Abramovitz, M. 1988. *Regulating the Lives of Women: Social Welfare Policy from Colonial Times to the Present.* Boston: South End Press.

Babcock, R. 1966. *The Zoning Game. Madison*, Wis.: University of

Wisconsin Press.

Bassett, E. 1936. *Zoning: The Laws, Administration and Court Cases During the First Twenty Years.* New York: Russell Sage.

Coontz, S. 1988. *The Social Origins of Private Lives: A History of American Families.* New York: Verso.

Dinan V Board of Zoning Appeals of the Town of Stratford. 220 Conn. 61, 595 A. 3d 864, 1991.

Einbinder, M. 1974. The legal family: a definitional analysis. *Journal of Family Law* 1973-74 (13): 781.

Houston, L., Jr. 1981. Market trends reveal housing choices for the 1980s. *Journal of Housing* 38: 73~76.

Lund, R. S. and H. M. Lund. 1937. *Middletown in Transition: A Study in Cultural Conflicts.* New York: Harcourt, Brace & World.

Norgren, J., and S. Nanda. 1988. *Cultural Pluralism and the Law.* New York: Praeger.

Palo Alto Tenants Union v. Morgan. 321 F. Supp. 908, 1970.

Perin, C. 1977. *Everything in its Place: Social Order and Land Use in America.* Princeton, N. J.: Princeton University Press.

______. 1988. *Belonging in America: Reading between the Lines.* Madison, Wis.: University of Wisconsin Press.

Ritzdorf, M. 1983. The impact of family definitions in American municipal zoning ordinances. Ph. D. dissertation, University of Washington, Seattle, Washington.

______. 1985. Challenging the exclusionary impact of family definitions in American municipal zoning ordi-nances. *Journal if Urban Affairs* 7 (1).

______. 1987. Planning and the intergenerational community: balancing the needs of the young and the old in American communities. *Journal of Urban Affairs* 9 (1).

Salem, G. 1986. Gender equity and the urban environment. In *The Egalitarian City: Issues of Rights, Distribution, Access and Power,* ed: J. Boles. New York: Praeger.

Shilling, B. 1980. *Exclusionary Zoning: Restrictive Definitions of Family:*

An Annotated Bibliography. Montecello: Council of Planning Librarians.

Torre, S. 1977. *Women in American Architecture: A Historic and Contemporary Perspective.* New York: Whitney Library of Design.

U.S. Bureau of the Census. 1990. *Household and Family Characteristics: March 1990.* Current Population Reports, Population Characteristics, Series P-20 No. 447. Washington, D.C.

Village of Belle Terre v Boraas. 94 S. Ct. 1536, 1974.

Village of Euclid, Ohio v Ambler Realty Corp. 272 U.S. 36547 S. Ct. 114, 1926.

제7장

Abu-Lughod, Janet. 1987. The Islamic city: historic myth, Islamic essence, contemporary relevance. *International journal of Middle Eastern Studies* 18: 155~76.

Abu-Lughod, Lila. 1991. Writing against culture. In *Recapturing Anthropology: Working in the Present*, ed. R. Fox. Santa Fe, N. Mex.: School of American Research Press.

Bourdieu, Pierre. 1984. *Distinction.* London and New York: Routledge.

Brown, Kenneth L. 1986. The uses of a concept: "the Muslim city". In *Middle Eastern Cities in Comparative Perspective*, eds. K.L. Brown, M. Jole, et. al., 72~81. London and Atlantic Heights, N.J.: Ithaca Press.

Building Societies Association. 1980. *BSA Bulletin.* London: Building Societies Association.

Carter, Harold. 1983. *The Study if Urban Geography.* 3rd ed. London: Arnold.

Conklin, Harold C. 1972. *Folk Classification: A Topically Arranged Bibliography of Contemporary and Background References.* New Haven, Conn.: Department of Anthropology, Yale University.

de Certeau, Michel. 1984. *The Practice of Everyday Life.* Berkeley, Calif. : University of California Press.

Department of Environment. 1978. *English House Condition Survey.* London: HMSO.

Donald, James. 1992. Metropolis: The city as text. In *Social and Cultural Forms of Modernity*, eds. R. Bocock and K. Thompson, 1~54. Milton Keynes: Polity Press in association with the Open University.

Fabian, Johannes. 1983. *Time and the Other: How Anthropology Makes its Object.* New York: Columbia University Press.

Fish, Stanley . 1980. *Is There a Text in This House? The Authority of Interpretive Communities.* Cambridge, Mass. : MIT Press.

Forbes, Dean, and Nigel Thrift, eds. 1987. *The Socialist Third World: Urban Development and Territorial Planning.* London: Blackwell.

Foucault, Michel. 1980. *Power/Knowledge.* New York: Pantheon Books.

Frake, Charles O. 1972. The ethnographic study of cognitive systems. In *Culture and Cognition: Rules, Maps and Plans*, ed. J. S. Spradley, 191~205. San Francisco and London: Chandler Publishing Co.

Girouard, Mark. 1971. *The Victorian Country House.* London: Country Life.

Hage, Per. 1972. Munchner beer categories. In *Culture and Cognition: Rules, Maps and Plans*, ed. J .S. Spradley, 263~78. San Francisco and London: Chandler Publishing Co.

Hamadeh, Shrine. 1992. Creating the traditional city: a trend-enterprise. In *Forms of Dominance: On the Architecture and Urbanism of the Colonial Interlude*, ed. Nezar Alsayyad, 241~59. Aldershot, U.K. : Gower.

Harvey, David. 1989. *The Condition of Postmodernity.* London and New York: Blackwell.

Hayden, Dolores. 1984. *Redesigning the American Dream: The Future of Housing' Work and Family Life.* New York: Norton.

HMSO. 1980, 1990. *Social Trends.* London: Her Majesty's Stationery Office.

Holston, James. 1991. *The Modernist City*. Chicago: University of Chicago Press.

Jackson, Alan A. 1973. *Semi-Detached London*. London: Allen & Unwin.

King, Anthony D. 1974. The language of colonial urbanization. *Sociology* 8 (1): 81~110.

______, ed. 1980. *Buildings and Society: Essays on the Social Development of the Built Environment*. London: Routledge & Kegan Paul.

______. 1984. *The Bungalow: The Production of a Global Culture*. London and Boston: Routledge & Kegan Paul.

______. 1990a. *Urbanism, Colonialism and the World-Economy*. London: Routledge.

______. 1990b. *Global Cities: Post-Imperialism and the Internationalization of London*. London: Routledge.

______. 1994. The times and spaces of modernity. In *World Order/Cultural Difference*, eds. M. Featherstone, S. Lash, and R. Robertson. London, Newbury Park, and Delhi: Sage.

Krautheimer, Richard. 1983. *Three Christian Capitals: Topography and Politics*. Berkeley, Calif.: University of California Press.

Lefebvre, Henri. 1991. *The Production of Space*. Cambridge, Mass. and Oxford, U.K.: Blackwell.

Little, Jo, Linda Peake, and Pat Richardson, eds. 1988. *Women in Cities: Gender and the Urban Environment*. London: Macmillan.

Low, Setha and Erv Chambers, eds. 1989. *Housing, Culture and Design: A Comparative Perspective*. Philadelphia: University of Pennsylvania Press.

Markus, Thomas M. 1993. *Buildings and Power*. London and New York: Routledge.

______. 1982. *Order in Space and Society: Architectural Form and its Context in the Scottish Enlightenment*. Edinburgh: Mainstream Publishing.

______. 1987. Buildings as classifying devices. *Environment and Planning B: Planning and Design* 14: 467~84.

Matrix, ed. 1984. *Making Space: Women and the Man-made Environment*.

London: Pluto.

Metcalf, Thomas. 1989. *An Imperial Vision: Indian Architecture and Britain's Raj*. Berkeley, Calif.: University of California Press.

Muthesius, Stefan. 1982. *The English Terrace House*. New Haven, Conn.: Yale University Press.

Population Crisis Committee. 1990. *Cities: Life in the World's Biggest Metropolitan Areas*. Washington, D.C.: Population Crisis Committee.

Prior, Liam. 1988. The architecture of the hospital: a study of spatial organization and medical knowledge. *British Journal of Sociology* 39 (1): 86~113.

Rabinow, Paul. 1989. *French Modern: Norms and Forms of the Social Environment*. Cambridge, Mass.: MIT Press.

Reid, Ivan. 1977. *Social Class Differences in Britain*. London: Open Books.

Said, Edward. 1986. Orientalism reconsidered. In *Literature, Politics and Theory*, eds. F. Barker, P. Hulme, M. Iverson, and D. Loxley. London and New York: Methuen.

______. 1978. *Orientalism*. New York: Pantheon Books.

Sapir, Edward. 1912. Language and environment. *American Anthropology* 14: 226~43.

Scargill, David I. 1979. *The Form of Cities*. New York: St. Martin's Press.

Scull, Andrew T., ed. 1981. *Madhouses, Mad-Doctors and Madmen: The Social History of Psychiatry in the Victorian Era*. Philadelphia: University of Pennsylvania Press.

Spivak, Gayatri C. 1988. *In Other Worlds: Essays in Cultural Politics*. London and New York: Routledge.

Spiwak, H. J. 1951. *International Glossary of Technical Terms Used in Housing and Town Planning*. Amsterdam: International Federation for Housing and Town Planning.

Spradley, James S., ed. 1972. *Culture and Cognition: Rules, Maps and Plans*. San Francisco and London: Chandler.

Sturtevant, William C. 1972. Studies in ethnoscience. In *Culture and*

Cognition: Rules, Maps and Plans, ed. J. S. Spradley, 129~67. San Francisco and London: Chandler.

Tyler, Stephen, ed. 1969. *Cognitive Anthropology*. New York: Holt, Rinehart & Winston.

Weber, Max. 1958. *The City*. Toronto: Collier Macmillan.

White, Hayden. 1978. *Tropics of Discourse*. London and Baltimore: Johns Hopkins University Press.

제 8장

Blondel, J. F. 1771~77. *Cours d'architecture … donnée en 1750 et les années suivantes*. Paris.

Boullèe, E. T. [c. 1781-97] 1974. *Architecture: Essay on Art*. Translated and edited by H. Rosenau. London: Academy Editions.

Eco, U. 1986. Function and sign: semiotics of architecture. In *The City and the Sign: an Introduction to Urban Semiotics*, eds. M. Gottdiener and A. P. Lagopoulos. New York: Columbia University Press.

Gorz, A. 1989. *Critique of Economic Reason*. Translated by G. Handyside and C. Turner. London: Verso.

Hillier, B. and J. Hanson. 1984. *The Social Logic of Space*. Cambridge: Cambridge University Press.

Husserl, E. 1970. *The Crisis of European Sciences and Transcendental Phenomenology: An Introduction to Phenomenological Philosophy*. Translated by D. Carr. Evanston, Ill.: Northwestern University Press.

Levi, P. 1962. *If This Is a Man*. Translated by S. Wolf. London: New English Library.

Markus, T. 1987. Buildings as classifying devices. *Environment and Planning B: Planning and Design* 14: 467~84.

Stark, W. 1807. *Remarks on Public Hospitals for the Cure of Mental*

Derangements, etc. Edinburgh: James Ballantyne and Co.

제 9장

Habraken, Nicholas. 1972. *Supports: The Alternative to Mass Housing.* Translated by E. Valkenburg. London: Architectural Press.

Clelford, Anthony, and Martin Symes. 1987. Design-build collaboration. *Architectural Case Problems* 7. London: Bartlett School of Architecture and Planning.

Marmot, Alexi and Martin Symes. 1987a. Public participation in design. *Architectural Case Problems* 2. London: Bartlett School of Architecture and Planning.

______. 1987b. Conflict and interest groups in design. *Architectural Case Problems* 3. London: Bartlett School of Architecture and Planning.

Schön, Donald. 1988. Designing: Rules, types and worlds. *Design Studies* 9 (3): 181~90.

Vidler, Anthony. 1989. *The Writing of the Walls.* London: Butterworth Architecture.

제 10장

Alexander, Christoper, Sarah Ishikawa, and Murray Silverstein. 1977. *A Pattern Language.* New York: Oxford University Press.

Danford, S. and E. P. Willems. 1975. Subjective responses to architectural displays: a question of validity. *Environment and Behavior* 7 (4): 486~5I6.

Gibson, J. 1950. *Perception of the Visual World.* Boston: Houghton Mifflin.

Groat, Linda. 1988. Contextual compatibility in architecture: an issue of personal taste 7 In *Environmental Aesthetics*, ed. L. J. Nasar.

Cambridge, U.K.: Cambridge University Press.

Hillier, Bill, and Julienne Hanson. 1984. *The Social Logic of Space.* Cambridge, U.K.: Cambridge University Press.

______. 1990. Defining vernacular architecture. In Vernacular Architecture, ed. Mete Turan, 67~101. Aldershot, U. K.: Avebury.

Krampen, Martin. 1979. *Meaning in the Urban Environment.* London: Pion.

Morris, Ellen K. 1980. The discourse of type. In Language in *Architecture: Proceedings of the ACSA 68th Annual Meeting*, ed. John Meunier, 34~47. Washington, D.C.: Association of Collegiate Schools of Architecture.

Rapoport, A. 1987. On the cultural responsiveness of architecture. *Journal of Architectural Education* 41 (1): 10~15.

Robinson, Julia W. 1988. Institution and home: linking physical characteristics to perceived qualities of housing. In *Looking Back to the Future/Se Retourner vers L'Avenir Vol 2: Proceedings of the IAPS 10 Conference*, eds. H. Herbert van Hoogdalem, et al., 431~40. Delft, the Netherlands: Delft University Press.

______. 1989. Typology and the interplay of form and function. Paper read at the 20th Annual Conference of the Environmental Design Research Association, Blacksburg, North Carolina in the symposium "Architectural Theory as a Basis for Environmental Design Research: An Emerging Paradigm?" organized by Linda Groat.

______. 1991. Representation, mind & body: architecture and the use of the plan. In *Reflections on Representation Conference Proceedings*, eds. A. Chen, J. W. Robinson, and E. Steinfeld, 19~27. Buffalo, N.Y.: School of Architecture & Planning, State University of New York at Buffalo.

______. 1993. Messages from space: privacy and power in housing. *Power by Design: Proceedings EDRA 24.* Oklahoma City, Okla.: Environmental Design Research Association.

______. Forthcoming. *Architecture Through the Looking Glass: Beyond Institution and Home.* New York: Van Nostrand Reinhold.

Robinson, Julia W., John Klensin, Julio Bermudez, and Michelle Johannes. 1992. Probing terminology for cultural categories: institution and home. In *Metamorphoses: Proceedings of the IAPS 12 Conference*, eds. A. Mazis, C. Papageorgiou, and K. Tsoukala. Thessaloniki, Greece: Aristotle University of Thessaloniki.

Rosch, Eleanor. 1978. Principles of categorization. In *Cognition and Categorization*, eds. E. Rosch and B. B. Lloyd. Hillsdale, Ill.: Erlbaum.

______, et al. 1976. Basic objects in natural categories. *Cognitive Psychology* 8: 382～439.

Schön, D. A. 1988. Designing: rules, types and worlds. *Design Studies* 9 (3): 181～90.

Tversky, B. and K. Hemenway. 1983. Categories of environ-mental scenes. *Cognitive Psychology* 15 (1): 121～49.

찾아보기

(용 어)

ㄱ

ㄹ · ㅁ

ㅂ

ㅇ

ㅈ

ㅊ · ㅋ

ㅎ

찾아보기

(인 명)

ㄱ~ㄹ

ㅁ~ㅂ

ㅅ~ㅇ

ㅈ~ㅋ

ㅌ~ㅎ

마이크 브릴 Mike Brill

버펄로(Buffalo) 뉴욕주립대학교(State University of New York)의 건축학과 교수이자 설계연구조직인 BOSTI(Buffalo Organization for Social and Technological Innovations, Inc.)의 대표였다. 프랫 인스티튜트(Pratt Institute)에서 건축학사 학위를 받은 그는 건축가, 교수, 그리고 연구자로 30여 년간 활동했다. 그는 건축을 우리 모두가 타고난 "생래적 언어"(*natural language*)라고 주창하며, 행태, 인간 활동과 만족, 공적 생활과 공적 장소에 주는 설계의 영향에 관해 많은 기사와 논문 그리고 저서를 썼다. 또한 그는 두 권으로 된 《생산성을 증진시키는 사무소 설계 활용》(*Using Office Design to Increase Productivity*, Buffalo, Bosti, 1984~85)의 저자다.

패트릭 콘돈 Patrick M. Condon

브리티시 컬럼비아대학교(University of British Columbia) 조경학 프로그램의 부교수이자 주임이다. 1981년 매사추세츠대학교(University of Massachusetts)에서 조경학 석사학위를 받았다. 1985년 미네소타대학교(University of Minnesota)에서 가르치기 전에는 도시계획가로 일했으며 개인 실무를 했다. 조경설계 이론을 다룬 그의 연구는 〈랜드스케이프 저널〉(*Landscape Journal*)과 〈미드가르드 저널〉(*Midgard Journal*)에 출판되었다. 그는 "아방가르드와 조경, 그것들은 화해할 수 있는가?"(*The Avant-Garde and the Landscape: can they be reconciled?*)라는 제목의 〈랜드스케이프 저널〉 1991년 봄 특집호를 공동으로 편집했다. 이 책에 포함된 글 외에도, 그의 유형학 연구는 〈미드가르드 저널〉과 NEA(국립예술기금)가 지원한 책인 《설계 조경 유형학》(*A Designed Landscape Typology*)에 출판되었다. 그는 아이오와 주의 페이에트(Fayette)에 있는 어퍼아이오와대학(Upper Iowa University)을 위한 설계작품을 포함해 실무를 활발히 진행하고 있다.

헤말라타 단데카 Hemalata Dandekar

앤아버(Ann Arbor)의 미시간대학교(University of Michigan) 교수다. 그녀는 봄베이대학교(University of Bombay)에서 건축학사 학위를, 앤아버의 미시간대학교에서 건축석사 학위를, 로스앤젤레스의 캘리포니아대학교(University of California)에서 도시계획 박사학위를 받았다. 건축가와 도시계획가로 활동하는 그녀는 인도의 농촌개발과 미국의 변화하는 농장경관에 관한 연구를 출판했으며, 계획의 연구방법, 여성과 은신처(*shelter*)에 대한 기사와 공저서들도 발표했다.

프랜시스 다우닝 Frances Downing

텍사스A&M대학교(Texas A&M University)의 건축학과 부교수다. 그녀는 오리건대학교(University of Oregon)에서 건축학 학사와 석사학위를, 밀워키(Milwaukee)의 위스콘신대학교(University of Wisconsin) 건축학 박사학위를 받았다. 그녀는 설계과정에서 '기억할 만한 장소 이미지'(*memorable place imagery*)의 사용, 설계자가 '기억할 만한 장소 이미지'에 할당한 의미, 그리고 설계과정의 구조에 관한 기사와 공저서를 출판했다.

구이도 프란체스카토 Guido Francescato

칼리지파크(College Park)의 메릴랜드대학교(University of Maryland) 건축학과 교수다. 그는 어바나샴페인(Urbana-Champaign)의 일리노이대학교(University of Illinois)에서 건축학 석사학위를 받았다. 그는 미국과 해외에서 건물과 도시공간을 설계했으며 《주거의 의미와 용도》(*The Meaning and Use cf Housing*, ed. E. G. Arias, Avebury, 1993)에 실린 "의미와 용도: 개념적 기반"(*Meaning and Use: A Conceptual Basis*)의 저자다. 현재 브라티스라바 건축사무소(Office of the Chief Architect of Bratislava)가 진행하는, 과거 사회주의 정권이 슬로바키아 수도에 건립한 집합주거단지(Petrzalka mass housing project)의 재활전략 개발을 돕고 있다.

캐런 프랭크 Karen A. Franck

뉴어크(Newark)의 뉴저지공대(New Jersey Institute of Technology) 건축대학과 사회과학·정책학과 부교수다. 그녀는 뉴욕시티대학교(City University of New York)에서 환경심리학 박사학위를 받았다. 원룸 호텔, 다양한 형태의 대안 주거, 그리고 페미니스트 건축에 대한 글을 쓴 바 있으며, 셰리 아렌츤(Sherry Ahrentzen)과 함께 《새로운 가구, 새로운 주거》(*New Households, New Housing*, Van Nostrand Reinbold, 1989)를 편집했다. 국립과학기금(National Science Foundation)의 지원을 받은 혁신적 주거 연구, 국립예술기금(National Endowment for the Art)의 지원을 받은 공공주거 설계의 역사에 대한 연구 등을 통해 유형에 대한 아이디어를 개발해왔다.

앨리스 프리드먼 Alice T. Friedman
웰슬리대학(Wellesley College)의 미술 전공 교수이자 건축학 프로그램의 공동 주임이다. 현재 20세기 유럽과 미국의 주택건축에 대한 심도 있는 사례연구를 통해 건축가/건축주 관계, 젠더 이념, 그리고 건축설계를 분석한 《최상의 평면: 건축, 젠더 그리고 근대주택의 건설》(*The Best Laid Plans: Architecture, Gender and the Making of the Modern House*)을 집필하고 있다. 《엘리자베스 1세 시대 영국의 주택과 가구: 왈라톤 홀과 월로비 가족》(*House and Household in Elizabethan England: Wollaton Hall and the Willoughby family*, University of Chicago Press, 1988)의 저자이며, 영국 르네상스 건축과 사회사에 관한 많은 글을 발표했다.

앤터니 킹 Anthony D. King
뉴욕주립대학교 빙엄턴대학교(Binghamton University, State University of New York)의 예술사와 사회학 전공 교수다. 셰필드대학교(University of Sheffield)에서 역사학 석사학위를, 브루넬대학교(Brunel University)에서 사회과학 박사학위를 받았다. 《글로벌 도시: 포스트식민주의와 런던의 국제화》(*Global Cities: Post-Imperialism and the Internationalization of London*, Routledge, 1990), 《방갈로: 글로벌 문화의 생산》(*The Bungalow: The Production of a Global Culture*, Routledge & Kegan Paul, 1984)을 포함한 여러 권의 책을 썼으며, 《건물과 사회: 건조환경의 사회적 개발에 관한 에세이》(*Buildings and Society: Essays on the Social Development of the Built Environment*, Routledge & Kegan Paul, 1980)의 편집자다.

진 라마쉬 Jean La Marche
버펄로의 뉴욕주립대학교 건축학과 부교수다. 미시간의 로렌스공대(Lawrence Technological University)에서 건축학 학사학위를 받았으며, 앤아버의 미시간대학교에서 박사과정을 마쳤다. 실무 건축가로서, 1990년 국립평화공원 현상설계(National Peace Garden Competition)에서 가작을 한 것을 비롯해 여러 디자인상을 받았다. 그의 작품은 워싱턴 D.C.의 국립건축박물관(National Architectural Museum) 전시를 비롯한 많은 전시회에서 전시되었다. 건축이론에 관한 그의 글은 버클리 PETS 연재물(Berkeley PETS series)을 비롯한 여러 책에 기고되었다. 그는 뉴욕 주의 버펄로 시에서 도시시설(*urban installation*)에 관한 학제 간 프로젝트를 개발하고 있다.

로데릭 로렌스 Roderick Lawrence

제네바대학교(University of Geneva) 인간생태학 및 환경과학센터의 교육·연구 주임이다. 오스트레일리아의 아들레이드대학교(University of Adelaide)에서 최우수 건축학 학사학위를 받았다. 그리고 영국의 케임브리지대학교(University of Cambridge)에서 문학 석사학위를, 스위스 로잔(Lausanne) 연방공대(Ecole Poly-technique Fédérale)에서 박사학위를 받았다. 유럽 경제위원회(Economic Commission for Europe)의 주거·건축·계획 위원회와 OECD의 도시국에서 자문가로 활동했다. 《문턱을 넘어서: 1860~1960년 스위스 프랑스어 사용 지역에서 민중 주거과 일상생활》(*Le Seuil franchi… logement populaire et vie quotidienne en Suisse romande, 1860~1960*, Georg Editeur, Geneva, 1986), 《주거, 거주 그리고 집: 설계이론, 연구와 실천》(*Housing, Dwellings and Homes: Design Theory, Research and Practice*, John Wiley, Chichester, U.K., 1987) 등의 저자다.

토머스 마르커스 Thomas Markus

글래스고우(Glasgow)의 스트래스클라이드대학교(University of Strathclyde) 건축 및 건설과학과 명예교수다. 그는 맨체스터대학교(Manchester University)에서 1949년에 건축학 학사학위를, 1953년에 석사학위를 받았다. 또한 1955년 맨체스터공대(Manchester Institute of Technology)에서 건축학 석사학위를 받았다. 그는 왕립예술원(Royal Society of Arts)의 회원이며 많은 기사와 저서의 저자다. 《공간과 사회의 질서: 스코틀랜드 계몽주의 시대의 건축형태와 그 맥락》(*Order in Space and Society: Architectural Form and its Context in the Scottish Enlightenment*, Mainstream, Edinburgh, 1982)의 공저자이자 편집자이며, 《권력과 건축공간: 근대사회 성립과정에서 나타난 건축의 자유와 통제》(*Bui1dings and Power: Freedom and Control in the Origin of Modern Building Types*, Routledge, London, 1993)를 저술했다.

안느 베르네 무동 Anne Vernez Moudon

시애틀의 워싱턴대학교(University of Washington) 건축학, 조경학, 그리고 도시설계 및 계획 교수이며, 대학원 도시설계 자격 프로그램의 부학장이자 주임이다. 그녀는 버클리(Berkeley)의 캘리포니아대학교(University of California)에서 학사학위를, 스위스 로잔 연방공대에서 박사학위를 받았다. 그녀는 도시형태 분석, 근린과 가로 설계, 그리고 보행자 계획에 중점을 둔 연구를 진행했다. 그리고 《변화를 위한 건축: 샌프란시스코의 근린 건축》

(*Built for Change: Neighborhood Architecture in San Francisco*, MIT Press, 1986)과 《공공 용도를 위한 공공가로》(*Public Streets for Public Use*, Columbia University Press, 1991)를 출간했다.

마샤 리츠도프 Marsha Ritzdorf
블랙스버그(Blacksburg)의 버지니아폴리테크닉주립대학교(Virginia Polytechnic Institute and State University) 계획학, 공공정책학, 경영학 부교수다. 그녀는 오리건대학교에서 도시계획 석사학위를, 시애틀의 워싱턴대학교에서 박사학위를 받았다. 연구자와 전문 계획가인 그녀의 전공은 여성과 토지이용계획이며, 그 주제로 책을 집필하고 있다.

줄리아 로빈슨 Julia Robinson
미니아폴리스(Minneapolis)의 미네소타대학교(University of Minnesota) 건축학과 교수다. 그녀는 미네소타대학교에서 건축학 학사와 인류학 석사학위를 받았다. 그녀는 《문화, 주거 그리고 설계》(*Culture, Housing and Design*, eds. S. Low and E. Chambers, University of Pennsylvania Press, 1988)에 실린 "문화의 매체로서의 건축"(Architecture as a Medium for Culture) 등 많은 아티클과 모노그래프의 저자다. 또한 《거울을 통해 본 건축: 공공시설과 집을 넘어서》(*Architecture Through the Looking Glass: Beyond Institution and Home*, Van Nostrand Reinhold)를 출간할 예정이다.

린다 쉬니클로스 Lynda H. Schneekloth
버펄로의 뉴욕주립대학교 건축 및 계획대학의 교수를 역임했다. 코커스 파트너십, 환경 및 조직 변화 자문위원회(The Caucus Partnership, Consultants on Environmental and Organizational Change)의 파트너다. 그녀는 매디슨(Madison)의 위스콘신대학교에서 조경학 석사학위를 받았다. 건물유형의 구축에 관한 그녀의 초기 연구는 국립예술기금의 지원을 받았다. 마시 퓨어스타인(Marcy Feuerstein), 바바라 캄파냐(Barbara Campagna)와 함께 《변화하는 장소들: 공공시설 건물 다시 만들기》(*Changing Places: Re-Making Institutional Buildings*, The White Pine Press, 1992)를 편집했으며, 로버트 쉬블리(Robert G. Shibley)와 《장소 만들기: 핵심적 실천》(*Placemaking: The Art and Practice of Building Communities*, John Wiley and Sons, 1995)을 저술했다.

마틴 심즈 Martin Symes

영국 맨체스터대학교의 도시재생 전공 교수이자 건축학과장이다. 그는 케임브리지대학교에서 건축을, AA(*Architectural Association*)에서 계획을 공부했으며, 후에 바틀렛대학(Bartlett School)에서 박사학위를 받았다. 그는 건축, 도시설계, 그리고 인간 환경에 관한 많은 글을 책과 잡지에 기고했다. 그리고 〈도시 수변 재생〉(*Urban Waterside Regeneration*, Ellis Hillman, 1993)을 공동으로 편집했다. 프랑스 정부의 도시 전략과 프로젝트에 대한 국제 연구를 진행하고 있다.

데이비드 반더버그 David Vanderburgh

밴쿠버의 브리티시컬럼비아대학교 건축대학 킬램(Killam) 박사후 연구원이다. 그는 1990년과 1993년에 버클리 캘리포니아대학교에서 건축학 석사와 박사학위를 받았다. 그는 〈장소〉(*Places*) 지 1992년 여름호에 "우르비노: 계획, 보존, 그리고 다문화"(*Urbino: Planning, Preservation, and Polyculture*)를, 《건축: 도시와 기술》(*On Architecture: The City and Technology*, Mrc Angelil ed., Butterworth Publishers, 1991)에 "판도라의 블랙박스: 1830-1880년 프랑스의 셀룰러 감옥"(*Pandora's Black Box: The Cellular Prison in France*, 1830~880) 등을 출간했다. 그는 19세기 유럽과 북미의 건축과 사회개혁에 관한 책을 집필하고 있다.

낸시 울프 Nancy Wolf

뉴욕 시에 거주하는 미술가다. 로드아일랜드 프로비던스(Providence)에 있는 로드아일랜드디자인스쿨(Rhode Island School of Design)에서 미술 학사학위를 받았다. 사람들과 근대 기술환경, 도시, 현대건축의 관계는 오랫동안 그녀의 미술의 주제였다. 그녀의 드로잉, 페인팅, 그리고 판화는 근대주의, 탈근대주의, 그리고 해체주의 건축에 대한 시각적 비판이다. 유럽·아시아·아프리카에서 살고 여행한 경험은 새로운 기술, 그리고 삶을 위한 인간적 공간의 창조에 대한 그녀의 사고에 영향을 주었다. 그녀의 작품은 워싱턴 D.C.의 마샤 마테이카 갤러리(Marsha Mateyka Gallery)에 전시되고 있다.

한 필 원(韓弼元)

동아시아 건축의 연구자인 한필원 교수는 서울대학교 건축학과를 졸업하고 같은 대학원에서 석사·박사학위를 받았다. 1989년에서 1995년까지 성림 종합건축사사무소와 공간 종합건축사사무소에서 건축설계 실무를 했다. 1995년에서 1996년까지 중국의 칭화대학교〔清華大學〕 건축학원에서 연구했으며, 2003년에서 2004년까지 미국 버펄로의 뉴욕주립대학교에서 방문교수로 있었다. 1996년부터 한남대학교 건축학부 교수로 있으면서 ATA아시아건축연구실를 이끌고 있다.

저서로 《한국의 전통마을을 찾아서》(휴머니스트, 2011), 공저로 《주거의 문화적 의미》(세진사, 2000), 《지식의 최전선》(한길사, 2002), 《신지식의 최전선》(한길사, 2008), 《한국의 전통생태학》(사이언스북스, 2004), 《한국의 전통생태학 2》(사이언스북스, 2008), 《내 인생을 바꾼 한 권의 책 2》(리더스북, 2009), 《친환경 건축설계 가이드북》(발언, 2009) 등이 있다. 또한 한국의 역사도시에 대한 연구서를 한국과 미국에서 곧 출간할 예정이다.